蔬菜栽培技术大全

全国农业技术推广服务中心 ◎ 组编

青花菜

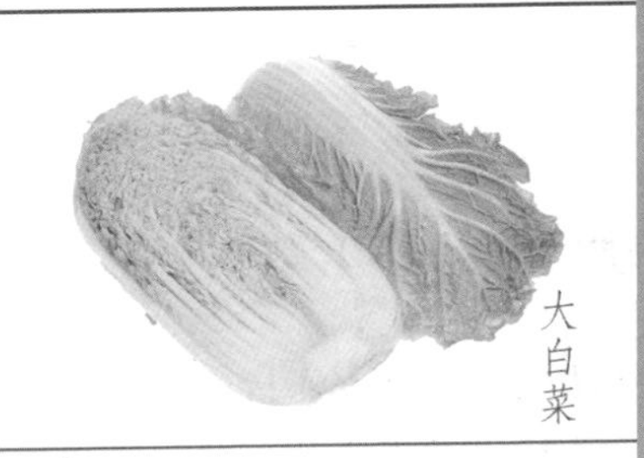
大白菜

生菜

西瓜

黄瓜

番茄

黄秋葵

萝卜

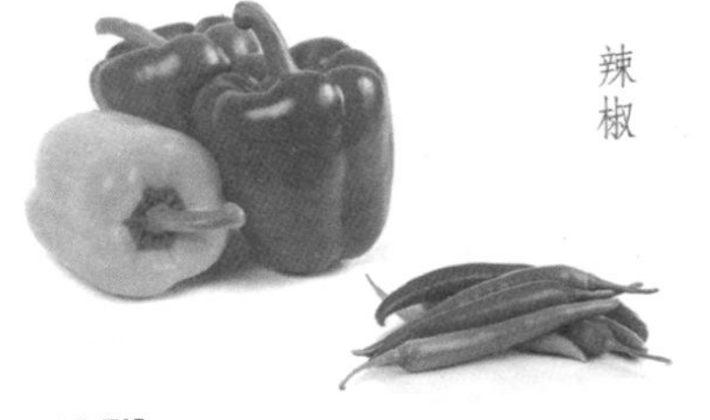
辣椒

茄子

中国农业出版社
北　京

图书在版编目（CIP）数据

蔬菜栽培技术大全 / 全国农业技术推广服务中心组编．—北京：中国农业出版社，2023.1（2024.9 重印）
ISBN 978-7-109-30406-2

Ⅰ．①蔬…　Ⅱ．①全…　Ⅲ．①蔬菜园艺　Ⅳ．①S63

中国国家版本馆 CIP 数据核字（2023）第 014708 号

中国农业出版社出版
地址：北京市朝阳区麦子店街 18 号楼
邮编：100125
责任编辑：郭　科　郭晨茜　孟令洋
版式设计：杜　然　　责任校对：吴丽婷
印刷：中农印务有限公司
版次：2023 年 1 月第 1 版
印次：2024 年 9 月第 6 次印刷
发行：新华书店北京发行所
开本：880mm×1230mm　1/32
印张：13
字数：415 千字
定价：68.00 元

编 委 会

主　编　王娟娟　高丽红

副主编　范双喜　蒋卫杰　赵统敏　祖　恒

编　者（以姓氏笔画为序）

王久兴　王娟娟　代雄泽　刘　勇

羊杏平　江解增　孙兴祥　李家旺

李愚鹤　吴　震　宋益民　张志斌

陈杏禹　范双喜　孟　雷　赵统敏

祖　恒　高丽红　蒋卫杰

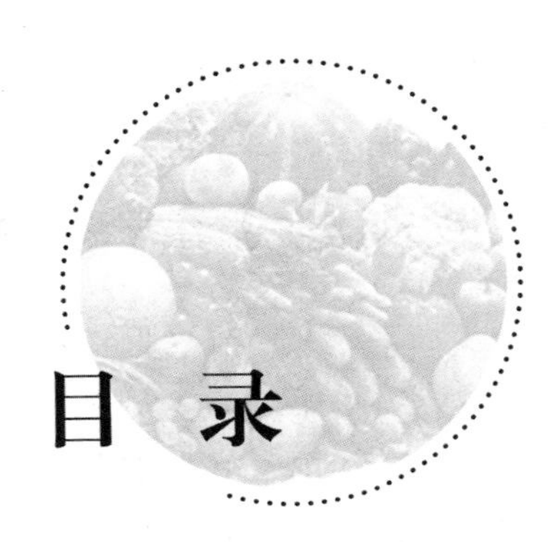

目 录

第四章 葱蒜类蔬菜栽培

第五章 白菜类蔬菜栽培

第六章 甘蓝类蔬菜栽培

第七章 叶菜类蔬菜栽培

第八章 瓜类蔬菜栽培

第九章 茄果类蔬菜栽培

第十章 豆类蔬菜栽培

第十一章 水生蔬菜栽培

第十二章 多年生及杂类蔬菜栽培

第一章 蔬菜栽培基础知识

第一节 蔬菜栽培生理基础

一、蔬菜的生长发育特性

对于植物个体的生长，不论是整个植株的增重，还是部分器官的增长，都不是无限的。一般的生长过程是初期生长较缓，中期生长逐渐加快，当速度达到高峰以后，又逐渐缓慢下来，到最后生长停止。这个过程就是一般的所谓S形曲线。

在蔬菜生长过程中，每一生长时期的长短及其速度，一方面受外界环境的影响，另一方面又受该器官的生理机能的控制。比如，对于果实的生长速度，还受其中种子的发育及种子量的影响。利用这些关系，可以通过栽培措施来调节环境与蔬菜生理状态以控制产品器官——叶球、块茎、果实等的生长速度及生长量，达到优质高产的目的。

蔬菜作物的生长与发育之间，营养生长与生殖生长之间，都有密切的相互促进，但又相互制约的关系。产品器官的形成，不论是果实、叶球或块茎，都要具有较大的营养生长基础，又要适时地发育，才能实现。即要求在产品器官形成以前，有繁茂的茎叶生长，才能达到高产的目的。这就涉及生长与发育的速度问题。由于蔬菜种类的不同，它们生长发育的类型、产品器官以及对外界环境的要求也不同，必须根据栽培的要求，适当促控蔬菜的生长与发育，才能形成高产、优质的产品。

蔬菜作物生长发育的另一个主要特点，就是它们在栽培条件上要求的多样性。对于二年生的叶菜类、根茎类蔬菜等，在生长的第一年不要求很快地通过春化和光照阶段，以免影响产品器官的形成。对于果菜类蔬菜，则应在一定的营养生长以后，及时地进行花芽分化，为果实生长奠定良好的基础。这类蔬菜的花芽分化一般对温度及光周期的要求并不严格，而对营养基础的要求较高，所以，其产量的高低与土、肥、水的关系更为密切。

二、蔬菜作物生长发育时期

通常所说的蔬菜作物生长与发育过程，是指从种子发芽到重新获得种子的整个过程。其中可分为种子期、营养生长期和生殖生长期，每一个时期都有其特点。

1. 种子期

（1）胚胎发育期　从卵细胞受精开始到种子成熟为止。由胚珠发育成为种子，有显著的营养物质的合成和积累过程。在这个过程中，应使母体有良好的生长发育条件，以保证种子健壮发育。

（2）种子休眠期　不少蔬菜种子成熟后，都有不同程度和不同长短的休眠期，有的营养繁殖器官如块茎、块根等也是一样。处于休眠状态的种子，代谢水平很低。如果将种子保存在冷凉而干燥的环境中，也同样可以减低其代谢水平，强迫其休眠，保持更长的种子寿命。

（3）发芽期　经过休眠期后，若遇到适合的温度、水分和氧气等环境，种子就会吸水发芽。发芽时，呼吸旺盛，其所需的能量靠种子本身的贮藏物质提供。所以，种子的大小及饱满程度，对于发芽的快慢及幼苗生长关系很大，因此，在播种前测定种子的发芽力是十分必要的。

2. 营养生长期

（1）幼苗期　种子发芽后，就进入营养生长期的幼苗期。对于子叶出土的瓜类、茄果类及十字花科等蔬菜，子叶与幼苗的生长关系很大。幼苗期间生长迅速，代谢旺盛，生长速度较快，但光合作用合成的营养物质较少，应创造适合的苗期生长环境，增强光合作用，减少呼吸消耗，保证供给新生的根、茎、叶正常生长所需要的营养。幼苗生长的好坏，对以后的生长及发育影响很大。

（2）营养生长旺盛期　幼苗期结束后，即进入一个营养生长的旺盛时期。无论对哪一种蔬菜作物，根系及地上部茎叶的营养生长，都是以后产品器官形成的基础，营养生长的基础好，就为以后开花结实、叶球或地下块茎、鳞茎等的形成创造良好的营养基础。一些以养分贮藏器官为产品的蔬菜如结球叶菜、洋葱、马铃薯等，在这个时期结束后，即转入养分积累期，也即产品器官的形成期。栽培上应把这一时期，安排在最适合的生长季节或栽培环境中。

（3）营养休眠期 对于部分二年生蔬菜及多年生蔬菜，在贮藏器官（也是产品器官）形成以后，都有一个休眠期。有的属生理休眠，多数则是强制休眠。它们休眠的性质与种子休眠有所不同。但对于一年生的果菜类或二年生蔬菜中不形成叶球或肉质根的蔬菜如菠菜、芹菜、不结球白菜等，则没有营养休眠期。

3. 生殖生长期

（1）花芽分化期 花芽分化是蔬菜作物由营养生长过渡到生殖生长的形态标志。对于二年生的叶、根、茎菜类蔬菜通过一定的发育阶段后，其生长点开始花芽分化，然后现蕾、开花。除了采种外，应控制其通过发育阶段的条件，防止花芽分化与抽薹、开花。而果菜类蔬菜，则应创造良好的环境，促进花芽正常形成，为高产、优质奠定基础。

（2）开花期 从现蕾开花到授粉、受精，是生殖生长的一个重要时期。这一时期，对外界环境（温度、光照、水分）的反应敏感，抗性较弱，环境不适会妨碍授粉及受精，引起落蕾、落花。

（3）结果期 对于果菜类蔬菜栽培，此期是形成产量的主要时期。在结果期间，多次采收的瓜果、豆类蔬菜营养生长与生殖生长同时进行，调节好二者生长的关系是果菜栽培的关键。但对于叶菜类、根菜类等蔬菜，营养生长期和生殖生长期则有着明显的区别。

以上所说的是蔬菜作物一般的生长发育过程，对于某一种蔬菜或其栽培的特定时期而言，并不一定都具备所有的这些时期。如用营养器官繁殖的蔬菜，一般不经过种子期。绿叶菜类蔬菜就没有明显的营养休眠期等。

三、生长发育类型

由于蔬菜种类的多样性，因而产生了特性各异的不同生育类型。

1. 一年生蔬菜

是指当年播种，当年开花结果，并可以采收果实或种子的蔬菜，如茄果类、瓜类及喜温性的豆类蔬菜等。这些蔬菜在幼苗期很早就开始花芽分化，开花、结果期较长，除了很短的基本营养生长期外，营养生长与生殖生长几乎在整个生长周期内都同时进行。

2. 二年生蔬菜

在播种的当年为营养生长，经过一个冬季，到第二年才抽薹、开花与结实。在营养生长期中形成叶球、鳞茎、块根、肉质根、肉质茎，如大白菜、甘蓝、萝卜、胡萝卜、芜菁、茎用芥菜以及一些耐寒的叶菜类蔬菜等。其特点是营养生长与生殖生长有着明显的界线。

3. 多年生蔬菜

在一次播种或栽植以后，可以采收多年，不需每年繁殖，如黄花菜、食用大黄、芦笋、辣根、菊芋、韭菜等。

4. 无性繁殖蔬菜

有些蔬菜在生产上是用营养器官，如块茎、块根或鳞茎等进行繁殖的，如马铃薯、甘薯、山药、菊芋、姜、大蒜、分蘖洋葱等。这些蔬菜的繁殖系数低，但遗传性比较稳定，一旦获得优良的后代，不会很快发生遗传上的分离，产品器官形成后，往往要经过一段休眠期。无性繁殖的蔬菜一般也能开花，但除少数种类外，很少能正常结实。即使有的蔬菜作物也可以用种子繁殖，但不如用无性器官繁殖生长速度快，产量高，因此，除了作为育种手段外，一般都采用无性器官来繁殖。

以上的划分仅是按蔬菜作物正常播种期的生长发育而言。随着环境条件的不同或播种期的改变，它们之间也是可以相互转换的，如大白菜这种典型的二年生蔬菜，如果在春季寒冷条件下播种，就会不经过结球期而成为一年生蔬菜。

四、蔬菜作物生长的相关性

生长相关性是指同一植株的一部分或一个器官与另一部分或另一器官在生长过程中的相互关系。

1. 地上部与地下部的相关性

地上部茎叶只有在根系供给充足的养分与水分时，才能生长良好。而根系的生长又有赖于地上部供给的光合有机物质。所以，一般来说，根冠比大致是平衡的，根深叶茂就是这个道理。但是，茎叶与根系生长所要求的环境条件不完全一致，对环境条件变化的反应也不相同，因而当外界环境变化时，就有可能破坏原有的平衡关系，使根冠比值发生变化。

另外，在一棵植株总的净同化生产量一定情况下，由于不同生长时期的生长中心不同或由于生长中心转移的影响，也会使地上部与地下部的比例发生改变。同时，一些栽培措施如摘叶及采果等也会影响根冠比的变化。在蔬菜栽培中，培育健壮的根系是蔬菜植株抗病、丰产的基础，然而，健壮根系的形成也离不开地上茎叶的作用，二者是相辅相成的。因此，根冠比的平衡是很重要的，但是，不能把根冠比作为一个单一指标来衡量植株的生长好坏及其丰产性，因为根冠比相同的两个植株，有可能产生完全不同的栽培结果。

2. 营养生长和生殖生长的相关性

对于果菜类蔬菜，营养生长与生殖生长相关性研究比叶菜类蔬菜更为重要，因为除了花芽分化前很短的基本营养生长阶段外，几乎整个生长周期中二者都是在同步进行的。从栽培的角度来看，如何调节好二者的关系至关重要。

（1）营养生长对生殖生长的影响　营养生长旺盛，根深叶茂，果实才有可能发育得好，产量高，否则，会引起花发育不全、花数少、落花、果实发育迟缓及结果周期性更加显著等生殖生长障碍。但是，如果营养生长过于旺盛，则将使大部分的营养物质都消耗在新的枝叶生长上，也不能获得果实的高产。营养生长对生殖生长的影响，也因品种、类型不同而不同。例如番茄，有限生长类型的品种，其营养生长对生殖生长的推迟及控制作用较小，而生殖生长对营养生长的控制作用较大。无限生长类型的品种则不同，其营养生长对生殖生长的控制作用较大，早期肥水过多，容易徒长，但生殖生长对营养生长的控制作用较小。这种差异主要是与结果期间，特别是结果初期二者的营养生长基础大小不同有关。

（2）生殖生长对营养生长的影响　在果菜类蔬菜的营养生长与生殖生长的相关关系中，比较容易被忽视的是生殖生长对营养生长的反作用。正如前述，因为这二者几乎是同步进行的，果实生长对营养生长的影响必然会反馈到对生殖生长的影响上。值得提出的是，早在花芽分化前的小苗时期，二者的矛盾就已表现非常剧烈，只是一般不容易观察到这种现象。应该认识到，植物生殖生长对营养生长既有抑制作用，也有促进作用。

蔬菜作物生长的相关性除了表现在以上两个主要方面以外，还有其他种种反应，如正在生长的果实对该株上其他花与幼果生长发育的影响，植株顶端生长对侧芽的抑制作用等，了解与掌握它们的相关规律，可以有针对性地采取农艺措施进行有效的植株生长调控。

五、生长发育与产品器官的形成

从以上也可看出，蔬菜作物的生长相关性与产量形成的关系极为密切，实际上，所同化的全部干物质量，并不都形成有经济价值的产品器官（经济产量），而只有其中一部分形成产品器官。因此在整个蔬菜栽培过程中，都在不断地采取技术措施调整器官之间的相互关系，使植株生长良好，以达到高产、优质的目标。不论是一年生蔬菜或二年生蔬菜，在它们生活周期中的不同生长发育时期，各有其不同的生长中心，当生长中心转移到产品器官的形成时，即是构成产量的主要时期。由于蔬菜作物的种类不同，所以形成产品器官的类型也不同。

1. 以果实及种子为产品的一年生蔬菜

如瓜类、茄果类、豆类蔬菜的产品器官（果实或嫩种子）的形成与高产，要有足够的同化器官供给有机营养和强大根系供给水分和无机营养为基础。但如果枝叶徒长，以致更多的同化产物都运转到新生的枝叶中去，那也难以获得果实和种子的高产。

2. 以地下贮藏器官为产品的蔬菜

如薯芋类、根菜类及鳞茎类蔬菜等，在营养生长到一定的阶段，而又有适合的环境时，才形成地下贮藏器官。如马铃薯块茎的形成要求有较短的日照、较低的夜温，而洋葱鳞茎的形成要求较长的日照及较高的温度。如果产品器官形成条件已经具备，但若地上茎叶生长量不足，那么产品器官生长因营养供应源的匮乏也不可能很好。如果地上部茎叶生长过旺，也会适得其反，因为地下块茎或鳞茎等迅速膨大生长时，形成新的生长中心，如果这时地上部的生理活性仍然很强，即会限制营养物质向地下生长中心转运。应采取措施对地上部生长进行必要的控制，以保证产品器官的形成。

3. 以地上部茎叶为产品器官的蔬菜

如白菜、甘蓝、茎用芥菜、绿叶蔬菜等，其产品器官为叶丛、叶球、球茎或一部分变态的短缩茎。对于不结球的叶菜类蔬菜，在营养生长不久以后，便开始形成产品器官。而对于结球的叶菜类蔬菜，其营养生长要到一定程度以后，产品器官才能形成。不论是果实、叶球、块茎、鳞茎等都要首先生长出大量的同化器官，没有旺盛的同化器官的生长，就不可能有贮藏器官的高产。应该指出，同化器官与贮藏器官生长所要求的外界环境条件不一定完全一致，如在凉爽而具有较大昼夜温差且光照充足的气候条件下，更有利于叶球的形成和充实。因此，在安排播种期时应考虑到产品器官形成的气候条件。

第二节　环境条件对蔬菜作物生长发育的影响

一、温度

在各种环境条件中，蔬菜作物对温度最为敏感。各种蔬菜的生长与发育，对温度都有一定的要求，而且都各自具有最低温度、最适温度和最高温度“三基点”。最适温度虽然不同种类之间有所不同，但是它有一定的范围。在这个范围内，蔬菜的生长与发育最好，产量也最高。

1. 蔬菜分类

由于蔬菜的原产地不同，对温度的要求与适应范围差异很大，大致可将其分为五类：

①耐寒的多年生蔬菜。以地下的宿根越冬，能耐－15～－10℃的低温，如黄花菜、韭菜、芦笋、茭白、辣根等。

②一般耐寒性蔬菜。通常能耐－2～－1℃的低温，或短期的－10～－5℃，如菠菜、大葱、大蒜以及白菜类中某些耐寒品种。

③半耐寒蔬菜。可以抗霜，但不耐长期的－2～－1℃低温，在长江以南可以露地越冬，如萝卜、胡萝卜、芹菜、白菜类、甘蓝类、莴苣、豌豆、蚕豆等。

④喜温性蔬菜。最适同化温度20～30℃，超过40℃生长几乎停止，如黄瓜、番茄、茄子、辣椒、菜豆等。

⑤耐热性蔬菜。在30℃左右同化作用最高，在40℃高温下仍能生长，如南瓜、丝瓜、苦瓜、西瓜、甜瓜、豇豆、刀豆等。

前三类均有一定的耐霜性，除个别种类外，对高温的忍耐力较差。后二者不耐霜，必须在无霜期内才能在露地栽培。

但是，这种分类并非绝对的，原因有三：其一，蔬菜作物的不同器官对温度的反应不完全相同。其二，同一种蔬菜作物不同的品种对温度反应不同。其三，即使同一种蔬菜作物的同一品种，其不同生育期对温度的要求差异也很大。

2. 积温

积温是指温度的强度与持续的时间，是一种热量指标，对于栽培有着更加重要的意义。虽然不同蔬菜种类栽培所需的积温数大致相对稳定，但还因不同品种、不同播期、不同栽培条件而有所变化。正因为蔬菜栽培时期、方式的多样化，所以更应注意它们之间的差异，以便依据不同条件确定播期。也正因为有这样的变化，往往可以把改变某一生育阶段的积温数作为改进栽培条件的标志，或作为判断温度适合程度的一个参考指标。

3. 春化作用

植物在春化过程中或春化以后，会引起一系列的生物化学的反应及生长点形态上的变化，然后促进花芽分化，由营养生长转变为生殖生长。这里讨论的“春化作用”是指低温对蔬菜作物发育所引起的诱导作用。低温对春化的作用是可以积累的，能否被高温消除还存在争议。

（1）种子春化的条件　对于耐寒及半耐寒的二年生植物的低温诱导，可以在0～10℃的范围，但品种间有一定差异。

（2）绿体春化的条件　绿体春化是指这种蔬菜要在植株长到一定大小的株体后，才能对低温起反应。如甘蓝、洋葱等就是如此。但是不同种类与品种之间，通过春化阶段对植株大小的“最小限度”要求不同，有要求严格的，也有要求不严格的，即使同一种类不同品种之间也有差异。至于对低温范围及时间的要求，大体上与种子的春化相似。绿体春化还要求具有完整的植株。

4. 低温及高温障碍生态生理

超过蔬菜作物适合的温度范围，过高或过低的温度，都会造成植株的各种生理障碍，甚至死亡。高温或低温妨碍了花粉的发芽与花粉管的伸长，是产生落花、落果的主要生理原因。

（1）低温障碍　低温危害分为冷害和冻害两种。冷害又称寒害，是指作物在0℃以上的低温环境中所受到的损害，是蔬菜生产中经常可能遇到的主要低温障碍。喜温蔬菜和耐热蔬菜，如番茄在苗期遇到10℃以下的低温，即导致花芽分化异常，并在以后形成畸形果。冻害是指0℃以下的低温造成作物组织内的细胞间隙水分结冰而引起的部分细胞或全株死亡。蔬菜的种类及品种不同，细胞液的浓度也不同，甚至同一种蔬菜在不同的发育时期及不同的栽培季节，其细胞液的浓度也不同，因而它们的耐寒性也有一定差异。一般地讲，细胞液浓度高，冰点低，较能耐寒。如白菜及甘蓝的叶汁，在寒冷的季节，糖的含量往往比温暖季节的高，也比较能耐寒。为了防止冻害，除采用保护设施栽培外，增加植物体本身的抗寒能力，也是一个重要的方面，幼苗的抗寒锻炼就是重要的措施之一。也可以施用一些抗寒保护剂提高蔬菜作物的抗寒能力。

（2）高温障碍　高温持续的时间愈长，或温度愈高，引起的障碍也愈严重。在一般情况下，作物因高温的直接影响而枯死的现象是少有的。但因高温所引起的蒸腾量加大，根系吸收水分不足，而致植株体内的水分不足，导致原生质脱水和原生质的蛋白质部分凝固的情况较多。当呼吸作用大于光合作用时，不仅没有物质的积累，还要消耗原有的贮藏物质。因此，当光照不足时，气温升高所引起的障碍将更大。从蔬菜生理的角度看，过高的昼温和夜温对蔬菜生长都不利。高温所引起的障碍是多方面的，包括日伤（灼）、落花落果、雄性不育、生长瘦弱，严重的导致死亡。

二、光

不论是光的强度、光的组成以及光照时间的长短（即光周期），对于蔬菜作物的生长及发育都是非常重要的。

1. 光照度对蔬菜作物生长发育的影响

光照度直接影响到光合作用，光照度依地理位置、地势高低以及大气中的云量、烟尘的多少而不同。在南方无云天气太阳光照度为4万～5万lx，而西北及东北可达10万lx以上。蔬菜的种类不同，对于光照度的要求也不同。一般可分为三大类：

（1）要求强光照的蔬菜作物　如西瓜、甜瓜、南瓜、黄瓜、番茄、茄子以及薯芋类中的芋、豆薯等，其光饱和点一般都在5万lx以上。光照不足，产量及品质就会下降。如中国西北各地西瓜、甜瓜含糖量高，甘蓝、萝卜个体大，与当地光照度有密切关系。

（2）对光强要求适中的蔬菜作物　主要是一些白菜类、根菜类蔬菜，如白菜、甘蓝、萝卜、胡萝卜等，葱蒜类蔬菜亦属此类，其光饱和点大致在4万lx左右。

（3）对光强要求较弱的蔬菜作物　主要是一些绿叶蔬菜，如莴苣、菠菜、茼蒿等。此外，姜的光饱和点比较低，要求的强度也较低。蔬菜作物的光合作用受光照度的影响，导致不同蔬菜作物的光饱和点和光补偿点也不同。一般喜温蔬菜作物光合作用的饱和点要求高一些，而耐寒的叶类蔬菜作物的光合作用的饱和点相对低一些。在光饱和点的光照度内，光照愈强，则光合速率也愈大。但当超过光饱和点时，光照度再增加，其光合速率不再增加。有时强光伴随着高温，反会抑制作物的生长而造成减产。

光照度不仅影响光合作用的强弱，同时也影响植株的形态，如叶片的大小、节间的长短、茎的粗细、叶片的厚薄等。这些形态上的变化，又关系到幼苗的素质、植株的生长及产量的高低。在栽培上，晴天条件下，植株群体最上层的光照度完全可以满足各种蔬菜生育的要求，但在植物群体的下部，由于叶层的相互遮阴，往往达不到所要求的强度，应该在栽培密度、方式及有关的管理方面采取措施，以保证蔬菜作物生育的适合光照条件。光照的强弱必须与温度的高低相互配合，才有利于作物的生长与发育及产品器官的形成。如果在弱光环境下，而温度又高，会引起呼吸作用的加强，增加养分的消耗，尤其在冬季温室栽培中应该注意这一点。

2. 光质对蔬菜作物生长发育的影响

光质也称光的组成。太阳的可见光部分占全部太阳辐射的52%，不可见的红外线占43%，而紫外线只占5%。太阳光中被叶绿素吸收最多的是红光，作用亦最大。黄光次之，蓝紫光的同化作用效率仅为红光的14%。但在太阳散射光中，红光和黄光占50%～60%，而在直射光中，红光和黄光最多只有37%。所以散射光比直射光对在弱光下生长的蔬菜作物有较大的效用，然而由于散射光的强度总是比不上直射光，因而光合产物也不如直射光的多。在一年四季的太阳光中，光的组成，由于气候的关系有明显的变化。如在春季的太阳光中，紫外线的成分比秋季的少。夏季中午紫外线的成分增加，比冬季各月可以多达20倍，而蓝紫光线比冬季各月仅多4倍。这种光质的变化，会影响到同一种蔬菜在不同生产季节的产量及品质。马铃薯、球茎甘蓝等块茎及球茎的形成，也与光质有关。有试验表明，球茎甘蓝的膨大球茎，在蓝光下容易形成，而在绿光下不会形成。在长光波下生长的植株节间较长，而茎较细。在短光波下生长的植株节间短而较粗。这种关系对于培育壮苗及确定栽培密度有特别重要的意义。光的组成还与蔬菜的品质有关。许多水溶性的色素如花青苷，都要求有强的红光。紫外线有利于维生素C的合成，所以一般在温室中栽培的番茄或黄瓜因得不到充足的紫外线照射，其维生素C含量往往低于露地栽培的。

3. 光周期对蔬菜作物生长发育的影响

光周期现象是从植物的开花反应而被发现，继之观察到对各类植物营养生长、分枝习性、花芽分化、抽薹、开花、结实，以及地下贮藏器官的形成等方面的影响与作用。所谓“光周期”，即光期与暗期长短的周期性的变化，是指一天中从日出到日落的理论日照时数。这样，在不同纬度地区之间相差较大，且一年中日照时数在季节之间相差也很大，如哈尔滨冬季每天日照只有8～9h，而夏季可达15.6h。南方季节之间相差较小，如广州冬天每日日照时数为10～11h，而夏季为13.3h。

光周期的作用首先是对生殖发育的诱导作用。不同蔬菜作物在这方面的反应不完全相同。光周期效应除了主要诱导花芽的分化外，也影响营养生长与产品器官的形成。短日照作物如豆类蔬菜中的蔓生豇豆、蔓生刀豆等，在短日照下，可使原来的蔓性变为矮生性，可以促进主茎基部节位发生侧枝。而在长日照下，侧枝着生节位显著提高，第1花序着生节位亦以在短日照下的低些。许多地下贮藏器官如马铃薯的块茎、甘薯的块根、芋的球茎等在短日照下促进形成，而洋葱、大蒜的鳞茎则要求在长日照下形成。从生产要求来看，并不希望在作物生长初期接受光周期的影响而形成营养贮藏器官，而是在贮藏器官形成前，有较长的促进营养生长的时间，扩大其同化面积。因为在不徒长的情况下，块根或块茎的重量是与地上部同化器官重量呈正相关的。

温馨提示

依照蔬菜作物对光周期的反应大致可分为4类：①长光性作物。在较长的日照条件下（一般在12～14h以上）促进开花，而在较短的日照条件下不开花或者延迟开花，如白菜、甘蓝、萝卜、胡萝卜、芹菜、菠菜、莴苣、蚕豆、豌豆以及大葱、大蒜。②短光性作物。在较短的日照条件下（一般在12～14h以下）促进开花，而在较长的日照下不开花或延迟开花，如大豆、豇豆、茼蒿、赤豆、刀豆、苋菜、蕹菜等起源于热带的蔬菜作物。③中光性作物。适应的光照长短范围很广，许多在理论上属于短光性的蔬菜，如菜豆、早熟大豆、黄瓜、番茄、辣椒等，实际上可归类为中光性或近中光性的蔬菜作物，只要温度适合，可以在春季、秋季或冬季开花结实。④限光性作物。要在一定的日照长度范围内才能开花，日照长些或短些都不能开花。

三、水分

蔬菜产品都是柔嫩多汁的器官，含水量在90%以上。植物体内的营养物质的运转，必须在水溶液中进行。植物细胞内水分的含量，影响物质合成与分解的方向，水分充足时促进合成作用，水分缺乏时促进分解作用。水是植物光合作用最重要的物质之一，配合CO_2的吸收合成各种有机物，缺水时，代谢作用就不能进行。大量的水分蒸腾，降低了植物的体温，可以免受烈日的灼伤。

1. 影响蔬菜作物水分吸收的因素

首先是蔬菜作物根系的大小。环境因子不仅关系根系的生长，也影响根系的活力，即吸水力。但影响水分吸收的主要因素是温度。在地温低的条件下，根系细胞原生质黏性增大，使水分子不容易透过原生质，并使根系的吸水能力降低。同时，低温也会降低土壤水分的流动性，使水分在土壤中扩散减慢。低温还会抑制根系的呼吸作用，减少能量供应，使主动吸水过程受到抑制。在这种情况下，由于根系吸水量满足不了地上部叶片的蒸腾，就会出现生理萎蔫现象。土壤通气不良、土壤空气成分中CO_2含量增加、氧气不足，以及土壤溶液浓度过大等因素，都会影响根系的吸水能力。

2. 蔬菜作物的需水特性

蔬菜作物吸收的水量中，绝大部分消耗于蒸腾，只有很少的一部分用于有机物质的合成。因此，在灌溉用水中，土壤—植物—大气三者之间存在着水分转移的连续系统。田间水分散失的途径，有地面的蒸发与叶面的蒸腾两种。在蔬菜作物生长初期，叶层还没有盖满地面，这时土表蒸发会大于叶面蒸腾。但到生长后期，叶层盖满地面，则叶面蒸腾大于地面蒸发。在整个生长季中，蒸发与蒸腾的比值的平均值大致接近1。叶面蒸腾分角质层蒸腾与气孔蒸腾两种，水分以气孔蒸腾为主，角质层蒸腾只有气孔蒸腾的1/10左右。叶面的蒸腾是和叶面积成比例的，群体叶面积指数愈大，叶面的蒸腾量也愈大。蔬菜作物的需水特性，主要决定于以上所述的两方面特性，即根系的吸水特性和叶片的水分消耗特性。

3. 土壤水分与蔬菜作物根系生长的关系

土壤水分对蔬菜作物根系的发育有着明显的影响。蔬菜作物根系生长最适指标与土壤通气状况关系密切。在土壤含水量较低时，土壤通气较好，土质粗、密对根系生长影响不大。随着土壤含水量的增加，较粗状态土壤的根长继续上升，而较密状态的则开始下降，显出土壤通气不足的问题。值得注意的是，蔬菜根系生长的最适土壤水分不一定是蔬菜生育与形成产量的最适条件。应该指出，在给蔬菜作物补水时，不仅应注意“量”，同时还应注意“时间”，特别在蔬菜作物旺盛生长、根系吸水力增强时，土壤水分的适合点与亏缺之间的时间并不长，稍微延迟供水即会造成土壤干旱。

4. 蔬菜作物水分障碍生态生理

蔬菜作物的幼苗期，组织柔嫩，对水分的要求比较严格。缺水的主要障碍是明显影响幼苗生长及根系活力，水分过多容易使幼苗徒长。

中国农民对许多蔬菜作物的蹲苗经验，就是在适当控制土壤水分条件下，使秧苗的根系得到发展。但是，如果水分控制过严，蹲苗的时间过长，不但使正常生长受到影响，而且会使组织木栓化，成为老化苗。在现代育苗技术中，如果通过其他措施能有效地控制徒长，育苗期间控水似无必要。

四、蔬菜作物生长发育与矿质营养

蔬菜作物和其他农作物一样，从外界环境中吸收的营养物质主要是碳（C）、氢（H）、氧（O）、氮（N）、磷（P）、钾（K）、硫（S）、镁（Mg）、钙（Ca）、铁（Fe）、锌（Zn）、锰（Mn）、铜（Cu）、钼（Mo）、硼（B）、氯（Cl）等16种元素。这里主要讨论的是从土壤中吸收的矿质营养元素。就其吸收量与作用来看，其中最主要的有大量元素N、P、K，中量元素Ca、Mg以及蔬菜栽培中容易出现缺素症的微量元素B、

Mo等，其吸收量依蔬菜种类（品种）、生长量（产量）、栽培时期、环境条件等不同而不同。一般来说，蔬菜作物对这些元素吸收量的比例差异不是太大。

1. 氮

氮是蛋白质的主要组成部分，没有蛋白质就没有生命。作为一切生物化学反应的催化剂的酶，也是蛋白质。细胞的原生质和生物膜都含有蛋白质。蔬菜作物生长的全过程都需要氮，尤其是叶菜类蔬菜，氮肥供应充足时营养生长良好，茎、叶内叶绿素的含量较高，叶子的有效功能期较长，光合作用强度较高，给丰产打下基础。由于蔬菜作物生长需要大量的氮，因此在各种主要营养元素中，土壤中的氮素常常首先被消耗，因而出现缺氮的症状。因为氮在植物体内是可以移动的，缺氮时，症状首先出现在老叶上，即老叶褪绿转黄，逐渐枯干而脱落。叶子均匀地黄化是大多数植物缺氮的主要特征。在蔬菜作物栽培中，施用氮素过量，也会出现氮素过剩的症状。多数蔬菜作物氮素过剩表现出缺钙的症状。可以认为，在钙素充足条件下，即使施用氮素较多，其伤害也较小，因而氮素的适量范围可以适当加大。另外，即使氮素与钙素在溶液中保持一定的比例，但由于浓度高低不同，植物体内吸收的数量也不同，施氮过多，或土壤溶液浓度超过一定限度，由于钙素吸收不良，都会出现缺钙症状。

2. 磷

虽然在大量元素中，蔬菜作物对磷的吸收量最小，但磷在能量转换、呼吸代谢和光合作用中，起着不可替代的关键性作用。植物生长的全过程都需要磷，增施磷肥对促进果菜幼苗生长发育的效果更为明显。由于磷肥施用过多而发生生理障碍的现象很少（有时会表现与锌素吸收的拮抗），但是缺磷时，特别是对幼苗期的生长影响很大：常使其茎叶变细，生长迟缓，叶面暗淡无光，根系发育不良，果实成熟也有影响。作物吸收的磷，主要是磷酸根离子。各种蔬菜作物对土壤中有效磷水平的要求及反应差异很大。

3. 钾

研究认为，钾并不是植物细胞的构成物质，它的存在能够促进植物几十种与代谢有关的酶的活性，从而成为与光合作用、碳水化合物、氨基酸和蛋白质的合成等有着密切关系的参与各种生理代谢的重要营养物质。钾有促进糖和淀粉的运转、增强抗逆性等功能，不仅关系产量，也能改进蔬菜作物产品的品质。各种蔬菜作物缺钾的症状不完全相同，但有其共同点：初期一般不见明显症状，当植物体内钾浓度降至临界值（一般为叶片干重的1%以下）时才表现出来，但初期还仅是生长发育变差，叶色较浓，直到缺钾严重时才从老叶开始叶缘失绿、变黄、变褐，逐渐波及叶片中心，呈现出叶缘灼伤症状。缺钾植株根系发育不良甚至褐变，地下贮藏器官发育受阻，严重时茎部生长也受阻，叶片早期脱落，果实发育不良，并导致减产。缺钾表现与氮素多少有关，一般植株氮素含量越高，越易引起缺钾现象的发生。特别在施入铵态氮且浓度较大时，可引起显著的缺钾症状。

温馨提示

蔬菜作物种类不同，其敏感程度也不同，果菜类蔬菜中的黄瓜、菜豆反应敏感，茄子和辣椒次之。至于蔬菜作物栽培中是否需要施钾或施入多少，应该依据测土情况确定，既不能盲目施钾肥，也不能因无明显缺素症状就认为不需补钾。

4. 钙

蔬菜作物对钙的吸收量仅次于钾素，与氮素吸收量相当甚至超过。钙是质膜和细胞壁的主要成分，对蛋白质的合成和碳水化合物的运转，以及对植株体内有机酸的中和起着很大作用。钙与果胶酸结合形成果胶酸钙，存在于细胞壁中，起着联合细胞的作用。植株体内钙含量对真菌病害感染有很大的影响，如含量高，菌丝侵入细胞壁后产生的酶对质膜的破坏作用就小。因此，往往植株体内的钙含量与真菌感染呈负相关。蔬菜作物中芹菜、莴苣、番茄、大白菜、甘蓝等对钙的反应比较敏感。钙的缺乏导致营养生长减缓及形成粗大的含木质的茎。叶菜往往是从心叶开始发病，外部叶片仍保持绿色，如干烧心病，因为钙在植株体内是不易从老叶运转到幼叶中去的。从一片叶来看，往往是从叶缘开始发黄，逐渐向内扩展。果实往往也是从顶端开始发病（脐腐）。

5. 镁

镁是构成叶绿素的元素，与光合作用有密切的关系，并且同构成酶要素的糖以及其他代谢作用发生关系。

6. 碳

碳素营养是指蔬菜作物进行光合作用所需吸收的CO_2气体。一般的大气中含氧21%，氮79%，而CO_2只有0.03%左右。大气中的CO_2虽然很少，但在植物的生长中却非常重要，植物体的干重绝大部分是通过光合作用由CO_2转化成有机物，而从根部吸收的营养转化来的仅占5%～10%。在一般情况下，大气中的CO_2含量可以维持植物正常光合作用的需要，但是在高产栽培条件下，特别在其他栽培生态因子都优化的条件下，CO_2就会成为产量提高的限制因子。CO_2不足的明显表现就是生长速度缓慢，植株干重下降，严重时植株处于“黄瘦型”的饥饿状态。但CO_2浓度过高，蔬菜作物也会产生毒害。各种蔬菜作物对其适应的程度差异较大。

第二章 根菜类蔬菜栽培

第一节　萝　　卜

一、类型及品种

1. 依栽培季节划分类型

（1）秋冬萝卜。秋种冬收，生长期60～120d。此类型萝卜多为大型和中型品种，品种多，生长季节气候条件适合。因而，产量高，品质好，耐贮藏，用途多，为萝卜生产中最重要的类型。有红皮品种、绿皮品种、白皮品种、绿皮红肉品种等。

（2）冬春萝卜。此类型萝卜在长江以南及四川省等冬季不太寒冷的地区栽培。晚秋初冬播种，露地越冬，第2年春2～3月收获。其特点是耐寒性强，抽薹迟，不易糠心，对增加早春淡季品种有重要作用。

（3）夏秋萝卜。夏季播种，秋季收获，生长期40～70d。夏秋间正是伏淡季，此类型品种在调剂周年供应上有很大作用。此类型萝卜在生长期间，正是我国广大地区酷暑高温、病虫害严重的季节，必须加强田间管理工作，才能收到较好的栽培效果。

（4）春夏萝卜。此类型萝卜3～4月播种，5～6月收获，生长期45～70d。多属小型品种，产量不高，供应期短，并且生长期间有低温长日照的发育条件，如栽培不当，则容易未熟抽薹。

（5）四季萝卜。多为扁圆形或长形的小型萝卜，生长期极短，在露地除严寒酷暑季节外随时可播种。冬季可进行保护地栽培。四季萝卜较耐寒，适应性强，抽薹也迟。

2. 品种

（1）丰满一代。中晚熟萝卜一代杂种，生育期80d左右。株型半直立，花叶，绿色。肉质根圆柱形，出土部分皮绿色、光滑，入土部分皮白色，肉浅绿色，肉质脆，含水量适中，生食无辣味或微辣，品质优良。根长 20～22cm，入土部分 7cm 左右，横径 9～11cm，单根重量 1.25～1.50kg，每亩产量 5 000kg 左右。田间对黑腐病、病毒病和软腐病的抗性强于对照绿宝，适合山西省及周边地区秋季种植。

（2）京脆 1 号。鲜食水果型萝卜一代杂种。生长期 75～80d，叶片近板叶型，深绿色，半直立株型。肉质根椭圆形，尾根细，茎盘小。根长 13cm，横径 12cm，单根重量 1.2kg，每亩产量 5 000～6 000kg。肉质根 3/4 露出地面，出土部分浅绿色，入土部分白色，肉色浅绿，肉质甜脆，适合生食。田间对病毒病和软腐病的抗性强于对照满堂红。适合北京、天津、河北、山东等地种植。

（3）七星。天津科润蔬菜研究所育成的水果型青萝卜杂交种。秋季生育期 75d 左右。植株直立，叶丛小，羽状裂叶，肉质根长圆柱形，根长 20～25cm，直径 6.5～7.5cm，单根重量 750g 左右，亩产量 4 000～5 000kg。肉质根入土部分少，表皮色绿光滑，亮泽美观；肉色绿、脆甜，适合生食。抗病高产。

（4）京研红樱桃。樱桃萝卜品种。该品种皮色暗红，肉质白，圆形，整齐度好，商品性状优良。单株重量 20g 左右，单根重量 16g，平均每亩产量为 1 600kg。从播种到收获需要25～30d，低温条件下生长期延长。抗芜菁花叶病毒。适合我国北方地区春、秋露地及冬春棚室栽培。

（5）楚玉 1 号。抗根肿病萝卜一代杂种。早熟，生育期 60d 左右，株型半直立，叶丛小，花叶，叶色深绿。肉质根长圆柱形，根长 25～28cm，根粗 7cm 左右，单根重量 1.5～2.0kg，每亩产量 4 500～5 500kg。表皮白色、光滑，皮痕小，抗根肿病，耐未熟抽薹，不易裂根和糠心。适合长江流域高山地区越夏和平原地区冬春季栽培。

（6）胭脂红 3 号。胭脂萝卜一代杂种。播种至收获 100～120d，羽状裂叶，叶片绿色，叶柄及叶脉紫红色。肉质根短圆锥形，皮紫红色，肉深红色，纵径 8cm 左右，横径 7cm 左右，单根重量 250g 左右，色素含量 1.7%左右，每亩产量 1 800kg 左右。适合重庆地区作色素提取和泡菜加工品种栽培。

二、露地栽培技术

1. 茬口选择

种植萝卜应选择土层厚、土壤疏松的壤土或沙质壤土，并以无同种病虫害的作物为前茬。秋冬萝卜的前茬以瓜类、茄果类、豆类蔬菜为宜，其中尤以西瓜、黄瓜、甜瓜茬较好。早春种四季萝卜的前茬，多为菠菜、芹菜、甘蓝、秋莴苣及胡萝卜等。四季萝卜也可与南瓜、笋瓜等隔畦间作，待四季萝卜收获后，南瓜等秧蔓也爬至间作畦中。南京地区早春种扬花萝卜可与茄子或番茄间作。春夏萝卜的前茬多为菠菜、芹菜及一些早熟越冬菜。夏秋萝卜的前茬，则多为洋葱、马铃薯、大蒜等蔬菜。

2. 整地、施肥和作畦

（1）整地、施肥　种萝卜的地块需及早深耕，打碎耙平，施足基肥。耕地的深度，如地下根部很长的浙大长等大型萝卜，需深耕 33cm 以上，一般耕深 23～27cm。种植萝卜，需要施足基肥。一般菜农的经验是“基肥为主，追肥为辅”。基肥的种类与用量因土壤的肥力与品种的产量等不同而异。一般基肥占总施肥量的 70%，即每公顷撒施腐熟的厩肥 52 500～60 000kg，草木灰 750kg，过磷酸钙 375～450kg，耕入土中，而后耙平做畦，使土壤疏松、畦面平整、土壤细碎均匀。

温馨提示

偏施含氮化肥肉质根易产生苦味。

（2）作畦（垄）　作畦（垄）的方法，因品种、土质、地势及当地气候条件不同而异。中小型的萝卜品种在雨水少、排水良好的地方多用平畦栽培。大型萝卜根深叶大，尤其在黏土与排水不良或土层浅的地块须起垄栽培，以利通气与排水，减少软腐病等病害的发生。而在江南地区，无论大型或小型萝卜，都用深沟高畦栽培，以利排水，一般畦高 20～27cm，畦宽1～2m，沟宽 40～50cm。

3. 播种

（1）适期播种　播种期的选择，应按照市场的需要、地区气候条件及各品种的生物学特性等因素来安排。要注重创造适合的栽培条件，尽量把栽培期安排在适合的生长季节里，尤其是要把肉质根膨大期安排在月平均温度最适合的月，以期达到高产优质的目的。

（2）播种密度与播种方法　合理密植是配置适当的作物群体结构，调节个体与群体的关系，达到充分利用环境条件，提高产量和品质的有效措施。因此，必须根据当地的土、肥、水等条件和品种特性来确定合理的种植密度。大型萝卜品种如浙大长等，行距 40～50cm，株距 40cm。起垄栽培时行距 54～60cm，株距 27～30cm。中型品种如新闸红等，行距 25～30cm，株距 17～25cm。小型的四季萝卜撒播，定苗株行距 5～7cm 见方。播种时的浇水方法，有先浇水再播种而后盖土，以及先播种再盖土而后浇水两种方法。前者底水足，上面土松，幼苗出土容易，但盖土费时、费力。后者容易使土壤板结，须在出苗前经常浇水，保持土壤湿润，才易出苗。暑期播种后除盖土外，还应进行覆盖，以保持水分，保证出苗迅速整齐，避免暴雨后土壤板结，妨碍出苗。覆盖物可用谷壳、碎干草、灰肥等，或播种时将萝卜籽与其他蔬菜（如白菜等）种子混播，可有助于萝卜幼苗破土，保证萝卜齐苗，但出苗后应间去杂苗。播种后盖土的厚度约为 2cm。疏松土播种稍深，黏重土宜浅。播种过浅，土壤易干，且出苗后易倒伏，胚轴弯曲，将来根形不直。播种过深，不仅影响出苗的速度，还影响肉质根的长度和颜色。

（3）播种量　因种子质量、土质、气候及播种方法的不同而异。在同样环境下，精选的种子用量少，成熟度差的种子及早春低温条件下播种的用种量可较多些。大面积栽培时，播种前必须先做好种子发芽试验，以决定需要种子的准确数量。同一季节播种同一品种，因播种方法不同，播种量也不同。一般撒播用量较多，条播次之，穴播最少。播种时，必须稀密适合，过稀时容易缺苗，过密时则间苗费工，苗易徒长，都会影响产量。一般扬花萝卜撒播每公顷用种子 15kg 左右，五月红与泡里红等品种条播每公顷用种子 7.5～12kg，浙大长等大型萝卜品种穴播每公顷用种子约 3kg。一般每穴播种 2～3 粒，并使种子在穴中散开，以免出苗后拥挤，幼苗纤弱。出苗后如果出现缺苗现象，应及时补播。

温馨提示

种子的质量好坏对植株的生长及产量的影响很大，即所谓“好种出好苗”。所以，在播种之前，种子须先行筛选，选粒大饱满的种子播种。并且萝卜种子的新陈，也对发芽和出苗及产量、品质等有一定的影响。在种子贮藏过程中，尤其是在高温潮湿的条件下贮藏的陈种子，胚根的根尖容易受到损伤，播种后发芽率低，出苗慢，肉质根的杈根率高。

4. 田间管理

播种出苗后，需适时进行间苗、浇水、追肥、中耕除草、病虫害防治等一系列的管理，其目的在于较好地控制地上部与地下部生长的平衡，使前期根叶并茂，为后期光合产物的积累与形成肥大的肉质根打好基础。

（1）及时间苗　萝卜的幼苗出土后生长迅速，要及时间苗。否则常致拥挤，互相遮阴，光照不足，幼苗细弱徒长。间苗的次数与时间要依气候情况、病虫危害程度及播种量的多少等而定。应以早间苗、稀留苗、晚定苗为原则，以保证苗全苗壮。通常晚定苗可比早定苗减轻因菜螟等危害而造成的缺株问题。一般在第 1 片真叶展开时进行第 1 次间苗，拔除受病虫损害及细弱的幼苗、病苗、畸形苗及不具原品种特征的苗，宜留子叶展开方向与行间垂直，而两片子叶大小一致、形状呈圆肾脏形的苗。2～3 片真叶时进行第 2 次间苗，5～6 片叶时可定苗。

（2）合理灌溉

①发芽期。播种时要充分浇水，保持土壤湿润，保证出苗快而整齐。

②幼苗期。苗小根浅，要掌握“少浇勤浇”的原则，以保证幼苗出土后的生长。在幼苗“破肚”前后的时期内，要少浇水，促使根系向土层深处发展。

③叶部生长盛期。此期需水渐多，因此要适量灌溉，以保证叶部的发展。但也不能浇水过多，以防止叶部徒长，所以要适当控制水分。群众的经验是“地不干不浇，地发白才浇”，此期浇水量较前为多。

④肉质根生长盛期。应充分均匀地供水，维持土壤相对含水量在 70%～80%，空气相对湿度在 80%～90%，则品质优、产量高。

⑤肉质根生长后期。仍应适当浇水，防止糠心，这样可以提高萝卜品质和耐贮藏能力。浇水的时间，早春播种的扬花萝卜，因气温低宜在上午浇水，浇后经太阳晒，夜间地温不致太低。伏天种的萝卜，最好傍晚浇水，可降低地温，有利于叶中养分向根部积累。雨水多时要注意排水，田间不能积水。

(3) 分期追肥　施肥要根据萝卜在生长期中对营养元素需要的规律进行。基肥充足而生长期短的萝卜，可以少施追肥。大型品种生长期长，需分期追肥，但要着重在肉质根生长盛期之前施用。在追肥时要做到“三看一巧”，即看天、看地、看作物，在巧字上下功夫，以求合理施肥，做到选择适合的施肥时间。例如，一般菜农的经验是“破心追轻，破肚追重”。在南京地区，一般追肥的时间和次数是：第1次追肥在幼苗生出2片真叶时追施稀薄的农家液态有机肥，点播、条播的施在行间，撒播的全面浇施。第2次在进行第2次间苗中耕后追肥，浓度同上。至“大破肚”时再追肥一次，浓度为50%的农家液态有机肥，每公顷并增施过磷酸钙及硫酸钾各75kg。中、小型萝卜进行3次追肥后，萝卜即迅速膨大，可不再追肥。大型的秋冬萝卜生长期长，到“露肩”时每公顷追施硫酸铵112.5～300kg。至肉质根生长盛期再追钾肥一次，如施草木灰宜在浇水前撒于田间，每公顷1 500～2 250kg，以供根部旺盛生长期的需要。在“露肩”后每周喷1次2%的过磷酸钙，有显著的增产效果。

温馨提示

追施农家液态有机肥和化肥时，切忌浓度过大或离根部太近，以免烧根。农家液态有机肥必须经腐熟后使用，浓度适中。浓度过大，也会使根部硬化。一般应在浇水时对水冲施。农家液态有机肥与硫酸铵等施用过晚，会使肉质根的品质变劣，造成裂根或产生苦味。

(4) 中耕除草及培土　在萝卜生长期内，须数次中耕锄松表土，尤其在秋播苗小时，气候炎热雨水多，杂草容易发生，须勤中耕除草。高畦栽培的，畦边泥土易被雨水冲刷，中耕时须结合培土。栽培中型萝卜可将间苗、除草、中耕三项工作同时进行，以节省劳力。中耕宜先深后浅，先近后远，至植株封行后停止中耕，有草就拔除。四季萝卜因密度大，一般不中耕。肉质根长形且露出地面的品种，因为根颈部细长软弱，常易弯曲、倒伏，生长初期须培土壅根，使其直立生长，以免日后形成弯曲的肉质根，到生长的中后期须摘除枯黄老叶，以利通风。

三、保护地栽培技术

利用保护地生产萝卜，于冬前10～12月或早春2～3月，利用日光温室、风障、阳畦、遮阳网棚或中、小塑料棚并加盖草苫等不透明覆盖物进行保护地播种，元旦和春节前后上市，或4～5月上市。保护地早熟栽培的特点是从播种到收获的生长期中遇有低温时期，须在保护设施内生长。夏萝卜（伏萝卜）栽培利用遮阳网棚遮光、降温、防暴雨，是栽培成功的关键之一。保护地栽培要实现萝卜丰产、质优，其栽培技术要点有：

1. 品种选择

应选用耐寒性强、抽薹晚、生育期短、叶丛小、品质好、丰产性好的品种。在此基础上还要注意选用不易糠心品种，以有利于分期上市，即使有的单株抽薹较早也不影响肉质根品质。如雪春、白玉春、春红1号、潍县青及四季萝卜品种等。伏萝卜栽培要选用抗病性和耐热性强的品种，如热白、石家庄白萝卜、夏浓早生3号、四季小政等。

2. 种植方式

保护地种植萝卜多以和其他蔬菜间套作为主，这样有利于利用时间、空间，可提高单位面积的经济效益。如早春萝卜行间套种茄果类等蔬菜，越冬萝卜行间套种大蒜等。

3. 整地、播种

由于保护地种植的萝卜多选生长期短的品种，故应施足基肥，以充分腐熟的有机肥和氮、磷、钾复合肥为主，然后精细整地。整地后随即浇水，扣好塑料薄膜以提高棚内地温，称此为“烤畦”。播种时要保证10cm深的土层温度在8℃以上才能播种，以开浅沟点播为宜。若套在高秆蔬菜行间用穴播为好，每穴点2～3粒，一般用干种子直播，或用25℃水浸泡1～2h，捞出后晾干种子表面水分即可播种。若是小型萝卜，如扬花萝卜则用撒播。株行距则视品种和间套作作物种类不同而异。若是用肉质根形成早、生理成熟晚且耐糠心的品种，则可播密一些。地膜覆盖的春萝卜可比露地栽培提早5～7d播种。方法是条播行距10～15cm，播种后铺膜，出苗后按10～15cm间距在膜上开直径5～6cm的孔，幼苗从孔中长出。间苗后留1苗。穴播时先铺膜，晒2～3d，待地温升高后按株、行距要求破膜挖穴播种，孔径7～9cm。

4. 田间管理

出苗前棚内夜间保持12℃以上，白天在25℃左右。出苗后要适当降温，防止高脚苗，一般夜间不低于10℃，白天在18～20℃。温度高要通风，温度低要增加覆盖物保温。施肥、浇水，视苗情、墒情而定，同一般栽培。若白天自然温度在20℃左右，夜间能稳定在8℃以上时，可以揭除覆盖物，有利于萝卜生长。待肉质根基本形成，可先间拔收获一批上市，留下的继续生长，陆续上市。

四、病虫害防治

1. 主要病害防治

（1）病毒病　危害萝卜的重要病原是芜菁花叶病毒（TuMV）和黄瓜花叶病毒（CMV）及萝卜花叶病毒（RMV）。在萝卜的各生育期均可发病。发病初期心叶出现叶脉色淡而呈半透明的明脉状，随即沿叶脉褪绿，成为浅绿与浓绿相间的花叶。叶片皱缩不平。后期叶片变硬而脆，渐变黄，植株矮化，停止生长。根系不发达，切面呈黄褐色。

防治方法：①选用抗病品种。②适时晚播使苗期躲过高温、干旱期。③及时防治蚜虫，避免蚜虫传播病毒。④加强田间管理，深耕细作，消灭杂草，减少传染源。⑤加强水分管理，避免干旱。⑥发病前或发病初期开始喷20%病毒A可湿性粉剂400～600倍液，或1.5%植病灵乳剂1 000倍液，或5%菌毒清水剂300～400倍液，或83增抗剂水剂100倍液等，每7～10d喷1次，连喷3～4次。

（2）萝卜霜霉病　主要危害叶片，其次是茎、花梗、种荚。症状及发病条件见大白菜。

防治方法：①选用抗病品种。②播前用种子重0.3%的50%福美双可湿性粉剂，或25%甲霜灵可湿性粉剂，或75%的百菌清可湿性粉剂拌种，杀灭种子表面的病菌。③与十字花科作物隔年轮作，邻作也忌十字花科作物，以减少传染病源。④秋冬萝卜播种期适当推迟，避开高温多雨季节。⑤及时去除病苗、弱苗及中心病叶。⑥施足有机肥，增施磷、钾肥，增强植株抗性。⑦发病初期可用40%乙膦铝可湿性粉剂300倍液，或25%甲霜灵可湿性粉剂500倍液，或64%杀毒矾可湿性粉剂500倍液，或72%霜脲·锰锌可湿性粉剂800～1 000倍液等防治。上述药剂应轮流交替使用，每7～10d喷施1次，连喷3～4次。

（3）萝卜软腐病　由细菌侵染致病。多在肉质根膨大期开始发病。发病初期植株外叶萎蔫，早晚可以恢复，严重时不能恢复。叶柄基部及根颈部完全腐烂，产生黄褐色黏稠物，并有臭气，外叶平贴地上。防治方法：①选用抗病品种。②与禾本科作物、豆类作物轮作，忌与十字花科、茄科、瓜类作物连作。③选用高燥地块种植，应用高垄、高畦栽培，增施腐熟有机肥。④适当晚播，雨季注意排水防涝，降低土壤湿度。⑤去除中心病株，及时防治地下害虫和食叶害虫。⑥发病严重地块，在根际周围撒石灰粉消毒，每公顷用量 900kg，可防止该病流行。⑦播种前，150g 种子用菜丰宁 B1 拌种，或用种子重量 1.5%的 1%中生菌素水剂拌种。⑧发病初期可用丰灵可湿性粉剂 400～600 倍液，或 70%敌克松 200～400 倍液适量灌根，或喷洒 72%农用链霉素可湿性粉剂 3 000～4 000 倍液，或新植霉素 4 000 倍液。上述药液之一，7～10d 喷 1 次，连喷 2～3 次。

（4）萝卜黑腐病　幼苗受害时，子叶、心叶萎蔫干枯死亡。成株期受害时，病斑多从叶缘向内发展，形成 V 形黄褐色枯斑。其受害症状及发病条件等见结球甘蓝。防治方法：①在无病区或无病种株上留种，防止种子带菌。②播前进行种子处理，可用温汤浸种或药剂处理。③按每公顷用 50%福美双可湿性粉剂 18.75kg，加细土 150～180kg，沟施或穴施入播种行内，消灭土壤中的病菌。④适期播种，高垄栽培，施腐熟的有机肥，拔除中心病苗，减少机械伤口。⑤发病初期可用 0.03%农用链霉素、0.02%新植霉素或氯霉素 2 000～3 000 倍液，或 45%代森铵水剂 900 倍液，或 47%加瑞农可湿性粉剂 600～800 倍液，或 50%琥胶肥酸铜可湿性粉剂 600 倍液等喷施。上述药剂应交替轮换施用，每 7～10d 喷 1 次，连喷 2～3 次。

2. 主要害虫防治

（1）蚜虫　危害萝卜的蚜虫主要有萝卜蚜、桃蚜和甘蓝蚜。其成虫和若虫均吸食萝卜体内的汁液，造成整株严重失水和营养不良，叶片卷缩，并大量排泄蜜露，常导致霉污病。蚜虫又是多种病毒病的传播媒介，可造成更大的损失。防治方法：①提倡与高秆作物间套作。②萝卜大面积生产应尽量选择远离十字花科蔬菜地、留种地及桃、李等果园，以减少蚜虫的迁入。③清洁田园，铲除杂草，及时清除前茬蔬菜作物病残败叶，及时打老叶、黄叶，间除病虫苗并进行无害化处理。④采用银色反光塑料薄膜避蚜，或用黄板诱蚜。⑤选用具内吸、触杀作用的低毒农药，喷药时特别注意心叶和叶片背面。常用药剂有：50%抗蚜威或10%吡虫啉可湿性粉剂2 000～3 000倍液，或3%啶虫脒乳油2 500～3 000倍液，或40%菊·杀乳油或40%菊·马乳油2 000倍液，或21%增效氰·马乳油3 000倍液等。

（2）菜螟　又名钻心虫、萝卜螟。是一种钻蛀性害虫，主要危害幼苗期心叶及叶片，使幼苗停止生长，或萎蔫死亡，还可传播软腐病。菜螟危害期主要在5～11月，但以秋季危害最重。若秋季干旱少雨，温度偏高，则危害较重。若8～9月雨水较多，则危害较轻。防治方法：①深翻土地，清洁田园，以减少虫源。②避免与十字花科作物连作。③秋旱年份调节播期，使萝卜3～5片叶期避开此虫盛发期，并于早晚勤浇水，增加田间湿度，创造不利于菜螟生育的条件。④根据幼苗生育期，在初见心叶被害和有丝网时喷药，可每隔7d喷1次，连喷2～3次。常用药剂有：90%晶体敌百虫1 000倍液，或80%敌敌畏乳油1 000倍液，或50%辛硫磷乳油1 000倍液，或2.5%溴氰菊酯乳油3 000倍液，或20%速灭菊酯乳油3 000倍液，或5%氟苯脲乳油、5%氟啶脲乳油各2 000～5 000倍液等。

（3）黄曲条跳甲　是萝卜的主要害虫。成虫常群集叶背取食，使叶片布满稠密的椭圆形小孔洞，幼苗受害最重，可造成缺苗断垄。幼虫只危害菜根，将表皮钻蛀成许多虫道，咬断须根。成虫善跳，在中午前后活动最盛。趋光性和趋黄色习性明显。防治方法：①提倡与非十字花科作物轮作。②清除田间杂草及病残落叶。黑光灯诱杀成虫。③发生严重的地区应注意土壤施药，在萝卜播种前用4%乙敌粉每公顷30～37.5kg，或3%辛硫磷颗粒剂每公顷45～75kg撒施，耙匀。萝卜出苗后20～30d，喷药杀灭成虫，从菜田周围向内围歼。常用药剂：90%晶体敌百虫1 000倍液，或80%敌敌畏乳油1 000倍液，或50%马拉硫磷乳油800倍液，或20%速灭菊酯乳油2 000倍液，或25%杀虫双水剂500倍液喷雾。幼虫危害严重时，也可以用上述药剂灌根。

五、采收

萝卜的各类型品种都有适合的收获期。收获过早产量低，过迟易糠心而降低品质。收获的标准一般为肉质根充分膨大，肉质根的基部已圆起来，叶色转淡，此时应及时收获。春播萝卜因生长期短，播种后一般50～60d就宜及时收获，否则易很快抽薹，降低品质。夏季或初秋播种的夏秋萝卜生长快，播后40～60d可收获。秋冬萝卜中肉质根大部分露在地上的品种，都要在霜冻前收获，以免冻害。而晚熟品种根全部在土中，因有土壤的保护，尽可能迟收以提高产量。需要贮藏的萝卜必须及时收获，以免受冻和贮藏中发生糠心。在高纬度或高寒地区，生长后期有未熟抽薹植株，可及时摘除花茎，待肉质根膨大后及早收获。收获时，作为鲜食的，用刀切除叶丛后上市供应。如为贮藏的，在淮北与华北地区一般收后将叶连同顶部切除，以免在贮藏期间发芽糠心。但南京的习惯是带叶柄6cm假植贮藏。

萝卜的产量因品种类型、栽培季节与栽培技术不同而异。中国南方气候温暖，萝卜可在露地越冬，可随时采收供应新鲜产品，贮藏不很普遍。但在长江以北，冬季寒冷，必须在受冻前收获贮藏，以供冬季需要。

【专栏】

萝卜肉质根形成中存在的主要问题及解决方案

1. 未熟抽薹

萝卜在北方春夏季栽培或高寒地区秋冬栽培中，种子萌动后遇低温；或使用陈种子播种过早，又遇高温干旱，以及品种选用不当、管理粗放等原因，就会发生未熟抽薹，从而直接影响或抑制肉质根的肥大和发育。防止措施：选用不易抽薹的品种；使用新种子；适期播种；加强肥水管理。

2. 肉质根畸形

如土质过硬，主根延长受阻，则发生弯曲、杈根、裂根等畸形根，从而影响商品质量。

杈根又叫歧根，主要是主根生长点遭到破坏或主根生长受阻而造成侧根肥大所致。如耕层过浅、坚硬或有石砾块阻碍肉质根生长。或者使用了未腐熟的有机肥，或肥料浓度过大而使主根受损，均会发生杈根现象。防止措施：精细整地是关键；使用腐熟有机肥；不使用陈种子；移栽时注意不要伤根。

裂根就是肉质根裂开，主要是肥水供应不均而造成的。如秋冬萝卜生长初期，遇到干旱而供水不足，肉质根周皮组织硬化。到生长中后期湿度适合，水分充足时，肉质根木质部薄壁细胞再度膨大，而周皮层及韧皮部的细胞不能相应生长，就会发生开裂现象。防止措施：生长前期遇干旱要及时灌水，中、后期肉质根迅速膨大时则要均匀供水；起垄栽培，土层疏松，有利于根系吸收养分，不易产生畸形根。

3. 糠心

又叫空心，是指肉质根木质部中心发生空洞的现象。糠心萝卜重量减轻，品质差。水分失调是糠心发生的直接原因。

（1）品种因素　凡肉质根质地致密的小型品种，都不易糠心。而生长速度快、肉质松软的大型品种易糠心。

（2）栽培因素　由于播种过早，生长季节温度高，湿度小，水肥供应不足，采收不及时均易糠心。

（3）生殖生长因素　春夏萝卜如播种过早，发生抽薹开花时，肉质根得不到充足的养分和水分则易发生糠心。

（4）贮藏因素　贮藏过程中温度过高，贮藏时间过长，导致水分、营养消耗较多而发生糠心。因此，在栽培管理、品种选择、贮藏过程中要针对以上产生的原因采取相应措施，防止糠心现象的发生。

4. 苦味和辣味

肉质根中的辣味是由于辣芥油含量过高而产生的。萝卜肉质根的辣味是某些品种的特性之一。但在干旱、炎热、肥水不足、病虫危害的情况下，不辣的品种也会产生辣味或导致辣味加重。苦味是因为肉质根中含有苦瓜素。在单纯使用氮素化肥，氮肥过多而磷肥不足的情况下容易产生。消除苦味和辣味的措施是注意合理施肥，加强水分管理，及时防治病虫害。

第二节　胡萝卜

一、类型及品种

1. 类型

依据胡萝卜肉质根的长度可分为长根类型和短根类型。依肉质根的形状又可分为长圆柱形、短圆柱形、长圆锥形和短圆锥形。肉质根的颜色、叶色、叶片大小及裂叶细碎程度，在品种间有明显差异，与栽培技术也有关。

2. 新优品种介绍

（1）金红6号　胡萝卜一代杂种，生育期100d左右。肉质根圆柱形，表皮、肉、髓部均为橘红色，根长19～21cm，横径4.5～5.0cm，单根重量230～250g，亩产量4 500kg以上，适合我国北方地区春播种植。

（2）天红5号　胡萝卜一代杂种。株高62cm左右，10片叶，叶丛直立。肉质根根形整齐，表皮光滑，呈圆柱形，橘红色、颜色深，髓心较细，平均根长14.47cm，根粗4.06cm，单根重量106.92g。胡萝卜素含量70.28mg/kg（FW），可溶性固形物含量9.11%，品质好。大棚春播抽薹率0.26%，较适合春播。

（3）金黄1号　胡萝卜一代杂种。肉质根圆柱状，表皮、肉、髓部均为黄色，可溶性总糖含量6.19%，含水量87.5%，单根重量250～300g，亩产量5 300kg以上，可作饲用，亦可鲜食及腌制，适合我国北方地区夏播。

（4）红参158SHDS-069　日本进口杂交早熟胡萝卜新品种，叶片短，浓绿色，播种后95～105d可开始收获，收尾早且圆。根呈圆筒形，表皮光滑，长20～23cm，单根重量250g左右。耐抽薹性较好，整齐度好，成品率高。适合全国各地春秋露地、高山越夏以及南方越冬栽培。

（5）助农大根　台湾品种。中晚熟，全生育期150～180d，株高35～45cm，直立，羽状复叶，颜色深绿，茸毛少。肉质根圆柱形，长21～23cm，直径4～5cm，根尾部圆钝，不易裂根，皮橘红色、较光滑，单根重量280～350g。心柱直径1.5～2cm、橘红色，肉质脆。耐寒、耐旱、耐涝，抗抽薹，抗病性强，产量高，货架期长，商品性好，耐贮运，适合加工出口，适合在福建沿海沙壤土地区种植。

二、露地栽培技术

1. 整地作畦与施基肥

应选择土层深厚、排水良好、土质疏松的田地种植胡萝卜。前作收获后及时清洁田园，最好先浅耕灭茬，再施基肥深耕。每公顷施腐熟的农家肥50 000～60 000kg，草木灰1 500～3 000kg，过磷酸钙1 200～

1 500kg，深耕 25cm 左右，将肥料翻入土中并耙平，作畦。作畦方式因品种、地区及地势不同而异。若土层较薄、多雨地区或多湿地段，宜采用高畦或垄栽培，以增厚土层和便于排水。土层深厚、高燥、排水良好的地段可做成平畦。例如北方地区起垄，顶部宽 20cm，高 15～20cm，底部宽 25～30cm，垄距 50～60cm。平畦同普通菜畦，宽 1～2m，视地势、土质和浇水条件灵活掌握。畦长视地段平整情况和浇水条件，以便于田间管理和充分利用土地而定。

2. 播种

（1）播种期　适时播种是胡萝卜获得高产、优质的重要条件之一。因地区、品种不同，播期也不尽相同。中国大多夏播或晚夏播种，冬前收获。

（2）播种

①催芽。因种子较小，播种时可掺适量草木灰或细土，以利播种均匀。也可掺适量白菜种子，可以早出苗，表示胡萝卜条行所在，利于前期除草、中耕等作业。胡萝卜种子吸水慢，发芽迟，催芽后播种可早出苗 4d 左右。

催芽方法：将搓去毛刺的种子用 40℃水泡 2h，再淋去水，置于 20～25℃下催芽。催芽过程中应保持适合湿度，并定期翻动，使种子处在均匀的温度、湿度条件下，当大部分种子露芽时即可播种。

②播种方法。条播按行距 15～20cm，单行，或 45～50cm 宽幅双行，开沟深 2～3cm，顺沟施入氮磷钾复合肥，与土壤拌匀后再播种，播后覆土（或以适量草木灰、细厩肥掺上细土盖之），厚度与沟平。也可开沟后即播种，轻度镇压后浇水，而后即以碎草覆盖畦面保湿。条播用种量每公顷 10.5kg。撒播，可在畦面上直接撒种，播后松土、镇压、浇水、覆盖碎草等同条播法。撒播用种量每公顷 15～22.5kg。有些地区，如山西省，大面积栽培胡萝卜用耧播，用种量每公顷 11.25kg 左右。播后，若温、湿度适合，经 10～15d 即可出苗（催芽的 6～7d 出苗）。在大面积种植胡萝卜时，为避免杂草危害，除用人工除草外，可进行化学除草，每公顷用 48％氟乐灵乳油 1.5～3kg，对水 200 倍，在胡萝卜播种前或播种后至出苗前喷雾。

3. 田间管理

（1）间苗、除草　出苗后，应及时除去覆盖物。此时气温高，杂草生长快，应及时拔除，以免妨碍幼苗生长。定苗前应间苗1～2次。第1次，在苗高3cm左右、约2片真叶时进行，除掉过密苗、弱苗和不正常的苗，留苗株距3cm左右。第2次间苗，在3～4片真叶、苗高约13cm时进行。此时若苗健、弱、优、劣易于区分亦可进行定苗。定苗株距12～15cm。若待长到4～5片真叶时再定苗，则第2次间苗株距6cm左右。每次间苗都要结合除草和中耕松土，雨后还要进行清沟和培垄等工作。定苗后每公顷留苗52.5万～60万株。小根型的品种可适当密些。

（2）浇水、追肥与中耕培土　播种后如天气干旱或土壤湿度不足，可适当浇水，以利出苗。幼苗期需水量不大，一般不宜过多浇水，以利蹲苗防止徒长。从定苗到收获，追肥2～3次。在定苗后应随之浇水和追肥，将腐熟的农家液态有机肥随水施入。或将其加水搅匀稀释施用。若追施腐熟圈肥（应捣细）或化肥，最好先开沟施入，覆土后浇水。追肥应在封垄前完成。追肥及用量可视土壤肥力和肥料种类而定。第1次追施农家液态有机肥，每公顷2 000～2 500kg，第2次2 500～3 000kg，第3次1 500～2 000kg。若土壤肥力低，应增加施肥量。条播的也可在第1次追肥时沟施腐熟的饼肥每公顷750kg。最后一次追肥应在肉质根迅速膨大初期完成。生长后期应防肥水过多，否则易导致裂根，也不利于贮藏。中耕可在每次间苗、定苗、浇水施肥后，待土壤湿度适合时进行。

温馨提示

胡萝卜的根系主要分布在10～20cm的土层，中耕不宜过深。每次中耕特别是后期应注意培土，最后一次中耕应在封垄前完成，并将细土培至根头部，以防肉质根膨大后露出地面，变成绿色，影响品质。

三、病虫害防治

1. 主要病害防治

（1）胡萝卜黑腐病。肉质根受害，形成不规则或圆形、稍凹陷的黑色病斑，上生黑色霉状物。严重时病斑迅速扩展深入内部，使其变黑腐烂。叶片受害时，初期呈无光泽的红褐色条斑，后叶片变黄枯死，上生黑色绒毛状霉层。防治方法：①清除田间病株残体，减少田间病源。②在无病田、无病株上采种，防止种子带病菌。③发病初期可用70%代森锰锌可湿性粉剂600～800倍液，或50%多菌灵可湿性粉剂500倍液，或58%甲霜·锰锌可湿性粉剂600倍液，或50%异菌脲可湿性粉剂1 000～1 500倍液等喷施。每隔7～10d喷1次，连喷2～3次。

（2）胡萝卜黑斑病。真菌病害，主要危害叶片，病斑多发生在叶尖或叶缘。病斑不规则，褐色，周围组织略褪色，病部有细微的黑色霉状物。防治方法：①加强田间管理，适当浇水、追肥，防止干旱。②及时清洁田园，集中病株残体深埋或烧毁，减少病源。③药剂防治同黑腐病。

（3）胡萝卜细菌性软腐病。只危害肉质根。发病后组织软化，呈水渍状褐色软腐，腐烂后有臭味，有汁液渗出。地上部叶片枯萎。防治方法：①在无病田、无病株上留种。②与禾本科作物实行3年以上轮作。③及时清洁田园，减少病源。④及时防治地下害虫，减少虫咬伤口。⑤适当浇水，控制土壤湿度。⑥发病前或发病初可在地表喷洒14%络氨铜水剂300倍液，或50%琥胶肥酸铜可湿性粉剂500倍液，或70%敌磺钠可湿性粉剂1 000倍液，或农用链霉素0.02%水溶液，或氯霉素0.02%～0.04%溶液。上述药液之一每隔10d喷1次，连喷2～3次。

（4）胡萝卜菌核病。真菌病害，该病只危害肉质根。发病期肉质根软化，外部出现水渍状病斑，后腐烂。潮湿时表面上出现白色绵状菌丝体和鼠粪状菌核。菌核初为白色，后变为黑色，地上部枯死。贮藏期可继续发展，在窖内腐烂。防治方法：①与禾本科作物实行3年以上轮作。②秋冬深翻土地，把菌核深埋入地下，使之难以萌发。③春季多中耕，以破坏其子囊盘的产生，减少传播。④及时清洁田园。⑤合理施肥，避免偏施氮肥，造成徒长。⑥合理密植，改善通风条件。在雨季及时排水，合理灌溉，控制土壤湿度。⑦发病初期可用70%甲基硫菌灵可湿性粉剂600倍液，或50%乙烯菌核利可湿性粉剂1 000倍液，或50%异菌脲可湿性粉剂1 000～1 500倍液，或50%腐霉剂可湿性粉剂1 500倍液喷施。上述药液之一每隔7d喷施1次，连喷2～3次。

2. 主要害虫防治

危害胡萝卜地上部分的害虫主要有胡萝卜微管蚜和茴香凤蝶，以食叶为主，防治方法可参见萝卜蚜虫和菜青虫的防治方法。一些地下害虫危害塑料棚栽培胡萝卜肉质根严重，在此做主要介绍。

（1）蛴螬　金龟子幼虫的通称，种类较多，常见的有大黑鳃金龟、华北大黑鳃金龟、暗黑鳃金龟和铜绿丽金龟4种。主要咬断胡萝卜幼苗根茎，致使幼苗死亡，或者使胡萝卜主根受伤而成为畸形根。春播胡萝卜受害较重，尤其是施用了未腐熟有机肥的田块，受害更重。防治方法：①使用经充分腐熟的有机肥。②灯光诱杀成虫。③人工捕杀。④在蛴螬发生较严重的地块，沟施辛硫磷颗粒剂，或用敌百虫、辛硫磷拌毒土。或用21%增效氰·马乳油8 000倍液，或50%辛硫磷乳油800倍液，或80%敌百虫可湿性粉剂800倍液等灌根，株灌药液150～250g。

（2）蝼蛄　常见的有华北蝼蛄和东方蝼蛄两种。主要咬食胡萝卜幼苗根茎，或在土中钻成条条隆起的“隧道”，使幼苗根部与土壤分离，造成幼苗死亡。蝼蛄的成虫、若虫喜温暖、潮湿的环境，在地表以下20cm处，地温达14～20℃时，进入危害盛期。防治方法：①利用蝼蛄具有的趋光性和喜湿性，以及对香甜物质及马粪等具有的强烈趋性，针对性地采取措施进行防治，如使用充分腐熟的马粪等有机肥。②每公顷用5%辛硫磷颗粒剂15～22.5kg混细土300～450kg，撒于条播沟内或畦面上再播种，然后覆土，有一定的预防作用。③已经发生蝼蛄危害时，可将豆饼、麦麸等5kg炒香，用90%晶体敌百虫或50%辛硫磷乳油150g对水30倍拌匀，每公顷用毒饵30～37.5kg于傍晚撒于田间。

（3）金针虫　叩头甲幼虫的通称。以沟金针虫和细胸金针虫分布最广。危害胡萝卜的肉质根，使幼苗枯萎致死，或造成肉质根畸形和破伤等。以幼虫和成虫在土中越冬，2月开始活动，3～5月和9～10月对春、夏播胡萝卜均可造成危害。防治方法：①秋耕冬灌。②配制毒土。将80%敌百虫可湿性粉剂每公顷1 500～2 250g，或56%辛硫磷乳油200g，对水少量稀释后拌干细土10～20kg，撒于地面，整地作畦时翻于土中杀灭成虫、幼虫。③春、秋季严重危害时，可用50%辛硫磷乳油每公顷3 750～4 500g，结合浇水施入田中，效果良好。

四、采收

1. 收获时期

采收时期因品种或地区不同而异。早熟品种有的播种后60d即可收获。中晚熟和晚熟品种多在播种后 90～150d 收获。收获应注意适时，过早或过晚都会影响产量和品质。如过早收获，根未充分长大，产量低且味淡。若收获过晚，心柱会变粗，质地变劣。北方地区冬季严寒，更应注意及时收获，以防冻害。南方地区部分胡萝卜可在田间越冬，但翌春也应适时收获，否则天气变暖，植株再次生长甚至抽薹，导致产量、品质严重下降。春播者更应注意及时收获，晚了同样会因高温多湿而烂根或后期发生抽薹现象。

收获适期，可从植株特征判断。成熟时，大多数品种心叶表现黄绿，外叶稍有枯黄状。肉质根充分肥大，地面会出现裂纹，有的根头稍露出土表。

2. 收获方法

大多用锹、齿镐等挖掘，也可用犁翻出捡拾，但不能用于长根型品种。胡萝卜为高产作物，长根型品种一般每公顷产量 37 500kg 左右，高者可达 75 000kg。所以收获用工较多，占全用工量的 1/3 以上。

【专栏】

胡萝卜生产中应注意的问题及解决方案

1. 未熟抽薹

以生产肉质根为目的的胡萝卜栽培，在肉质根未达到商品采收标准前而抽薹的现象称为未熟抽薹。发生未熟抽薹的植株肉质根不再肥大，纤维增多，失去食用价值。如前所述，胡萝卜属于绿体（幼苗期）低温感应型蔬菜，遇到 15℃以下低温，经 15d 以上即能通过春化，花芽分化后在温暖及长日照条件下抽薹开花。但品种间有差异，早熟品种在 15 片叶左右就可以抽薹，晚熟品种要生长到 20 片叶左右才开始抽薹。大部分品种的胡萝卜在夏秋季播种并不具备通过春化阶段的温度环境，而在生育后期，气温较低，也不适合抽薹开花，所以很少有未熟抽薹现象发生。在新疆北部、东北北部等夏季冷凉地区，有些胡萝卜品种会发生未熟抽薹现象。而春播胡萝卜栽培则常有未熟抽薹现象发生。春季栽种胡萝卜的未熟抽薹率与播种期有着十分密切的关系。春播越早，幼苗处于低温条件的时间越长，则未熟抽薹率越高，反之则较低。在发生倒春寒的气候反常年份未熟抽薹率较高。使用陈年种子在相同的环境中，未熟抽薹率也会增加。防止未熟抽薹的措施：选择适合的播种期，不宜过早；选择冬性强、不易未熟抽薹的品种；不用陈旧种子；严格执行采种技术规程，保证种子质量；注意水肥管理；有条件的地方尽量用塑料棚进行前期覆盖。

2. 肉质根畸形

胡萝卜肉质根畸形，包括分杈、弯曲、开裂、表面多瘤包等现象。畸形根影响食用品质和商品品质，应注意防止发生。

①分杈。在一般情况下，胡萝卜肉质根上4列相对的侧根不会膨大，只在环境条件不适时，侧根膨大，使直根变为两条或更多的分杈。产生的主要原因：种子生活力弱，影响幼根尖端生长，侧根代之膨大而形成分杈；土壤质地黏重、石块等硬杂物多，阻碍直根生长；施肥不当，肉质根遇到高浓度肥料往往枯死，侧根发育生长；地下害虫危害，咬坏直根先端促使侧根发育生长。一般长根性品种较容易发生分杈。

②弯曲。在肉质根发生分杈时，一般也伴随产生弯曲，有时发生弯曲而不分杈。肉质根发生弯曲的原因同分杈。

③裂根。胡萝卜肉质根多发生纵向开裂，有时深达心柱。开裂的肉质根不但影响质量，而且肉质根容易腐烂，导致贮藏性变差。开裂现象的发生往往和土壤水分供应不当有关，干旱时肉质根周皮层木质化程度增加，此时如突然浇大水，肉质根迅速生长，周皮层不能相应长大而导致破裂。

④瘤包。当胡萝卜肉质根侧根发达时致使表面隆起呈瘤包状，表皮不光滑，影响商品质量。发生的主要原因：土质黏重，通透性差；施肥过多，特别是氮肥过多，致使生长速度过快等。针对以上畸形根发生的原因，采取相应的措施即可达到防止的目的。

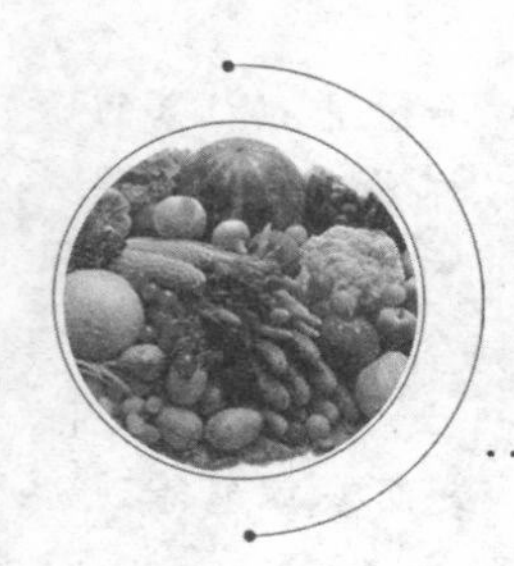

第三章 薯芋类蔬菜栽培

第一节 马铃薯

一、类型及品种

1. 类型

马铃薯品种按植株的生长习性可分为直立、半直立和匍匐3种类型。在栽培上按块茎成熟期可分为极早熟、早熟、中早熟、中熟、中晚熟和晚熟等6种类型，从出苗到成熟所需天数分别为50d、60d、60～70d、70～80d、80～90d、90d以上。按品种不同用途可分为鲜薯食用和鲜薯出口、炸片加工、炸条加工、淀粉加工、速冻食品加工等类型。按块茎休眠期的长短又可分为无休眠期、休眠期短（1～3个月）和休眠期长（3个月以上）3种类型。

马铃薯的生育周期

2. 品种

（1）东农303　极早熟。茎绿色。花冠白色，不能天然结实。薯块长圆形，中等大小，较整齐，黄皮黄肉，表皮光滑，芽眼多而浅，结薯集中。块茎休眠期较长，耐贮藏。薯块蒸食品质优，鲜薯含干物质20.5%，淀粉13.1%～14%，还原糖0.41%，粗蛋白2.52%，维生素C每100g含15.2mg。植株中感晚疫病，块茎抗病，抗环腐病，高抗花叶病毒，轻感卷叶病毒（PLRV），耐束顶病。耐涝性强，喜水肥。主要适合在东北、华北、华南等地区种植。

（2）中薯6号　早熟。株型直立。茎紫色，分枝数少。花冠白色，天然结实性强，有种子。薯块椭圆形，大而整齐，粉红皮，薯肉紫红色和淡黄色，贮藏后紫色变深。表皮光滑，芽眼浅，结薯集中。鲜薯含干物质 21.5%，还原糖 0.23%，粗蛋白 2.3%，维生素 C 每 100g 含 28.8mg。大中薯率可达 90%。生长后期轻感卷叶病毒（PLRV），苗期接种鉴定抗马铃薯 X 病毒（PVX）、马铃薯 Y 病毒（PVY）等花叶病毒病。适合中原二季作区春、秋两季种植和南方、北方一季作区早熟栽培。

（3）费乌瑞它 从荷兰引进。早熟。茎紫褐色。花冠蓝紫色，有浆果。薯块长椭圆形，大而整齐，皮淡黄色，肉鲜黄色，表皮光滑，芽眼数少而浅，结薯集中。块茎休眠期短，贮藏期间易烂薯。蒸食品质较优。鲜薯含干物质 17.7%，淀粉 12.4%～14%，还原糖 0.3%，粗蛋白 1.55%，维生素 C 每 100g 含 13.6mg。易感晚疫病，感环腐病和青枯病，抗马铃薯 Y 病毒 N 株系（PVYN）和马铃薯卷叶病毒（PLRV）。适合在中原二季作区各地作早春蔬菜和出口商品薯栽培。喜水肥，退化快，结薯层较浅，块茎对光敏感，易变绿而影响商品性。

（4）豫马铃薯 1 号 早熟。植株直立，茎粗壮。花冠白色，能天然结实。薯块圆或椭圆形，黄皮黄肉，表皮光滑，芽眼浅。结薯集中，薯块大而整齐。食用品质好，鲜薯含淀粉 13.4%，粗蛋白 1.98%，还原糖 0.089%，维生素 C 每 100g 含 13.87mg。块茎休眠期较短，较耐贮藏。植株较抗晚疫病和疮痂病，病毒性退化轻，感马铃薯卷叶病毒（PLRV）。适合于一、二季作地区水肥条件好的地块作早熟栽培。

（5）川芋早 早熟。植株较开展，茎粗壮，分枝少。花冠白花，开花较少。薯块椭圆形，大而整齐，表皮光滑，芽眼浅，皮肉浅黄色，结薯集中。块茎休眠期短，夏收后一般 35～40d。冬收后 50d 左右。食用品质好，鲜薯含淀粉 12.71%，还原糖 0.47%，维生素 C 每 100g 含 15.55mg，适合于鲜薯食用。经田间鉴定，植株抗马铃薯普通花叶病毒（PVX）和马铃薯卷叶病毒（PLRV），较抗晚疫病。适合西南二季作地区种植。

（6）坝薯 10 号 中晚熟。株型直立，主茎粗壮，茎绿色带紫晕，分枝数中等。花冠白色，天然结实少。薯块扁圆形，皮和肉均为淡黄色，表皮光滑，芽眼中等深度。结薯集中，块茎较大。块茎休眠期较长，耐贮藏。食用品质中等，鲜薯含淀粉 17%左右，含还原糖 0.2%，维生素 C 每 100g 含 13.15mg。植株抗晚疫病，较抗环腐病，感疮痂病，病毒性退化轻，田间表现耐病毒病。抗旱性强，适合于华北一季作地区种植。

（7）垦彩薯1号　晚熟，生育期110d左右。花冠白色略带浅紫色；块茎为长卵圆形，薯皮、薯肉紫黑色；干物质含量17.1%，花青素含量1 982.1mg/kg，淀粉含量6.87%，粗蛋白含量1.23%，维生素C含量206.0mg/kg，还原糖含量0.21%；抗晚疫病、PVX和PVY；平均单薯重量104.7g，大中薯（≥75g）率87%；亩产量1 500kg左右，适合黑龙江省春季种植。

（8）晋薯16　中晚熟种，生育期110d左右。薯形长椭圆、黄皮淡黄肉，芽眼中等深浅。干物质含量22.3%，淀粉含量16.57%，维生素C每100g含12.6mg，粗蛋白含量2.35%，还原糖含量0.45%。抗逆性强、产量稳定、大薯率达85%左右。在山西省马铃薯产区最高产量能超过4 000kg。

二、栽培技术

1. 播前准备

（1）播前催芽　播种前应进行种薯催芽，使种薯带有短而壮的幼芽（1～2cm）。播前催芽有利于防止病原菌侵染，有利于早出苗、出苗整齐、植株生长一致，早结薯，一般春薯催大芽播种比不催芽可增产10%以上。贮藏窖温度低或休眠期长的品种，应在播种前4～5周将种薯从冷藏窖中取出，放在室温（18～20℃）黑暗下暖种、催芽，待幼芽长出几毫米后，将温度降至8～12℃，使种薯逐渐暴露在散射光下壮芽，在催芽过程中应采取措施使发芽均匀粗壮。如播前种薯完全没有通过休眠，则可在播前选择健康未发芽的小整薯用锋利的消毒刀在种薯芽旁边切一定的深度，或视种薯的休眠深度，用一定浓度的赤霉素（5～20mg/L）、硫脲（0.1%～0.3%）等溶液喷洒、浸泡种薯一定时间后催芽。

马铃薯发育的适宜环境

（2）切块　切块可节省种薯，提高繁殖系数，但切块易增加种薯带病传播的机会，从而引起种薯块腐烂而导致缺苗。正确的切块方法：选择健康的已经催芽的较大种薯块，用经消毒的锋利刀具将种薯切成重量为35～45g的切块，每个切块必须带1～2个芽。切块的伤口应立即用含有杀菌剂的草木灰拌种，使伤口尽快愈合。切块使用的刀具，应在切块过程中不断地用酒精浸泡或擦洗消毒，以防病害传播。

（3）播种　用整薯播种的马铃薯，出苗整齐，结薯期一致，生长的薯块整齐，商品薯率高，一般情况下均比切块的增产。实际生产中，种整薯的适合大小为 35～80g。在播种时应使用大小较整齐的种薯。用整薯播种一定要提前催芽。

2. 耕作准备

（1）深耕、整地、作畦　马铃薯生长需要 15～18cm 的耕作深度和疏松的土壤。深耕可使土壤疏松，通透性好，并消灭杂草，提高土壤的蓄水、保肥能力，有利于根系的发育生长和薯块的膨大。但是只有在土壤结构较好的地块才宜深耕 30cm。深耕后应精细整地，使土壤颗粒大小合适，避免土表出现大土块。马铃薯幼根的穿透力较弱，精细整地有助于其生长。马铃薯一般应在水浇地垄播。垄的方向、间距应根据水渠、行距、地温等情况来设计。一般早熟、中早熟品种的行距为 65cm，晚熟品种为 70cm。若机械化耕作栽培，一般为 85～90cm。在干旱、寒冷地区，通常先进行平播，出苗后待植株长到 15～20cm 高时再培土起垄，且不宜太早。在二季作区秋播，由于高温多雨，应进行垄播，播于垄背或垄的坡面上，以利于排除积水，避免种薯腐烂。

马铃薯高产栽培要点——土壤处理

（2）施足基肥　施足基肥有利于马铃薯根系充分发育和不断提供植株生长发育所需的养分。一般土壤，肥料的氮、磷、钾比应为1∶1∶2，但在 pH 高于 7 的土壤中，磷、钾肥需求量较大。另外，不同前茬作物和栽培目的也影响施肥量。通常每公顷 30 000kg 产量需要：氮素 150kg、磷素 60kg、钾素 345kg、钙素 90kg、镁素 30kg。在土壤肥沃的情况下，把全部氮肥的 2/3 作基肥，1/3 作追肥。磷、钾肥应在基肥中一次施足，肥料深施有利于根系的吸收，氮、钾肥易溶于水，可以撒施，而磷肥随水移动较慢，施在根系附近更有效。土壤贫瘠时，沟施或点施更有效。重施基肥可将农家肥和化肥混合施用，农家肥要充分腐熟。有机肥或农家肥的种类多、肥效差异大，其施用量也很不相同。最常用量如每公顷 15～30t 猪牛粪，鸡粪应减少用量，因为鸡粪含有更多的氮、磷、钾。

（3）茬口安排和间套作　一般情况下，马铃薯不会在轮作制中引起任何严重问题，通常被认为是土壤清洁作物，非常适合作禾本科等作物的前茬。为了防止收获时遗留田间的薯块再生长，以避免前后茬不同马铃薯品种的混杂和防止土传病虫害如青枯病、晚疫病、黑胫病和线虫的大发生，在安排轮作时，马铃薯应每隔4年（最好5～6年）种植一次。另一方面，马铃薯植株需要良好的土壤结构，其前茬应是避免破坏土壤结构的作物如水稻等，而以豆类作物作为前茬则非常有利于马铃薯生长。

温馨提示

要严格禁止与其他茄科作物如番茄和茄子等或其他易吸引蚜虫的作物如油菜等间套作。

3. 播种 适时播种一般是指土壤10cm深处地温达到7～8℃时立即播种。但若种薯已大量发芽，则宜适当晚播。地膜覆盖可提高地温3～5℃，一般能使播期提早10d左右。若播种太早又不用地膜覆盖，则常因地温低，影响出苗。催大芽的种薯，在地温太低时播种（早播），种薯易因在幼芽处产生子块茎而造成严重的缺苗断垄，不利于获得高产。

从播种到出苗是马铃薯栽培中的一个重要时期。出苗期主要受种薯的质量、地温和土壤含水量的影响。衰老的、芽弱的种薯宜在地温较高时播种，应比具有壮芽的种薯播得浅一些。播种时的地温和土壤墒情会影响出苗的早晚，当地温低于6℃时，幼芽便停止生长，最后直接形成小薯而影响出苗。低温干旱会延迟幼苗出土，而高温高湿则易使种薯因缺氧而引起腐烂。地温低而土壤潮湿，应浅播（深3～5cm）。反之，地温高而土壤干燥，则宜深播（约10cm深）。由于种薯本身富含水分，在播种后到出苗前通常不需立即灌溉。干旱地区春季播种，一般可在整地前1～2周灌一次水。春季栽培可进行地膜覆盖，以利保温保墒。

马铃薯种植密度取决于生产类型和栽培品种的熟性。一般地说，单位面积茎数多将有利于生产较多的薯块数，但薯块的平均大小会减小。种植密度要根据单位面积所允许的最适叶面积指数来决定。对马铃薯来说，叶面积指数最适值为3.5～4。每公顷的播种穴数可按下列公式计算：每公顷播种穴数＝叶面积指数最适值×10 000/单茎叶面积最大值，每块种薯可发生的茎数根据求得的每公顷栽植穴数，就可规划栽植的株距和行距。商品薯栽培，一般早熟品种的行株距为60cm×25cm，而中晚熟品种为70cm×30cm。而种薯生产时，为了增加小块种薯的数量，通常要加大密度，行株距为60cm×20cm。

4. 田间管理

马铃薯生长期管理的重点是前期中耕除草追肥、培土。后期排、灌水和防治病虫害。马铃薯从播种到出苗一般20d左右，时间较长的30～40d。在马铃薯齐苗后应及时除草。一般在植株封垄前除草2～3次，以避免杂草与马铃薯争光争肥，改善田间透光通风条件，同时去除与马铃薯有相同病虫害的杂草寄主。追肥应视不同苗况酌情进行。早熟栽培因生长期短、后期气温高而易徒长，施足基肥后一般不追肥。追肥宜早不宜晚，宁少毋多。追施方法可沟施或点施，但施后要及时灌水，使肥料溶解，有利于根部吸收利用。在植株开花封垄前，还要结合中耕除草培土2～3次。一般苗高15～20cm时进行第一次培土，以促进早结薯，在现蕾期进行第二次培土。培土要尽量高，以利于薯块生长发育和膨大，并防止块茎外露变绿，影响食用品质和商品性。在马铃薯整个生长过程中，土壤适合含水量应保持在60%～80%。播种后土壤要湿润，但太湿又会因缺氧而引起种薯腐烂，因此出苗前最好不要浇水。苗期需充足的水分以促进茎叶和根的生长，缺水会加快薯块形成，减少薯块数。若天气干旱，出苗后应立即灌水，以促进苗期生长发育，但是水分太多，植株会产生太多的浅层根，反而使生长后期不耐旱，并使薯块数较多。薯块膨大期需有规律地供应足够水分，必须及时灌溉，保持土壤湿润，缺水将直接影响薯块的膨大，导致减产。不规律地供水会引起薯块畸形和裂薯等，尤其在夏季土壤温度达30℃左右时，严重干旱会使高温敏感品种引发薯块芽的二次生长。

另外，田间若有积水时，应立即排水防涝，以免造成块茎腐烂。灌溉方法有沟灌、喷灌、漫灌和滴灌等。沟灌投入低，不湿植株茎叶，与喷灌相比，更有利于防止茎叶病害的发生，但是需较多的劳力，易引起水涝和促进土传病害及烂薯的发生，且水损失严重，一般只有50%～70%为植株所有效利用。喷灌能更有效地用水，但因打湿植株茎叶而可能导致真菌病害发生。滴灌不常用于马铃薯生产，因这种系统水分利用率虽高，但投资较大，然而在缺水或盐碱地区，滴灌系统仍有较高的利用价值。此外，不论采用何种栽培方式、何种品种，马铃薯均忌漫灌。

5. 不同种植区的栽培技术特点

（1）北方和西北一季作区　主产区包括东北三省、内蒙古、宁夏、青海、甘肃以及河北、山西、陕西的北部。无霜期140～170d，年平均温度不超过10℃，春季气温低，回暖慢，干旱。马铃薯生长期在5～9月。其栽培特点：秋季结合施用有机肥进行深耕，增强保水、蓄水能力。春播促进早出苗和幼苗生长。选用早熟品种结合覆盖地膜。早除草，适当晚培土。及时防治病虫害，尤其是防治马铃薯晚疫病。易涝地区应在植株封垄前高培土，防止田间积水。

（2）中原二季作区　主产区包括辽宁、河北、陕西、山西南部，湖北、湖南的东部以及河南、山东、江苏、浙江、安徽、江西的全部。无霜期200～300d，年均温度10～18℃。春季多进行商品薯生长。秋季前期温度高，季节短，产量低，多进行种薯生长。其栽培特点：春薯生产应选用早熟或极早熟品种催大芽早种，采用地膜覆盖栽培，在雨季到来之前抢晴天早收。秋季生产应及时催芽，用整薯播种，起垄栽培排水防涝。密度增加到每公顷15万株左右，以生产小种薯。及时防治病虫害，及时灌水。种薯田及时拔除退化株和其他病株。

（3）南方冬作区　包括广东、广西、福建、海南、台湾及云南等省份。无霜期在300d以上，年均温度18～24℃。气候特点为夏季长，炎热、多雨；冬季暖。于秋季水稻收获后，利用冬闲田种植马铃薯。因本地区不能留种，所以必须选用调入的种薯进行生产。其栽培特点：采用高畦或高垄，早种，早收；选用早熟和适合鲜薯出口的品种；冬季生产虽然病害不多，但应注意防止晚疫病和青枯病的发生，因为早熟品种一般不抗这两种病害；商品薯收获前10d左右停止浇水，收获后最好及时上市。

（4）西南一、二季混作区　因受立体气候条件的影响，依不同海拔高度，一季作、二季作交互出现。主产区包括云南、贵州、四川及湖南、湖北西部山区。在栽培上兼有其他地区的特点，但降雨多，湿度大，是晚疫病、青枯病和癌肿病的多发区。生产上应选用结薯早、生长期短、直立形的品种与玉米、棉花等作物间作，经济效益明显。

三、病虫害防治

1. 主要病害防治

马铃薯的退化及其防治途径

(1) 马铃薯病毒病　主要毒源有马铃薯卷叶病毒（PLRV)、马铃薯Y病毒（PVY)、马铃薯X病毒（PVX)、马铃薯S病毒（PVS)、马铃薯A病毒（PVA)。马铃薯病毒病常见症状有花叶、坏死和卷叶3种。其中PLRV侵染引起卷叶病，PVY和PVX复合侵染引起的皱缩花叶病及PVY引发的坏死病为最重。防治方法：①采用无毒种薯，可通过茎尖脱毒培养、实生苗或在凉爽地区建立留种田等获得。②选用抗病品种，及时防治蚜虫。③生产田和留种田远离茄科菜地，适时播种，及时清除病株，避免偏施氮肥，采用高垄栽培，严防大水漫灌等。此外，在发病初期喷洒0.5%菇类蛋白多糖水剂300倍液等制剂，有一定效果。

马铃薯早疫病

(2) 马铃薯早疫病　主要危害叶片，也可侵染块茎。叶片上病斑黑褐色，圆形或近圆形，具同心轮纹，湿度大时，病斑上出现黑色霉层。病叶多从植株下部向上蔓延，严重时病叶干枯，全株死亡。染病块茎产生暗褐色稍凹陷圆形或近圆形斑，边缘分明，皮下呈浅褐色海绵状干腐。防治方法：①选用早熟耐病品种，选择高燥、肥沃田块种植，增施有机肥。②发病前开始喷洒70%代森锰锌可湿性粉剂600倍液或64%噁霜·锰锌可湿性粉剂500倍液，或78%波尔·锰锌可湿性粉剂600倍液等。隔7～10d喷1次，连续防治2～3次。

马铃薯晚疫病

(3) 马铃薯晚疫病。各地普遍发生并严重影响产量的重要病害。病菌主要侵害叶、茎和薯块。叶片先在叶尖或叶缘产生水渍状绿褐色斑点，周围具浅绿色晕圈，湿度大时病斑迅速扩大，呈褐色，并产生一圈白霉，干燥时病斑干枯。茎部或叶柄现褐色条斑。发病重时叶片萎垂，卷曲，致全株黑腐，散发出腐败气味。块茎初生褐色或紫褐色大块病斑，逐渐向四周扩散或腐烂，入窖后更易传染。防治方法：①选用抗病品种、无病种薯。②提倡用0.3%的58%甲霜·锰锌可湿性粉剂拌种。③适期早播，及时排除田间积水。④发现中心病株立即拔除，喷洒78%甲霜·

锰锌可湿性粉剂，或 64%噁霜·锰锌可湿性粉剂 500 倍液，或 60%琥·乙膦铝可湿性粉剂 500 倍液，或 1∶1∶200 波尔多液等。隔 7～10d 喷 1 次，连续喷 2～3 次。

(4) 马铃薯青枯病。中国南方马铃薯产区的重要细菌病害。染病株下部叶片先萎蔫，后全株下垂。开始时早、晚可恢复，持续 4～5d 后全株茎叶萎蔫死亡，但仍保持青绿色。块茎染病，从脐部到维管束环呈灰褐色水渍状，严重时外皮龟裂，髓部溃烂。横切病茎或薯块，挤压时可溢出白色菌脓。防治方法：①建立无病种薯田，生产和应用脱毒种薯，选用抗病品种。②药剂防治，参见第九章番茄青枯病。

(5) 马铃薯环腐病。随种薯调运已遍及各地产区，成为主要的细菌性维管束病害。地上部染病一般在开花期显症。枯斑型由植株基部叶片向上逐渐发展，叶尖、叶缘及叶脉呈绿色，具明显斑驳，后叶尖干枯或向内纵卷，致全株枯死。萎蔫型初期从顶端复叶开始萎蔫，叶缘稍内卷，病情向下发展，全株叶片褪绿、下垂，致植株倒伏枯死。切开块茎可见维管束变为乳黄色至黑褐色，皮层内现环形或弧形坏死部，故称环腐。贮藏块茎芽眼变黑、干枯或外表爆裂。防治方法：①建立无病留种田，提倡用整薯、脱毒微型薯播种。②选用抗、耐病品种。③播前室内晾种 5～6d，剔除病、烂薯。④切刀用 5%来苏儿或 75%酒精消毒，薯块可用新植霉素 5 000 倍液或 47%春雷·王铜可湿性粉剂 500 倍液浸泡 30min。⑤结合中耕培土，及时拔除病株，清洁田园。

(6) 马铃薯疮痂病。放线菌病害，在北方二季作薯区危害较重。染病后在块茎表面产生褐色小点，扩大后形成褐色圆形或不规则大斑块，表面粗糙，后期中央稍凹陷或凸起呈疮痂状硬斑块。病斑仅限于皮部不深入薯肉，有别于粉痂病。防治方法：①选用无病种薯，播前用 40%甲醛水剂 120 倍液浸种 4min。②增施有机肥，与葫芦科、百合科、豆科蔬菜进行 5 年以上轮作。③选用抗病品种，白色薄皮品种易感病，褐色厚皮品种较抗病。④结薯期遇干旱应及时浇水。

(7) 马铃薯干腐病。贮藏期重要病害。发病初期块茎仅局部变褐稍凹陷，扩大后病部出现很多皱褶，呈同心轮纹状，其上有时长出灰白色的绒状颗粒（病菌的子实体），病薯块空心，空腔内长满菌丝，致整个薯块僵缩或干腐，不堪食用。防治方法：①生长后期注意排水，收获和贮藏时注意减少伤口。②窖内保持通风干燥，发现病薯及时剔除。

（8）马铃薯癌肿病。对外检疫对象，中国四川、云南的冷凉地区局部发生，可致感病薯毁产。危害块茎和匍匐茎，形成大小不等的畸形、枝状或叶片肿瘤，初呈黄白色，后期黑褐色，其增生组织粗糙，质地柔软松泡，易腐烂发出恶臭。贮藏期间继续扩展危害。茎、叶、花也可受害。防治方法：①严格检疫，病区种薯、土壤及其生长的植株不能外运。②选用抗病品种。③重病区改种非茄科作物，一般病区实行轮作。

马铃薯冻害、肥害、药害

马铃薯绿皮块茎、黑心和空心的防治

2. 主要害虫防治

（1）蚜虫　主要种类和病毒病传播媒介有桃蚜、瓜蚜（棉蚜）和茄无网蚜，有时也危害贮藏期间块茎的幼芽而将病毒传给种薯。防治方法：参见第九章番茄桃蚜、第八章黄瓜瓜蚜等防治措施。

（2）马铃薯瓢虫　别名：二十八星瓢虫。是北方地区优势种，只有取食马铃薯才能正常发育和越冬。成虫、幼虫取食叶片、花瓣、萼片，严重时成片植株被吃成光秆。华北地区一年发生2代。一般6～8月是危害盛期。防治方法：①人工捕杀群居成虫，摘除卵块，拍打植株枝叶收集坠地之虫。②抓住卵孵盛期至二龄幼虫分散前的有利时机，用21%增效氰·马乳油3 000倍液，或2.5%溴氰菊酯乳油3 000倍液，或10%溴·马乳油1 500倍液，或50%辛硫磷乳油1 000倍液等防治。

（3）马铃薯块茎蛾　幼虫潜叶，沿叶脉蛀食叶肉，残留上下表皮，呈半透明状，严重时嫩茎、叶芽也被害枯死，幼苗死亡。也可从芽眼潜入蛀食块茎，呈蜂窝状甚至全部蛀空，并引起腐烂。该虫在中国一年发生6～9代，以西南地区危害最重。田间5～11月为盛发期。防治方法：①贮藏前清洁窖（库），门、窗、通风口用网纱阻隔。②播前种薯用90%晶体敌百虫300倍液，或2.5%溴氰菊酯乳油2 000倍液喷洒，晾干后入库。或每立方米用二硫化碳7.5g熏蒸种薯，在室温10～20℃下处理70min。③选用无虫种薯，避免与茄子、烟草长期连作或邻作。④及时培土，避免成虫在暴露的薯块上产卵。⑤在成虫盛发期喷洒10%氯氰菊酯乳油2 000倍液等。

危害马铃薯的地下害虫有地老虎、金针虫、蛴螬等，其防治方法可参见第二章胡萝卜病虫害防治部分。

四、采收

用作长期贮藏的商品薯、种薯和加工用原料，应在茎叶枯黄时达到生理成熟期进行采收。用作早熟蔬菜栽培，为了早上市则应按商品成熟期收获，收获时间多依各地市场价格变化而定。通常先收种薯后收商品薯，不同品种应分别收获，防止收获时相互混杂，特别是种薯，应绝对保证其纯度。收获前一周停止浇水，然后割秧、拉秧或用化学药剂灭秧等处理除秧，使薯皮老化，以利于收获和减少机械损伤。一般应选择晴天收获，以便于收刨、运输，雨天收获易导致薯块腐烂或影响贮藏。

【专栏】

防止种薯退化的措施

马铃薯长期采用传统的块茎繁殖，引起植株生长势逐年减弱、株高变矮、分枝减少、薯块变小、产量降低，从而使品种固有的优良种性发生严重退化。马铃薯种性退化的原因比较复杂，但主要是由于马铃薯世代连续感染病毒所引起。然而病毒侵染马铃薯的程度及其在寄主细胞内的代谢强度则又取决于环境条件，其中高温显著地有利于病毒的侵染及其在寄主细胞内的代谢活动，因此在影响马铃薯种性退化的诸多环境因素中，高温的影响又是最主要的。另外，高温易使块茎芽的生长锥细胞发生衰老，亦会导致马铃薯种性的退化。防止种薯退化的主要措施有：

（1）轮作　在自然隔离条件好或者在人为隔离条件下，种薯田必须实行3年以上没有茄科作物的轮作，少施氮肥。

（2）适期播种　在生态、气候条件许可的前提下，选择生长期间温度较低、能避开蚜虫迁飞高峰期的季节播种，适当早播或晚播，如北方一季作区的夏播留种，中原二季作区的阳畦繁育、秋播留种和网棚隔离播种。采用整薯播种。

（3）合理施肥、清洁田园　科学施肥，适当增加磷肥和钾肥，提高植株抗性。在种薯田出齐苗后、传毒媒介蚜虫发生以前，进行严格的拔除病、杂株，每隔7～10d进行1次，要清除地上部植株和地下部母薯和新生块茎，及时防治病、虫害。

(4) 合理密植，早收留种　调节种薯田的植株密度，使其大于一般商品薯生产田（90 000 株/hm^2 以上）。实施早收留种，防止机械损伤和品种混杂。

第二节　姜

一、类型及品种

1. 类型

根据姜的植株形态和生长习性可分为两种类型：

(1) 疏苗型　植株高大，茎秆粗壮，分枝少，叶色深绿，根茎节少而较稀，姜块肥大，多呈单层排列，代表品种有山东莱芜大姜、广东疏轮大肉姜等。

(2) 密苗型　植株长势中等，分枝多，叶色绿，根茎节多而密，姜球数多但较小，多呈双层或多层排列，代表品种有山东莱芜片姜、广东密轮细肉姜等。

2. 品种

现在各地均以种植当地地方品种为主。

(1) 山东（莱芜）大姜　山东地方品种。植株高大粗壮，生长势强，一般株高 80～100cm。叶片大而肥厚，叶色浓绿。茎秆粗但分枝数少，通常每株具 12～16 个分枝。根茎黄皮黄肉，姜球数少而肥大，节少而稀。一般单株根茎重在 500g 以上，重者可达 1 500g 以上。

(2) 山东（莱芜）小姜　山东地方品种。株高 70～90cm，长势旺者可达 1m 以上。其叶色翠绿，分枝力强，通常每株可具 15～20 个分枝。根茎黄皮黄肉，姜球数多而排列紧密，节多而节间较短，姜球顶端鳞片呈淡红色。根茎肉质细嫩，辛香味浓，品质佳，耐贮运。单株根茎重 400g 左右，重者可达 1 000g 以上。

(3) 安徽铜陵白姜　安徽地方品种。生长势强，株高 70～90cm。分枝力强，一般有分枝 15～20 个。嫩芽粗壮，深粉红色。根茎肥大，皮淡黄色，纤维少，肉质脆嫩，香气浓郁，辣味适中，品质极佳，宜进行腌渍、糖渍加工。一般单株根茎重 500g 左右。

(4) 红爪姜　浙江嘉兴、临平一带地方品种，为南方各地所常用。

因分枝基部呈浅紫红色，外形肥大如爪而得名。其植株生长势强，株高70～80cm，分枝数较少。根茎皮淡黄色，姜芽带淡红色，肉质鲜黄，纤维少，辛辣味浓，品质佳。嫩姜可腌渍、糖渍加工。一般单株根茎重可达500～1 000g。

(5) 疏轮大肉姜　广东地方品种。株高70～90cm，叶色深绿，分枝较少，呈单层排列。根茎肥大，表皮淡黄，芽粉红色，肉黄白色，纤维少，辛辣味淡，组织细嫩，品质优良。一般单株根茎重1 000～2 000g。

(6) 密轮大肉姜　广东地方品种。株高60～80cm，叶色青绿，分枝较密而呈双层排列。根茎较疏轮大肉姜小，皮肉均为淡黄色，嫩芽紫红色，肉质致密，纤维较多，辛辣味浓。一般单株根茎重750～1 500g。

(7) 湖北枣阳姜　湖北地方品种。姜块鲜黄色，辛辣味较浓，品质良好，单株根茎重可达500g左右。

(8) 红芽姜　分布于福建、湖南等地。植株生长势强，分枝多。根茎皮淡黄色，芽淡红色，肉蜡黄色，纤维少，风味品质佳。一般单株根茎重可达500g左右。

(9) 竹根姜　四川地方品种。株高70cm左右，叶色绿。根茎为不规则掌状，嫩姜表皮、鳞芽紫红色，老姜表皮浅黄色，肉质脆嫩，纤维少。一般单株根茎重250～500g。

(10) 玉林圆肉姜　广西地方品种。植株较矮，分枝数较多。根茎皮淡黄色，芽紫红色，肉质脆嫩，辛辣味浓。单株根茎重1 000g左右，产量较高。

二、栽培技术

1. 培育壮芽

为提高姜的产量，应使种姜迅速、整齐、茁壮地出苗，所以需对种姜进行必要的处理，以培育壮芽。壮芽一般芽身粗短，顶部钝圆，芽长0.5～2cm，粗0.5～1cm，芽基部无新根。弱芽则芽身细长，芽顶细尖，芽基部已发生新根。

姜催芽一般分两步：

(1) 晒姜与选种　于播种前30d左右，从贮藏窖内取出种姜，稍稍晾晒后，用清水冲洗去掉姜块上的泥土，平铺晾晒2～3d，以提高姜块温度，减少含水量。晒姜要适度，不可过度暴晒，以防姜种过度失水，造成姜块干缩，出芽瘦弱。晒姜过程中及催芽前需进行严格选种。应选择姜块肥大、丰满，皮色光亮，肉质新鲜，不干缩，不腐烂，未受冻，质地硬，无病虫害的健康姜块作种。严格淘汰瘦弱、干瘪、肉质变褐及发软的姜块。

（2）催芽　催芽可促使种姜幼芽尽快萌发，使种植后出苗快、苗壮而整齐，因而是一项很重要的技术措施。中国南方春季较温暖，种姜出窖后，多已发芽，故可不经催芽随即播种。而多数地区春季低温、多雨，需进行催芽。催芽的方法较多，如山东莱芜的催芽池催芽法、山东安丘的火炕催芽法、浙江临平的熏姜灶催芽法、安徽铜陵的姜阁催芽法以及阳畦催芽法、电热毯催芽法、竹篓催芽法等，这些方法根据加温与否，大致可分为加温和不加温两类。现将采用较普遍的方法介绍如下：

不加温催芽一般是在室内或室外背风向阳处进行，用土坯建一长方形池子，池墙高 60cm，长、宽以姜种多少而定。放姜种前先在池底及四周铺一层已晒过的麦穰 10cm，或贴上 3～4 层草纸，选晴暖天气在最后一次晒姜后，趁姜体温度尚高时将种姜层层平放池内。盖池时先在上层铺 5cm 厚麦穰，再盖上棉被或棉毯保温。保持池内 20～25℃进行催芽，待幼芽长至 0.5～1.5cm 时，即可取出播种。

加温催芽一般建造火炕加温。在放姜池内放种姜 25cm 左右厚，然后隔放 1 层麦穰，其上再放 1 层种姜，共放 3 层。顶部盖 10cm 左右厚的新鲜干麦穰，并用泥封严。其间保持姜池内温度 25～30℃，待姜芽萌动时，将温度降至 22～25℃，姜芽达 1cm 左右时即可取出播种。

温馨提示

种姜的催芽方法尽管多种多样，但控制催芽过程中的温度，是形成壮芽的关键。在催芽过程中，均以保持 20～28℃变温为好，前期 25～28℃，后期 22～25℃，并保持空气相对湿度在 70%～80%，以利于形成短壮芽。

2. 整地施肥

（1）深翻施基肥　姜根系不发达，吸水吸肥能力差，既不耐旱又不耐涝，因此应选择土壤条件良好且适合姜生长的地块种植。一般来说，发生过姜瘟病的地块在3～4年内不宜再种姜。选定姜田后，有条件的地方应进行秋耕（南方为冬耕）晒垡，以改善土壤结构，增加有效养分含量。为增加土壤肥力，可在耕翻土地时施入大量有机肥，一般应施腐熟的优质有机肥60 000kg/hm^{2}左右，过磷酸钙750～1 500kg/hm^2。翌春土壤解冻后，整平耙细。若非冬闲地，应在种姜前10～15d内倒好茬。

（2）起垄施种肥　由于南北方气候条件不同，姜的栽培方式也不一样，北方多采用起垄沟种方式。具体做法是：在整平耙细的土地上按东西或南北向开沟，沟距60～65cm，沟宽30cm，沟深25～30cm。为便于浇水，沟不宜过长。北方姜区种姜有施种肥的习惯，即在开好的沟内沿南侧（东西向沟）或西侧（南北向沟）再开一小沟，将肥料施入小沟内，然后将肥料与土壤混匀，以防灌水时冲走。一般此时施入的肥料为1 125kg/hm^{2}左右发酵腐熟饼肥、300kg/hm^{2}尿素、450kg/hm^{2}复合肥。南方姜区因雨水较多，一般多采用高畦栽培，以便于排水。具体做法是：作畦宽1.2m、畦间沟宽30cm、深20cm左右的高畦，每畦种3行。亦有作畦宽2～2.4m、畦间沟宽40cm、深40～50cm的深沟宽高畦，每畦种4～6行。此外，还有作间距40cm、垄高30cm的高垄，每垄种1行（俗称埂子姜）。南方施肥多采用“盖粪”方式，即先排放姜种，然后盖一薄层细土，再撒入75 000kg/hm^{2}有机肥或少许化肥，最后盖约2cm厚的土即可。

3. 播种

（1）掰姜种　已经催芽的种姜，播种前还要进行块选和芽选，即“掰姜”，按所选壮芽将种姜掰成小姜块。小姜块的大小以50～75g为宜。掰姜时一般要求每块种姜上只保留一个壮芽，其余的芽全部去除，以便使养分能集中供应主芽，保证苗全、苗旺。为了方便以后的田间管理，可在掰姜时按姜块及幼芽大小等情况进行分级，将瘦小姜块、具弱芽的姜块与肥胖姜块和具壮芽的姜块分开，并分别进行播种。

（2）播种方法　在播种沟浇透底水后，即可把选好的种姜按一定株距排放沟中。排放姜种有两种方法：一是平播法，即将姜块水平放在沟内，使幼芽方向保持一致。二是竖播法，将姜块竖直插入泥中，芽一律向上。种姜播好后可用土盖住种姜，并耧平姜沟。一般要求覆土厚度达到4～5cm。

（3）播种密度　姜的种植密度受许多因素的制约，如土壤肥力、肥水条件、播期早晚、姜块大小、种芽大小、管理水平及品种等。以山东大姜为例，其适合的播种密度为：①土壤肥力高、肥水条件好的地块，种姜块约 75g，以种植密度 75 000 株/hm^{2}左右，行距 65cm、株距 20～22cm 为好。②土壤肥力及肥水条件中等，种姜块 50～75g，以种植密度 82 500 株/hm^{2}左右，行距 60～65cm、株距 18～20cm 为适。③土壤肥力及肥水条件差，种姜块小于 50g，以种植密度 90 000 株/hm^2，行距 55～60cm、株距 18～20cm 为宜。

4. 覆盖遮阴

姜为喜光又较耐阴的作物，喜温，但高温不利于生长。由于遮阴在降低光照的同时，可以降低温度，提高空气的相对湿度和土壤含水量，因此遮阴有利于姜的生长。北方多采用插荫障（插姜草）措施为姜苗遮阴，即用谷草、玉米秸或不易落叶的树枝，在姜播种后趁土壤湿润，于姜沟的南侧（东西向沟）或西侧（南北向沟），插成高度 60cm 左右的稀疏花篱笆。南方则多借助木棍或竹竿，支成 1.3～1.6m 的棚架，其上覆盖茅草或遮阳网，为姜苗遮阴。至 8 月上旬后，姜群体已扩大，天气转凉，应及时撤除荫障或遮阴棚。

5. 中耕除草

姜根系浅，主要分布于土壤表层，因此不宜多次中耕，以免伤根。一般应在幼苗期结合浇水进行 1～2 次浅中耕，一方面松土保墒，另一方面清除杂草。姜苗期长，植株生长缓慢，田间易滋生杂草，因此及时除草，是保证苗全苗旺的重要措施。常使用的除草剂有除草通、拉索、氟乐灵、草胺膦及扑草净等，一般在播种后出苗前，用喷雾法或撒土法，按规定用量处理土壤，可维持药效 40d 左右。

6. 浇水

（1）发芽期　为保证姜顺利出苗，在播前浇透底水的情况下，一般在出苗前不进行浇水，而要等幼芽 70%出土后再浇水，但还应根据天气情况、土壤质地及土壤水分状况而灵活掌握。出苗后的第一水要浇的适时，若浇得过早，易引起地温下降，土壤板结，影响幼芽出土。若浇得过晚，则姜苗受旱，芽尖易干枯。一般应在浇第一水后 2～3d 接着浇第二水，然后中耕松土，提温保墒，促进幼苗生长。

（2）幼苗期　由于姜苗生长慢，生长量少，因而幼苗期需水不多。但因其根系不发达，吸水力弱，再加苗期地面裸露，尤其是幼苗后期气温高，土壤水分蒸发快，若不及时浇水，会造成土壤干旱，影响幼苗正常生长。然而若幼苗期浇水过大，则土壤通透性降低，易影响根系发育。因而苗期尤其是幼苗前期，宜以浇小水为主，浇水后土壤不黏时即进行浅中耕，以促根壮棵。幼苗后期天气炎热，土壤水分蒸发量加大，应根据天气情况合理浇水。夏季浇水时以早晚为好，不要在中午浇水。另外，暴雨过后要注意排水防涝，有条件者可在暴雨后浇井水增氧降温，以防引发病害。必须注意的是幼苗期供水一定要均匀，若土壤供水不匀，则植株生长不良，姜苗矮小，新生叶片常常不能正常伸展而呈扭曲状，造成所谓“挽辫子”现象，并将严重影响姜苗生长。

(3) 旺盛生长期　至立秋后，天气转凉，姜进入旺盛生长期，地上茎叶迅速生长，地下根茎开始膨大，此期生长速度快，生长量大，需水量多。为满足其对水分的要求，促进植株生长，要求土壤始终保持湿润状态，一般每4～5d浇一水。为了保证姜收获后根茎上能沾带泥土，利于贮藏，可在收获前2～3d浇最后一水。

7. 追肥培土

姜发芽期生长量极小，主要以种姜贮藏的养分供应其生长，从土壤中吸收的养分极少，何况基肥充足，因而不需追肥。幼苗期其生长速度慢，吸肥量虽不多，但幼苗期较长，为了提苗壮棵，应在苗高30cm左右，发生1～2个分枝时轻追一次化肥，一般以氮素肥料为主，施尿素或磷酸二铵300kg/hm^{2}左右即可。立秋前后，姜进入旺盛生长期，需肥量大，应重施肥料。追肥时可在撤除荫障后于姜沟一侧距植株基部15cm左右处开深沟，将肥料施入沟中，一般应施饼肥1 125kg/hm^2、三元复合肥1 125kg/hm^2，或尿素375kg/hm^2、磷酸二铵375kg/hm^2、硫酸钾450kg/hm^2。追肥后覆土封沟培垄，而后灌透水。这样，原来姜株生长的沟即变为了垄。9月上中旬后，植株地上部生长基本稳定，主要是地下根茎的膨大。为保证根茎膨大的养分供应，可在此期追部分速效化肥，尤其是土壤肥力低、保水保肥力差的土壤，一般可施尿素150kg/hm^2、硫酸钾450～600kg/hm^{2}或复合肥450kg/hm^2。

根茎的生长要求黑暗湿润的环境，因此应随姜的生长陆续进行培土。撤荫障前可随中耕向姜沟中培土，第1次培土是在撤荫障重追肥后进行，把原来垄上的土培到植株基部，变沟为垄，以后可结合浇水施肥，视情况再进行1～2次培土，逐渐把垄加高加宽。培土厚度以不使根茎露土为度，若培土过浅，则产量降低。但培土过深，也不利于姜的生长。

三、病虫害防治

1. 主要病害防治

（1）姜腐烂病 又称姜瘟或青枯病，是姜生产中最常见的细菌病害，且具毁灭性。根茎上病斑初呈水渍状，黄褐色，后逐渐软化腐败，仅留表皮。挤压病部可渗出污白色有恶臭味的菌脓。根部也可受害。病叶萎蔫卷缩，下垂，由黄变褐，最后全株枯死。一般8～9月为发病盛期，10月停止发展。高温闷热、多降雨天气该病蔓延迅速。土壤黏重、缺肥、易积水和连作发病均重。防治方法：①实行轮作换茬，老姜田间隔4年以上才可种姜。②从无病姜田、窖内严格选种。③姜田应选地势较高、能灌能排的壤土地。④使用腐熟有机肥。⑤及时拔除中心病株，在病穴内撒施石灰。病窝灌药可用5％硫酸铜、5％漂白粉溶液，或72％农用硫酸链霉素可溶性粉剂3 000～4 000倍液等，每穴0.5～1.0L。喷雾可用47％春雷·王铜可湿性粉剂500倍液，或30％氧氯化铜悬浮剂800倍液，或1∶1∶200波尔多液等，每亩喷淋75～100L，隔10～15d喷1次，共喷2～3次。

（2）姜斑点病 姜的重要病害。主要危害叶片，出现黄白色叶斑，梭形或长圆形，病斑中部变薄，易破裂或穿孔，严重时病斑星星点点密布全叶致叶片黄化坏死，故又名白星病。病部可见针尖状分生孢子器。温暖、高湿，株间郁闭，植株生长衰弱，或重茬、连作，均有利于该病发生。防治方法：①实行2～3年以上的轮作。②选择排、灌通畅的地块种植。③清洁田园，施足基肥和氮、磷、钾配比施肥。④发病初期向叶面喷施70％甲基硫菌灵加75％百菌清可湿性粉剂600倍液，或50％异菌脲可湿性粉剂1 000倍液等，隔7～10d喷1次，连续2～3次。

（3）姜炭疽病。危害叶片，多先自叶尖及叶缘显现病斑，初为水渍状褐色小斑，后向内扩展成椭圆形或梭形至不规则状褐斑，斑面云纹明显或不明显。数个病斑连成大片病块，叶片变褐干枯。潮湿时病斑后期产生黑色小粒点，即病菌分生孢子盘。连作重茬，植株生长过旺，田间湿度大，偏施氮肥，均有利于该病发生。防治方法：①农业防治措施参见姜斑点病。②发病初期及时喷洒25％溴菌腈可湿性粉剂500倍液，或70％甲基硫菌灵可湿性粉剂1 000倍液加75％百菌清可湿性粉剂1 000倍液，或40％多·硫悬浮剂500倍液，或50％苯菌灵可湿性粉剂

1 000 倍液，或 50%复方硫菌灵可湿性粉剂 1 000 倍液等，10～15d 喷 1 次，连续 2～3d。

2. 主要害虫防治

（1）亚洲玉米螟　又称姜螟，因一些农区玉米面积减少而大力发展覆地膜栽培姜而成为主要害虫。老熟幼虫在玉米等寄主秸秆、根茬等处越冬，一般在 6 月上中旬成虫盛发，与姜营养生长盛期吻合。成虫夜出在叶片背面产卵，成块状。幼虫具趋嫩性和趋湿性。成龄时潜入心叶咬食成花叶状。四龄时蛀食茎引起植株枯心死亡。一代螟虫可造成成片姜田枯黄，二、三代螟虫转入夏、秋玉米和棉田，姜田发生较轻。防治方法：①用遮阳网等取代玉米秆作荫障，注意清洁田园，以减少虫源。②在当地主害世代幼虫蛀茎前喷洒 Bt、多杀菌素及菊马合剂等，参见第五章大白菜病虫害防治部分的菜蛾防治。

（2）异型眼蕈蚊　俗称姜蛆。雌、雄异型，雌成虫无翅。是姜贮藏期的主要害虫，也危害田间种姜，对姜的产量和品质有一定影响。此虫在姜窖中可周年发生，20℃时1 个月发生 1 代。姜受害处仅剩表皮、粗纤维及粒状虫粪，同时还可引起姜的腐烂。在清明前后气温回升时，危害加剧。防治方法：①入窖前彻底清扫姜窖，用 80%敌敌畏 1 000 倍液喷窖，或在姜堆内放入盛有敌敌畏原液的开口小瓶数个，或将敌敌畏原液加热，对姜窖进行熏蒸，均有良好防治效果。②田间防治，精选姜种，汰除被害种姜，或用 50%辛硫磷乳油 1 000 倍液浸泡种姜 5～10min。

（3）烟蓟马　又称葱蓟马、棉蓟马，北方地区发生危害严重。成虫能飞善跳，可借风传播，5～6 月从葱、蒜、杂草迁入姜田繁殖危害。成虫、若虫以锉吸式口器吸食叶片汁液，产生很多细小的灰白色斑点，严重时叶片枯黄、扭曲。7 月以后气温高，降雨也逐渐增多，其发生受到一定的抑制。防治方法：参见大葱害虫防治。

四、采收

（1）收种姜　姜与其他作物不同，种姜发芽长成植株形成新姜后，其种姜内部组织完好，既不腐烂也不干缩。收获时种姜鲜重、干重约分别比种植时增加 6.7%和 8.0%，因而有“姜够本”之说。种姜可与鲜姜一并在生长结束时收获，也可在幼苗后期收获。收种姜的具体方法是：选晴天并在收种姜的前一天浇水，使土壤湿润，用窄形铲刀或箭头形竹片，自姜母所在位置的一侧插下，用手按住根部，将铲刀轻轻向上撬断种姜与新姜相连处，随即取出种姜。亦可将种姜表土扒开取出种姜，并及时封沟。

（2）收嫩姜 收嫩姜是在根茎旺盛生长期，趁姜块鲜嫩时提早收获，此时根茎含水量高，组织柔嫩，纤维少，辛辣味淡，适于腌渍、酱渍或加工糖姜片、醋酸盐水姜芽等多种食品。

（3）收鲜姜 一般在初霜到来之前，姜停止生长后及时收获。收鲜姜时，应在收获前2～3d浇一水，使土壤湿润、土质疏松。收获时可将姜整株拔出或刨出，并轻轻抖落根茎上的泥土，然后自地上茎基部将茎秆去掉，保留2cm左右的地上残茎，去根，随即趁湿入窖，无须晾晒。

【专栏】

种性退化与防止

由于姜长期采用无性繁殖以及受病毒侵染，故有生活力下降、种性退化等现象出现，主要表现在叶片出现系统花叶、褪绿、皱缩等。据对大田采集的姜叶检测表明：姜叶片平均带毒率为24.1%～36.2%，最高达42.5%。由于病毒长期在体内积累，从而使姜的优良性状退化，生长势减弱，抗逆性降低，并导致大幅度减产和品质的下降。据估计，每年因病毒病危害，造成姜的减产一般在5%～45%。

防止种性退化的措施：①茎尖培养脱毒。将选好的姜块放在温度调至36～38℃的光照培养箱内培养，以钝化病毒。当芽长到1～2cm时，在超净工作台上用0.1% $HgCl_2$ 灭菌7min后用无菌水冲洗3～5次，然后将灭菌的芽段在解剖镜下剥离茎尖至1～2个叶原基时，迅速切取0.1～0.3mm茎尖接种到预先配制好的培养基（MS）上。在离体茎尖萌芽长到高5～6cm，并具有4～5片叶时，即可进行转接或经炼苗后移栽至大田。②建立脱毒原种、生产种两级专用繁种基地。一级（原种）繁育基地由具有脱毒设备和技术的研究单位承担，二级（生产种）繁育基地由县级农业技术推广部门承担。繁育基地应选择气候凉爽的地区，并按要求设置隔离带，及时用药灭蚜，以避免病毒的复染。经脱毒后姜的株高、茎粗、分枝数均显著增加，繁殖系数提高，抗姜瘟病能力增强，产量较普通姜增产20%以上。

第三节　芋

一、类型及品种

1. 类型

主要分为叶柄用和球茎用。叶柄用芋以无涩味的叶柄为产品，球茎不发达或品质低劣不能供食，一般植株较小。球茎用芋以肥大的球茎为产品，叶柄粗糙，涩味重，一般不食用。

2. 品种

（1）荔浦芋　产于广西荔浦，栽培历史悠久，属魁芋类槟榔芋品种群。株高130～170cm。叶柄上部近叶片处紫红色，下部绿色，叶片盾形，长50～60cm，宽40～55cm。母芋长筒形，重1.0～1.5kg，大者可达2.5kg以上。子芋和孙芋长棒槌形，头大尾小，尾部稍弯，芋芽淡红色，芋肉白色，有紫红色花纹。以食母芋为主，肉质细致松粉，富芳香味。

（2）福鼎芋　产于福建福鼎，属魁芋类槟榔芋品种群。株高170～200cm。最大叶片长110cm，宽90cm。母芋圆筒形，单个母芋重3～4kg，大者可达7kg以上。芋芽淡红色，芋肉白色，有紫红色花纹。以食母芋为主，肉质细致松粉。早栽，生长期240d，产量27 000kg/hm²，高产者可达36 000kg/hm²。主要分布于福建东北、福州及浙江温州一带，广东潮汕地区也有一定的种植面积。

（3）南平金沙芋　产于福建南平，属多子芋水芋副型乌绿柄品种群。株高约120cm。叶柄乌绿色，芽淡红色，芋肉白色，分蘖性强。母芋圆柱形，重约500g。单株有子芋5～8个，近圆柱形，平均单个重83g。单株有孙芋8～12个，孙芋细长，平均单个重28g。晚熟。

（4）莱阳毛芋　产于山东莱阳，栽培历史悠久。有3个品种，即莱阳孤芋、莱阳分芋、莱阳花芋，属多子芋旱芋副型绿柄品种群。叶柄、叶片皆绿色，芋芽和芋肉白色，孤芋长势较强。三者地下部分主要性状差异较明显。孤芋子芋呈椭圆形，个大，平均单株子芋数14.8个，平均单个重51g。分芋子芋多呈长筒形，个较小，平均单株子芋数18.8个，平均单个重36.4g，另有孙芋、曾孙芋甚至玄孙芋。花芋子芋卵圆形，球茎节与节之间有一条淡色的环，似花纹，平均单株子芋数

16.4 个，平均单个重 35.4g。

（5）江西东乡棕包芋 产于江西临川、东乡等地，属多子芋旱芋副型乌绿柄品种群。株高 160cm。叶片长 62cm，宽 40cm，叶柄乌绿色。芋芽淡红色，芋肉白色。母芋近圆形，重 350g。单株有子芋 7～10 个，长卵圆形，单个重 50～75g。质地柔软，略具香味。晚熟。

（6）武芋 2 号 属多子芋类水旱芋副型红紫柄品种群。株高 100～130cm。叶片长 55cm，宽 44cm，叶柄紫黑色，叶片绿色。子、孙芋卵圆形，整齐，棕毛少。平均单株子芋数 12 个，平均单个重 72g。平均单株孙芋数 16 个，平均单个重 38g。芋芽、芋肉白色，肉质粉，风味佳。早熟。

二、栽培技术

1. 土壤的选择及施基肥

芋对土壤的适应性比较强，一般土壤都可种植。但为了高产优质，仍宜选用肥沃、保水力强、排灌良好的壤土地块。水芋适合水中生长，一般在水田、低洼地或水沟中栽培。芋连作时生长不良，产量降低，连作一年就会减产 20%～30%，且腐烂较严重，故应实行 2～3 年以上的轮作。芋的根系分布较深，主要分布在 0～40cm 的土层内，故芋要求土壤深厚、松软，特别是魁芋要求深耕 30cm 以上，并进行高畦栽培。多子芋、多头芋的土壤耕作层则以 26～30cm 为宜。耕翻宜在冬前进行，以便晒垡，加速土壤熟化，使土壤疏松透气，并减少第二年病虫害的发生。在无条件进行秋冬耕翻的地区，也应于早春平均气温未超过 5℃时进行，可避免大量跑墒，并使土壤有较长时间的熟化过程。此后，约于定植前 1 周再耕耘一次，并按行距起垄、作畦，开好定植沟。

芋生长期长，施肥应以基肥为主，基肥则以有机肥为主，适当配施磷、钾肥。有机肥可用腐熟的堆肥、厩肥、饼肥、禽肥、草木灰等，施肥量 30 000～37 500kg/hm^2，另施过磷酸钙 450～600kg/hm^2、硫酸钾 300～450kg/hm^2 等。肥料充足时，基肥可在耕翻时施入，耕平耙细，做到土肥相融，以防止因集中施肥和浅施引起烧苗现象，并使肥料能满足芋各个时期生长的需要，促使根系向纵深发展，扩大根系吸收水肥的范围。如果肥料不足，可采用穴施或沟施。为防止烧苗，穴施最好采用穴内环边施肥。

2. 种芋选择、播种及育苗定植

（1）种芋的选择　从无病地块健壮植株上选母芋中部的子芋作种芋。种芋应顶芽充实，球茎粗壮饱满，形状完整。农民认为"白头"、"露青"和"长柄球茎"均不宜作种芋。"白头"是指顶端无鳞片毛的球茎，此种大多是孙芋，或是长在母芋上端、发生较迟的子芋。"露青"是指顶端已长出叶片的芋。"长柄球茎"一般是指着生于母芋基部的子芋。这些子芋或孙芋组织柔嫩，不充实，含营养物质少，若用作种芋，则秧苗不壮，并将影响产量。种植者可根据种母芋的数量来确定母芋是否切块。芋的用种量较大，一般多子芋种芋用量为 1 500～3 750kg/hm²。多头芋因子芋、孙芋难分，可切分为若干块作种芋，用种量依品种、种芋大小、栽培密度等不同而异，一般为 750～3 000kg/hm²。魁芋一般以子芋作种芋较好，种芋用量约为 750kg/hm²。种芋在播种前一般要晾晒 2～3d，以促进发芽。

（2）育苗及播种　旱芋可直播，也可根据实际需要提前 20～30d 进行催芽或育苗移栽。水芋需育苗后移栽。采用加温苗床、保温苗床或向阳背风、且排水良好的露地盖以塑料薄膜，并保持 20～25℃的温度及适当的湿度，即可用来进行催芽或育苗。芋的根再生能力弱，苗床底土应压实，以限制根群深度，利于移栽时成活。然后在苗床铺土，厚度以能栽稳种芋为度。种芋播栽的密度以 10cm 左右见方为宜。播栽后再用堆肥或细土盖没种芋，随即喷水，保持床土湿润，盖上塑料薄膜即可。在气温较低的地区，可加盖小拱棚。晴好天气白天揭膜通风，夜间盖严。应随时注意苗床温度，谨防床内温度过高引起烧苗。当主芽长至 4cm 以上时及时栽植。水芋一般需待苗高 25cm 左右时定植，以免被水淹没。

温馨提示

芋宜深栽，以便于球茎生长，减少"青头郎"的形成。"青头郎"是指在地表面形成的经风吹日晒，其表皮和肉质变绿的子芋或孙芋等。四川农谚"深栽芋，浅栽苕（甘薯）"。芋的栽植深度一般可达 17cm 左右。研究发现，覆土 10cm 深，即基本无"青头郎"出现。

水芋在栽种前应施肥、耙田，并灌水 3～5cm 深，然后将育好的芋苗栽入泥中。

3. 田间管理

（1）追肥及灌水　芋生长期长，需肥量大，耐肥力强，除施足基肥外，必须多次追肥。一般苗期生长慢，需肥不多，种芋所含养分还可转化供幼苗需要，所以只需少量稀薄农家有机液肥促根生长即可。以后随着地上部生长逐渐旺盛，需结合培土追肥3～4次，浓度及用量逐次增加，生长后期应控制肥水，以免新叶旺长，成熟延后，球茎的产量及品质降低。研究认为，追施氮肥应在植株吸氮盛期（出苗后63～110d）前进行，一般在出苗后的50～60d追施。芋吸磷盛期为出苗后的60～105d，苗期磷素的相对积累强度高于氮、钾。苗期磷素充足可促进根系发育和壮苗，加之磷素在土壤中移动性小，故磷肥应早施，可与有机肥料混合作基肥一次施入。芋吸钾高峰期较晚，一般在出苗后的61～80d，故钾的施用除少量作基肥外，大部分应作为追肥，可在出苗后的50d和80d左右分2次追施，以满足中期植株生长和后期球茎持续膨大及淀粉积累对钾的需求。

芋喜湿，忌干旱，一遇干旱即停止生长，地上部凋萎，甚至枯死。但过于潮湿或有积水时对旱芋根系生长不利。生长前期由于气温不高，生长量少，故浇水较少。在生长盛期及球茎膨大盛期则需充足水分，若气候干旱，尤需勤浇。一般都从畦沟引水灌溉，每次浇水以浇到距垄、畦面7～10cm为度，以经常保持土壤湿润，待沟中快干时再次浇水。浇水宜在早晚进行，高温季节切忌中午浇水，以免地温骤降，影响根系吸收，造成叶片枯萎。水芋苗定植成活后，可将田水放干晒田，以提高土温，促进生长。以后施肥培土时，为了工作方便，可暂时将水放干，工作结束后经常保持4～7cm浅水层。7～8月为了降低土温，水深可加到13～17cm，并经常换水。待处暑节气天气转凉后淹浅水，9月后排干田水，以便采收，并有利于芋的贮藏。

（2）培土及除侧芽　子芋及孙芋分别从母芋及子芋中下部着生并向上生长，若任其自然生长，则新芋顶芽易抽生叶片，或新芋露出土面，致使芋形变长，色变绿，品质降低。培土能抑制顶芽抽生，使芋充分肥大，并发生大量不定根，增进抗旱能力。此外，培土还可调节温湿度。一般第一次培土多在6月于地上部迅速生长、母芋迅速膨大、子芋和孙芋开始形成时进行。农谚说："6月不壅，等于不种。"此后每隔20d左右培土1次，约共培土3次。每次培土，可齐土面将侧芽铲除，然后培土掩埋。但多头芋丛生，侧芽发达，萌蘖植株能增加同化面积，提高产量，所以培土时不必铲除侧芽。

三、病虫害防治

1. 主要病害防治

（1）芋软腐病　发生普遍，南方产区危害重。病原细菌主要在种芋以及其他寄主病残体内越冬，翌年从伤口侵入叶柄基部和球茎，高温时病害流行，病部迅速软化、腐败，全株枯萎以至倒伏，病部散发出臭味。防治方法：①选用耐病品种，如红芽芋。②实行2～3年的轮作。③施用充分腐熟的有机肥。④发现病株开始腐烂或水中出现发酵情况时，要及时排水晒田，然后喷洒47%春雷·王铜可湿性粉剂500倍液，或90%新植霉素可溶性粉剂5 000倍液，或1∶1∶100波尔多液等。隔10d左右喷一次，陆续防治2～3次。

（2）芋疫病　各地芋区常发性病害。主要危害叶片，亦可侵染叶柄、球茎。叶片初生黄褐色斑点，后渐扩大融合成圆形或不规则轮纹斑。病斑边缘有暗绿色水渍状环带，湿度大时斑面产生白色粉状霉层。后期病斑多自中央腐败成裂孔，严重时全叶破裂，残留叶脉呈破伞状。叶柄上生黑褐色不规则斑，病斑可连片绕柄扩展，叶柄腐烂倒折，叶片枯萎。地下球茎受害组织变褐以至腐烂。带菌种芋为本病主要的初侵染源，其长出的幼苗成为中心病株。另外还有田间病残体上的越冬病菌。温暖、潮湿利于发病，南方夏、秋季高温、多雨发生较重。防治方法：①选用无病种芋或从无病或轻病地选留种芋。②实行1～2年轮作。③及时铲除田外零星芋株，清洁田园。④加强肥水管理，施足基肥，增施磷、钾肥，避免偏施和过量施氮肥。⑤高畦深沟栽植，及时清沟排渍。⑥发病前或初期药剂防治，可参见本章马铃薯晚疫病。

（3）芋污斑病　发生普遍，常引起叶片早枯而减产。发病先从老叶开始，叶面上病斑初呈淡黄色，圆形，边缘不明显，后变淡褐色或暗褐色。叶背病斑色浅，后似污渍状。潮湿时病斑生暗褐色霉层。病重时叶片病斑密布，变黄干枯。高温、多湿的天气或田间郁闭高湿，偏施氮肥，均易诱发本病。防治方法：①清洁田园，避免在阴湿田块种芋。②合理密植，降低田间湿度，增加植株抗病力。③发病初期喷洒78%波尔·锰锌或70%甲基硫菌灵可湿性粉剂各600倍液等。

2. 主要害虫防治

（1）斜纹夜蛾　是多食暴发性害虫，芋是其发生最早和最喜食的寄主作物，因此受害严重。不同品种中以香梗芋、槟榔芋的着卵量和密度最高，其次是红芽芋，绿秆芋较低，可为斜纹夜蛾的预测、预报和综合防治提供依据。①及时清洁田园，深翻土地，减少虫源。②利用黑光灯、频振式诱虫灯等诱杀成虫。③做好预测预报工作，在一至二龄幼虫盛发期于清晨或傍晚及时施药，药剂种类同小菜蛾。此外，还可用5%增效氯氰菊酯乳油1 000～2 000倍液与菊酯伴侣配套使用。

（2）芋单线天蛾　广东、广西一年发生6～7代，以蛹在杂草中越冬，翌年3月底至4月上旬羽化。成虫有趋光性、趋化性，卵多数产于叶正面。田间幼虫6～9月发生较多，傍晚和夜间取食，四五龄虫食量大，可吃光叶肉，仅留叶脉。防治方法：此虫一般零星发生，可在田间管理时用人工除灭，或用灯、糖浆诱杀成虫。田间喷药防治其他害虫时可兼治此虫。

（3）朱砂叶螨　在高温、低湿的6～8月危害重，尤其是干旱年份容易大发生。发生危害及防治方法，参见第九章茄子的有关部分。

四、采收

芋生长的临界温度为10℃左右，生长后期芋叶变黄衰败是球茎成熟的象征，此时采收淀粉含量高，食味好，产量高。但是为了提早供应，也可提前收获。对于冬季气温较高的地区，球茎成熟后可留在原地，在霜降前培一次土，即可安全越冬，延迟供应至翌年4月。一般长江以南早熟种能在8月前开始采收，晚熟种在10月采收。采收最好选在晴天，以便晾干芋球茎表面水分，同时，对于晚收者可防止冻害。作商品芋采收时，宜将母芋和子芋分开，但应尽量保证子芋和孙芋连接不分开，以减少伤口。

第四节　魔　　芋

一、类型与品种

世界上魔芋共有163个种，其中仅约20种可供食用。可食用种中有些种主含淀粉，仅作蔬菜食用，如印度主栽种疣柄魔芋，而中国、日本、中南半岛、东南亚分布有葡甘聚糖型的种，则用途更广。中国有20种魔芋。主栽的种有花魔芋和白魔芋。

二、栽培技术

1. 栽培地区及地块的选择

（1）栽培地区的选择　中国秦岭以南有大面积适于魔芋生长发育的地带，成片发展魔芋商品生产应按照“中国魔芋种植区划”所划分的特适合区、最适合区或适合区依次选用，切不可在不适合区盲目发展。中国的雅鲁藏布江下游河谷、滇南热区及海南黎母岭山地为准热带湿润气候，是魔芋特适种植区。云贵高原（包括鄂西山地、川南高原）、四川盆周山地、南岭山地（包括武陵山脉的湘西部分、罗霄山脉、武夷山脉）及南岭以南山地属温暖湿润地区，是魔芋最适种植区。大巴山主脊以北、鄂西北山地属秦巴山地，为魔芋适合种植区。

在具体选择种植基地时，一般应选用5～10月平均气温不低于14℃，7～8月平均最高气温不超过31℃，7～9月降水量200mm以上，空气湿度80%～85%，并有适当的天然或人为庇荫的地区栽培魔芋。在魔芋6个月的生长期中，日温为25℃的日期愈长，愈有利于魔芋的生长发育，病害愈轻，产量愈高。

（2）栽培地块的选择　栽培地块夏季应较阴凉湿润，秋冬季较温暖干燥，或有树木遮阴，半阴半阳，空气湿度较高的倾斜、背风地带，并有水源能灌溉，排水良好，夏季暴雨不致造成土壤严重冲刷的地块。对山地坡向的选择应与该地的气温同时考虑。选择阳坡以获充足日照提高产量。若仍有35℃以上高温威胁，则宜选择每天日照时数在8h以上的阴坡。

2. 繁殖材料的准备

魔芋采用种子播种，要经过4年才能产出商品芋供加工用。若用根状茎作繁殖材料，则可缩短一年，因此不论良种繁育场或农户均应设立留种圃，分别培育1、2年生种芋。对不同繁殖材料的选择和处理如下：

（1）种子　种子繁殖一般只用于扩大种芋数量及杂交后代的选育。白魔芋开花年龄较低，常在商品芋田中出现花株，自然结籽后可作繁殖材料。待浆果由绿色转为橘红色或紫蓝色时采收果穗，搓去果皮，洗净，稍晒，存放于阴凉通风处，或用沙藏以保持湿度。休眠期100d以上，翌年春暖后播种。

（2）根状茎　根状茎是重要的繁殖材料。中国的品种根状茎与球茎间无离层，收球茎时可将其摘下贮藏，但切口应风干。若其长度 20cm 以上，可分切为 2～4 段，每段必须带芽 2 个以上。

（3）球茎的整球及切块　1 年生球茎以整球繁殖，2 年生球茎在 500g 以下也可整球繁殖，500g 以上的可切块繁殖以增加繁殖率。已形成花芽的球茎必须切块，但已感病的球茎不要切块，以免病菌经刀片传染给无病球茎。方法是球茎秋收后经晾晒风干，用薄片利刀果断地从顶芽向下纵切为 4～6 块，并故意伤坏顶芽，以促侧芽萌发。切块时不能沾水，以免葡甘聚糖溶胀包裹大量病菌。切块后应晾晒风干、贮藏。留种的种芋应选无病、无伤口或伤口已愈合，球茎圆或长圆形，顶芽肥壮，叶柄痕较小，芽窝不太深者。商品芋的种芋重量花魔芋为 500g 以下，白魔芋为 100g 以下。种芋可用链霉素或来菌感（杀菌王、消毒灵）及多菌灵浸种。为了防止带菌种芋传播病菌，最好将种芋顶芽向上铺于地面，用喷雾法消毒。还可将药剂以种芋重量 2%～3%的用量混入填充剂石膏或草木灰中，在种芋浸种后，趁湿裹成种衣，并立即下种。

3. 整地及施基肥

（1）整地　冬前将土地深耕晒垡，翌春深耕细整、作畦理沟。在雨水充足地区，采用小高畦（高畦窄厢）种植，畦宽 1m（包括沟宽）。在夏秋季降水较少，常遭旱灾地区，采用宽高畦（宽厢）浅沟种植。若与幼龄经济林木间作，应依林木的行距决定行间种几行魔芋，一般以调节魔芋的荫蔽度达 60%以上为好。

（2）施基肥　魔芋为弦状根，浅根系，吸收力不强，因此必须注意培肥土壤，进行科学施肥。大量施入腐熟堆肥，约 20 000kg/hm^2。堆肥的沤制以高秆、不带种子的青草为主要材料，适量加入畜粪及苦土石灰（含 CaO 45%、MgO 18%）和磷肥，应在前一年夏秋季节即开始沤制，待充分腐熟后使用。一般三要素的施用量各为 120～180kg/hm^2，若以复合肥含 N：P_2O_5：K_2O 为 12：8：10 计，则可施 1 000～1 500kg/hm^2。若施肥过多，特别是氮肥过多，则易发病，所留种芋也不耐贮藏。

魔芋应重视基肥，一般应以施肥总量的 70%～80%作基肥。基肥的施用方法与一般作物不同，应在栽种前 10～15d，在两行种植沟之间挖施肥沟，将化肥或专用肥与堆肥混匀施于沟内。或先挖深12～15cm的种植沟，在沟底施堆肥，在其上斜放种芋，再施化肥或专用肥，约3cm厚，然后盖土。也可挖深约10cm的种植沟，施堆肥及化肥或专用肥，斜放种芋后，盖土。或待5月下旬至6月上旬芋苗开始出土时结合中耕培土施化肥或专用肥，并在其上培土。这几种方法的共同点是基肥集中施用，接近种芋，但又不直接接触，既不伤种芋，且肥料利用率又高。将肥料置种芋之上，是为了适应魔芋弦状根均从球茎肩部长出、平行分布于土壤上层的特性，这样上面的肥料仍能被良好地吸收利用。此法在四川盆周山区被芋农普遍采用，效果较好。

4. 栽种

（1）栽种期　魔芋的栽植必须在种球茎生理休眠期解除后、外界平均气温回升至12～14℃、最低气温在10℃左右时进行。中国温暖地带魔芋产区，一般于3月上旬栽植。海拔较高、纬度偏北的产区，则宜在4月栽植。

（2）栽植密度及用种量　魔芋适合的栽植密度，一般应以植株定型后其叶身互相重叠约1/3为度，Y形叶品种可较T形叶品种稍密。栽植密度与种芋大小关系密切，种芋愈大，则栽植距离愈大。为了加强通风透气，且便于田间管理，一般宜采取宽行距、窄株距栽植。日本的经验，适合的行距为种芋横径的6倍，株距约为4倍。随着种芋重量的加大，其栽植密度相应减小，但用种量渐次增加。

（3）栽植方法　凡以根状茎或小球茎作繁殖材料者一般均进行沟栽，多采用小高畦（高畦窄厢），每畦开2沟，若采用宽高畦（宽厢）浅沟，则可增多沟数。根状茎可依同一顶芽方向横放沟中。小球茎依其大小给予适当距离，一般为15～20cm。3年生250g以上的种芋可穴栽或沟栽，沟栽依种芋大小开沟，沟深10～15cm，土壤潮湿宜较浅，土壤干燥、保水较差宜较深。魔芋种芋均45°斜栽，若为倾斜的坡地，则可顶芽向上（朝向上坡）栽植。栽植后覆土深浅依当地当年的温度及降水量情况而定。覆土浅，地温易升高，可促进较快萌芽，但若遇寒冷天气，则球茎及其顶芽易受冻伤。覆土深，发芽出土较慢，但若遇干燥天气，则有利于保水和促进发芽。一般覆土厚6～9cm。

5. 田间管理

（1）除草　魔芋的根群平行分布于土壤上层，中耕锄草很易伤根，并导致染病，故多使用除草剂除草。喷药最佳时间为魔芋刚出土、苞叶紧闭时，或魔芋叶已散开，植株高 30cm 以上、间套作物玉米在 8 叶以上时。

(2) 培土 魔芋栽植约 1 个月后才开始萌芽出土，此时应抓住时机，趁根群尚未布满前进行浅中耕，以破除地表板结、增进土壤通气，同时进行培土或结合施基肥。培土厚度应依土地条件、种芋年龄及气象因素等综合考虑，若培土过厚，则易影响魔芋的出芽、初期生长及根状茎发生和生长等，一般宜培 7～10cm 厚。

(3) 地表覆盖 这是魔芋栽培的一项特殊而重要的管理工作。日本常将秋季或早春在畦边播的直立型燕麦或大麦（播种量 5kg/hm^2）长出的麦秆刈铺于地表。另一种是用无霉的杉叶、野干草、谷草、落叶等为覆盖材料。为防止地表被密闭，可先在地表铺些枯枝、竹枝，然后再铺覆盖材料。覆盖的厚度为 5～10cm，用量一般是干料 750～1 000kg/hm^2。凡易遇旱灾和暴雨的地方覆盖宜较厚，而阴湿地、低温地宜较薄。铺草最好在展叶之前完成，以免伤及叶部。9 月以后气温渐低时，宜撤除铺草，让土表接受日晒，以保持地温，利于植株生长及球茎发育。高海拔地区种植期及生长前期地温过低，在栽种时，可用黑色地膜覆盖地表。

(4) 追肥 魔芋的追肥原则是生长前半期应供给充足养分以确保地上部旺盛生长，而后半期（7 月下旬以后）则应在维持有效供给必要养分的条件下，减少施肥，使植株逐渐减少吸肥量，以便获得干物质含量高、肥大而充实的球茎和根状茎。一般将肥料总量的 20%～30%作为追肥分期施用。第 1 次追肥在 5 月下旬，主要促进地上部生长，第 2 次在 6 月下旬，主要促进地下部发育，但均应配合三要素施用。魔芋展叶后，易因田间操作损伤植株而加重病害，所以在病重地区，宁可不施追肥，而在喷药时加入 0.3%磷酸二氢钾和 0.1%尿素作叶面追肥。

三、病虫害防治

1. 主要病害防治

(1) 魔芋软腐病 发生普遍，主要危害叶片、叶柄及球茎。出苗期芋尖弯曲，或叶柄、种芋腐烂。叶片展开后初生湿润状暗绿色小斑，扩大后组织腐烂。病菌沿导管侵染叶脉、叶柄，出现水渍状条斑，有汁液流出，或至叶柄基部溃烂离解。球茎染病，全株或半边发黄，叶片萎蔫，球茎表面出现水渍状暗褐色病斑，向内扩展，并发出恶臭。植株基部呈软腐倒伏，早期叶片尚可保持绿色，后变黄褐干枯。病原细菌随病残体在土壤或球茎中越冬。贮藏期种芋可继续发病，并向健芋蔓延。防治方法：①冬季翻耕土壤，彻底清除病残体和杂草，及时拔除带病植株，并在穴内及周围撒石灰，或用72%硫酸链霉素水剂200倍液，或78%波尔·锰锌可湿性粉剂600倍液等灌淋病穴和周围植株两次，每株0.5L。②精选种芋，晒1～2d后用硫酸链霉素500mg/kg浸1h，晾干后下种。

（2）魔芋白绢病　南方产区常有发生，主要危害茎、叶柄或球茎。叶柄基部或茎基初见暗褐色不规则病斑，后软化，叶柄呈湿腐状，湿度大时，病部长出一层白色绢丝状菌丝体和菜籽粒状的小菌核。菌核初为白色，后变为黄褐色和棕色。防治方法：①实行2年以上轮作。②选择不积水地块种植。③进行种芋药剂消毒处理（见魔芋软腐病防治）。④发病初期用15%三唑酮可湿性粉剂1 000倍液，或20%甲基立枯磷乳油900倍液喷雾。还可用50%甲基立枯磷可湿性粉剂，每平方米0.5g喷洒土表。另外，对发病地块遍撒石灰，使土壤pH达到8，即可制止白绢病发展。

2. 主要害虫防治

蚜虫、叶蝉，可用吡虫啉防治。螨类用阿维菌素等及时防治。斜纹夜蛾和豆天蛾防治，可参见芋的相关部分。蛴螬或蝼蛄的防治，除避免用未腐熟厩肥、堆肥及用灯光诱杀成虫外，若发现幼虫危害可用50%辛硫磷乳油1 000倍液灌根。

四、采收

9月底以后，球茎逐渐成熟并转入休眠期，叶生长停滞而逐渐枯黄，直至倒伏，此时，商品芋可开始挖收，但种芋应等到10月叶倒伏10d后再挖收。挖收宜选择晴天进行。挖收时不论采用人工或机械，均须特别小心，避免球茎受伤。因魔芋球茎皮薄肉脆，极易受伤，有时内部已有裂痕，而外部短时间内尚不易察觉，但最终必因感菌而腐烂。若以此作商品芋加工，则将影响加工产品的品质。若作种芋贮藏，也将引起贮藏期间的腐烂，并传染给好芋。用病轻的球茎作种还将传给下年栽培的植株，后果甚为严重。

第五节　山　　药

一、类型及品种

中国栽培的山药属于亚洲群，有2个种，3个变种。

1. 普通山药

又名家山药。由日本山药进化而来。也是日本的主要栽培种。叶对生，茎圆而无棱翼。按块茎形态又可分为3个变种：

（1）佛掌薯　块茎扁，形似脚掌，适合在浅土层及多湿黏重土壤栽培，主要分布于南方。如江西、湖南、四川、贵州等省的脚板薯，浙江省的瑞安红薯等。

（2）棒山药　块茎短圆棒形或不规则团块状，长约15cm，横径10cm，多分布于南方。如浙江黄岩薯药、台湾圆薯等。

（3）长山药　块茎长30～100cm，横径3～10cm。主要分布在华北地区，适合深厚土层和沙质壤土。驰名品种有河南博爱、陕西华县的怀山药、河北的武骘山药、山东济宁的米山药、江西南城的淮山药等。

2. 田薯

又名大薯、柱薯。从有亲缘关系的野生类型哈氏山药和褐苞山药选育而成。多分布在中国福建、广东、台湾等地以及东南亚一带，北方极少栽培。茎具棱翼，断面多角形，叶柄短，叶脉多为7条。依块茎形状也可分为3个类型：

（1）扁块种　如广东的葵薯及耙薯，福建的银杏薯，江西的大板薯、南城脚薯等。

（2）圆筒种　如台湾的白圆薯、广东广州的早白薯及大白薯、广西的苍梧大薯等。

（3）长柱种　如广东广州的黎洞薯、台湾的长白薯及长赤薯、江西广丰的千金薯和牛腿薯等。

二、栽培技术

1. 繁殖方法

（1）零余子繁殖　山药最初的种薯来自零余子。第1年秋季，选大型零余子沙藏过冬。第2年早春，先在苗床进行沙培催芽，然后栽植。

也可在终霜前15d左右直接条播于露地，秋后收块茎供翌年用种。生长期间管理同一般生产田。由于零余子繁殖的种薯生活力较旺，因此，可每隔3～4年，用零余子繁殖一次，其余年份则采用地下块茎切块繁殖。

（2）块茎繁殖　山药块茎易生不定芽，可用于切块繁殖。长柱种块茎上端较细，先端有隐芽，生产上常用带隐芽的一段作种薯，长30～40cm，重100g左右，俗称“山药栽子”或“芽嘴子”。块茎其余部分也可切段作种，一般切成长8～10cm的小段，重100～150g，俗称“山药段子”，其出苗较“山药栽子”晚20d左右。因此播前宜先催芽，栽植时横放。扁块种、圆筒种的块茎一般仅茎端能发芽，故切块时宜纵切，务使每一块都带有部分茎端。

2. 整地作畦

山药块茎入土较深，栽植地块一定要进行深耕。扁块和圆筒种可深翻30cm，翻地后按60～80cm宽作平畦或高畦，并结合整地施入足量的腐熟粪肥。长柱种一般采用挖沟法进行局部深翻，沟距1m，沟深0.5～1m，宽25cm，回填沟土后作畦。间作时可按2m或3m开沟。沟土最好于冬前挖起，早春土壤解冻时与7 500～15 000kg/hm^{2}充分腐熟的土杂肥均匀混合，陆续回填，然后作畦，北方多采用平畦，南方则采用高畦。

3. 播种或栽植

当早春地温回升到10℃左右时即可进行播种或栽植。一般采用单行栽植，先于畦中央开10cm深的小沟，然后按株距15～20cm将山药栽子或段子平放沟中。栽毕覆土，厚8～10cm。若用零余子作繁殖材料，则可按行距50cm，株距8～10cm条播，1m宽畦播两行。

4. 田间管理

山药藤蔓细长脆嫩，遇风易折断，出苗后需及时支架扶蔓。通常采用“人”字形架、三脚架或四脚架，架高1m左右。出苗后，切块或切段若有萌生数苗者，应及早疏去弱苗，保留1～2个强健苗。主茎基部的侧枝易妨碍通风透光，应予摘去。零余子大量形成期间，为避免过多消耗养分，可及早摘去一部分。山药施肥重在基肥，但播栽后还可在畦面铺施3 000～4 000kg/hm^{2}的土杂肥，以利持续供应养分。苗出齐后，施一次农家有机液肥。发棵前追一次速效氮肥，一般施尿素225～300kg/hm^2，过磷酸钙375～450kg/hm^2，硫酸钾225～300kg/hm^2，以促进植株健壮生长。植株开始现蕾、茎叶与块茎开始旺盛生长时，要重施一次追肥，一般施尿素 150～225kg/hm^2，以促进块茎膨大。中耕除草一般结合追肥浇水进行，中耕宜浅，近植株处杂草要用手拔除，以免损伤根系。块茎生长盛期遇旱情时，要注意浇水，以保持土壤湿润。遇雨涝天气应及时排水。

三、病虫害防治

1. 主要病害防治

（1）山药根结线虫 由爪哇根结线虫、南方根结线虫和花生根结线虫等侵染引起。受害块茎表面呈暗褐色，无光泽，多数畸形。在线虫侵入点周围肿胀，形成许多直径为 2～7mm 的瘤状根结，严重时很多根结连接在一起。山药根系也可产生米粒大小的根结。剖视病部，能见到乳白色的线虫，且线虫造成的伤口易引起茎腐烂，植株长势衰弱，叶变小，直到发黄脱落。病原线虫的卵、幼虫群体在块茎中，或随病残体在土壤及未腐熟的农家肥中越冬，成为初侵染源。二龄幼虫是侵染阶段。常年连作发病重。防治方法：提倡采用套管栽培，避免遭受线虫或其他地下害虫危害。采用无病田留种，忌与花生、豆类作物连作或套种。合理灌水和施肥有减轻病情的作用。播前每公顷用 3%米乐尔颗粒剂 30kg 进行混土消毒，使药剂均匀分布在深 30cm 内的土层中。

（2）山药炭疽病 是山药各产区的主要病害。早期染病可使成片植株枯萎，主要危害叶片和藤蔓。叶片病斑自叶尖或叶缘生暗绿色水渍状小黑点，后逐渐扩大为褐色至黑褐色圆形、椭圆形或不规则大斑，轮纹明显或不明显。湿度大时斑面上出现赭红色液点或小黑点。病部易破裂穿孔或病叶脱落。藤蔓染病生不规则褐斑，稍凹陷，致藤蔓枯死。防治方法：参见姜炭疽病。

（3）山药斑枯病 主要危害叶片，发病初期叶面上生褐色小点，后病斑呈多角形或不规则，中央褐色，边缘暗褐色，上生黑色小粒点。病情严重的，则病叶干枯，全株枯死。防治方法：选用耐涝品种，可减轻发病。避免连作。采用配方施肥，及时排除田间积水，改善株间通透性。发病初期可用 70%甲基硫菌灵可湿性粉剂 1 000 倍液加 75%百菌清可湿性粉剂 1 000 倍液，或 70%甲基硫菌灵可湿性粉剂 1 000 倍液加 30%氧氯化铜悬浮剂 600 倍液，或 40%多·硫悬浮剂 500 倍液等喷洒。

隔10～15d喷1次，连喷2～3次。

（4）山药褐斑病　主要危害叶片。叶面病斑近圆形或椭圆形至不规则，边缘褐色，中部灰褐色至灰白色，斑面上现针尖状小黑粒（分生孢子器）。防治方法：清洁田园，合理密植，雨后注意清沟排水。发病初期药剂防治同斑枯病。隔10d左右喷施1次，连续防治1～2次。

2. 主要害虫防治

以蝼蛄、蛴螬、小地老虎和沟金针虫等地下害虫危害最重，此外还有山药叶蜂危害。防治地下害虫应重视农业防治措施，如冬前深翻土地，合理安排茬口，忌以花生、豆类、甘薯等为前茬作物，早春铲除杂草等。药剂防治方法，蝼蛄和沟金针虫可用麦麸敌百虫毒饵诱杀。蛴螬可用50%辛硫磷乳油1 000倍液喷洒或灌根防治。小地老虎在春季第1代一至三龄幼虫期是药剂防治的最适期，可喷洒2.5%溴氰菊酯乳油或20%氰戊菊酯乳油2 000倍液防治，成虫可用黑光灯诱杀。山药叶蜂在成虫盛发期和幼虫三龄期前可用50%辛硫磷乳油1 000倍液或溴氰菊酯等喷雾防治。

四、采收

山药一般在茎叶经初霜枯黄时即可收获，冬季土壤不结冻的地区可陆续采收。收获时先拔架材和茎蔓，收取零余子后，再挖掘山药块茎。种薯宜在降霜前收获，收获过早，组织不充实。收获过晚，易腐烂变质。应选择蒂大、薯皮光滑、符合品种特征特性、无病虫害的高产植株作种株。挖掘时切勿损伤薯皮或切断块茎。种薯可连植株基部挂在通风处或灶边熏烟，也可沙藏于甘薯窖中备用。零余子留种，可沙藏越冬。

第四章 葱蒜类蔬菜栽培

第一节 韭

一、类型及品种

1. 类型

中国栽培韭菜历史悠久，含两个种，即根韭和叶韭，并形成了繁多的类型和品种。通常按照食用器官可分为根韭、叶韭、花（薹）韭和叶花兼用韭 4 种类型。

韭菜
形态特征

（1）根韭　别名：山韭菜、宽叶韭菜等，主要分布在中国云南、贵州、四川、西藏等省、自治区，云南保山、大理、腾冲，西藏错那等地区广为栽培。根韭在云南当地称为披菜，主要食用根。叶片宽厚，叶宽达 1～1.2cm，长 30cm 左右。每年虽能抽生花茎、开花，但花后不能结出种子。须根系，须根长约 30cm，贮藏营养物质而肉质化，可加工或煮食。花薹肥嫩，可炒食。无性繁殖，分蘖力强，生长势旺盛，对高温和低温适应能力差。云南气候温和，容易栽培。

韭菜
生物学特征

（2）叶韭　叶片宽厚、柔嫩，抽薹率低，以食叶片为主，薹也可供食用，但不是主要的栽培目的。一般栽培的韭多属于此种。

（3）花（薹）韭　产于甘肃、广东及台湾等省。叶片肥厚，短小，质地粗硬，形态与叶韭相同，但分蘖早，分蘖力强，抽薹率高，薹肥大柔嫩，是主要产品器官。

（4）叶花兼用韭　与叶韭、花韭同属一个种。叶片和花薹发育良好，均可食用，但以采食叶片为主，栽培十分普遍。按叶片宽窄可分为宽叶品种和窄叶品种。宽叶品种叶片宽厚肥大，假茎粗壮，品质柔嫩，香味较淡，容易倒伏。窄叶品种叶片狭长，叶色深绿，假茎细长，纤维含量稍多，直立性强，不易倒伏，气味浓郁。

2. 品种

韭的优良地方品种很多，近年来各地还选育出一批优良新品种。

韭菜生长的适宜环境

（1）马蔺韭　北京地方品种，原产于内蒙古呼和浩特。叶片绿色，宽 0.38cm，纤维少，味浓，质佳。分蘖力弱，花茎少，抽薹晚，在北京不易留种。

（2）铁丝苗　又名红根，北京地方品种，初由河北省河间市引入。叶片狭窄，横断面呈三棱状，遇低温叶鞘基部呈紫红色，直径细，质较硬，故名铁丝苗。生长快，分蘖多，耐寒、耐热性强，适于露地密植栽培，也适于冬季温室囤韭。

（3）汉中冬韭　陕西汉中地方品种，北方各地都有栽培。叶片宽厚，叶色浅绿，较直立。假茎高而粗壮，横断面近圆形。耐寒性强，冬季枯萎晚，春季萌发早，生长快，产量高，品质柔嫩。适于露地和保护地栽培。

（4）791　育成品种。叶片宽厚，假茎长而粗壮，直立性强，分蘖能力强，当地种植一年生植株分蘖可达 6 个。抗寒性强，生长速率快，产量高，品质鲜嫩。叶色稍浅，风味稍淡，春季萌发整齐度略差，适于露地和保护地栽培。

（5）雪韭　又名冬韭，杭州地方品种。叶片宽大肥厚，假茎高而粗壮，分蘖能力强，直立性稍差。耐寒性强，冬季枯萎晚，春季萌发早，生长速率快，产量高，品质好。含水量多，叶片不耐碰撞挤压，运输过程中需注意保护，适于露地和保护地种植。

（6）阜丰 1 号　利用不育系育成的品种。叶片宽厚肥大，宽度可达 1.5cm，叶鞘粗壮，假茎高大直立，不易倒伏。分蘖能力强，抗寒性强，香味浓郁，品质优良。适于露地和保护地栽培。

（7）寿光马蔺韭　寿光地方品种，包括独根红、大青根、小根红等品系，其中以独根红为主要栽培品种。独根红植株高大，叶片宽厚，生长势强，质地柔嫩，分蘖能力较弱，抗寒力强，夏季抽薹早，适于保护地栽培。

（8）徐州薹韭　徐州农家品种，分蘖能力强，花薹柔嫩，产量高，每年可多次抽生花薹，叶片肥大厚实，食用品质很好。

（9）年花韭菜　台湾薹韭的代表品种。台湾称为“韭菜花”。经单株选择而成。2003 年福建省闽南地区引进年花韭菜并试种成功。该品种形态与叶韭相同，叶鞘粗壮，叶色浓绿。分蘖力强，周年抽薹，薹直径 0.4～0.7cm，薹长 35～40cm，肥大柔嫩。

二、露地栽培技术

韭菜栽培方式与整地施肥

中国南方和东北用高畦种植，华北多用平畦种植。由于气候条件和种植习惯不同，直播或育苗移栽均可。直播节省工作量，但占地时间长，苗期管理不便，易发生草荒，故难免缺苗断条，难以全苗。用种量也大。育苗移栽虽费时费力，但节省种子，精细移栽可保全苗。移栽伤根，当年产量低一些，但因苗全，以后每年产量均高于直播韭。种植方式分为条栽和穴栽两种。韭虽然可用分株方式繁殖，但繁殖系数低，植株生活力弱，生产上以使用种子繁殖为主。

1. 播种和育苗

韭菜移栽种植与育苗

无论南方或北方都在春季或秋季直播或育苗。南方多采用育苗移栽。由于韭菜耐低温，春季播种可尽早播种，增加营养生长期，以提高产量，但也应避免播种过早而导致当年抽薹现象。虽然韭对土壤适应性强，仍然应当选择土层深厚、土壤肥沃、保水保肥性强、排灌方便的地块种植，最好是沙壤土。播种前施足基肥，尤其有机肥要充足。播种地块选非葱蒜类连作地块，施足有机肥，浅耕细耙。北方宜做成宽 1.6～1.7m的平畦。必须选用新种子作播种材料，可干种直播，也可催芽后播种。催芽方法：播种前 4～5d，用 20～30℃水浸种 24h，然后在 15～20℃条件下催芽，催芽过程中每天清洗种子 1 次，2～3d 后种子胚根显露即可播种。由于种植习惯不同，各地播种量相差甚大，甚至相差数倍之多。直播时适合播种量为 40～50kg/hm^2，确保基本苗数不低于 300 万株/hm^2。播种量太大，分蘖受到抑制，假茎细弱，叶片细长，植株易倒伏，生长年限短。播种量太少，虽然单株高大粗壮，而且有利于分蘖，随着生长群体密度会自然增加，但前期产量低。育苗地块适合播种量为 60～75kg/hm^2，所育幼苗可供 10 倍于育苗面积的地块种植。育苗地块必须充足施肥，确保幼苗生长所需营养。通常施用腐熟优质圈肥 75～100t/hm^2，过磷酸钙 750kg/hm^2，尿素 150kg/hm^2，将肥土混匀，整平畦面，浇足底水，待水渗后播种，覆土 1～2cm，用 30%的除草通 1 500ml/hm^2加水稀释后喷洒畦面，然后及时覆盖地膜保温保墒。育苗多用撒播，移栽则用条栽或穴栽，直播则用条播或穴播。条播将每条播种沟所需种子均匀撒播到沟内。条栽时则将幼苗一棵挨一棵地栽到沟内，由于分蘖，条带状韭行很快增宽。行距多为 25～30cm，肥沃地块行距宜大，瘠薄地块行距宜小。穴播或穴栽行距为 25～30cm，穴距 12～25cm。穴栽时每穴内栽植幼苗 15 株左右，单位面积穴数少，每穴幼苗数量可多一些，反之，每穴幼苗数量可少一些。韭菜幼苗出土慢，早春播种温度低时出土更慢，一般播种后 10～20d 出土。播种晚时温度升高，6～7d 幼苗出土。幼苗出土后，田间管理重点是防除杂草、追肥浇水和防治地下害虫。

2. 定植

除严寒酷暑季节外，随时都可以定植，具体时间取决于幼苗大小。一般株高 20cm 左右、5～6 片叶时为适合定植的幼苗。北方地区秋季定植不宜过晚，否则定植后植株没有充分时间发根和积累养分，越冬困难。定植时将幼苗按大小分级，分别定植。习惯上将幼苗剪根剪叶定植，一般留根 4～5cm，留叶 7～10cm。近年研究结果表明，移栽时幼苗不剪根叶比剪根叶缓苗快，定植后根叶生长量大。

3. 定植后当年管理

定植后主要管理措施是促进幼苗缓苗，即及时浇灌定植水、缓苗水，及时中耕，改善土壤通气性，促进生根长叶。以后保持土壤湿润，同时防除杂草。高温多雨时期加强防涝，以免烂根死苗。秋季天气凉爽，是生长适合季节，根系吸收量大，生长快，及时追肥浇水，促进生长及养分积累，能提高来年产量。追肥 3～4 次，每次追尿素 150～225kg/hm^2或硫酸铵 225～300kg/hm^2。视土壤状况，每 7～10d 浇水一次。根据韭长势，秋季可收割 1～2 次。天气转凉时减少浇水，避免贪青。温度降到－6～－5℃时，韭地上部枯萎，被迫进入休眠。土壤封冻前浇灌冻水，在韭菜上覆盖一层土杂肥，对越冬防寒和来年返青都有很好的效果。

4. 第二年及以后的管理

第2年以后的韭称之为老根韭，可多次收割，每次收割后应及时补充肥力。春季气温回升时韭返青，及时清除田间枯叶，行间中耕，保墒增温，促进生长。土壤湿度充足时第1次收割前不浇水，否则可于幼叶出土后适当少量浇水。以后每次收割后应追肥浇水。夏季韭菜品质低劣，不宜收割。栽培管理上注意排水防涝，同时防倒伏、防腐烂、防病虫杂草。除留种株外，抽薹开花时及时拔除花薹，减少营养消耗。秋季凉爽的气候有利韭生长，加强追肥浇水，保持土壤湿润，每2次水追肥1次。适时适量收割，既可获得产量又使根茎积累一定养分，为来年产量奠定基础，一般秋季可收割2次。温度降低后，减少浇水，防止植株贪青，影响养分向根状茎回流。越冬前浇灌冻水，覆盖土杂肥，同时为适应韭菜"跳根"习性回填一层土，厚度1～2cm，为新根上跳和生长创造条件。

5. 花（薹）韭栽培

花韭以韭薹为主要产品，可兼作韭黄或青韭栽培。花韭栽培要点如下：

①选择抽薹早、韭薹产量高、品质优良的品种。②早育苗，早移栽，适当稀植，行距30cm，株距5cm，定植当年即可采收韭薹。③适当早采收，多采收。花韭具有早采收早抽薹、多采收多抽薹特性，适当早收和勤收为好。花韭可于12月上旬覆盖保护设施，当年花韭春节前后只收割一次韭黄或青韭。多年生花韭春节前收割一次，春节后收割一次，即停止青韭收割。④停止青韭收割后继续保留覆盖设施防寒保温，促进生长，生长期间充足供应肥水，韭高40cm左右时及时支架防止倒伏。⑤采收韭薹。韭薹高40～50cm时，于清晨和傍晚韭薹脆嫩时采收。每500g左右捆成一把，每6～9把捆成一捆。闽南地区花韭分株繁殖的一般在定植70～80d后，育苗移栽于定植90～100d后进入采收期，每隔2～3d采收1次，周年采收韭薹。2月下旬至6月上旬产量最高，每公顷月产韭薹13 500kg左右，10月中旬至12月上旬每公顷月产韭薹9 000kg左右，其余月份平均月产韭薹3 000kg左右。

三、韭菜中、小棚栽培技术

1. 品种选择

作为保护地栽培的韭菜在品种选择上应从产量、质量、抗性和不同休眠期等方面综合考虑，一般利用休眠期短的品种，当年即可收获。

2. 播种和育苗

拱棚韭菜的管理

韭菜中、小棚栽培可以直播也可育苗定植。直播操作简便；育苗后定植可以选用壮苗而且栽植密度有保证，可为今后连年稳产、增产打下良好基础。

（1）播种前的准备

①整地施基肥。育苗应选地势较高、含盐量小于0.2%且比较肥沃的地段，直播的韭田也应基本具备相同的条件。冬前将腐熟的农家肥按45 000～60 000kg/hm^{2}的标准施入，秋耕深翻，入冬土壤结冻前浇足冻水，为来年备足墒情。如果育苗，则先浇底水（水层深7～9cm，可直到幼苗长到6～7cm高时再浇水），水渗后撒布底土再行播种。夏、秋季播种，为防止烧苗和招致"蛆害"，基肥改用磷酸二铵225kg/hm^2，而且要和土壤充分混合，不要与种子直接接触。

②浸种催芽。浸种用低于40℃的温水，水温降低后再浸泡20～24h，之后放在15～20℃的条件下催芽，经过3～5d即可露白出芽。当出芽率达到70%即可播种。如将催芽温度上调至不超过25℃，优质种子经36～48h即可有80%左右的种子发芽露白。

（2）播种　中、小棚韭菜栽培一般采用直播，汉中冬韭和杭州宽叶雪韭播种量为60～75kg/hm^2，791品种则为45～60kg/hm^2。如采用条播，则在1m宽的畦内开5条宽10cm、深3～5cm的浅沟，将已催芽的种子均匀撒入沟中，在沟内覆土厚约1cm，使种子和土壤密切结合；如用丛（簇）点播，则在沟内以10～12cm的距离每丛播种30～40粒，这种方式比条播用种量可节约1/3。播后用地膜将畦面盖严，增温、保墒促使早日齐苗。按丛点播的苗分蘖多而且苗壮，产量不会比条播低。春季育苗采取平畦撒播，播种后覆土，盖地膜。当韭菜子叶刚拱土时，在下午及时将塑料薄膜撤掉。夏播育苗多在6月中下旬或入伏后播种，并在畦面用苇帘等进行遮阴，待幼苗拱土时再撤掉覆盖物以利出苗。

（3）苗期管理　韭菜萌芽出土和幼苗生长缓慢，容易滋生杂草，应及时除草。锄草可结合中耕作业进行，或用化学除草剂除草。进行芽前处理的可用33%除草通乳油1 800～1 900ml/hm^2，对水750kg（即稀释400倍）喷洒表土，或48%地乐胺乳油3 000ml/hm^{2}稀释200倍喷洒表土。幼苗在子叶伸直之前不能缺水，播种后若底墒不足则需补水，直到幼苗长到7～8cm时再浇水，此后若无雨则每隔5～7d浇一次水，当株高达到12～18cm时结合浇水追施尿素150kg/hm^2。

(4) 定植 韭菜幼苗在达到6片真叶以上时即可定植。秋播苗在翌年春季即已达到定植标准；春播苗要在雨季前定植并完成缓苗阶段。定植韭菜的本田要普施有机粪肥60 000～75 000kg/hm^{2}作为基肥，如粪肥不足可掺混磷酸二铵300kg/hm^2。育苗畦在定植前3～4d浇水，剔除弱苗。传统的经验是于定植前对韭菜进行剪根、剪叶，虽然此项措施对缓苗不利，并造成伤口，植株新根发生数减少20%左右，平均根长减少43%，但是因为定植时气温已经较高，缓苗已不是主要问题，剪根、剪叶的目的是为使定植深度保持一致，便于收割，同时也可减少植株对水分的蒸发量。如果丛（簇）栽要按预计株数（20～40株）分成小把，并在50%辛硫磷1 500倍稀释液中浸根。定植方法：丛（簇）栽按行距40cm开沟，在沟中按20～25cm距离定植。定植深度以叶鞘顶部（五杈股）不埋入土中为准。单株密植的，可按宽20cm为一垄，垄间相隔亦为20cm，每畦插栽4行，株距3～5cm。

(5) 定植后至覆膜前的管理 在浇定植水后可再浇1次水并进行中耕促使缓苗发根。此后进入雨季要停止浇水，并做好排水工作。进入秋季气温逐渐下降，当日平均温度在25℃以下时可每隔6～7d浇1次水；当日平均温度为23～15℃时正是韭菜生长适期，要给予充足的水分并结合浇水进行3～4次追肥，每次可追施尿素或磷酸二铵225～300kg/hm^2，也可追施腐熟的农家有机液肥。休眠期短的品种在10月上旬停水、停肥；休眠期长的品种可延迟到10月下旬停水、停肥。临近覆盖棚膜时，单株密植的、休眠期长的品种要将韭菜已枯的地上部清除掉；休眠期短的品种须进行收割，然后再用50%辛硫磷乳油1 000倍液进行灌根；如是丛（簇）栽植，在清除已枯的地上部或进行收割后，顺行将土扒开，然后用竹签按丛（簇）剔松四周使鳞茎裸露，并清除丛（簇）内已枯的叶鞘等杂物，然后施药灌根，经过1～2d晾根后再壅土、紧撮，并从行间取土培垄。若表土已结冻则须覆盖棚膜促使土壤解冻后再行扒土、晾根、紧撮和施药。

(6) 覆盖棚膜、地膜 休眠期短的品种应在10月下旬收割后覆盖棚膜和草苫，保证有50～60d的生长期以便元旦供应市场；休眠期长的品种必须在地上部枯萎以后才能覆盖棚膜和草苫。在塑料中、小棚内结合覆盖地膜，可以取得更好的栽培效果。

（7）覆膜后的管理　在刚覆盖棚膜初期可以不通风，中午有时可达30℃，借以提高土壤温度。休眠期长的品种可以一直维持到幼叶出土；休眠期短的品种则在心叶生出1～2cm后即应降温。韭菜在萌发出土后，白天保持18～22℃，最高温度不超过25℃，夜间以10℃为目标，最低温度通常可上、下浮动2℃。在大风和阴雪天气可以晚揭苫、早盖苫，但必须坚持每天都要见光。变温管理法：丛（簇）栽不盖地膜的韭菜，在培土时期采取偏高的温度，当经过3～4次培土后转向以叶片生长为主时再适当降低温度；单株密植的韭菜则以5～7d为周期，采取偏高、偏低互相交替的方法进行温度管理，但在临收割前5d左右必须适当降低白天的温度，以防收割后过早萎蔫而影响商品质量。

（8）采收　韭菜收割期并不严格，长到30cm左右即可收割。从扣棚到第1次收割休眠期长的品种需55～60d，休眠期短的品种也要40d以上。此后再过30d左右再行收割。收割时下刀不要过深，刀口要平而齐，这样才不致影响下次产量。中、小棚韭菜可收割3～4次。1年生如为养根也可收割2次，即转入露地栽培后可再收割1次。经过数次收割后，韭菜长势见衰，如长势旺盛对越夏反而不利。

（9）后期管理　1年生韭菜收割2次后同样要经过5～6d的炼苗，然后拆除保护设施，在畦面用稻草、麦秸等加以覆盖，当气温继续回升后再去掉覆盖物。转入露地栽培，首先要中耕松土。为适应韭菜“跳根”的特性须撒施农家肥和田土，结合治蛆浇一次小水。此后控水、控肥不使生长过旺。丛（簇）栽的韭菜还应按行扒沟将土壅在行间以便晾茬和雨季排水。在雨季到来之前如长势仍旺，为防止倒伏（塌秧）可将叶片顶梢部分割去1/3～1/2。幼嫩韭薹可以采收上市。开花期间应及早摘花，更不宜采种，以免影响冬季生产。至于入秋后的肥水管理和前文介绍相同。

温室韭菜的管理

四、病虫害防治

1. 主要病害防治

（1）韭菜疫病　对根、茎、叶片、假茎和花薹等部位均可造成危害，尤以假茎和鳞茎受害严重。假茎受害后叶鞘易脱落。鳞茎受害后变褐腐烂，植株枯死。高温多雨季节有利疫病发生流行，低洼地块和排水不良地块发病严重。防治方法：①雨后及时排水。②与非葱蒜类蔬菜实行2～3年轮作。③化学防治，药剂有72%杜邦克露可湿性粉剂700倍液，或60%琥·乙膦铝可湿性粉剂500倍液，或69%烯酰·锰锌可湿性粉剂1 000倍液，或72.2%普力克水剂600倍液，隔10d左右喷洒1次，连续防治2～3次。

（2）韭菜锈病　主要侵染叶片和花梗，在其表皮上产生橙黄色疱斑（夏孢子堆），后期出现黑色小疱斑（冬孢子堆），严重时病斑布满叶片和花梗。一般春、秋季温暖高湿、露多雾大，或种植过密，偏施氮肥发生重。防治方法：①轮作。②合理密植，加强田间管理，雨后及时排水。③发病初期及时喷洒15%三唑酮（粉锈宁）可湿性粉剂1 500倍液，或20%三唑酮乳油2 000倍液，或97%敌锈钠可湿性粉剂300倍液等，隔10d左右1次，防治1～2次。

（3）韭菜灰霉病　主要危害叶片，多发生于保护地栽培中。防治方法：培育壮苗，多施有机肥；注意通风排湿；控制浇水；收割后及时清除病残株；选用抗病品种；发病初期，可轮换喷施50%多菌灵或70%甲基硫菌灵可湿性粉剂500倍液，每次收获后、盖土前都要喷。

2. 主要虫害防治

（1）韭菜迟眼蕈蚊　其幼虫俗名韭蛆，危害假茎基部和根茎上端，易引起腐烂，地上韭叶枯黄而死。夏季幼虫侵入根茎，根茎腐烂而导致整株死亡。防治方法：①使用充分腐熟的农家肥作为基肥。②在成虫羽化盛期喷洒70%辛硫磷乳油1 000倍液，或2.5%溴氰菊酯乳油3 000倍液等杀灭成虫。③春季韭菜萌发前，剔除韭根茎周围土壤，晒根和晒土，经5～6d可将幼虫杀死。如选择多年没有种过韭的地块种植，自韭出苗后可覆盖防虫纱网栽培。在幼虫危害盛期，每公顷可用50%辛硫磷乳油15kg，或20%吡·辛乳油15kg，或1.1%苦参碱粉剂15～30kg，稀释100倍，将喷雾器的喷头去掉后对准韭根喷施，然后浇水。

韭蛆

（2）韭萤叶甲　防治方法参见第五章大白菜黄曲条跳甲。

五、采收

韭叶片再生能力强，可多次收割。每次收割后，新叶片的生长和产量形成需消耗根茎养分，形成的新叶又可向根茎输送养分。收割次数多，则根茎营养消耗多而积累少，不利于以后韭生长与产量形成，而且容易早衰。一般第1年不收割，第2年以后每年收割3～4次。春季韭菜生长旺盛，效益又好，可收割2～3次。夏季韭菜品质低下，除采韭薹外不宜收割。秋季品质优良，但考虑到根茎需贮藏一定数量营养以利越冬和次年生长，以少收割为宜，一般收割1次。韭菜株高30cm左右为适合收割时期，过早收割产量低，过晚收割品质差。多于晴天清晨收割，产品鲜嫩。收割间隔期长短取决于气温和生长速率。气温高时20d就能收割1次，气温低时40d以上才能收割1次。收割位置在小鳞茎上3～4cm，收割位置太深，甚至伤及鳞茎，对以后生长不利，故农谚说："刀下留一寸，等于上茬粪。"但收割位置太浅则产量受影响。

第二节　大　　葱

一、类型及品种

1. 类型

大葱依假茎大小和形态特点，可分为长白型、短白型和鸡腿型3个品种类型。依分蘖习性不同，可分为普通大葱和分蘖大葱。

2. 品种

（1）长白型品种　是假茎（俗称葱白）发育最高大的一类。相邻叶出叶孔（新叶从上一邻叶钻出之处）距离大，旺盛发棵生长期一般为2～3cm。假茎长40cm以上，粗度均匀，长粗比大于10。代表品种有章丘大葱（产地原称梧桐葱）、鳞棒葱、赤水孤葱、洛阳笨葱、北京高脚白等。该类品种需要良好的栽培条件和充足的生长时间，产量高，辛辣味轻而较甜，含水量较高，不耐贮藏。

①章丘大葱。山东章丘地方品种。株高140cm左右，开展度35cm。管状叶较细，绿色，近直立。假茎长60cm，横径3～4cm，上下粗细均匀。花白色，一般单株重250～350g。耐寒，耐贮藏，较耐热。抗病性一般，抗风力较差。辛辣味适中，生食品质佳。

②赤水孤葱。陕西华县赤水镇农家品种。株高90～100cm，开展度30cm。叶粗管状，直立生长，深绿色，叶面蜡粉较少。假茎长50～65cm，横径2.5～3.0cm。一般单株重375g。耐寒、耐旱，耐热性中

等，耐运输。抗病性强。葱白肉质细嫩，纤维少，略甜，辣味小。

③北京高脚白。北京郊区地方品种。株高75～90cm，直立生长，开展度30cm左右。假茎长40cm，横径约3cm。一般单株重250g。耐寒、耐热性较强，耐运输。葱白肉质细嫩，纤维少，略甜，辣味小。

（2）短白型品种　出叶孔距离较小，平均2cm以下。叶身和假茎都粗而短。假茎长粗比小于10，上下粗度均匀或基部略粗于上部。该类品种叶身抗风力较强，不需深培土，较易栽培。代表品种有寿光八叶齐、天津五叶齐、西安竹节葱等。产量较高，较耐贮藏。生熟食皆宜。

①寿光八叶齐。山东寿光主栽品种。株高100cm，开展度45cm。管状叶粗，蜡粉多。假茎长20～35cm，横径4～5cm。耐寒，抗风，适应性强，较抗紫斑病和病毒病。耐贮藏。辛辣味浓，品质好。

②通化小红皮葱。株高70～75cm，开展度20cm。叶粗管形，蜡粉多。假茎圆筒形，外皮带紫红色，长15～18cm，横径2.6cm。一般单株重150g。耐寒、耐旱、耐贮，辛辣味强。

（3）鸡腿型品种　该类型假茎长度与短白型相近，但假茎基部显著膨大，上部则明显细瘦，充分发育的假茎呈倒鸡腿形或基部呈蒜头形。该类品种假茎产量较低，但风味浓，宜熟食，耐贮性好。适合粗放栽培。代表品种有隆尧鸡腿葱、莱芜鸡腿葱等。

①隆尧鸡腿葱。河北隆尧地方品种。株高80～100cm，开展度21cm，无分蘖。叶片粗管状，叶面蜡粉少。假茎短圆筒形，上粗下细，形似鸡腿，长20～24cm，横径5～6cm。须根极少。一般单株重650g左右。抗寒耐热。辛辣味浓。耐贮藏。

②银川大头葱。宁夏银川郊区地方品种。株高60cm，开展度28cm。叶粗管状，叶面蜡粉多。假茎鸡腿形，长25cm，横径4cm，辣味较浓，肉质细嫩，纤维少。

在大量的农家品种中，有许多形态介于长白和短白、长白和鸡腿、短白和鸡腿的中间型品种，不少中间型品种经济性状优良，成为当地主栽品种。

二、栽培技术

大葱有多种不同标准的产品。其中以生产大葱长假茎产品周期最长，对栽培技术的要求也最严格。现重点介绍生产长假茎产品的秋冬用大葱栽培技术。

1. 耕作制度

大葱忌连作，通常与粮食作物实行2年以上的轮作。种植大葱要经过开沟定植、培土和收刨等作业，可加深熟土层。大葱根系分泌物对危害其他作物的土壤病原菌有抑制作用。因此，是多种蔬菜和粮棉作物的良好前茬。

2. 播种育苗

按轮作要求，选用土质疏松、肥力好的中性或微碱性壤土地育苗，这是培育无病壮苗的重要条件。一般使用质量较好的厩肥或堆肥22.5～30t/hm²。土壤有效磷低于20mg/L时，使用过磷酸钙600kg/hm²。春播育苗时，最好在冬前施肥翻耕。大葱育苗播种量因季节而异。春播使用发芽率90%以上的优质种子11kg/hm²。秋播幼苗越冬时会有部分被冻死，需增到15kg/hm²。播种方法有撒播和窄行条播两种。撒播法：平畦内先浇透底水，然后均匀撒种，再用过筛土全畦覆土，厚1.5cm左右。这种先浇水后播种的方法，可充分供给种子发芽所需水分，表土不板结，出苗整齐，成苗率高。也可先播种、覆土、踩实再浇水。条播法：畦内按15cm左右的行距开深（畦平面以下）2.0～3.0cm的浅沟，种子均匀播于沟内，然后耧平畦面，种子埋入土中。墒情足时播后镇压接墒，如播种时墒情不足，播后要随即浇水。各种播种方法，在胚芽顶土出苗期，要采取保墒或浇水措施，保持地表润湿不板结，以便幼苗顺利出土。秋播育苗者，冬前根据墒情浇水。秋旱天气需浇水1～2次。幼苗停止生长，土壤即将结冻前，要浇冻水。早春幼苗返青后进行间苗，日平均气温13℃时，进行追肥浇水。春播发芽出苗期间，覆盖地膜保墒增温，可提早出苗3～7d，并可显著提高出苗率。但出苗后要及时撤除地膜。三叶期前间苗定苗，控水促根。进入三叶期后加强肥水管理，在施足基肥的条件下，育苗期追施一次速效氮肥（有效成分100～120kg/hm²）即可。适合留苗密度为140～160株/m²，平均单株营养面积60～70cm²。超过适合密度，到定植时幼苗会徒长倒伏。

3. 定植

前茬作物收获后，经浅耙灭茬即可开沟栽植，葱沟（即葱行）南北向功能叶受光好。葱沟的适合间距和深浅，因所选品种特点和对产品标准的不同要求而定。不论使用深沟或浅沟，根部适合的入土深度为7cm

左右。若开沟前不耕地，基肥要施入沟内。土壤有机质含量低于1%时，使用各种有机肥，有显著增产效果。含磷低的土壤可使用标准磷酸钙375kg/hm^2，与腐熟有机肥同时撒入沟内。刨松沟底（深15cm左右），使肥、土混合。高温季节葱苗应随掘随栽，不宜长时间堆放。定植前将葱苗分为大、中、小三级，分别栽植。为防地下害虫和土传病害，可在栽前用杀虫杀菌药液浸根5～10min（见病虫害防治）。大葱定植有“排葱”法和“插葱”法。定植短白型和鸡腿型大葱品种，多采用排葱法。其栽法是：沿沟壁较陡的一侧按规定的株距排放葱苗，放苗时使根部入土3～4cm深，以便葱苗站稳。全沟排完后，进行覆土，用条镢从沟的另一侧中下部倒土，使2/3的假茎埋入土中（7～10cm），然后顺沟浇水。此法的优点是进度快，用工省。但培育出的葱白基部弯而不直。要培育葱白长而直的产品需用插葱法，其方法是：一手拿葱苗，一手握扁头木棍，用木棍下端压住葱根基部，垂直下插木棍，使葱根在沟底入土深7cm左右。先顺沟浇水后插葱，称“水插”。插栽前不浇水，插栽后再浇水称“干插”。

4. 定植后的田间管理

缓苗越夏阶段：定植初期正处高温多雨季节，管理重点是防雨涝保全苗，促发新根，及时恢复正常生长。做到葱沟排水畅通。浅锄除草保墒，此期不宜壅土，不需追肥。夏季蓟马、潜叶蝇等危害严重，要注意防治。发棵生长阶段：日平均气温降到25℃以下，葱苗已形成健全的新根后，进入旺盛的发棵生长阶段。最终产量的70%以上是在这一生长阶段形成的。主要的管理工作，也集中在这一阶段进行。

（1）追肥　大葱开始旺盛生长时，土壤水解氮60mg/L左右，基肥用量中等的葱田，适合的追肥时间和指标大致如下：8月上中旬平沟前第1次追肥（指中原地区）。沟侧撒施，用量折纯氮45～60kg/hm^2，然后壅土、平沟、浇水。9月上旬培土前第2次追肥。撒施于葱行两侧，用量折纯氮60～75kg/hm^2，然后中耕培土，浇透水。定植时葱行在沟内，经中耕壅土平沟和培土后，使葱行处在垄内。如有高效有机肥，宜在此次使用。9月下旬或10月上旬第3次追肥。撒施垄沟底部，用量折纯氮45～60kg/hm^2。如套种小麦，此次追肥要在小麦播种前进行。土壤速效钾含量低于120mg/kg时，第2次追肥应配施硫酸钾，一般用量225～300kg/hm^2。

（2）浇水　定植后到假茎充分发育，不同阶段对土壤水分有不同要求。缓苗越夏阶段，大葱主要产区正处雨季，一般不需浇水。遇有大雨田间积水要及时排涝。进入8月天气转凉，开始旺盛生长后，要结合追肥培土充足浇水，每次追肥和培土后浇水1～2次。整个旺盛生长阶段（70d左右），大葱根系集中分布层土壤相对湿度不低于80%。如此时天气少雨而又浇水不足，会严重影响大葱生长速度和最终产量。

（3）培土　培土有软化假茎和防止高大葱棵倒伏的作用，是长假茎大葱的重要栽培管理措施之一。培土工作始于旺盛发棵生长之初，止于旺盛生长末。多结合追肥进行，一般分3次完成。入秋后葱棵旺盛生长期间，根据假茎高度适时培土。

第1次是通过中耕把行间垄背两侧的土壅入葱沟内（俗称平沟）来完成。适合平沟时间为8月上中旬。9月上旬第2次培土，从行间向葱行壅土，使定植时的葱沟变成葱垄。这时埋入土中的假茎长已达30cm左右。第3次培土在10月上中旬进行。培土次数和每次培土高度，要根据假茎生长情况确定。每次培土深度都不要埋没出叶孔。长白型品种在良好栽培条件下，进行3次培土后，假茎入土深度可达40cm左右。

加深培土可使假茎软化部分加长，但对假茎总长度特别是对假茎重量并无显著影响。因此不强调多次培土和深培土措施。另外，每次培土都会不同程度地伤根伤叶，对生长速度有短期影响。所以培土次数过多不利于大葱高产。山东青岛郊区有平畦定植、不培土生产冬用大葱的栽培方法。使用长白和短白的中间型品种，春播育苗，7月上旬定植，行距30～35cm，株距10cm左右，密度30万～37.5万株/hm^2。因植株田间分布合理、密度增加，大葱总产和假茎产量均高于沟栽培土大葱。假茎长度也不低于沟栽培土大葱。畦栽大葱在收后假植贮存过程中进行软化。冬季假植软化30d以后，可达到生长期间培土软化的质量。生长后期，假茎长35～40cm（包括地下10cm左右），总株高90cm左右。一般年份无严重倒伏，说明这是一种可行的栽培方法。

三、病虫害防治

1. 主要病害防治

大葱主要病害的发生和危害程度，与当年的气候条件和栽培制度密切相关。在正常气候下，严格区划和轮作栽培大葱很少发病。而在发棵生长期和采种期多雨高湿或多年重茬，则发病重，需及时进行药剂防治。

（1）大葱紫斑病　主要危害叶和花梗，初呈白色小斑点，继而扩大成圆形或纺锤形凹陷斑。病斑由小到大，呈暗褐至暗紫色，并产生同心轮纹状黑色霉层。危害严重时，多个病斑连成一片，致全叶、整个花茎和花柄枯萎。防治方法：①实行2年以上轮作。②选用无病种子，必要时需经药剂或温水处理。③加强水肥管理，增强寄主抗病性。④发病初期可用75%百菌清可湿性粉剂500～600倍液，或50%异菌脲可湿性粉剂1 500倍液，或64%噁霜·锰锌可湿性粉剂500倍液，或58%甲霜·锰锌可湿性粉剂500倍液等喷雾，每隔7～10d喷1次，连喷3～4次。

（2）大葱霜霉病　侵染葱叶、花茎和花柄，产生椭圆形淡黄色病斑，边缘不明显，湿度大时表面产生白色霉层，后期变为淡黄色或暗紫色。中下部叶片染病，病部以上渐干枯下垂，严重时枯黄凋萎。防治方法：可参见大葱紫斑病。或发病初期喷施75%百菌清可湿性粉剂600倍液，或60%琥·乙膦铝可湿性粉剂500倍液，或50%甲霜铜可湿性粉剂800～1 000倍液等，隔7～10d喷1次，连续防治2～3次。

（3）大葱锈病　该病在春秋多湿条件下发生，主要侵染绿叶和花茎。病部先出现白色小斑点，随后病斑凸起，呈橙色至褐色锈斑状，秋后疱斑变为黑褐色，破裂时散出暗褐色粉末。防治方法：发病初期可喷布15%三唑酮（粉锈宁）可湿性粉剂2 000～2 500倍液，或25%敌力脱乳油3 000倍液，或50%萎锈灵乳油700～800倍液等药剂，7～10d喷1次，连喷2～3次可控制病情发展。

（4）大葱病毒病　感病植株初期无明显症状，其后绿叶初呈淡绿短条斑，逐渐发展成多道黄绿相间的长条斑。严重时叶身褶皱由圆变扁，新叶叶鞘伸长受阻，叶身短皱，各叶丛生，产量、品质和贮藏性都显著降低。目前尚无有效防治该病毒病的药物。主要采取大区轮作、精选葱秧、及时拔除中心病株、杀灭传毒蚜虫和蓟马等措施预防病毒侵染。

2. 主要虫害防治

大葱主要害虫有蓟马、葱斑潜蝇和葱地种蝇等。偶有甜菜夜蛾和蛴螬、蝼蛄等地下害虫发生。

（1）烟（葱）蓟马　以成虫、若虫锉吸葱叶和花茎汁液，被刺伤口处产生灰白色条纹或斑点，严重时大量伤斑可连成一片，使叶片干枯。该虫在山东一年发生6～10代，春末到秋初危害最甚。干旱年份利于大发生。防治方法：①早春清洁田园、勤浇水和除草可减轻危害。②蓟马发生初盛期可全田（所有地面和葱株）喷布50%辛硫磷乳油1 000倍液，或10%吡虫啉可湿性粉剂2 000倍液，或40%七星保乳油600～800倍液等，每10d左右1次，视虫情确定喷药时间和次数。

（2）葱斑潜蝇　幼虫俗称叶蛆。山东一年发生6～7代，春、秋两季危害最重。成虫产卵于叶表皮下，孵化出幼虫潜食叶肉，使叶片布满迂回曲折的隧道和窄带状枯斑。虫口密度大时枯斑可连片致叶片枯萎，影响生长，并使葱叶丧失食用价值。防治方法：可在成虫盛发期和幼虫危害期施药，防治药剂同烟蓟马（吡虫啉除外）。

（3）葱地种蝇　华北地区一年发生3～4代。幼虫潜入土中，危害幼苗假茎基部，可造成鳞茎腐烂，叶片枯黄萎蔫，甚至成片死亡。防治方法：①均匀使用腐熟有机肥。②用糖醋毒液诱杀成虫。③成、幼虫发生期施药同韭蛆。

四、采收

冬季贮藏供应的大葱，要尽量延迟收刨时间。一般在土壤即将冻结前（中原地区11月上中旬）收获。早收，因贮藏前期气温较高，心叶还在生长。晚收，假茎易失水而松软，影响产量和质量。收获时2～3行大葱刨出后摊放1排，晾干假茎表皮，抖掉附着在假茎上的泥土，再进行贮运前整理。秋季收获鲜葱上市多为假茎和嫩叶兼用，对产品整理的要求是无残叶、老叶，留下长度不超过0.5cm的须根。按大小分成三级。长途运输的要装箱预冷，适合贮藏温度为（3±2）℃。初冬收获贮藏后冬季上市的，需保持全株完整，不损伤绿叶，捆扎或排放在包装箱内。只以假茎做商品的，则在假茎以上10cm左右处切掉叶身，可用纸箱散装，也可捆扎装袋短期贮运。计划贮藏期超过30d，收刨后剔除残病株打捆竖立排放阴冷处，利用冬季自然低温贮藏在－3～－1℃的温度下，使假茎始终保持轻度冻结状态，长期贮藏效果最好。切忌反复解冻与冻结。贮藏30～40d时，假茎商品量为收刨时鲜葱重量的65%左右。

第三节 洋 葱

一、类型及品种

1. 类型

栽培洋葱有普通洋葱及其2个变种，即分蘖洋葱、顶球洋葱。

（1）普通洋葱　每株形成1个肥大的鳞茎，品质好，产量高，耐寒性较强，以种子繁殖，栽培广泛。鳞茎颜色有紫红、铜黄、淡黄及白色，鳞茎形状有扁圆形、圆球形、椭圆形。按其鳞茎膨大对日照条件的要求分为长日型、短日型、中日型3个生态型。长日型品种每天需要14h以上的日照才能形成鳞茎，适于北纬35°～40°以北的东北地区种植，多为晚熟性品种。早春播种或定植（用鳞茎小球），秋季收获。短日型品种每天仅需11.5～13h的光照，适于长江以南、北纬32°～35°的地区种植，大多秋季播种，春夏收获。中日型品种适于北纬32°～40°的长江及黄河流域种植，一般秋季播种，第2年晚春或初夏收获。

①红皮洋葱。鳞茎圆球形或扁圆形，外皮紫红至粉红，肉色微红。含水量稍高，辛辣味较强。丰产，耐贮性稍差。多为中、晚熟种。

②黄皮洋葱。鳞茎扁圆、圆球或椭圆形，外皮铜黄或淡黄色。味甜而辛辣，品质佳，耐贮藏，产量稍低。多为中、晚熟种。

③白皮洋葱。鳞茎较小，多为扁圆形，外皮白绿至微绿。肉质柔嫩，品质佳，宜加工成脱水菜。产量低，抗病性弱，多为早熟种。

（2）分蘖洋葱　分蘖洋葱每株分蘖成多个至10多个大小不规则的鳞茎。鳞茎铜黄色，品质差，产量低，耐贮藏。植株抗寒性极强，很少开花结果，多用分蘖小鳞茎繁殖。黑龙江等省仍有栽培。品种有阿城紫皮等。

（3）顶球洋葱　顶球洋葱通常不开花结实，在花茎上形成7～8个至10多个气生鳞茎。用气生鳞茎繁殖，无须育苗。耐贮性和耐寒性强，适于严寒地区种植。可供加工腌制。

2. 品种

（1）熊岳圆葱　株高70～80cm，成株功能叶8～9片。鳞茎扁圆形，纵径4～6cm，横径6～8cm，外皮橙黄色半革质，单个鳞茎重

130～160g。抗逆性强，不易早抽薹。

（2）南京黄皮　南京农家品种。鳞茎扁圆球形，单个重 200～300g。鳞茎肉质白色致密，味甜，品质佳。产量高，耐贮藏。

（3）福建黄皮　株高约 60cm。鳞茎外皮半革质棕黄色，肉质鳞片白色，纵径 8～9.5cm，横径 8～8.5cm，单个球重 300g 以上。系中晚熟短日型品种。

（4）PS303　台湾凤山热带植物园艺试验分所育成的杂交品种。株型直立，适于密植。鳞茎球形，皮黄色，底部稍尖，适于外销。极耐运输，抗紫斑病。

（5）紫骄 2 号　葱头近球形，纵径 8～9cm，横径 9～10cm，外表皮深紫红色，有鲜亮光泽，商品性好，高产耐贮。我国淮河以北各地均可种植。

（6）新疆白皮　地方品种，主栽区为石河子。株高 60cm 左右，成株有功能叶 13～14 片。鳞茎扁圆，纵径 5cm，横径 7cm，单球重 150g。早熟，休眠期短。

（7）江苏白皮　江苏省扬州市地方品种。株高 60cm 以上。鳞茎扁圆形，纵径 6～7cm，横径约 9cm，外皮半革质黄白色，肉质鳞片白色内有鳞芽 2～4 个，单个重 100～150g。适于生食和脱水干制。

（8）系选美白　天津市农业科学院蔬菜研究所从美国引进的白皮洋葱经过 5 代系统选择而成。其抗寒性、耐贮性、对盐碱土壤的适应性及在不易早期抽薹方面均高于原品种。属于长日型品种。株高 60cm 左右，成株有功能叶 9～10 片。鳞茎圆球形，横径 10cm 左右，外皮膜质白色，肉质鳞片纯白色、坚实，单个平均重 250g 以上。

二、栽培技术

1. 育苗

（1）露地育苗

①播种前的准备工作。为确保秧苗的数量和质量，在播种前要先做发芽试验。如发芽率低于 70%则需酌情增加播种量。在正常情况下，$100m^2$的育苗床播种量为 0.6～0.7kg。育苗床面积为栽培面积的 1/15 左右。洋葱种子在发芽时子叶生长缓慢，且出土比较困难，所以应选择土壤疏松、肥沃且保水性强，在 2～3 年内没有种植过葱蒜类蔬菜的地块，切忌在低洼易涝处进行育苗。综合有关洋葱育苗肥效试验对氮、

磷、钾的需求量，每 $100m^2$ 苗床含氮（N）1.45～1.60kg，磷（P_2O_5）1.16～1.51kg，钾（K_2O）0.84～1.64kg。一般每 $100m^2$ 苗床施用充分腐熟、细碎的农家肥 300kg。种子置于 50℃温水中浸泡 3～5h，浸种后在 20～25℃条件下催芽，在催芽过程中每天要用清水淘洗 1 次，当种子露白时及时播种。

②适期播种。播种适期既要使幼苗越冬有足够生长日数，长成足够大小的幼苗而又不致使幼苗超过绿体春化所必需的临界大小。一般品种以具有 3～4 片叶，苗高 18～24cm，假茎横径 0.6cm 左右，翌春未熟抽薹率 5%以下的幼苗为宜。以华北地区为例，露地播种适期大致在 8 月下旬至 9 月上旬。播种过早容易发生早期抽薹，过晚越冬能力降低，产量也低。

③播种方法。只要底墒好，播种量适当，采用条播或撒播，对秧苗素质没有明显的影响。

④整地育苗和越冬管理。播种后，为保墒而在畦面覆盖的苇帘及遮阳网在种子开始出土时于下午撤除。如果是用芦苇、秸秆等遮阴，可由密变疏分 2～3 次撤除。当长出第一片真叶后适当控水，已长有 2 片真叶，结合浇水追施氮肥，一般每 $100m^2$ 施硫酸铵 3.4～5.1kg 或尿素 1.7～2.5kg。追肥前结合除草进行间苗。幼苗如在苗床越冬，应在封冻前浇灌一次冻水，水层深度不低于 2cm，翌日在育苗畦内覆盖约 1cm 厚的细土，以免发生龟裂。此后随着天气变冷再分次覆盖碎稻草或豆类作物的碎叶等，厚度为 10～15cm，翌年春季转暖再将覆盖物取出，幼苗便重新萌发以备定植。另外，也可在浇冻水后用旧塑料薄膜覆盖畦面，并将四周用土封严。冬季比较寒冷的地方也可将幼苗起出，捆成 10～15cm 直径的小捆，码放在白菜窖或其他地窖中贮藏。贮藏期需要倒垛 2～3 次，如发现腐烂应及时清除。

（2）保护地育苗技术要点　高寒地区可利用日光温室、温床或阳畦进行育苗，具体操作和露地育苗基本相同，但应注意的事项是：

①播种时土壤温度必须在 10℃以上。为提高温度应分次覆土，即播种后覆土约 0.5cm 厚，必要时可覆盖地膜。在拱土时掀开地膜再覆盖 0.5～1.0cm 厚的细土。注意温度管理。出土前白天保持 20～26℃，夜间最低温度不低于 13℃。出土后白天宜超过 20℃，夜间最低温度不低于 8℃。

②光照时间通过揭盖防寒草苫进行调节。据研究，在短日照下所培

育的壮苗可增产8%～10%。

2. 定植前的准备

(1) 整地作畦，施基肥　整地时耕翻深度不宜低于20cm，第1次耕翻破土一定要达到应有深度，然后撒施基肥，再浅耕1～2次使畦面细碎、粪土混匀。肥熟、肥细、浅施、匀撒是洋葱使用基肥的技术要点。基肥种类主要是堆肥、厩肥或其他农家肥，一般每公顷2.25万～3.0万kg，肥源充足可施4.5万kg。过磷酸钙作基肥应与有机肥掺混，施用量每公顷375～450kg。北方地区栽植洋葱多采用平畦，畦宽1～1.2m，畦长8～9m，做成四平畦，使浇水深浅一致。南方多采用高畦，畦宽1.3～1.5m，长10m左右，畦间沟深0.3m。集约栽培的菜田还应做到畦沟、腰沟、围沟配套，以利排水。

(2) 覆盖地膜和使用除草剂　据安志信等试验，覆盖地膜比裸地根量增加52.3%，从而达到明显的增产效果。覆膜前可使用50%捕草净1 500g/hm^{2}或48%氟乐灵乳油2 250g/hm^2，对水喷洒畦面，但使用氟乐灵后应立即浅耕与土壤混合以防光解。平畦在覆膜前先浇底水。高畦将地膜边缘压在畦沟中定植后，在高畦基部按50～60cm距离将地膜扎破再行沟间渗灌。

(3) 选苗　大小苗分别栽植以便管理。同时要淘汰已受病虫危害、黄化萎缩和根部腐朽的劣苗，假茎横径将近1cm的大苗可将叶部剪掉1/3，这对减少抽薹有一定作用。定植的秧苗要将根剪短到1.5～2cm，以利定植。

(4) 秧苗处理　用40%商品乙烯利、赤霉素、30%商品双氧水和爱多收分别稀释配成0.03%、0.025%、0.01%和0.05%的溶液后，在定植前任选一种浸根0.5h，不仅促进生长，还有明显的增产效果。另外，在定植前10～15d对幼苗叶面喷洒0.2%～0.4%的磷酸二氢钾，可提高定植后的发根能力。

3. 定植

(1) 定植期　定植期因气候和品种而异。晚秋和初冬定植必须在严寒以前使幼苗能缓苗后恢复生长才不致发生严重的越冬死苗现象。这就需要有30d左右的时间，故应在旬平均气温4～5℃时适时定植。春季定植应尽量提早，秋耕后施好基肥经过冬灌的地段，在翌年春季地表解冻后及时整地，提早定植才利于增产。可以看出，提早定植7～15d，增产效果在5%以上。

（2）定植密度　洋葱植株直立，叶部遮阴少，适于密植。合理密植虽是一项有力的增产措施，但土壤肥力是密植增产的保证，因此必须与肥、水管理相配合。

（3）定植方法　覆盖地膜即按预定株行距用竹签等物穿膜扎孔，按孔插苗后在苗四周用土封严地膜。不覆盖地膜按行距开沟，按株距摆苗。开沟要深浅一致，最好是东西延长，把苗摆在沟的北侧，封沟土向南倾斜（栽阳沟），以利提高地温和发根。定植后浇水。

4. 定植后的管理

（1）浇水和蹲苗　不论什么季节，定植时均需灌水，此后在缓苗期约20d，如需要则小水勤浇。晚秋或初冬定植，在越冬前须进行冬灌（冻水）以利越冬。翌年返青后10cm深土壤温度稳定在10℃时适时适量浇返青水。春季定植的因缓苗期已浇水，为防止徒长需适当控水进行第一次蹲苗，此后不论晚秋或早春定植的洋葱都不能缺水，直到植株已充分生长将转向鳞茎肥大生长时，要控水蹲苗10d左右，即当外叶深绿，叶面蜡质增多，心叶颜色相应加深时结束蹲苗进行灌水。一般从定植到收获共浇水12～15次，当田间个别植株开始倒伏时终止浇水。南方雨量充沛，大多结合追肥进行灌溉，在春雨和梅雨期还应注意排水。

（2）追肥　春季定植的在缓苗后，晚秋定植的在返青以后进行第1次追肥。结合灌水每公顷追施磷酸二铵150～225kg和硫酸钾120～150kg。此后再追一次提苗肥，每公顷追施硫酸铵150～225kg，以保证地上部功能叶生长的需要。在鳞茎开始膨大生长后进行2～3次追肥（催头肥），催头肥应以鳞茎肥大的生长中期为重点，每公顷追施硫酸铵150～225kg和硫酸钾75～150kg。缺钾不仅影响产量还对鳞茎的耐贮性也有一定影响。如果土壤中的有效磷在150mg/L以上，速效钾在250mg/L左右就不必要再追施磷、钾肥。

（3）中耕、培土　如不覆盖地膜应进行中耕，尤其在蹲苗前必须中耕，中耕深度一般不超过3cm。如结合中耕进行培土则能提高产量。

（4）利用青鲜素（MH）控制贮藏期抽芽　在田间刚开始出现倒伏时（收获前10～14d），用25%青鲜素乳油稀释100倍，每升稀释液加2g中性洗衣粉作为黏着剂，向植株喷洒使叶面全湿即可，一般每公顷使用稀释后的药液750～1 100L。使用过早或过浓都会发生药害而造成腐烂。若与棉花间作要避开棉花，以免发生药害。

三、病虫害防治

洋葱主要病虫害的种类及防治方法参见大葱。

四、采收

地上部倒伏是鳞茎进入生理休眠的前奏，也是鳞茎成熟的象征。休眠期短、耐贮性弱的品种在30%～50%发生倒伏时应及时收获。中、晚熟、耐贮性强的品种以倒伏率达到70%，第1、2叶已枯死，第3、4叶尖端变黄为收获适期。最好预期在收获后能有几个晴天之时收获，以利进行晾晒。鳞茎在贮藏前必须使管状叶和鳞茎外皮呈干燥状态，因此应在田间晒蔫后进行编辫或扎捆，再反复晾晒。贮藏方法有垛藏、囤藏、堆藏、挂藏等。

第四节 大 蒜

一、类型及品种

1. 类型

按鳞芽外皮颜色可分为紫皮蒜和白皮蒜。按鳞芽大小可分为大瓣蒜和小瓣蒜。按叶形及质地分为宽叶蒜、狭叶蒜、硬叶蒜和软叶蒜。

(1) 白皮类型　白皮蒜中有大瓣和小瓣两种，大瓣种每头5～8瓣，小瓣种每头十几瓣以上。叶数较多，假茎较高，蒜头大，辣味淡，成熟晚，适于腌渍或青蒜和蒜黄栽培。

(2) 紫皮类型　蒜头因品种不同，有大有小，但瓣数都少，一般每头4～8瓣。辣味浓郁，品质优良，多分布于华北、东北、西北、西南各地。

2. 品种

(1) 山东苍山大蒜品种群　头大瓣少，皮薄洁白，黏辣辛香，优质高产。有蒲棵、糙蒜、高脚子等品种，都是秋播蒜。蒲棵栽培面积大，中晚熟，适应性强，耐寒，产量高，蒜薹质嫩，耐贮，单头重28～30g，每头6～7瓣。糙蒜早熟，每头4～6瓣，抗寒性略差。高脚子蒜头大，瓣齐，较晚熟，用种量大，栽培面积较小。

（2）吉林白马牙　植株直立，叶狭长，绿色，中晚熟种，不易抽薹。鳞茎外皮白色，单头重30～40g，横径4～6cm，每头8～9瓣，多者10余瓣，蒜瓣狭长呈三角形。辣味较淡，品质优良，适于腌渍或作青蒜栽培。

（3）山东金乡白蒜　从苏联蒜中选育出来的纯白皮蒜。株高80～90cm，假茎粗1.8～2.2cm，每株13片叶，长势强。鳞茎外皮雪白，单头重60～80g，每头10～15瓣。耐寒，休眠期短，辣味较淡。薹较短，长30～40cm。

（4）江苏太仓白蒜　江苏太仓地方品种。熟性偏早，属青蒜、蒜薹、蒜头兼用型。总叶数13～14片，蒜薹长40cm，较粗，每头6～9瓣，圆而洁白，辣味浓。

（5）陕西蔡家坡紫皮蒜　植株生长势强，叶色浓绿，较耐寒，鳞茎膨大对日照长度要求中等，叶片较宽，叶鞘较长，蒜薹粗大。鳞茎外皮紫红色，平均单头重60g，横径4.5～6cm，大瓣种，每头7～8瓣。味辛辣、浓，品质优良。早熟高产，宜作青蒜、蒜薹和蒜头栽培，为陕西省主栽品种。

（6）黑龙江阿城大蒜　植株生长势强，叶色浓绿，蒜薹粗壮。鳞茎外皮紫红色，平均单头重25g，横径3.5～5cm。大瓣种，每头5～7瓣。味辛辣，蒜汁黏稠，品质优良。早熟耐寒，为黑龙江省主栽品种。

（7）四川二水早　植株高大，一般株高75～90cm，最大叶宽4cm。鳞茎外皮紫红色，横径3～5cm。薹长60～70cm，单薹重30～40g，是蒜薹专用品种。适应性强，苗期生长快，也可作蒜苗栽培。

（8）天津宝坻六瓣红　植株生长势强，叶色浓绿。鳞茎外皮紫红色，大瓣种，每头6～7瓣。蒜薹粗大，肉质肥厚，抽薹早。单头重最大60～70g。此外还有山东嘉祥紫皮大蒜，河北定县紫皮蒜、玉林大蒜，上海嘉定大蒜，杭州白皮大蒜，西藏拉萨白皮大蒜，云南云顶早蒜等许多地方品种仍在生产上使用。

二、栽培技术

1. 整地与施基肥

大蒜忌连作或与其他葱属植物重茬，否则，根系发育不良，植株长势衰弱，易罹病害，从而降低产量和品质。大蒜对前茬作物要求不严，秋播大蒜以早熟豆类、瓜类、茄果类和马铃薯等茬口为好，春播大蒜以秋菜豆、豇豆、南瓜、茄果类蔬菜为好。大蒜吸肥量少，土壤残留肥较多，而且其根系分泌的杀菌素对后作的某些病害有一定的抑制作用，所以大蒜是各种作物的良好前茬。秋播大蒜前茬收后立即清地，精耕细耙，整平作畦。北方可作成宽 1.9m、高 15cm 的平畦。春播大蒜要在冬前深翻细耙，作畦或做垄，封冻前灌水，保持底墒。畦向以南北向最好。大蒜根系浅，吸肥力弱，对基肥质量要求较高，一次施入全效优质的有机肥 45～75m^3/hm^2，再结合施入硫酸钾复合肥 1 125～1 500kg/hm^2。大蒜忌用生粪，施前要充分腐熟，并捣碎拌匀，以防在田间发酵，引来蒜蛆危害。

2. 播种

（1）种蒜选择与处理　种瓣是大蒜幼苗期的主要营养来源，其大小好坏，对产品器官形成影响很大。因此，在收获时要根据品种形态特征，先在田间选株、选头，播种前再次选瓣，挑出肥大、无病无伤的蒜瓣作为播种材料。许多试验表明，大瓣种贮藏养分多，在相同的栽培条件下，株高、叶数、鳞芽数、蒜薹和蒜头重量等，均高于小瓣种。选种瓣时以单瓣重 4～6g 为宜，过大（8g 以上）易发生二次生长。种蒜要剥皮去除干缩茎盘，便于吸水发根，但在盐碱地或过于干燥的土壤，带皮播种可减少损伤。

（2）播种密度　大蒜合理密植是提高产量与品质的重要条件。密度过大，鳞茎小，蒜薹细。过于稀植，易发生二次生长。早熟品种，植株矮小，叶数少，密度要大。中晚熟品种，植株高，叶数也多，密度宜小。据各地生产经验及研究结果表明，大蒜播种密度因品种及生产目的而异，以蒜薹为主要产品的，密度为每公顷 60 万株左右。生产出口蒜头的品种，以每公顷 37.5 万株左右为宜。蒜种用量为每公顷 1 500～2 250kg。

（3）播种方法　大蒜播种方法有两种：早春地寒宜开沟灌水，栽蒜后覆土。秋季气候适合，多打孔或开浅沟栽蒜，镇压后浇水。春季垄作，地温稍高，萌芽早，出土一致，鳞茎膨大期土壤阻力小，蒜头较大，但因株数少总产量低。畦栽影响地温较大，出苗晚而参差不齐，但适合于密植，总产量较高。栽植行向，以南北向为宜。深度垄作 3～4cm，畦作 2～3cm 为宜。播种时，将蒜瓣背腹连线与行向平行，以便叶片分布均匀，提高光能利用率。

3. 地膜覆盖及化学除草地膜覆盖

可明显改善土壤小气候，土壤保肥、保水能力增强，并可有效控制杂草及防止葱蝇危害，还可提早成熟7～15d，产量提高30%左右。播种后3～5d，浇一小水，待水渗下喷施乙草胺或33%除草通乳油1.5～2.25kg/hm^2，对水1 500kg，覆盖地膜，要求使地膜平展紧贴地面，地膜四周压入土中。

4. 田间管理

大蒜播后7～10d即可出土，覆盖地膜的，此时应用小铁钩及时破膜引苗，使蒜苗顺利顶出地膜。如果底墒不足不能及时出土，可浇1次小水，促进发根出苗。无地膜的田块，主要是中耕松土，提高地温，促根催苗。幼苗期是大蒜营养器官分化和建成的时期，也是田间管理的关键时期。幼苗前期要适当控制灌水，以松土保墒为主，促进根系发展，防止徒长。秋播大蒜在临冬前灌大水一次，提高土壤湿度。北方秋播区无地膜覆盖时，在封冻前还要覆盖一层杂草或马粪，保护幼苗安全越冬。翌春2月下旬至3月下旬返青期，再浇一次返青水，改善墒情。灌水后及时中耕，提高地温，保根发苗。地膜覆盖的大蒜可于3月下旬至4月上旬浇水并追施尿素225～300kg/hm^2、硫酸钾150kg/hm^2，还要及时防治蒜蛆、大蒜叶枯病等。花茎伸长期，分化的叶全部展出，根系扩展到最大范围，地下鳞茎也开始膨大，对水肥吸收量显著增多。北方干旱，7～10d灌水1次，南方多雨可适当减少灌水次数。在总苞露尖前，结合灌水适量追肥，养叶催薹。采收蒜薹前应停止灌水，提高蒜薹韧性，减少提薹时的断薹率。蒜薹收后茎叶不再增长，大量养分向贮藏器官运转，鳞芽生长加速，鳞茎亦随之不断膨大。此期应保持土壤湿润，并适量追施速效氮钾肥料。南方应注意田间排水。收获前5d要停止灌水，降低土壤湿度，提高鳞茎品质和耐贮运性。

三、病虫害防治

1. 主要病害防治

（1）大蒜紫斑病　南方于苗高10～15cm时开始发病，生育后期危害最甚。北方主要在生长后期发病。田间发病多始于叶尖或蒜薹中部，几天后蔓延至下部，初呈稍凹陷白色小斑点，中央微紫色，扩大后呈黄褐色纺锤形或椭圆形病斑，湿度大时，病部产出黑色霉状物，病斑多具同心轮纹，易从病部折断。贮藏期染病的鳞茎颈部变为深黄色或红褐色软腐状。防治方法参见大葱。

（2）大蒜叶枯病　叶片染病多始于叶尖，初呈花白色小圆点，扩大后呈不规则或椭圆形灰白色或灰褐色病斑，潮湿时其表面长出黑色霉状物，严重时病叶枯死。蒜薹染病易从病部折断，最后在病部散生许多黑色小粒点，严重时病株不抽薹。防治方法：①及时清除被害叶和花薹。②适期播种，加强田间管理，合理密植，雨后及时排水，提高寄主抗病能力。③于发病初期喷洒75%百菌清可湿性粉剂600倍液，或50%扑海因可湿性粉剂1 500倍液，50%琥胶肥酸铜可湿性粉剂500倍液等，隔7～10d喷1次，连续防治3～4次。

（3）大蒜细菌性软腐病　大蒜染病后，先从叶缘或中脉发病，形成黄白色条斑，可贯穿整个叶片，湿度大时，病部呈黄褐色软腐状。一般基叶先发病，后逐渐向上部叶片扩展，致全株枯黄或死亡。防治方法：发病初期喷洒77%可杀得可湿性微粒粉剂500倍液，或14%络氨铜水剂300倍液，或72%农用硫酸链霉素可溶性粉剂4 000倍液等，隔7～10d喷1次，视病情连续防治2～3次。

（4）大蒜花叶病　由大蒜花叶病毒及大蒜潜隐病毒引起。发病初期，沿叶脉出现断续黄条斑，后连接呈黄绿相间长条纹，植株矮化，个别植株心叶被邻近叶片包住，呈卷曲状畸形。病株鳞茎变小，或蒜瓣及须根减少，严重的可使蒜瓣僵硬，导致大蒜产量和品质明显下降，造成种性退化。防治方法：①严格选种，尽可能建立原种基地。②利用组织培养方法，脱除大蒜鳞茎中的主要病毒。③在蒜田及周围作物喷洒杀虫剂防治蚜虫、蓟马，防止病毒的重复感染。④发病初期喷洒1.5%植病灵乳剂1 000倍液或20%病毒A可湿性粉剂500倍液等，隔10d左右喷1次，连续防治2～3次。

2. 主要虫害防治

主要害虫为葱地种蝇。幼虫蛀入大蒜植株假茎及鳞茎，引起腐烂，叶片枯黄、萎蔫，甚至成片死亡。防治方法：①施用经充分腐熟的有机肥，并采用地膜覆盖栽培。②在成虫发生始期喷洒21%增效氰·马乳油（灭杀毙）6 000倍液，或2.5%溴氰菊酯乳油3 000倍液等。③发现蛆害后，可用80%敌敌畏1 000倍液等灌根。蛆害较重时药剂防治参见韭蛆。此外，葱蓟马、蚜虫也危害大蒜。

四、采收

1. 产品收获

(1) 蒜薹。花芽分化后40～45d，总苞下部变白，蒜薹顶部开始弯曲，为收薹适期的标志。收蒜薹时间宜晴天下午，植株体内膨压下降，假茎松软，蒜薹韧性增强，容易抽薹。一般每公顷产薹6～9t。

(2) 蒜头。蒜薹收后15～18d，叶片约1/2变黄，鳞茎已充分肥大，为蒜头收获适期。收蒜头时宜选择晴天，收后在田间晾晒，并切除根须，为防雨淋，可将收刨后的大蒜编辫或绑把挂晒，直至短缩茎及残留蒜薹干透为止，以免贮藏时发霉腐烂。一般秋播大蒜每公顷产18～30t，春播大蒜产15t。

2. 产品出口标准

出口蒜头可分为横径5cm、6cm、6.5cm及7.0cm以上等级别，横径越大商品价值越高。要求鳞茎充分干燥，外皮洁白，切根完全，蒜头及蒜瓣无霉变，假茎长约2cm，鳞茎无损伤，无病虫危害，无农药残留污染等。

3. 产品贮藏方法

处于生理休眠状态并充分干燥的大蒜鳞茎，在自然条件下可贮存约2个月，之后便开始长芽，降低品质。若在－3℃下恒温干燥贮藏，至少可达1年，品质变化不明显。蒜薹在0℃恒温下气调（气体组成CO_2 2%～5%、O_2 2%～5%为宜）贮存，可保鲜存放8～12个月。

【专栏】

大蒜品种退化与复壮

大蒜种性退化是大蒜生产中普遍存在的问题。退化主要表现为植株矮小，假茎变细弱，叶色变淡，鳞茎变小，小鳞芽增多或产生独瓣蒜，二次生长率增高，产量逐年下降。

1. 退化原因

大蒜为无性繁殖作物，蒜瓣是鳞芽的变态器官，是大蒜母体的组成部分。生物界都是通过有性繁殖产生生活力强的后代，而大蒜的生育周期不经过有性世代，是从鳞芽到鳞芽，这是引起大蒜品种退化的内在原因。不良气候条件和栽培技术是引起大蒜品种退化的外因。大蒜生育期间遇高温、干旱和强光诱发病毒病危害，是导致大蒜种性退化的首要因素。已知有大蒜花叶病毒、青葱潜隐病毒、洋葱黄矮病毒、韭葱黄条病毒、马铃薯Y病毒等10多种病毒侵染大蒜。在大蒜长期无性繁殖中，病毒通过鳞茎逐代传递，毒量渐增，极大地干扰大蒜正常生理代谢活动，最终引起种性退化。土壤贫瘠、肥料不足，尤其是有机肥不足，高度密植、个体发育不良，采薹过迟、假茎损伤以及选种不严格等均可导致品种退化。

2. 复壮措施

(1) 茎尖脱毒　利用鳞芽中0.2～0.9mm长的芽尖，进行组织培养，可诱导形成无病毒的大蒜植株，再经快速繁殖后形成无毒鳞茎，从而达到恢复种性、增强长势、增加产量的复壮目的。

(2) 气生鳞茎繁殖种蒜　据山东农业大学研究表明，用气生鳞茎播种，当年形成独瓣蒜，再将独瓣蒜播种则可获得分瓣的大蒜头，鳞茎产量显著提高。

(3) 异地换种　对产自不同土壤及生态条件的同品种大蒜，相互调换蒜种，长势可明显增强，产量提高。

(4) 严格选择种蒜，改善栽培条件　严格挑选种蒜，选择优良单株的优良鳞茎和蒜瓣，以确保具有本品种特征特性，配以合理肥水管理，创造良好的大蒜生长环境，以减缓退化进程。

第五节　分　葱

一、类型及品种

1. 类型

分葱按其能否开花结籽分为两个类型：不结籽型，用分株繁殖。可结籽型，用种子或分株繁殖。

2. 品种

(1) 不结籽型的品种

①兴化分葱。江苏兴化地方品种。株高45～55cm，管叶长，先端尖，长30～40cm。假茎较短，一般长15～20cm，横径0.5～1.5cm。

分蘖力强，当分株具 3～4 片叶时发生，一般 1 丛可形成 20～30 个分株。抗病性强，品质好，是一个适合鲜食兼加工用品种，每公顷产量达 45 000～60 000kg。

②印管葱。安徽合肥农家品种，分大印管葱和小印管葱。前者葱管大，分蘖少。后者葱管小，分蘖多，品质佳。小印管葱株型小，直立，高约 35cm；叶细管状，长约 26cm，绿色；假茎长 5～12cm，横径约 0.7cm，绿色，分蘖力强；质细嫩，香味浓，品质好；耐寒，耐热性较差。

③白米葱。上海郊区地方品种。株高 30～35cm，分蘖较多，一株可分 20～30 株。叶长 25～30cm，横径 0.6～1.0cm，呈杈状排列，先端细而尖，叶深绿色，稍被蜡粉。假茎长 8～10cm，粗 0.6～1.0cm，基部稍肥大，但不形成鳞茎。栽植 60d 后陆续采收。耐寒，较耐热，产量高，品质好。

（2）可结籽型的品种

①嵊县四季葱。浙江嵊州农家品种。江苏、上海等地引种推广。株高 45～55cm，长势较旺，分蘖性中等。管叶长约 40cm，横径约 0.7cm。葱白长约 10cm，粗约 0.8cm，基部略肥大，不形成鳞茎。可抽薹开花结籽，以种子繁殖为主。播种 50～80d 后即可采收，产量高，香味浓，品质好。

②衢县麦葱。浙江衢县农家品种。植株长势旺，株高 40cm 多，分蘖性强，每丛 15～25 株。叶细管状，长 35～38cm，绿色，蜡粉较多。假茎长 7～9cm，横径约 1cm，外皮红褐色。种子、分株繁殖均可，耐热，春播后 40d 定植，定植后 40～60d 采收，产量高，香味浓。

③山东分葱。山东济南、青州、青岛、沂南等地零星分布。株高 50～60cm，叶色浅绿，分蘖力强，每个分生株重 30～50g。抗寒、抗病力强。山东 7 月上旬播种，9 月上旬定植，翌年 4～8 月收获。辛香味浓。

二、栽培技术

在分葱的主产区长江中下游地区的生态条件下，其栽培技术要点如下：

1. 土地准备

选择地势平坦、肥沃疏松、排灌便利的土地。前茬为玉米、大豆或其他蔬菜，轮作 1～2 年，每公顷施腐熟厩肥 30 000kg，精细耕作耙平，按畦面宽2.4m作高畦，沟宽40cm，深约20cm。

2. 播种、栽植

3月中旬春播或8月中旬秋种，每亩播种量约4g，撒播或条播，播种后盖草、浇水，出苗后及时揭除覆盖物，浇2～3次农家有机液肥。出苗后30～50d，苗高15cm时，拔苗栽植。春、秋茬栽植行距20cm，穴距15cm，每穴栽分生株苗2～3株，种子苗5～6株。伏茬、冬茬可适当密植。种苗要求已发生较多分蘖的粗壮苗，种植前将母株连根挖起，每丛掰开2～3株，并带有茎盘和根系。栽苗深约2.5cm，伏茬较浅，而冬茬较深，栽后浇缓苗水。

3. 肥水管理

成活后每公顷施尿素75kg，促进分蘖，冲水施。分葱根浅，吸收力弱，不耐浓肥，要轻施、多次施，与浇水结合。两周后施尿素75～120kg/hm^2，采收前重施氮肥，施尿素225kg/hm^2，加少量钾肥。生物固氮肥是一种长效肥，分葱上的试验结果表明，施用生物固氮肥60kg/hm^{2}加尿素225kg/hm^2，其肥效相当于施尿素375kg/hm^{2}的处理。施用方法是与尿素并用，分2次施用。生物固氮肥可减少化肥施用量，减轻环境污染，并节约成本。

4. 化学除草

葱地前期杂草较多，人工除草困难、费工。采用化学除草有事半功倍之效。栽植前每公顷用33%施田补1 875ml处理土壤。生长期间禾本科杂草较多时，可在杂草2～4叶期，选用10%禾草克或15%精稳杀特喷雾防治。

三、病虫害防治

分葱主要病害有霜霉病、紫斑病、分葱锈病、软腐病等。霜霉病可用百菌清、甲霜·锰锌防治。软腐病可用农用链霉素和可杀得等铜制剂防治。虫害主要是葱蓟马、葱斑潜蝇、地蛆等，防治方法参见大葱。霜霉病可用百菌清、甲霜·锰锌防治。软腐病可用农用链霉素和可杀得等铜制剂防治。

四、采收

分葱栽植后2～4个月适时采收，采前1d浇水，起葱后除去黄叶、病叶，束捆，清洗后上市。大批分葱集中采收的则应按供货要求分别保鲜或速冻、脱水加工，其产品有保鲜葱、速冻葱、脱水葱片。鲜葱每公顷产量45 000kg左右。分葱的种子繁殖田要与其他分葱品种、大葱的种子繁殖田空间隔离距离1 000m以上。

第五章 白菜类蔬菜栽培

第一节　大 白 菜

一、类型及品种

根据植物学和园艺学的研究，大白菜列为芸薹属中大白菜亚种。在大白菜亚种中分为散叶大白菜、半结球大白菜、花心大白菜和结球大白菜4个变种。

1. 类型

大白菜品种还可按栽培季节分为春型、夏秋型和秋冬型三个季节型。春型，耐寒力强，不易抽薹，在二季作地区为春季栽培。多属早熟品种，如小杂55、春夏王等。夏秋型，耐热和抗病能力强，多在夏季至早秋栽培，如夏阳、青夏1号、青夏3号等。秋冬型，在秋季至初冬大量栽培、贮藏供冬季及早春食用，多属结球大白菜中的中、晚熟品种，品种甚多。

大白菜品种还可按叶球结构分为：叶数型，指长度在1cm以上的球叶数超过60片，球叶数较多而单叶较轻，叶片的中肋较薄，主要靠叶片数增加球重。卵圆型品种多属此类。叶重型，指长度在1cm以上的球叶数不超过45片，球叶数目较少而单叶较重，叶片的中肋肥厚。直筒型和部分平头型品种多属此类。中间型，介于叶数型和叶重型之间，如某些直筒型、叠抱型品种属于此类。

大白菜品种按叶色分为青帮型、白帮型和青白帮型，主要以叶柄中的叶绿素含量多少分类。一般来说青帮品种比白帮品种的抗逆性强，水分少，干物质含量较多。此外，微型大白菜（俗称娃娃菜）商品叶球净重仅100～200g。云南省是其主产区。

2. 品种

中国大白菜的地方品种很多，适合不同的生态环境条件要求，而且受当地消费者的食用习惯所影响，从而使大白菜地方品种的分布具有一定的区域性。一般情况是：高寒地区温差大，生长期短，以直筒舒心类型品种多。气候温和的低海拔平原地区，温差较小，生长期较长，多属直筒包头或矮桩叠抱平头类型。沿海地区则以矮桩合抱类型的品种最为普遍。

（1）京研快菜2号　是由大白菜自交不亲和系03QX4A23和07338组配选育而成的以幼苗或半成株为主要食用部分的耐热、深绿色苗用白菜一代杂种。株型较直立，外叶深绿色，叶面皱，叶背面有光泽，无毛，叶肉厚，质地柔软，帮白色、较宽，品质佳。耐热、耐湿、抗病，适应性广。生长速度快，播种后28～30d开始收获幼苗上市，亩产量4 000～4 500kg，适合全国大部分地区栽培。

（2）华耐B1102　是由9051和9012两个自交不亲和系组配选育而成的小株型大白菜（娃娃菜）一代杂种。生育期为65～70d，与对照品种小巧相比熟期大致可提前3～5d，并且植株整体表现为整齐度高，外叶深绿、叶面稍微褶皱，开展度小，叶球筒型叠抱，心叶鲜黄，叠抱紧实，单球重为750g左右，亩产量可达6 000kg左右，品质优，口感极佳，与对照品种相比较球型较小，直立性更好，高抗病毒病和黑腐病及抗霜霉病，适合在北京、甘肃、河北和云南等地种植。

（3）辽白1号　辽宁省农业科学院园艺研究所选育。叶球长筒型，褶抱。外叶绿，帮色白绿。商品性好，纤维少，耐贮存。中熟，生育期85d左右。适应性广，辽宁、吉林、河北及西北地区均可种植。

（4）北京橘红心　北京市农林科学院蔬菜研究中心育成的一代杂种。晚熟。植株半直立，株高37cm，开展度62cm。外叶绿色，叶球叠抱，中桩，叶球橘红色，结球紧实，抗病毒病、霜霉病和软腐病。品质优良。

（5）晋白菜7号　是以自交不亲和系2002-14-15为母本、自交不亲和系2002-13-5-1为父本组配选育而成的秋中晚熟大白菜一代杂种，生育期85～90d。植株长势强，株高65～70cm，开展度60～65cm，球形指数3.5左右。外叶深绿，叶柄浅绿，叶球直筒舒心，结球紧实，单株重量3.4～4.0kg，净菜产量115.5～120.75t/hm^2。对大白菜病毒病、软腐病、霜霉病的抗性强于太原二青，品质优，耐贮运，适合山西及周边地区秋季栽培。

（6）京春娃2号　由两个自交不亲和系06135和06177组配选育而成的小株型大白菜一代杂种。极早熟，定植后45～50d收获，株型小，较直立，适于密植，每亩可种植12 000株以上。耐先期抽薹性强，抗病毒病、霜霉病和黑腐病，品质佳。叶球炮弹形，球高22.5cm，球横径9.8cm，球内叶浅黄色，单球重量0.6kg，每亩净菜产量5 000kg。已在北京、天津、河北、河南、甘肃、云南、贵州等地推广种植。

（7）黑叶东川白　云南省昆明市地方品种。植株高大，外叶黑绿色，微皱，心叶黄色花心。肉质脆，味甜，品质中等。抗逆性强，较耐旱，抽薹迟。生长期100～120d。

二、栽培技术

1. 秋季大白菜栽培技术

（1）茬口安排与种植方式　为防止大白菜的连作障害及病虫害的发生，在有条件的地区应实行3～4年的轮作制度。但由于菜区土地面积小，复种指数高，而大白菜的需求量高，种植面积大，因此在实际生产中实行轮作是困难的。秋播大白菜的种植方式，基本上可分为直播与育苗移栽两大类型。直播的优点是：在大白菜生长过程中不移栽伤根，没有缓苗期。它比育苗移栽的大白菜可适当晚播，又没有过多的机械伤害，所以病害较轻。而且便于机械化操作。其缺点是：直播菜播期严格，前茬必须及时腾地，用工量集中。幼苗期占地面积大，易与夏淡季蔬菜供应发生矛盾。移栽大白菜虽与直播相比有一定缺点，但其优点是苗期占地少，管理集中，可为前茬作物延长市场供应提供条件。在夏管秋种的繁忙季节中，有利于调整劳力的使用。尤其在自然灾害易发的地区，可在育苗畦的小面积地块上，采用人工防护措施保苗，避开风险期后再移栽到大田，从而保证了大白菜所必要的生长日期。

（2）整地作畦与施基肥

①整地。前茬作物收获后要及时灭茬，将残枝败叶、根系及杂草及时清除，并将其集中到堆沤肥的适合场所。同时将前茬残留的破碎地膜、施肥时带入的砖头瓦块等杂物清理出去。耕地要及时、细致。高寒地区冬季进行休闲，在夏季播种前再精细耕耙一次。如冬前不进行深耕

和施基肥，春季必须栽培收获较早的作物，以便在栽培白菜前有充足时间深耙和暴晒土壤。在二季作、三季作地区，除冬前深耕外，在大白菜播种或定植前需抓紧时间耕地，耕地深度为20cm左右，耕后晒垡，促进土壤的熟化与消灭病菌虫卵。待大白菜播种前再耕耙一次，要求土壤细碎，地面平整。多雨年份要防止因深耕积水而延误播种期。平整土地时要注意灌水与排水渠道的设置，以达到旱能浇、涝能排的水平。

②作畦。大白菜常见的作畦方式有平畦、高垄、高畦及改良小高畦等多种。长江流域以北地区多采用高垄或平畦，以南地区多用高畦。平畦的宽度依种植要求而定，大、中型品种的畦宽等于大白菜2行的行距，小型品种畦宽等于3行的行距，长度6～9m。这种畦式多在地下水位深、土壤沙性强、雨水少，以及盐碱较重的土壤采用。高垄是在平地以后，根据预定的大白菜要求的行距起垄，可用人工或机械进行。一般垄高10～20cm，垄背宽18～25cm，培好垄后应使垄背平、土细碎，以利播种。垄作因有以下优点而成为主要的种植方式：培垄使活土层加厚，土壤通透性良好，促进根系发育。在大白菜苗期干旱时利于灌水，而涝时利于排水，后期浇水量大，可充分满足结球的需要。下雨或浇水后土壤表层易干燥，湿度小，能有效减轻霜霉病、软腐病的发生。其缺点是：前茬作物需早腾茬，降低了土地利用率。播种后如遇暴雨易于冲刷垄体，发生冲籽毁苗现象。用种量高，苗期管理费工较多。土壤蒸发量大，浇水次数增多。沙质土壤上不宜使用。高畦是长江以南地区主要采取的方式，畦宽1.2～1.7m，可种2～3行大白菜，畦长6～9m。有较强的排水系统，由厢沟、腰沟及围沟组成。一般可做到两畦一深沟或一畦一深沟。

③施足基肥。大白菜根系分布较浅，生长量大，生长速度快，需肥效持久的厩肥、堆肥作基肥。据北京市对大白菜丰产田块调查，要获得15万kg/hm^2的毛菜，每公顷需施用有机肥6万～9万kg。除施用有机肥外，也可以有机肥与化肥混合作基肥。用过磷酸钙作基肥时，宜与厩肥一起堆制后施入，每公顷375～450kg。施用基肥的方法有铺施、条施和穴施。在有条件的地区可以将铺施、条施或穴施相结合，进行两次基肥的施入，更有利于大白菜对肥料的需求。

（3）播种

①确定播期。适期播种是秋季大白菜优质、高产、稳产的关键措施

之一。中国大白菜的适合播期自北向南从7月依次延续到9月，由于受气候条件限制，越是向北播期要求越严格。提早播种，可以延长大白菜的生长期，但易于早衰和发病，影响其产量、品质和贮藏性能。晚播种，虽然发病率低，但产量降低而且包心不良。在适合的播期后，每延晚一天播种减产3%左右。所以秋季大白菜只能在适期内播种，才能达到预期效果。一个地区适合播期的确定是根据科学试验与栽培经验相结合的方法制定出来的。例如北京市大白菜的适合播期即是通过对31个年份高产地块的调查分析，明确了播期与高产的密切关系，并进一步分析了适播期的变化情况以及与品种和气象条件的关系，同时又总结了多次不同播期试验结果，明确了各种播期对大白菜生态与生理的影响，从而将群众的经验上升到科学的认识，并将这些认识在生产中进行了验证。最终提出了北京市大白菜的适合播期为8月3～9日，最佳播期为4～7日。为大白菜大面积的高产稳产提供了重要依据。

②保证全苗。在确定选用的优良品种后，要选用籽粒饱满、成熟度高、发芽率高、发芽势强的种子，有利于田间成苗。种子千粒重应达2.5～3.0g，低于2g以下者不宜在生产中使用。一级良种的发芽率不低于98%，三级良种不低于94%。播前进行种子处理的方法有：将种子晾晒2～3d，每天3～4h，晒后放于阴凉处散热。温汤浸种，即先将种子放于冷水中浸泡10min，再放于50～54℃的温水中浸种30min，然后捞出，放于通风处晾干后待播。药物拌种，可用种子重量的0.3%～0.4%的福美双或瑞毒霉等药剂拌种。

直播方法有条播和穴播两种。条播是按预定的行距或在垄面中央划0.6～1cm深的浅沟，将种子均匀地播在沟内，然后用细土盖平浅沟、踩实。穴播是按行株距划短浅沟播种。先开长10～15cm、宽4～5cm的浅沟，或是作直径为15～20cm的浅穴，深度均为1～1.5cm，将15～20粒种子播于穴内，然后覆土、踩实。如底墒不足也可先于穴内浇水，待水渗后播种。条播播种量每公顷为2 250～3 000g，穴播为1 500～2 250g。使用大白菜起垄播种机，可一次播4行，同时完成起垄、播前镇压、开沟、播种、覆土和播后镇压等项工序。此法开沟距离准确，播种均匀，深浅一致，出苗整齐。每公顷仅用种1 500g。

如采用育苗方法，则育苗床应选择地势高燥、排灌方便、土壤肥沃，并靠近栽植大田的附近。苗床宽度为1.0～1.5m。每栽1hm^{2}大白菜需苗床面积 450～525m^2。作畦时需足量施肥，每 35m^2 的苗床施用充分腐熟有机肥 50～75kg，硫酸铵 1～1.5kg，过磷酸钙及硫酸钾 0.5～1kg，或草木灰 3～5kg。上述肥料撒于床面后，翻耕 15～18cm，肥土混匀后再耙平耙细。也可采用营养土方或营养钵育苗。育苗的播期一般比直播的早 3～5d。每 35m^2 苗床用种子 100～125g。底墒充足，天气较好时出苗期可不浇水。如遇高温干旱，仍需在发芽期内小水勤浇或喷水灌溉。特别是采用高垄播种的地区，为降低地表温度和保持土壤湿度，一般情况下都应在播后连续浇水，以保证出苗整齐，并克服地表高温对幼苗造成的危害。

（4）育苗　大白菜从播种至苗期结束 20～25d，占全生育期的 1/4 左右。大白菜苗期的相对生长量最高，栽培管理的优劣对大白菜苗质的影响十分重要。而且每年温度、降水、光照等主要气象因子常常发生变化，给幼苗生长发育带来很大的正、负面影响。大白菜的病虫害以在苗期防治最为关键。苗期管理的总目标是要达到苗全、苗齐、苗壮。壮苗标准是幼苗期结束时展开 8～10 片真叶，叶面积大而厚，达到 700cm^2 以上，同时没有病毒病与霜霉病的危害。幼苗出土后 3d，进行第一次间苗，3～4 片真叶时进行第二次间苗，防止幼苗徒长。幼苗宜在团棵前移栽，晚熟品种宜在 5～6 片叶时定植。

（5）苗期管理　苗期管理的主要措施是注重苗期浇水，特别是北方地区极为重要。在华北、西北等地广泛推广的“三水齐苗，五水定苗”的水分管理经验，仍然适用。它强调了苗期浇水的重要性，同时也是降低大面积裸露地面的地表温度的一种重要措施。在大白菜播种3～4d 出苗后要及时查苗补苗，防止缺苗断垄的现象发生。补苗宜早不宜迟，苗子宜小不宜大。为严格筛选健壮幼苗，应采用二次间苗、一次定苗的方法。拉“十”字期间第 1 次，留苗距离 6～10cm，对断条播或穴播者可留苗 5～7 株。当幼苗长到 4～5 片叶时，间第 2 次苗，留苗距离 12～15cm，对断条播或穴播者留苗 2～3 株。苗期结束进行定苗，按株距要求选留 1 株符合该品种特性并达到壮苗标准的幼苗。间苗后要及时浇水，在适耕期内进行中耕除草，特别是第 2 次间苗后的中耕质量要求浅耪垄背，深耪沟底，同时要修补损坏的垄背。为减轻劳动强度，也可采用国家认可的化学除草剂进行除草。在苗期还要注意病虫害的积极防治。大白菜田间整齐度是影响大面积获取高产、优质产品的重要因素，在幼苗期由于各种条件而造成的大小株不齐的现象，决定着收获期各个单株的差异，从而造成了群体产量的高低与质量的优劣。所以必须通过苗期的各项管理措施，达到苗全、苗齐、苗壮的要求，为下一阶段的生长发育打下良好的基础。

（6）密度　大白菜的产量构成是由单位面积的株数、单株重量和商品率的高低决定的。但单位面积上各个体的总和，不是个体重量的简单相加，而是由个体组成群体后形成了自己的结构和特性，它既受环境条件的影响，又受群体内个体之间的相互影响。当群体数量稀少时，单位面积产量会随株数的增加而增加。当达到一定数量，群体数量的增加影响单株重量时，群体产量还会比较稳定的增长。当株数过多时，产量虽然可维持较高的水平，但严重影响了单株重量和商品率，从而使重量大幅度下降，并减少了产品的食用价值。所以把总产量高、商品性好、品质优良的群体密度作为合理密度。大白菜的合理密度应具备以下 3 个特征：①在大白菜的莲座末期至结球初期可封严地面，充分利用营养面积所提供的空间条件。②单株商品重量应达到一、二级商品出售标准。③在减少 3%～5%株数的情况下，群体产量仍能达到当地的高产稳产指标。

（7）施肥　通常以大白菜的需肥量及其吸收规律、土壤的理化状况以及施用肥料的种类及其性质作为合理施肥的依据。采用配方施肥的方法，在山东省中等肥力田块上，分别于发棵期和结球初期每公顷各施纯氮 130.5～142.5kg、五氧化二磷 123～138kg、氧化钾 145.5～159kg，可获得最佳产量。北京市的施肥推荐方案，对中等肥力大白菜田是每公顷施纯氮 285～330kg、五氧化二磷 75～90kg、氧化钾 135～165kg。大白菜的追肥要掌握分期施肥和重点追肥相结合的原则，即根据大白菜的生长阶段、吸肥量的高低，选择适合的时期，将所需肥料分期施入。重点施肥是将大部分肥料于大白菜生长最需要，又能发挥最大肥效的时候施入。种肥是在播种时与种子一起施于土中，每公顷施用硫酸铵 75～105kg（或折合同量氮素的其他化肥，下同）。当幼苗展开 2～3 片叶时，可在幼苗旁施入提苗肥，用量为 75～120kg/hm^2。进入莲座期后应施用发棵肥，一般每公顷施用腐熟有机肥 7 500～15 000kg，或硫酸铵或磷酸二铵 150～225kg，同时施用草木灰 750～1 500kg或含磷、钾的化肥 105～150kg，使三要素平衡，以防徒长。此次肥应在距苗 15～20cm 处开沟或挖穴后施入，施肥后应随即浇水。结球期是需肥量最大的时期，在结球前5～6d施用结球肥，每公顷施入腐熟优质有机肥15 000～22 500kg或硫酸铵225～375kg，草木灰750～1 500kg或过磷酸钙及硫酸钾各150～225kg。中、晚熟品种在结球中期还施入灌心肥，每公顷可施入腐熟的液体有机肥7 500～15 000kg或硫酸铵150～225kg，可将肥料溶于水中顺水浇入。

（8）灌溉与排水　浇水应根据大白菜生长发育对水分的需求进行。从苗期、莲座期至结球期是从少到多逐步增加。北方大部分地区的浇水次数与用量基本是按“多—少—多”的规律进行的。大白菜的灌溉因雨量、土质、品种、生育期及栽培方式的不同而有所不同。在生产中应根据不同地区、不同月份的降水量来确定灌溉次数与灌溉量。较黏重的土壤比沙壤土的灌溉次数和灌溉量为少，早熟品种较晚熟品种的灌水量少。大白菜的苗期需用浇水降低地温、防止病害，所以苗期浇水量多。结球期生长量最大，需水量亦最多。垄栽的蒸发面较大，需要多次灌溉，而平畦栽培则较少。大白菜的灌溉方法有地下灌溉（也称渗透灌溉）和地表灌溉。目前大多采用地表灌溉，具体方法有沟灌或垄灌、畦灌、滴灌和喷灌等。在发芽期作物吸收水分不多，但根系较小，水分必须供应充足。特别是在高温干旱时更需浇水降温。在幼苗期也要保证有足够的水分，拉“十”字期及团棵以前都需浇小水，防止土壤龟裂或板结，保护根系发育。莲座期对水分吸收量增加，但为调节地上部与地下部的矛盾，促进根系及叶片的健壮发育，采用中耕保墒等措施，在保证水分充足的条件下，适当减少灌溉次数。特别是遇连续阴雨的年份，在此期要适当蹲苗，控制浇水数量。结球期需大量浇水，6～8d浇水1次，保持土壤湿润和大白菜对水分的需求。在大白菜收获前8～10d停止浇水，以增强大白菜的耐贮运性。大白菜灌溉要与追肥结合进行。在灌溉时，不仅要注意浇水量的大小，还要注意浇水质量，做到浇水均匀而又不大水漫灌，切勿冲伤根系。对于大白菜的水分管理，还应注意排水问题。当田间水分过多，地面长期积水时，根系的呼吸会受到严重影响，甚至造成湿、涝灾害。湿害是在水涝后土壤耕层排水不良而造成的水分饱和状态，使根系发育不良，吸收肥、水能力减弱，叶片瘦弱而徒长，对产量影响很大，严重时植株因缺氧而窒息死亡。所以要建立好田间排水系统，干沟、支沟、毛沟排水通畅。在雨水多的南方干沟应大一些，支沟、毛沟适当密些。

（9）束叶　束叶又称捆菜、扎菜。它是在大白菜结球后期，初霜到来之前，用稻草、白薯藤等物，将大白菜外叶拢起，捆扎在叶球 2/3 处的措施。一般在收获前 10～15d 进行。束叶有利于防止霜冻对叶球的危害，软化外层球叶，提高品质。束叶后太阳可射入行间，增加地表温度，有利于大白菜后期根系的活动，也有利于套种小麦、油菜等越冬作物的农事操作，便于收获、运输，减少收获时对叶球的机械损伤。束叶的缺点是，束叶后不利于叶片的光合作用和营养的累积和运转，不利于叶球的充实。所以，在能够及时收获而又不行内间作的大白菜地，也可不束叶。

2. 春季大白菜栽培技术要点

春季栽培历经春夏之交，日均温 10～22℃的温和季节很短，早春气温偏低，不利于发芽出苗而有利于通过春化，当后期遇到较高的温度和较长的日照时，又易于提早抽薹开花，不易结球。同时，在大白菜结球期正值高温多雨季节，很容易发生病虫害和烂球，从而导致春季大白菜栽培的失败。

温馨提示

值得注意的是，大白菜在通过了春化和花芽分化之后，也不一定全部都会抽出花薹，如果采取适当措施，使花薹的长度缩短，或不抽薹，则会有一定的经济效益。因此，栽培上应注意妥善解决上述问题。

（1）品种选择　选择生长期短、耐低温、冬性强的早熟品种。

（2）育苗　春大白菜播种过早，温度低，易通过春化。播种过晚，夏季温度高，难以形成优质叶球。因此，其适合播种期要求日平均气温达到 10℃以上为宜，以便在日平均气温 25℃的高温期到来之前形成叶球。在我国除少部分适合上述条件的地区可直播外，大部分地区均需育苗移栽。春大白菜栽培一般采用保护地进行育苗，如阳畦、小拱棚、日光温室等。苗床内温度白天应保持在 20～25℃，夜间不低于 13℃。育苗方法可采用直径为 8～10cm 的营养钵，置入培养土，浇足底水后播种，每钵播 2～3 粒种子。2～3 片真叶时间苗 1 次。苗龄约 30d。如无条件时，亦可采用土方育苗。

（3）整地作畦、施肥 春大白菜的定植地宜选择在前茬未种过十字花科作物的地块。冬前要翻耕晒垡，早春化冻后，施入腐熟有机肥3 000kg左右，平整土地后，作成平畦，也可垄作。

（4）定植及管理 当外界气温稳定在13℃以上，幼苗长出5～6片真叶时即可定植。定植密度因品种而异，一般在45 000～52 500株/hm^2。定植时要避免伤根，加速缓苗。为增加地温，定植时可覆盖地膜。浇定植水后，要尽量减少浇水次数和用水量。未覆盖地膜者应及时中耕，增加地温，保持墒情。当植株进入莲座后期，气温和地温均已升高，可适当增加浇水次数和用水量。施肥量较秋大白菜用量少，但施用时期应提前进行。

3. 夏季大白菜栽培技术要点

（1）栽培时期 气温稳定在15℃以上时播种，5～9月播种。在6～9月最炎热的时间里，移至700m以上高海拔山区种植。在同一季节，高海拔地区种植的夏季大白菜产量高、品质好。

（2）品种选择 选择耐热夏季大白菜。其生育特点是生长期短，速度快，能在炎热夏季形成叶球。植株开展度小，叶片直立，外叶数少。主根粗，侧根多。耐热抗病，但对低温极敏感，在低温下易抽薹。

（3）培育壮苗 育苗地应选择在地势高，通风凉爽之处。采用营养钵培育大苗的育苗方法。每钵播种3粒种子，间苗后留1株壮苗。在育苗床上搭棚架，覆盖遮阳网。轻浇、勤浇水，经常保持土壤湿润。苗龄15～18d。

（4）整地施基肥 大白菜要选择在肥沃的壤土，且排、灌水良好的地块上种植。整地后施入腐熟的有机肥和三元复合肥。

（5）定植 定植密度依品种要求而定。定植时间宜于傍晚进行，土坨稍高于畦面，边栽植，边浇足定植水，定植头3d早、中、晚各喷水一次，以利于幼苗成活。

（6）田间管理 在炎热地区应搭高2m的棚架，上面覆盖遮阳网。植株下面用稻草覆盖畦面，利于土壤保湿，减轻软腐病的危害。幼苗成活后，每天早、晚各浇水一次，经常保持土壤湿润状态。定植成活后，追施氮肥一次，结球期追施三元复合肥一次。及时中耕除草，尽量少伤根。

三、病虫害防治

1. 主要病害防治

（1）大白菜病毒病　主要毒源是芜菁花叶病毒、黄瓜花叶病毒、烟草花叶病毒，此外，还有萝卜花叶病毒。大白菜的整个生长期均可受害。苗期，尤其7叶前是易感期，7叶后受害明显减轻。受害心叶表现明脉或叶脉失绿，继而呈花叶及皱缩，重病株均矮化。莲座期发病叶皱缩，叶硬脆，常生许多褐色斑点，叶背主脉畸形，不能结球或结球松散。结球期发病较轻，叶片有坏死褐斑。开花期发病则抽薹迟，影响正常开花结实。病毒在田间十字花科蔬菜、窖藏种株及菠菜、田间杂草上越冬或寄生。在幼苗期7～8叶前如遇高温干燥气候，则蚜虫大量发生，病毒易流行。防治方法：①选用抗病品种。②重病区适当推迟播种，加强苗期水分管理。③在育苗时用防虫网或银灰色膜避蚜，及时用药剂防蚜。④发病初期叶面喷施0.5%菇类蛋白多糖水剂（抗毒剂1号）300倍液，或1.5%十二烷基硫酸钠·硫酸铜·三十烷醇（植病灵）乳剂1 000倍液，或20%盐酸吗啉胍可湿性粉剂200倍液等。隔10d喷1次，连喷2～3次有一定效果。

（2）白菜类霜霉病　普遍发生，气传流行性病害。主要危害叶片，病斑初呈淡绿色，渐变为黄色至黄褐色，多角形或不规则。叶背面病斑上产生白色霜状霉层。病斑枯干呈暗褐色，严重时外叶全部枯死。采种株花器和种荚也受其害。北方地区病菌以卵孢子在病残体和土壤中越冬，以菌丝体在种株体内越冬，环境条件适合便可萌发侵染寄主。孢子囊通过气流、风、雨传播进行再侵染。在温暖地区该病可周年发生。低温、高湿有利发病，春、秋季多雨（露、雾）或田间湿度大时，病害易流行。防治方法：①可因地制宜选用抗病品种。②用种子重量0.3%的25%甲霜灵可湿性粉剂拌种，进行种子消毒处理。③采用高垄（畦）栽培，合理密植。加强田间管理，降低田间湿度。④及时在叶面喷洒72%霜脲·锰锌可湿性粉剂800倍液，或40%三乙膦酸铝可湿性粉剂250～300倍液，或72.2%霜霉威（普力克）水剂600～800倍液等。每隔7～10d喷1次，连续2～3次。上述锰锌的混剂可兼治黑斑病。在霜霉病、白斑病混发地区，可选用60%乙膦铝·多菌灵可湿性粉剂600倍液。

(3) 白菜类软腐病　发生普遍，引起植株腐烂。大白菜从莲座期至包心期发生，依病菌侵染部位不同，而表现不同的症状。如从根部伤口侵入，则破坏短缩茎的输导组织，造成根颈和叶柄基部呈黏滑湿状腐烂，外叶萎蔫脱落以至全株死亡。病菌由叶柄基部伤口侵入，病部呈水渍状，扩大后变为淡褐色软腐。病菌从叶缘或叶球顶端伤口侵入，引起腐烂。干燥条件下腐烂的病叶失水变干，呈薄纸状，病烂处有恶臭是本病特征。田间病株、带菌的留种株、土壤、病残体是本病的初侵染源。病原细菌通过雨水、灌溉水和昆虫传播。大白菜结球期低温多雨，植株伤口过多，则发病严重。防治方法：①实行轮作和播前深耕晒土，合理灌溉和施肥。实行高垄栽培防止积水。及时拔除中心病株和用石灰进行土壤消毒。②用种子重量1%～1.5%的3%中生菌素（农抗751）可湿性粉剂拌种。③在发病初期可喷洒72%农用硫酸链霉素可溶性粉剂3 000～4 000倍液，或新植霉素4 000倍液，或47%春雷·王铜（加瑞农）可湿性粉剂700～750倍液等，每隔10d喷1次，连续2～3次。可兼治大白菜黑腐病、细菌性角斑病、黑斑病等，但对铜制剂敏感的品种须慎用。

(4) 白菜类黑斑病　分布普遍，主要危害叶片、叶柄，有时也危害花梗和种荚。叶片上病斑近圆形，灰褐色或褐色，有明显的同心轮纹，常引起叶片穿孔，多个病斑汇合，可致叶片干枯。叶柄上病斑长梭形，呈暗褐色状凹陷。病菌分生孢子从气孔或直接穿透表皮侵入。发病后借风、雨传播，使病害不断蔓延。在连阴雨天、湿度高、温度偏低时发病较重。防治方法：①与非十字花科蔬菜轮作2～3年。②选用抗病品种。③药剂拌种可用种子重量0.4%的50%福美双可湿性粉剂等。④适期播种，增施磷、钾肥，适当控制水分，降低株间湿度，可减少发病概率。⑤防病药剂可用50%异菌脲（扑海因）可湿性粉剂10 500倍液，或64%噁霜·锰锌（杀毒矾）可湿性粉剂500倍液，或50%福·异菌（天霉灵）可湿性粉剂800倍液，或75%百菌清可湿性粉剂500～600倍液等喷雾。隔7d左右喷1次，连续防治3～4次。

(5) 大白菜黑腐病　幼苗染病后子叶呈水渍状，根髓部变黑，幼苗枯死。成株染病引起叶斑或黑脉，叶斑多从叶缘向内扩展，形成V形黄褐色枯斑，病部叶脉坏死变黑。有时病菌沿脉向里扩张，形成大块黄褐色斑或网状黑脉。与软腐病并发时，易加速病情扩展，致茎或茎基腐烂，轻者根及短缩茎维管束变褐，严重时植株萎蔫或倾倒，纵切可见髓部中空。病原细菌随种子或病残体遗留在土壤中或采种株上越冬。大白菜生长期主要通过病株、肥料、风、雨或农具等传播、蔓延。防治方法：①选用抗病品种，从无病田或无病株上采种，进行种子消毒。②适时播种，不宜播种过早，收获后及时清洁田园。③发病初期喷洒 72%农用硫酸链霉素可溶性粉剂或新植霉素 100～200mg/L，或氯霉素 50～100mg/L，或 14%络氨铜水剂 350 倍液等。但对铜制剂敏感的品种须慎用。

（6）白菜类菌核病　长江流域及南方各地发生普遍。大白菜生长后期和采种株终花期后受害严重。田间成株发病，近地面的茎、叶柄和叶片上出现水渍状淡褐色病斑，引起叶球或茎基软腐。采种株多先从基部老叶及叶柄处发病，病株茎上出现浅褐色凹陷病斑，后转为白色，终致皮层朽腐，纤维散乱如乱麻，茎中空，内生黑色鼠粪状菌核。种荚也受其害。在高湿条件下，病部表面均长出白色棉絮状菌丝体和黑色菌核。病菌以菌核在土壤中或附着在采种株上、混杂在种子中越冬或越夏。病菌子囊孢子随风、雨传播，从寄主的花瓣、老叶或伤口侵入，以病、健组织接触进行再侵染。防治方法：①选用无病种子，或播前用 10%食盐水汰除菌核。②提倡与水稻或禾本科作物实行隔年轮作，清洁田园，深翻土地，增施磷、钾肥。③发病初期用 50%腐霉利（速克灵）或 50%异菌脲（扑海因）可湿性粉剂各1 500倍液，或 50%乙烯菌核利（农利灵）可湿性粉剂 1 000 倍液，或 40%多·硫悬浮剂 500～600 倍液等防治。隔 7d 喷施 1 次，连续防治2～3次。

（7）白菜根肿病　南方发生普遍，危害重。北方局部地区零星发生。幼苗和成株均可受害，初期生长迟缓、矮小，似缺水状，严重时病株枯死。病株主根和侧根出现肿瘤，一般呈纺锤形或手指状或不规则，大小不等。初期瘤面光滑，后期粗糙、龟裂，易感染其他病菌而腐烂。病菌以休眠孢子囊在土壤中，或未腐熟的肥料中越冬、越夏，借雨水、灌溉水、害虫及农事操作传播。防治方法：①实施检疫，严禁从病区调运秧苗或蔬菜到无病区。②与十字花科蔬菜实行 3 年以上轮作，增施石灰调节酸性土壤成微碱性。③及时排除田间积水，拔除中心病株，并在病穴四周撒石灰防止病菌蔓延。④清洁田园，必要时用 40%五氯硝基苯粉剂 500 倍液灌根，每株 0.4～0.5L，或每 667m^{2}用 40%五氯硝基苯粉剂 2～3kg 拌 40～50kg 细土于播种或定植前沟施。

（8）大白菜干烧心病　是由生理性缺钙引起的生理性病害。北方发生普遍。在大白菜结球期外叶生长正常，剖开球叶后可看到部分叶片从叶缘处变干黄化，叶肉呈半透明的干纸状，叶脉淡黄褐色，无异味，病、健组织有明显分界线，严重者失去食用价值。有时在未结球前就可表现出上述症状。此病发生后，易受其他病害感染而发生腐烂、霉变等现象。该病与气象条件、土壤含盐量、水质中氯化物含量、田间栽培条件，特别是一次性氮肥施用量过大等条件有关。同时，不同品种的抗干烧心病能力也不相同。防治方法：①选用抗病品种。②改良盐碱地，改善水质。增施有机肥料，改善土壤结构。注意轮作倒茬，不与吸钙量高的作物连茬。控制施用氮素化肥，补施钙素。③叶面喷施 0.7%氯化钙加 50ml/L 萘乙酸，从莲座中期开始喷施，隔 7～10d 喷 1 次，连续喷洒 4～5 次。

2. 主要害虫防治

（1）菜粉蝶　幼虫称菜青虫。二龄前只啃食叶肉，留下一层透明的表皮。三龄后可蚕食叶片，成孔洞或缺刻，重则仅剩叶脉。伤口还能诱发软腐病。各地多代发生，以蛹在菜地附近的墙壁、树干、杂草残株等处越冬，翌年 4 月开始羽化。菜青虫的发育最适温度 20～25℃，相对湿度 76%左右，因此，春、秋两季是其发生高峰。防治方法：用细菌杀虫剂 Bt 乳剂或青虫菌 6 号悬浮剂 500～800 倍液，或 50%辛硫磷乳油 1 000 倍液，或 2.5%溴氰菊酯乳油 3 000 倍液等进行防治。提倡用昆虫生长调节剂，如 20%灭幼脲 1 号（除虫脲），或 25%灭幼脲 3 号（苏脲 1 号）胶悬剂 500～1 000 倍液，但须尽早喷洒防治。

（2）菜蛾　又名小菜蛾、吊丝鬼等。南北方均有分布，南方危害较重。初龄幼虫啃食叶肉。三至四龄将叶食成孔洞，严重时叶面呈网状或只剩叶脉。常在苗期集中危害心叶，也危害采种株嫩茎及幼荚。华北及内蒙古地区一年发生 4～6 代，长江流域 9～14 代，海南 21 代。在北方地区以蛹越冬，南方可周年发生，世代重叠严重。成虫昼伏夜出，有趋光、趋化（异硫氰酸酯类）和远距离迁飞性。北方 5～6 月、长江流域春秋季、华南地区 2～4 月及 10～12 月为发生危害时期。防治方法：①避免与十字花科蔬菜周年连作。②采收后及时处理病残株并及时翻耕，可消灭大量虫源。③采用频振灯或性诱剂诱杀成虫，或用防虫网阻隔。④喷施 Bt（含活芽孢 100 亿～150 亿/g）乳剂 500～800 倍液，或

20%菊·马、菊·杀乳油各1 000倍液等。在对有机磷、拟除虫菊酯类杀虫剂产生明显抗性的地区，选用5%氟啶脲（抑太保）乳油、5%氟苯脲（农梦特）乳油1 500倍液，或5%多杀菌素（菜喜）悬浮剂1 000倍液、20%抑食肼可湿性粉剂1 000倍液，或1.8%阿维菌素乳油2 500倍液、15%茚虫威（安打）悬浮剂3 000～5 000倍液等防治。

（3）甜菜夜蛾　一年发生多代，分布广泛。初孵幼虫吐丝结网在叶背群集取食叶肉，受害部位呈网状半透明的窗斑，三龄后可将叶片吃成孔洞或缺刻，四龄开始大量取食，五至六龄食量占整个幼虫期食量的90%。抗药性强。防治方法：①及时清洁田园，深翻土地减少虫源。②利用黑光灯、频振式诱虫灯等诱杀成虫。③做好预测预报工作，在一至二龄幼虫盛发期于清晨或傍晚及时施药，药剂种类同小菜蛾。此外，还可用5%增效氯氰菊酯（夜蛾必杀）乳油1 000～2 000倍液与菊酯伴侣配套使用。

（4）斜纹夜蛾　全国性分布，南方各地及华北的山东、河南、河北等地危害较重。具间歇性猖獗危害的特点，大发生时可将全田大白菜吃成光秆。此虫喜温好湿，抗寒力弱，适合发生温度28～30℃，空气相对湿度75%～85%。因此，长江流域7～9月、黄河流域8～9月、华南4～11月为盛发期，其中华南7～10月危害最重。此虫生活习性、防治方法可参见甜菜夜蛾。

（5）甘蓝夜蛾　在国内分布较广泛，以东北、华北、西北及西藏等地为主害区。以蛹在土中滞育越冬。越冬代盛发期为3～7月。成虫昼伏夜出，有趋光性，趋化性强。幼虫食叶，四至六龄虫夜出暴食危害，严重时仅存叶脉，还可钻入叶球取食，排泄粪便引起污染或腐烂。在北方地区其种群数量呈春、秋季双峰型，其中雨水多、气温低的秋季大发生，具间歇性和局部成灾的特点。防治方法：①清洁田园，及时冬耕灭蛹。②用黑光灯和糖醋毒液诱杀成虫。③结合田间作业拣除卵块。④及时喷洒20%氰戊菊酯或4.5%氯氰菊酯乳油各2 000倍液等。

（6）菜螟　是一种钻蛀性害虫，国内分布较普遍。以幼虫危害大白菜心叶、茎髓，严重时将心叶吃光，并在心叶中排泄粪便，使其不能正常包心结球。以老熟幼虫在土中吐丝缀合泥土、枯叶结成蓑状丝囊越冬，少数以蛹越冬。成虫昼伏夜出，趋光性差，飞翔力弱。初孵幼虫多潜叶危害，三龄以后多钻入菜心危害，造成无心苗。8～9月危害最重。

防治方法：①加强田间管理，适当灌水，增大田间湿度。②清洁田园，进行深耕，减少虫源。③适当晚播，使幼苗3～5片真叶期与幼虫危害盛期错开。④药剂防治参见第二章根菜类蔬菜虫害防治。

（7）菜蚜　危害白菜的蚜虫主要是萝卜蚜、桃蚜及少量甘蓝蚜，但后者却是新疆的优势种。3种间从形态上较易区分：萝卜蚜额瘤不明显，腹管较短。桃蚜额瘤发达，腹管较长。甘蓝蚜全身覆盖有明显的白色蜡粉。菜蚜群聚在叶上吸食汁液，分泌蜜露诱发煤污病，重则传播病毒病使全株萎蔫死亡。一般每年春、秋季是菜蚜发生高峰，在华南地区则秋冬季发生较重。高温、高湿及多种天敌不利其发生。有翅蚜具迁飞习性，对黄色有正趋性，对银灰色有负趋性。防治方法：参见第二章根菜类蔬菜害虫防治。

（8）黄曲条跳甲　分布广泛，在南方菜区危害重。成虫食叶成孔洞，幼虫蛀根或咬断须根。苗期危害重，可造成缺苗断垄，局部毁种，并传播软腐病。以成虫在落叶、杂草中潜伏越冬，翌年气温达10℃以上时开始取食。成虫善跳跃，高温时还能飞翔。有群集性、趋嫩性和趋光性。防治方法：①清洁田园，铲除杂草。②播前深耕晒土。③铺设地膜栽培，防止成虫把卵产在根上。④用黑光灯诱杀成虫。⑤药剂土壤处理和叶面喷雾，参见第二章根菜类蔬菜虫害防治。

（9）地下害虫　东北大黑鳃金龟的幼虫（蛴螬）、东方蝼蛄和华北蝼蛄的成、若虫危害大白菜种子和幼苗，造成缺苗断垄。防治方法：每公顷用10%二嗪磷颗粒剂30～45kg，或用5%辛硫磷颗粒剂15～22.5kg，与15～20倍细土混匀后撒在床土上、播种沟或移栽穴内，待播种或菜苗移栽后覆土。毒土也可用50%辛硫磷乳油3kg或80%敌百虫可湿性粉剂1.5～2.25kg，对少量水稀释后拌适量细土制成。或将豆饼、棉仁饼或麦麸5kg炒香，再用90%晶体敌百虫或50%辛硫磷乳油150g对水30倍拌匀，结合播种，每667m^{2}用1.5～2.5kg撒入苗床，或出苗后将毒饵（谷）撒在蝼蛄活动的隧道处诱杀，并能兼治蛴螬。

四、采收

早熟大白菜成熟期早，又处于无冻害危险的季节收获，所以只要叶球成熟，有商品价值即可按照市场需要分期收获上市。对于中、晚熟大白菜收获期有严格的季节性，尤其是无法露地越冬的地区要严格掌握大白菜的收获期。适合的收获期以正常年份不发生严重冻害的保证率达90%的日期之前的5～15d为宜。最低气温连续3d以上在－5℃时即受到冻害。在大面积收获时，可先收获包心好的一类菜，然后收二类菜，包心差的三类菜可据当时的气候条件推迟收获。当收获时遇到轻度冻害的，可暂不砍收，待天气转暖、叶片恢复原来状态时再收获。对已收获又未入窖者，可在田间码放，并加盖覆盖物。大白菜收获有砍菜和拔菜两种。在正常情况下收获后要进行晾晒2～3d，晒后再堆码成垛，菜根向里，两排间留10～15cm空隙，继续排除水分和降低菜温，待天气寒冷稳定时入窖贮藏。春季大白菜生长迅速，一般定植后50～60d成熟，要及时采收，不可延误。

第二节　普通白菜

一、类型及品种

1. 类型

按其成熟期、抽薹期和栽培季节特点可分为秋冬白菜、春小白菜、夏白菜等3类。

（1）秋冬白菜　我国南方广泛栽培，早熟，多在翌春2月抽薹，故又称二月白或早白菜。株型直立，有的束腰，叶的变态繁多，有花叶、板叶，长梗、短梗，白梗、青梗，扁梗、圆梗之别。耐寒力为白菜类中较弱者，有许多高产质优的品种，以秋冬栽培为主。依叶柄色泽不同又分为白梗菜和青梗菜两类型。①白梗菜类型。株高20～60cm，叶片绿或深绿，有板叶、花叶之分。依叶柄长短分为高桩类（长梗种）、矮桩类（短梗种）、中桩类（梗中等）。②青梗菜类型。叶的变异亦很繁多，多数为矮桩类，少数为高桩类，叶片多数为肥厚之板叶，少数为花叶，叶色浓绿。叶柄色淡绿至绿白，有扁梗、圆梗之别。青梗菜品质柔嫩，有特殊清香味，逢霜雪后往往品质更佳，主要作鲜菜供食。优良农家品种如上海矮箕白菜、中箕白菜、杭州苏州青、贵州瓢儿白（扁梗型）、圆梗或半圆梗型的扬州大头矮、常州青梗菜等。

（2）春白菜　植株多开展，少数直立或微束腰，中矮桩居多，少数为高桩。长江中下游地区多在3～4月抽薹，又称慢菜或迟白菜。一般在冬季或早春种植，春季抽薹之前采收，供应鲜食或加工腌制。本类具有耐寒性强，高产、晚抽薹等特点，唯品质较差。按其抽薹时间早晚，即供应期不同，又可分为早春菜与晚春菜。早春菜主要供应期在3月。晚春菜是在长江中、下游地区冬春栽培的普通白菜，多在4月上中旬抽薹，主要供应期在4月（少数晚抽薹品种可延至5月初）。

（3）夏白菜　又称火白菜、伏白菜，为5～9月夏秋高温季节栽培与供应的白菜。直播或育苗移栽，以幼嫩秧苗或成株供食。本类白菜要求具有生长迅速，抗高温、暴雨、大风和病虫等抗逆性强的特点，杭州、上海、广州、南京等地，有专供高温季节栽培的品种。如杭州的火白菜、上海火白菜、广州马耳白菜。但一般均以秋冬白菜中生长迅速、适应性强的品种用作夏白菜栽培。如南京的高桩、二白、矮杂1号，扬州的花叶大菜。

2. 品种

（1）矮脚黄　南京市优良地方品种。植株较小，直立、束腰，叶丛开张，叶片宽大呈扇形或倒卵形，叶色浅绿，全叶略呈波状，全缘，叶缘向内卷曲。叶柄白色，扁平而宽。适应性强，耐热力中等，耐寒性强，春夏抗白斑病较差，抽薹较早。纤维少，质地柔嫩，味鲜美，品质优良，宜熟食，适应秋冬栽培。单株重0.5～0.7kg。武汉矮脚黄、湘潭矮脚白为类似品种。

（2）上海慢菜　上海市郊地方品种，依抽薹早晚经长期定向选择，培育成不同的春白菜品种，有二月慢、三月慢、四月慢及五月慢。每个品种又依叶色深浅分为黑叶与白叶二品系。各种慢菜的形态特征基本相似，株型直立、束腰。叶片卵圆或椭圆形。叶柄绿白至浅绿色，扁梗，基部匙形。单株0.5～0.7kg。耐寒性强，产量较高，品质较好。尤以四月慢、五月慢集耐寒、抽薹迟、产量高的特点，成为各地引种弥补春淡的优良品种。

（3）矮箕青菜类　上海市郊地方品种。植株直立，株型矮小。叶片绿色，叶柄浅绿色，宽而扁平，呈匙形。束腰紧，基部肥大，质地柔嫩，味甘适口，品质优良。矮箕青菜在上海类型多，近年都经过系统选育复壮。其代表品种有：新选1号（马桥青菜）、红明青菜、605青菜等。

（4）箭杆白　又称高桩，南京市郊优良地方品种。植株直立，叶片长椭圆形，先端较尖，绿色。叶柄扁而长，白色。生长势强，较耐热，但耐寒性弱，品质中等。作夏秋菜栽培，充分长成后宜作腌菜。单株重1kg，大的可达1.5～2kg。生长期90～100d。武汉、合肥等地的箭杆白及芜湖高秆白菜为近似的品种。

（5）佛山乌白菜　株型直立、束腰。叶片圆形，深绿色，叶面微皱，有光泽，全缘。叶柄白色，半圆形。单株重0.4～0.5kg。按叶柄长短又可分为矮脚乌、中脚乌、高脚乌三个品系。耐热性强，但不耐寒，适于早秋及夏季栽培。

二、露地栽培技术

1. 播种育苗

普通白菜生长迅速、生育期短，可直播，亦可育苗。除春、夏、早秋播种“菜秧”或“慢棵菜”外，一般都进行育苗移栽。炎夏高温多雨季节采取遮阳、防雨、防虫网膜覆盖等进行抗热育苗。冬春由于低温寒流影响，生长缓慢，易通过春化阶段引起早抽薹，可行防寒育苗。夏秋高温干旱季节，直播可避免伤根，是获得7月下旬至9月高温期间早秋白菜（菜秧、早汤菜）稳产、高产的主要措施之一。苗床地宜选择未种过同科蔬菜，保水保肥力强，排水良好的壤土。早春和冬季宜选避风向阳地块作苗床，前茬收获后要早耕晒垡，尤其是连作地，更要注意清洁田园，深耕晒土，以减轻病虫危害。

一般每公顷施30 000～45 000kg粪肥作基肥。据广州菜农的经验，夏季抗热育苗，宜增施充分腐熟的垃圾、火烧土、土杂肥等农家有机肥作基肥，切忌施用未经腐熟的厩肥，以防发酵发热。而冬季防寒育苗，则宜增施发热量大、充分腐熟的厩肥等有机肥以提高土温。南方雨水多，宜作深沟高畦。

播种应掌握匀播与适当稀播，密播易引起徒长，提早拔节，影响秧苗质量，冬季还影响抗寒力。播种量依栽培季节及技术水平而异。秋季气温适合，每公顷苗床播11.25～15kg，早春与夏季应增至22.5～37.5kg。育苗系数（大田面积与苗床面积之比）早秋高温干旱季节为（3～4）∶1，秋冬为（8～10）∶1。播种后浅耧镇压。据广州菜农经验，冬春白菜播后种子萌动期间如遇低温，就会通过春化引起幼苗提早抽薹造成减产。因此，须掌握播种时机，在冷尾暖头，抢时间下种，切忌在寒潮前或寒潮期间播种。如若播种后遇寒潮侵袭，当地有覆盖稻草保温的习惯。

适期播种的白菜种子2～3d即可出苗。出苗后要及时间苗，防止徒长，一般进行2次，最后1次在2～3片真叶时进行，苗距5～7cm。苗期的水肥管理，要看土（肥力与土质）、看苗、看天灵活掌握，并注意轻浇勤浇。此外，要注意苗期杂草与病虫害的防治，尤其要抓好治蚜防病毒病的工作。苗龄随地区气候条件与季节而异。气温高、幼苗宜小。气温适合，幼苗可稍大，一般不超过25～30d。但晚秋或春播的苗龄需40～50d。华南地区苗龄相应要短些，暖天约20d，冷天30～35d为宜。栽植前苗床需浇透水，以利拔苗。

2. 大田的土壤耕作

栽植白菜的土地一年中要进行1～2次深耕，一般耕深20～25cm，并经充分晒土或冻土。如由于条件限制不能冻土、晒土，也要早耕晒垡7～10d。晒地的田块，移栽后根系发育好，病虫少，发棵旺盛。秋季作腌白菜栽培的，栽植前约1周，基肥每公顷施腐熟粪肥52 500～60 000kg，作鲜菜栽培的每公顷施22 500～30 000kg或施有机生物肥750～1 250kg。

3. 栽植

大多数品种适于密植。密植不仅增加单产，且品质柔嫩。病毒病严重的地区或年份，把密度大幅度提高尤为必要。具体依品种、季节和栽培目的而异。对开展度小的品种，采收幼嫩植株供食或非适合季节栽植，宜缩小栽植距离。如杭州油冬儿7月播种，8月上旬栽植，栽植株行距20cm×20cm，每公顷约195 000株，而9月上旬播种，10月上旬定植，气候适合，栽植株行距25cm×25cm，每公顷112 500～120 000株。但作为春白菜，植株易抽薹，栽植密度可增加到180 000株以上。腌白菜一般植株高大，叶簇开展，栽植距离应较大，使植株充分成长，一般33cm见方，每公顷75 000～90 000棵。栽植深度也因气候土质而异，早秋宜浅栽，以防深栽烂心。寒露以后，栽植应深些，可以防寒。土质疏松可稍深，黏重土宜浅栽。春白菜长江中、下游地区宜在12月上中旬栽完。过迟，因气温下降，不易成活，易受冻害。也可延至翌年2月中旬温度升高后栽植。

温馨提示

要注意栽植质量，保证齐苗，如有缺苗、死苗发生，应及时补苗。中耕多与施肥结合进行，一般施肥前疏松表土，以免肥水流失。

4. 田间管理

普通白菜根群多分布在土壤表层 8～10cm 范围，根系分布浅，吸收能力低，对肥水要求严格，生长期间应不断供给充足的肥、水。多次追施有效氮肥，是加速生长，保证优质丰产的主要环节。如氮肥不足，植株生长缓慢，叶片少，基部叶易枯黄脱落。速效性液态氮肥从栽植至采收，全期追肥 4～6 次。一般从栽植后 3～4d 开始，每隔 5～7d 追施 1 次，至采收前约 10d 为止，随植株生长，肥料由淡至浓，逐步提高。江苏、浙江、上海等地多在栽植后施农家有机液肥，以后隔 3～4d 施 1 次，促进幼苗的发根与成活。幼苗成活转青后，施较浓的。开始发生新叶时，应中耕，然后施用同样浓度的液态氮肥 2 次，并增加施肥量。栽后15～20d，株高 18～20cm 时，施 1 次重肥。其中腌白菜品种生长期长，要施 2 次重肥。第 1 次栽后 15～20d，另一次在栽后 1 个月，每公顷施腐熟粪肥 15 000～22 500kg 或尿素 150～225kg，以供后期生长。采收前 10～15d 应停止施肥，使组织充实。否则，后期肥水过多，组织柔软，不适合作腌制原料。春白菜则应在冬前和早春增施肥料，使植株充分增长，增施氮肥可延迟抽薹，提高产量，延长供应期。

温馨提示

总结各地农家施肥经验的共同点：一是栽植后及时追肥，促进恢复生长。二是随着白菜个体的生长，增加追肥的浓度和用量。至于施肥方法、时期、用量，则依天气、苗情、土壤状况而异。一般原则是幼株，天气干热时，在早晨或傍晚浇泼，施用量较少，浓度较稀。天气冷凉湿润时，采用行间条施，用量增加，浓度较大，次数可少。广州菜农经验，天气潮湿、闷热，追肥不宜多，否则诱发病害和烂菜。凉爽天气，白菜生长快，则宜多施浓施。

普通白菜的灌溉，一般与追肥结合。通常栽植后3～5d内不能缺水，特别是早秋菜的栽培，下午栽后浇水，至翌日上午再浇1次水，连续浇3～4d后才能活棵。冬季栽菜，当天即可浇稀的液态氮肥，过2～3d后再浇1次即可。随着灌溉技术的提高，白菜宜以多施有机肥和有机生物肥做基肥为主，后期适当追施化肥，配合喷灌新技术，叶面施肥，以保证白菜产品的清洁质优与高产。

5. “菜秧”的栽培特点

“菜秧”又叫小白菜、鸡毛菜、细菜等，是利用普通白菜幼嫩植株供食用。一年中除冬季外，可随时露地播种。早春播易抽薹，应选冬性强的春白菜品种，主要栽培季节在6～8月三个月的高温时期。夏季小白菜生长，高温、暴雨是影响生长的主要因素。在栽培上首先应选抗热、抗风雨、抗病、生长迅速的品种如上海和杭州的火白菜、南京的矮杂1号、扬州小白菜、江苏的热抗青、广东的马耳菜，武汉多采用上海青、矮脚黄等。上海农民栽培鸡毛菜的播种量为每公顷37.5～45kg，采取密播缩短采收期。它的栽培技术与速生绿叶蔬菜相同，需要经常供给充足的养分和水分，选择疏松肥沃的土壤，特别是夏季种小白菜要选用夜潮土和黑沙土，而且要通风透气、阴凉，靠近水源，便于灌溉，要充分利用地下水、泉水、山沟水或池塘水，温度较低则更好。菜地采用深沟高畦，畦宽1.5～3m，以增加土地利用率。广东、广西的水坑畦，免耕、免淋畦，适于当地夏白菜的生长。夏季天旱出苗困难，在出苗前每天早晚浇1次水，保证苗期水分供应。刚出芽时，如天气高温干旱，还要在午前、午后浇接头水，保持地表不干，以防烘芽死苗。近年来，南方各地农家种夏季小白菜，播种后采用黑色遮阳网浮面覆盖保湿降温，出苗后及时揭除，大大节省浇水人力。出苗后应掌握及时间苗，一般播种后10d左右间苗1次，株距3～4cm，其后1周再间1次，距离6～8cm。如秧苗健壮，距离可稀些，瘦弱则密些。

管理工作主要是施肥和灌水。齐苗以后每天浇1～2次水，当植株覆满畦面时，看天气情况隔1～2d浇1次液态氮肥。浇水应掌握轻浇勤浇的原则，避免在温度高时浇水。上海绍兴农民经验：每次阵雨以后，用清水冲洗叶面上的泥浆，并降低温度，以免小苗倒伏而引起病害或蒸坏。小白菜生长20～30d以后，要及时在短期内收完，以免被暴雨袭击而造成损失。利用20～22目的防虫网覆盖和遮阳网、防雨棚栽培夏季小白菜，据试验可增产20%～30%。通常利用大棚骨架或设置帐式纱网栽培，其栽培技术要点在于7月高温期网内避免浇水过量，宁干勿湿，以防不通风高湿、高温诱发烂秧死苗。晴热夏季宜选用遮光率50%～60%的黑色网，以防止影响产量品质。

三、中、小棚栽培技术

1. 品种选择

在塑料棚内栽培较多的品种有北京青帮油菜、南京矮脚黄、苏州青、上海三月慢、四月慢等具不同熟性的地方优良品种。

2. 季节和茬口

在冬季比较温暖的地区，春季早熟栽培在12月上中旬利用日光温室或阳畦育苗，1月下旬至2月上旬定植于覆盖薄膜和草苫的中、小棚中；比较寒冷的地区则在1月上中旬育苗，2月下旬至3月上旬定植于中、小棚中。定植后30～40d即可收获。秋季延迟栽培在露地栽培育苗，苗龄30d左右，各地多以冬贮结球白菜的收获期为定植期，定植后50d左右进行收获。

3. 育苗

苗床面积一般为定植面积的20%。按每$10m^2$铺施充分腐熟过筛的优质粪肥25～30kg，撒肥后耕翻深度达20cm以上。播种前灌足底水，底水渗下后覆底土，即可播种。沙质壤土或沙土地区可在播种后浇两次"蒙头水"以利出苗。每$10m^2$的育苗畦播种量为25～30g，撒播种子要力求均匀。冬季育苗若床土温度偏低可在畦面临时覆盖地膜。幼苗2叶1心时进行第1次间苗，3～4片真叶时进行第2次间苗，株行距6cm×6cm。当苗高10cm以上，具5片真叶时为定植适期。

4. 定植前的准备和定植

定植前基肥施用量可比育苗增加30%～40%。春季早熟栽培，棚内10cm土壤温度稳定在5℃以上即可定植。定植行距一般为18～20cm、株距5～6cm，或行距15～20cm、株距10～15cm。定植深度以子叶距畦面约1cm为宜。

5. 定植后的管理

白菜生长期短，一茬约浇4次水。定植浇水后在缓苗过程不浇水或在3～4d后浇一次小水。当幼苗长出新叶后结合浇水进行追肥，追施硫酸铵225kg/hm^2和硫酸钾（或氯化钾）150kg/hm^2。增施钾肥对降低植株硝酸盐含量有一定作用。秋延后栽培在覆膜以后应尽量减少供水。春季定植后在缓苗期间不通风，内部气温可掌握在25℃以上，借以提高土壤温度以利发根缓苗；如果发现萎蔫或内部气温超过30℃时，可临时间隔盖苫进行遮阴。缓苗后白天最高温度掌握在20℃、夜间最低温度掌握8～10℃。阴雪天气必须坚持见光和形成昼夜温差。秋季延迟栽培在外界最低温度降到近0℃时开始覆盖棚膜，刚开始覆膜的前几天要注意做好通风工作。当外界最低气温降到－3℃时覆盖草苫或其他防寒物。

四、病虫害防治

普通白菜的病虫害与大白菜基本相同，其中病毒病发生普遍，危害严重。其综合防治措施：一是选用抗病品种，秋冬白菜可选用矮抗青、夏冬青、矮杂2号、矮杂3号等品种。二是苗床地选择排水良好，避免积水和连作的地块。三是培育无病壮苗，提高秧苗素质。苗床覆盖防虫网，在幼苗期使用银灰色或乳白色反光塑料薄膜或铝光纸避蚜传毒。四是提高耕作水平，如改连作为轮作，改浅耕为深耕，改不晒垡、冻垡为抓紧换茬间隙早耕晒白，重视清洁菜园。五是加强肥水管理，栽植时避免损伤幼苗根系，提高栽植质量，增强植株抗病毒性能。实行密植，早封垄，适时早采收，也有减轻病毒病造成损失的效果。

五、采收

普通白菜的生长期依地区气候条件、品种特性和消费需要而定。长江流域各地秋白菜栽植后30～40d，可陆续采收。早收的生育期短，产量低，采收充分长大的，一般要50～60d。而春白菜，要在120d以上。华南地区自播种至采收一般需40～60d。采收的标准是外叶叶色开始变淡，基部外叶发黄，叶簇由旺盛生长转向闭合生长，心叶伸长平菜口时，植株即已充分长大，产量最高。秋冬白菜因成株耐寒性差，长江流域宜在冬季严寒季节前采收。腌白菜宜在初霜前后收毕。春白菜在抽薹前收毕。收获产品外在质量标准要求鲜嫩、无病斑、无虫害、无黄叶、无烂斑。“菜秧”的产量和采收日期，因生产季节而异。在江淮流域，

2～3 月播种的，播后 50～60d 采收。6～8 月播种的，播后 20～30d 可收获。大多数一次采收完毕。也有先疏拔小苗，按一定株距留苗，任其继续生长，到以后再采收，产量较高。采收时间以早晨和傍晚为宜，按净菜标准上市。

第三节 菜 薹

一、类型及品种

1. 类型

菜薹品种的分类，按叶形可分为柳叶和圆叶两类。按叶色可分为青叶和黄叶两类。按月份分为早心、八月心、十月心、十一月心、十二月心和正月心等。还有按生长天数而分为 50 天菜心、60 天菜心、70 天菜心和 80 天菜心等。一般按品种的熟性分为早熟、中熟和晚熟 3 种类型。

2. 品种

（1）粤薹 1 号　是利用自交不亲和系配制的杂交一代优质菜薹新品种。叶片椭圆形，浅绿色，叶长 23.0cm，叶宽 18.0cm；主薹高 44.9cm，薹粗 3.5cm，单薹重量 423.4g。薹色浅绿，质爽脆，味甜。田间表现适应性较好，抗炭疽病和软腐病性。具有产量高、美观等特点。

（2）黄叶中心　又叫十月心，广州地方品种。植株直立。叶片长卵形，黄绿色。一般主薹高 32cm，横径 2cm，抽侧薹 2～3 枝。中熟，适合秋凉栽培，品质优良，较耐贮运。在广州播种期为 9～10 月，自播种到采收 50～55d，可延续收获 30d。

（3）大花球菜心　广州地方品种。株型较大，可分为青梗和黄梗两种类型。叶片长卵形或宽卵形，绿色或黄绿色，叶柄浅绿色。主薹高36～40cm，横径 2～2.4cm，容易抽生侧薹，黄绿色。迟熟，品质较佳。广州播期为 10～12 月，从播种到收获为 50～60d，可持续收获 30d 左右。

（4）一刀齐菜尖　上海市宝山区地方品种。植株直立。叶片卵形、绿色，叶柄细长，淡绿色。花薹绿色，高 40cm 左右，侧薹萌发力极弱，只收主薹，又称一根头菜尖。耐寒力较强，在上海露地越冬。质地脆嫩，纤维较少，风味鲜美，品质较好。上海于 9 月末至 10 月上旬播种，2 月中旬至 3 月上旬收获，生长期为 130～140d。

二、栽培技术

1. 整地

菜薹在沙壤、壤土和黏壤土里均可生长。畦土要求适当细碎、平整，畦的高低可根据土质、水位和灌溉条件而定。能保持耕作层潮湿，便于灌溉，不会积水便可。整地时每公顷施用腐熟禽畜肥（猪粪或鸡粪）15 000～22 500kg或生物有机肥750～2 250kg作基肥。

2. 播种育苗

菜薹直播和育苗均可。早、中熟品种的生长期短或较短，多进行直播。晚熟品种可直播与移栽相结合。每公顷播种量3.75～4.5kg，播种前一般不需浸种催芽，宜撒播，播种要均匀。

菜薹的优质丰产，培育嫩壮苗是关键之一。嫩壮苗应有适当的发育程度和良好的生长作基础。为了培育嫩壮苗，应根据品种的发育特性选定栽培季节，选择暖和天气播种，早春和冬季保护地育苗，避免播后低温导致提早花芽分化。夏秋露地育苗常受高温干旱或暴雨的影响，应在苗床上设置遮阴棚防烈日暴晒，或设塑料膜棚防暴雨袭击。干旱要及时浇水。要及时间苗移植，以保持幼苗有适当的营养面积。一般播后18～25d，具4～5片真叶时定苗或移植。苗期适当追肥，保持土壤湿润，预防猝倒病、黄曲条跳甲、菜青虫等病虫危害。

3. 栽植或定苗

栽植前对苗床地浇透水。栽植取苗注意保护根系，有利缓苗和防干旱。定苗或栽植的株行距因不同品种、栽培季节与采收要求而异。早熟和中熟品种株型较小，株行距10cm×15cm，每公顷栽植315 000～705 000株。晚熟品种株型较大，株行距15cm×20cm，每公顷180 000～315 000株。间苗、定苗或定植后，随即浇水或薄施定根肥。定植宜浅，栽植深度在子叶之下为宜。

4. 田间管理

主要是中耕除草和肥水管理。定植缓苗后应及时中耕松土，增加土壤透性，调节土壤温度和水分状况，促进发根和植株生长。降雨或浇水后可进行中耕除草，防止土壤板结，避免发生草荒。肥水与菜薹植株的生长和薹的形成有密切关系。植株现蕾前后需充足肥水，以加速同化器官的生长，保证产品菜薹形成。这时如肥水不足，即使环境条件较好，也会降低菜薹质量。如植株延迟发育，不能及时现蕾，可少施肥或不施肥，以促进发育，但现蕾时应及时追肥。主薹采收后，再给予充足肥水，可促进侧薹发育，延长采收期，提高产量。菜薹的施肥，一般在施足基肥的基础上，生长期内每公顷施用腐熟粪肥 3 750～5 250kg 或复合肥 375～450kg，其中苗期施 75～150kg，其余在薹形成期分次施用。施肥量根据土壤肥力、季节、植株生长状况和采收情况而有所增减。菜薹的根系浅，生长迅速，应经常保持耕作层 70%～80%的土壤相对湿度，水位保持畦面 20cm 以下，不能积水。

三、病虫害防治

菜薹的主要病害有软腐病、霜霉病和菌核病等，害虫有蚜虫、黄曲条跳甲、菜青虫、菜螟等，其防治方法可参见大白菜。

四、采收

菜薹采收要适时，采收过早，菜薹产量低。采收偏晚，则菜薹老化降低品质。适时采收还与天气条件有关。高温干旱时，菜薹发育迅速，容易开花，必须及时采收，而低温潮湿天气菜薹发育较慢，可延迟 1～2d 采收，对品质影响不大。适时采收的标准：一般是“齐口花”，即薹与叶片等高并有初花。按照出口要求，采收标准有薹高 10cm、15cm 不等，薹叶长度为薹高一半或等高。国内上市优质菜薹也按此要求。采收时，一般留 3～4 枚基叶割取主薹，随后可利用茎基部腋芽形成侧薹，陆续采收。如果留下腋芽过多，会使侧薹生长细弱，产品质量降低。如果只收主薹，则主薹节位可降低 1～2 节。只收主薹，还是主、侧薹兼收，应根据品种特性、栽培季节或栽培条件等而定。除采食菜薹外，也可整株采收供食。整株采收的标准：当主薹抽出，长至“齐口花”之前，基部叶片仍保持鲜嫩。

第六章 甘蓝类蔬菜栽培

第一节 结球甘蓝

一、类型及品种

1. 类型

按叶片特征，可分为普通甘蓝、皱叶甘蓝和紫甘蓝，我国主要栽培普通甘蓝。普通结球甘蓝依叶球形状和成熟早晚的不同，可分为以下3个基本生态型：

（1）尖头类型　叶球顶部尖形，整个叶球如心脏形。小型者称鸡心，大型者称牛心。从定植到叶球初次收获，需50～70d，多为早熟或中熟品种。常见的品种有大、小鸡心及大、小牛心。

（2）圆头类型　叶球顶部圆形，整个叶球成圆球形或高圆球形。从定植到收获50～70d，多为早熟或早中熟品种。常见的品种有金早生、北京早熟、山西1号和丹京早熟等。

（3）平头类型　叶球顶部扁平，整个叶球成扁圆形。从定植到收获70～100d以上，多为中熟或晚熟品种。常见的中熟品种有上海的黑叶小平头、黄苗，晚熟品种有北京的大平顶、张家口茴子白、大同圆白菜等。

2. 品种

（1）中甘628　早熟春甘蓝一代杂种。叶球圆球形，绿色，单球重量约1.0kg；叶球质地脆嫩，口感好，商品性佳；适应性强，中抗枯萎病，耐未熟抽薹。华北地区春季露地栽培，从定植到收获约54d。适合在北京、河北、河南、甘肃、陕西、山东、浙江等地区春季露地种植。

（2）8398　中国农业科学院蔬菜花卉研究所育成的早熟、丰产、优质春甘蓝一代杂种。植株开展度小，外叶少，叶色绿，叶片蜡粉少。叶球紧实，圆球形，风味优良。冬性较强，不易发生未熟抽薹。抗干烧心。从定植到收获约50d。单球重0.8～1kg。适于华北、东北、西北及云南地区作早熟春甘蓝栽培，长江中、下游地区及华南部分地区也可在早秋播种，秋末冬初收获上市。

（3）苏甘60　由江苏省农业科学院蔬菜研究所育成，属早熟圆球秋甘蓝品种，适合江苏省作夏秋甘蓝栽培。平均亩产4 688.8kg。早熟，成熟期在52～66d。生长势强，开展度53.6cm，外叶11.2片；叶球圆形，球色鲜绿；单球重1.26kg，叶球较紧。抗裂、耐热性强，田间表现抗病毒病，高抗黑腐病。

（4）京丰1号　中国农业科学院蔬菜花卉研究所和北京市农林科学院蔬菜研究中心合作育成的一代杂种。植株开展度80cm，外叶12～14片，叶色深绿，蜡粉中等。叶球扁平、紧实，品质较好。春季种植中晚熟，从定植到收获80～90d。秋季种植较早熟，从定植到收获80d左右。丰产、稳产，不易未熟抽薹。适于在全国各地栽培。

（5）夏光　上海市农业科学院园艺研究所育成的夏秋甘蓝一代杂种。植株开展度70cm，外叶15～18片，叶色灰绿，蜡粉较多，叶缘微波状。叶球扁圆形，紧实。较早熟。耐热，抗黑腐病、病毒病的能力较弱。定植至收获60～70d。宜作夏甘蓝或早秋甘蓝栽培，也可作秋甘蓝栽培。适合长江流域或华北南部地区种植。

（6）晚丰　中国农业科学院蔬菜研究所和北京市农林科学院蔬菜研究中心合作育成的一代杂种。植株开展度75cm，外叶15～17片，叶色深绿，蜡粉较多。叶球扁圆形，球内中心柱长9～10cm。从定植到收获100～110d。适应性广，抗性较强，耐贮藏。适合各地作中晚熟秋甘蓝种植，在内蒙古、山西北部也可作一年一作甘蓝栽培。

（7）浙丰1号　又名早丰。浙江省农业科学院蔬菜研究所育成的中晚熟秋甘蓝一代杂种。植株开展度65cm，生长势强。外叶17～20片，叶色灰绿，蜡粉少。叶球扁圆形，淡黄绿色，叶球紧实度0.53～0.58，球内中心柱长6.5～7.0cm。单球重1.5～2.0kg。品质嫩，甜、脆。抗黑腐病能力强，对病毒病有一定抗性。适于长江中下游部分地区及云南、福建等省种植。

二、春甘蓝栽培技术

1. 整地作畦

结球甘蓝的根系比白菜类蔬菜根系分布的范围宽且深，故一般在种植之前应深翻土壤。栽培春甘蓝的冬闲地应在秋冬时耕翻 20～25cm 深，将畦耙平，土块打碎，畦面压实。北方春甘蓝一般采用平畦栽培，畦宽 1.5～2m，长 8～15m。结球甘蓝是喜肥作物，施肥量、施肥期、施肥方式与品种的生育期和栽培季节都有密切的关系。中国各地区对结球甘蓝施肥的种类和方法，都有非常成功的经验。一般是把有机肥和无机矿物质磷肥混合堆放腐熟后，在整地作畦时全面撒施 60%，到定植幼苗时再沟施或穴施 40%，这样能起到有机肥和无机肥混合施用，分层施肥与集中施肥相结合的作用。北方在整地作畦前，每公顷施厩肥 30 000～45 000kg，磷肥 375～450kg。

2. 育苗

春甘蓝栽培能否成功的关键之一是选择适合品种和播种期。品种选择的原则：一是冬性强，不易发生未熟抽薹现象。二是生育期短，即从定植到收获 50d 左右。适合的品种有中甘 11、中甘 12、8398、鲁甘蓝 1 号等。播种期的确定与当地的气候条件有关。早熟品种的苗龄：温室、温床育苗为 40～50d，冷床育苗为 70～80d。幼苗长有 6～7 片叶时定植为宜。这时塑料拱棚内的地温在 5℃以上，露地栽培地温稳定在 5℃以上，最高气温稳定在 12℃以上时定植为好。按达到上述要求的时间往前推 40～50d 或 70～80d，就是当地的适合播种期。华北、西北中南部地区一般于 1～2 月在温床或温室育苗，南方各省选用早、中熟品种，于前一年 10～11 月在露地育苗。

20 世纪 90 年代前后南北各地开始采用工厂化育苗或穴盘育苗，近年在有的菜区已有商品化种苗供农户使用。育苗床应采用肥沃、疏松、保水性良好的营养土。床土和覆盖土均应用 50%多菌灵可湿性粉剂，或 70%甲基硫菌灵可湿性粉剂消毒，用药 8～10g/m^2。播前浇透水，温床播种量为 3～4g/m^2，冷床为 5～8g/m^2。播后覆土厚 1cm 左右，畦面覆地膜保持床面湿润。出苗后撤去地膜，齐苗后覆薄土 1 次，保墒，并逐渐通风降湿，防止幼苗徒长。幼苗具 3～4 片叶时分苗。当幼苗具有 4～5片叶、茎粗达到 0.5cm 以上时，应避免苗床夜间温度低于 8～

10℃，白天适当通风，温度保持在15～20℃。定植前7～10d要逐渐加强通风，锻炼幼苗。栽植前3d，夜间可撤去苗床上的覆盖物。经过低温锻炼的幼苗表现为节间短，茎粗壮，叶片肥厚，深绿色，叶柄短，株丛紧凑，根系发达，幼苗大小均匀。

3. 定植

春甘蓝栽培一般用春闲地种植，每公顷施腐熟有机肥75 000kg作基肥，翻地平整，作平畦。华北地区一般在3月底至4月初定植，华北北部和东北等地在4月下旬至5月初定植。如栽植过早，易遇低温而引起未熟抽薹。定植过晚，易导致苗床拥挤，叶片生长受到抑制，定植后缓苗慢。为缓苗快，起苗时应尽量避免伤根，最好带有5～7cm的土胎（坨）。北方定植甘蓝的方法有两种：一种是先开沟，在沟内浇水，随灌水随栽苗，然后施肥、盖土，这样地表盖干土，既能保墒又不会因灌水而过多地降低地温，对春甘蓝提早定植有好处。另一种是先栽苗，然后满畦灌水。这样灌水量大，容易降低地温，并造成土壤板结，使缓苗时间延长。南方都是在高畦上先栽苗，然后泼水浇灌，这样既能起到保温作用，土壤又不会板结。定植密度对早熟丰产的影响很大，一般说来适当密植能增产，但单株产量低，还会延迟收获。

根据多年的实践，一般早熟品种的株行距为30～40cm见方，每公顷栽苗52 500～75 000株。中熟品种为50～60cm见方，每公顷栽苗30 000～37 500株。晚熟品种为70～80cm见方，每公顷栽苗18 000～22 500株较适合。覆盖地膜是春甘蓝栽培的重要技术措施，应在定植前铺好地膜。

4. 田间管理

定植浇缓苗水后中耕2～3次，促进根系生长，并蹲苗10d左右。因此时气温低，根系吸收磷素减少，碳水化合物运转受阻，导致花青素的积累而呈现紫苗现象，一般可持续15～20d。紫苗转绿时表明缓苗结束。锻炼好的壮苗或没有伤根的幼苗，其紫苗时间可以缩短，争取早熟。

（1）灌水　结球甘蓝生长发育需要充足的水分，在栽培中需要多次灌溉。依生长时期需水的不同，可分为苗期、莲座期及结球期的灌水。

①苗期灌水。一般在播种时要灌水，必须湿透土壤至4～5cm深。在水下渗后撒土、播种，再覆盖细土。出苗以后一般不再灌水，一直到

分苗或定植时才灌水。这是中国菜农以灌水控制幼苗徒长的宝贵经验。

②莲座期灌水。定植幼苗时灌一次定植水，4～5d 后灌一次缓苗水。接着进行中耕、控制灌水而蹲苗。其控水的时间，早熟品种不宜过长，一般以 10d 左右为宜。中晚熟品种较长，约 15d 或更长些。从栽培季节来说，春、秋甘蓝生长速度快，控水时间宜短。夏、冬甘蓝生长速度慢，控水时间可长些。莲座期的控制灌水，既要掌握有一定的土壤湿度，使莲座叶有充分大的同化面积，又要控制水分不宜过多，迫使内短缩茎的节间缩短，因而能结球紧实。切忌过分蹲苗，致使叶片短小，影响产量。到莲座末期开始结球时，应灌大水。

③结球期灌水。从结球开始灌大水后，叶球生长速度加快，需要水分多，应根据天气情况经常灌水。一般是每隔一定的天数，地面见干就应该灌水，一直到开始收获，或每次收获后，都应灌水一次。但北方栽培的秋甘蓝和南方栽培的冬甘蓝，要运输外销时，宜在收获前几天停止灌水，以防裂球。关于结球甘蓝的灌水量，尚无确切标准。所谓重灌，北方是以畦埂灌满为度，一般灌水 10～12cm 深。轻灌水就是水流到畦的尽头为止。南方多担水泼浇，常以泼浇的担数和间隔的天数来掌握灌水量。但无论南、北方都是在结球时才重灌和勤灌。试验证明，结球甘蓝每生长 1kg 叶球，需要吸水 100kg 左右。若水分不足，则结球小，且疏松不紧实。若水分过多，叶球易开裂，失去商品价值。这些现象在生长速度快的春、秋季节容易发生。

温馨提示

在高寒地区或山地栽培结球甘蓝，由于灌水困难，多利用当地夏季短、昼夜温差大的特点，采用中晚熟品种，以苗期和莲座前期度过春夏季节，于夏秋雨季到来时结球，在整个生长期中，可少灌或不灌水，也能长成品质好、个体大的叶球。

（2）施肥　早熟品种在春夏季作早熟栽培时，生育期短，应以基肥为主。中、晚熟品种生育期较长，除以基肥为主外，还应增施追肥。就生长期来说，无论什么品种，除施以一定数量的基肥外，在结球前的莲座末期，都应重视施用追肥，这是结球甘蓝丰产的关键。在施肥种类方面，重要的是氮肥，因为植株体内氮的含量较高。氮在土壤中以硝酸态或铵态氮的形式从根部被植株吸收，但以施用硝态氮较安全。其次是钾肥，特别是在结球开始之后最需要钾肥，用量几乎与氮肥相等。磷肥的施用量虽不如氮、钾多，但对结球的紧实度至关重要。磷肥除作基肥施用外，在结球期分期进行叶面喷施，对促进结球也有良好的效果。对于追肥，无论南、北方都以含氮量高的化肥或农家液态有机肥为主。根据各地的经验，定植时沟施或穴施 7 500～15 000kg 厩肥，75～150kg 氮肥外，重点在莲座末期每公顷施农家液态有机肥 30 000～45 000kg，尿素 225～300kg。中、晚熟品种的施肥量和次数，比早熟品种要多 1～2 倍，多追肥 2～3 次。

温馨提示

注意，如果施用氮肥过量，植株体内缺钙，就会引起生长点附近的叶子叶缘枯萎，在叶球内形成干烧心现象。

（3）中耕、培土及除草　结球甘蓝幼苗定植、轻灌 1～2 次缓苗水后，即中耕、锄地、蹲苗。一般早熟品种宜中耕 2～3 次，中、晚熟品种 3～4 次，第 1 次中耕宜深，要全面锄透，以便保墒，促根生长。进入莲座期后，宜浅锄并向植株四周培土，以促进外短缩茎多生侧根，有利结球。在植株未封垄前，注意随中耕锄去杂草，到封垄后一般不进行除草，若有杂草时，应随时拔掉，以免影响植株生长和传染病虫害。

三、秋甘蓝栽培技术

我国北方地区秋甘蓝有两种栽培方式：一是在无霜期较长的地区，多用早、中熟结球甘蓝品种，于 6 月中下旬至 7 月上中旬播种，露地育苗。在播种适期内，宁可早播而勿晚播，以免结球期遇阴天或降温影响包心。苗龄一般为 35～40d。秋甘蓝育苗期间正值高温多雨或高温干旱季节，如北方在 6～7 月、南方在 7～8 月育苗，这时气温一般在 25℃以上，有时达 30～35℃的高温，加之还有暴雨、冰雹危害。所以育苗时应选择易排灌的地块作苗床，苗床上可覆盖遮阳网或防雨棚，以保证培育壮苗。秋甘蓝一般采用垄作，垄高约 30cm，长 8～15m。南方多采用高畦种植，畦宽 1～1.5m，高 15～20cm，长 10～15m。秋甘蓝生长期间，气温和地温逐渐降低，植株根系生长较差，开展度也小，可适当增加单位面积株数，一般可比春甘蓝栽培增加10%～20%的用苗量。其他管理与秋大白菜相似，但收获期比秋大白菜稍晚。

二是在无霜期短的高寒地区，选用晚熟的大型结球甘蓝品种，一年栽培一茬。3月下旬至4月中旬在阳畦育苗，5月下旬至6月中旬定植。生长期间主要进行中耕、除草、保墒等作业，以促进根系生长。生长中期多雷雨，要注意防虫、防涝。秋后进入包心期，需加强肥水管理，促进叶球生长，其浇水、施肥原则参照一般甘蓝栽培。

四、夏甘蓝栽培技术

结球甘蓝的夏季栽培，应选用耐热、抗病、具有一定耐涝能力的品种，如夏光、中甘9号、黑叶小平头等。由于夏甘蓝栽培有一定的难度，所以栽培面积不大，以长江流域、华北南部和西南各省栽培较多。

夏甘蓝栽培可在4～5月分批育苗，北方用简易小拱棚育苗，播种方法参见春甘蓝。南方露地育苗即可。因南方多黏土或黏壤土，所以整地时需注意打碎土块，浇底水，待水下渗后播种，其上覆盖一薄层混有草木灰的细沙土，以利出苗。播种量一般3g/m^{2}左右。甘蓝夏季栽培必须分苗一次，因为在5～6月定植时，气温和地温都较高，只有带大土坨才有利于定植后成活，否则死苗太多，补苗又太费工，同时造成植株生长参差不齐，不便于统一管理。幼苗长到2叶1心时分苗，苗距10cm见方。

栽培夏甘蓝要选择地势较高、便于排灌、通风良好的地块，其前茬多为越冬绿叶菜类蔬菜，不宜与十字花科蔬菜作物连作。前茬收获后，立即清除残株、落叶，每公顷施优质有机肥60 000kg作基肥，翻耕整地，做成垄或半高畦（畦面宽1～1.2m，沟宽30cm，深15～20cm），利于旱天及时浇水，遇涝能排。

幼苗长有5～8片叶时即可定植，注意尽量起大土坨，少伤根。把带土坨的幼苗栽植在垄的半阴坡上，不宜栽得过深。栽后及时浇水，以提高移栽成活率。夏季高温不利于甘蓝生长，所以植株开展度较小，一般每公顷栽苗45 000～52 500株为宜。定植时间应选择晴天下午或傍晚时进行，也可以选在阴天进行，以后浇水也应该在这个时段进行。缓苗后每公顷追施硫酸铵或尿素150kg，然后劈垄正苗，使幼苗处于垄的正中，并把垄底清除干净，以便于排水。

夏甘蓝在结球期需少量多次追肥，每公顷追施75～150kg化肥即可，不可施用农家有机液肥，以免引起病害。在阵雨过后要及时用井水浇灌，以降低地温，同时可增加土壤中的氧气含量，有利于夏甘蓝根系生长。

温馨提示

防治菜青虫是其栽培能否成功的关键之一，应特别引起注意。

五、病虫害防治

1. 主要病害防治

（1）甘蓝黑腐病　中国大部分甘蓝产区均有发生，是造成甘蓝减产的重要病害。幼苗多从成株下部叶片开始发病，叶缘出现V形黄褐色病斑，或在伤口处形成不规则褐斑，边缘均有黄色晕环，直至大片组织坏死。天气干燥时呈干腐状，空气潮湿时病部腐烂，但不发臭，有别于软腐病。病菌沿叶脉和叶柄维管束扩展到茎、新叶和根部，形成网状脉，叶片呈灰褐枯死状。病菌在种子内或采种株上及病残体中越冬。在田间借助雨水、昆虫、工具、肥料等传播。连作，高温多雨，秋季栽培早播、早栽，或虫害严重，易引起病害流行。防治方法：①收获后及时清除病残株。②选用抗病品种，从无病地或无病株采种，进行种子消毒处理，适时播种。③发病严重的地块与非十字花科作物轮作2～3年。④及时拔除病苗和防治害虫，减少伤口。⑤成株发病初期，用14%络氨铜水剂350倍液，或60%琥·乙膦铝可湿性粉剂600倍液，或77%氢氧化铜（可杀得）可湿性粉剂500倍液，或72%农用硫酸链霉素可溶性粉剂4 000倍液喷雾，隔7～10d喷1次，连喷2～3次。

（2）甘蓝黑根病　又名立枯病。幼苗根颈部受侵染后变黑或缢缩，叶片由下向上萎缩、干枯，当病斑绕茎一周后植株死亡。潮湿时病部表面常生出蛛丝状白色霉状物。定植后病情一般停止发展。病菌主要以菌丝体和菌核在土壤中或病残体内越冬，幼苗的根、茎或基部叶片接触病土时，便会被菌丝侵染。在田间，病菌主要靠病、健叶接触传染，或带菌种子和堆肥都可以传播此病。华北地区2～4月发病较多。防治方法：①育苗床应选择在背风向阳、排水良好的地方，播种不宜太密，覆土不宜过厚。育苗床土、播种后的覆土应进行消毒处理。②适当控制苗期灌水量，浇水后及时通风降湿。③播种前用种子重量0.3%的50%福美双或40%福·拌（拌种双）可湿性粉剂拌种。④在发病初期拔除病株后，用75%百菌清可湿性粉剂600倍液，或60%多·福可湿性粉剂500倍液，或20%甲基立枯磷乳油1 200倍液等喷施。

（3）甘蓝软腐病　各地发生较普遍，并造成一定损失。结球甘蓝多自包心后开始显症，茎基部或叶球表面或菜心，先后发生水渍状湿腐，后外叶萎垂，早晚可恢复常态。数天后外层叶片不再恢复而倒地，叶球外露，病部软腐并有恶臭，有别于黑腐病。严重时病部组织内充满污白色或灰黄色的黏稠物，最后整株腐烂死亡。该病初侵染源来自病株、种株和落入土壤或肥料中未腐烂的病残体。田间主要由雨水、灌溉水传播，部分昆虫如黄曲条跳甲、菜粉蝶、菜螟等也能体外带菌传播。多发生在植株生长后期，在贮藏、运输及市场销售过程中也能引起腐烂。防治方法：参见第五章白菜软腐病。

（4）甘蓝病毒病　各地普遍发生，是秋甘蓝的主要病害。幼苗和定植期发生较重。初生小型褪绿色圆斑，心叶明脉，轻微花叶，其后叶色淡绿，出现黄绿相间的斑驳，或者明显的花叶，叶片皱缩。严重者叶片畸形、皱缩，叶脉坏死，植株矮化或死亡。成株受害嫩叶出现斑驳，老叶背面有黑色的坏死斑，结球迟缓，甚至不结球。该病的传播途径和防治方法，参见第五章白菜病毒病。

（5）甘蓝霜霉病　各地均有发生，尤以北方及沿海地区发病较重。主要危害叶片。幼苗染病，叶片初生白色霜状霉，后可枯死。成株期多从外叶开始发病，叶背面和正面初生紫褐色不规则小斑，逐渐扩大，中央略带黄褐色稍凹陷坏死斑，多个病斑连片而呈多角形，致叶片死亡。老叶受害后，病菌也能系统侵染进入茎部。在贮藏期间继续发展到叶球内，使中脉及叶肉组织上出现不规则的坏死斑，叶片干枯脱落。湿度大时，病部可见稀疏的白霉。其传播途径和防治方法，参见第五章白菜霜霉病。

（6）甘蓝菌核病　长江流域、沿海地区及冬春保护地栽培发生危害较重。田间发病多始于茎基部及下部叶片，形成水渍状暗褐色不规则斑，病斑迅速发展，病组织软腐，叶球也受其害，茎基部病斑绕茎一周致全株死亡。采种株多在终花期受害，侵染茎、叶、花梗和种荚，引起病部腐烂，种子干瘪，茎中空，后期折倒。病部生白色或灰白色浓密絮状霉层及黑色鼠粪状菌核。其传播途径和防治方法，参见第五章白菜菌核病。

2. 主要虫害防治

（1）蚜虫　危害甘蓝的有桃蚜、萝卜蚜和甘蓝蚜 3 种。重生多代。成、若蚜群集吸食叶片汁液，分泌蜜露诱发霉污病及传播病毒病，可使甘蓝产量降低，品质下降。桃蚜、萝卜蚜是全国广布种，常混合发生，但前者偏嗜叶面光滑、蜡质多的甘蓝类蔬菜，较耐低温，而后者喜食叶面多毛、蜡质少的白菜类蔬菜，较耐高温。因此，冬春季保护地甘蓝、露地春甘蓝主要受桃蚜危害，秋甘蓝也以桃蚜占优势，其种群数量消长呈春末夏初和秋季双峰型。甘蓝蚜体覆白色蜡粉，易与前两种蚜虫区分。甘蓝蚜在新疆、贵州等地是优势种群，嗜食甘蓝类蔬菜。蚜虫生活习性和防治方法，参见第二章根菜类和第五章白菜类病虫害部分。

（2）B 型烟粉虱　又名甘薯粉虱，是近年入侵中国的危险性害虫。在海南、广东、广西、福建、浙江和上海等地夏秋季严重危害甘蓝类蔬菜，华北地区在秋甘蓝上发生危害较重。成、若虫刺吸叶片汁液，分泌蜜露污染叶面，降低植株呼吸和光合作用，使叶片褪绿、萎蔫或干枯，植株长势衰弱甚至成片枯死。防治方法：参见第九章番茄病虫害部分。

（3）鳞翅目食叶害虫　小菜蛾、菜粉蝶发生危害程度重。此外，大菜粉蝶在新疆、云南局部地区，黑纹粉蝶在江西省的山区，是春、秋季甘蓝类蔬菜的重要害虫，后一种害虫于夏季和冬季发生滞育。甘蓝也是多食性、暴食性害虫甜菜夜蛾、斜纹夜蛾和甘蓝夜蛾的主要寄主。菜螟嗜食萝卜，其次是甘蓝、白菜，在秋季苗期可造成严重危害。上述害虫的防治方法，可参见第五章白菜害虫的有关部分。同时，常发性害虫还有红腹灯蛾、红绿灯蛾、银纹夜蛾等，是兼治的对象。

（4）鞘翅目食叶害虫　主要有黄曲条跳甲，成虫食叶，幼虫蛀根。防治方法：参见第五章白菜害虫部分。此外，大猿叶虫、小猿叶虫在春、秋季多发，是兼治对象。

六、采收

结球甘蓝的叶球一经形成则会很快转入叶球的充实阶段。为了提早供应，早熟品种只要叶球有一定的大小和相当的紧实程度，就可开始分期收获。一般开始时 2～3d 收获 1 次，以后间隔 1～2d 采收一次，经 3～4次收完。中、晚熟品种必须等到叶球长到最大和最紧实时，才集中 1 次或分 2～3 次收完。

第二节　花椰菜

一、类型及品种

1. 类型

根据花椰菜成熟期的迟早，有早、中、晚熟3种类型。

（1）早熟品种　从定植至初收花球需40～60d的为早熟品种。植株一般较矮小。叶较小而狭长，色蓝绿，蜡粉较多。花球较小。植株较能耐热，但冬性弱。在长江流域及华南地区播种期以6月底至7月中旬为适合。华北及东北地区适合于春作或秋作栽培。

（2）中熟品种　从定植至初收花球需80～90d的为中熟品种。中熟品种植株较早熟品种高大。叶色因品种而异。花球一般较大，紧实，品质好，产量较高。植株较耐热，冬性较强。华南地区播种期一般在8月至9月上旬，为秋冬蔬菜。长江流域一般于7月中旬至8月上旬播种。华北及东北地区宜春作栽培。

（3）晚熟品种　从定植至初收花球在100d以上者为晚熟品种。一般植株高大，生长势强。叶片多宽阔，叶色较浓。花球大而致密。植株耐寒力强，冬性强，一般需经一段冷凉气温后始见花球。华南地区和长江流域诸省一般于8～9月播种，也有迟至10月上旬播种者，作为春花菜栽培。晚熟品种因生长期较长，在华北地区栽培均需利用保护设施防寒才能成功。

2. 品种

（1）白峰　天津市农业科学院蔬菜研究所育成的一代杂种。株高59cm，开展度58cm。叶片绿色，蜡粉较少，呈宽披针形，20片叶左右出现花球。内层叶扣抱，中层叶上冲，适合密植。花球洁白，组织柔嫩，单球重0.75kg。该品种耐热、耐病，成熟期集中。早熟，从定植到采收50～55d。适于北京、天津等地秋季种植。

（2）荷兰春早　又名米兰诺，中国农业科学院蔬菜花卉研究所选育成的常规品种。株高42cm，开展度54cm。叶片灰绿色，蜡粉较多，叶面微皱，外叶16片。花球白色，紧实，纵径8cm，横径14cm，单球重0.53kg。早熟，从定植至商品花球成熟45～50d，品质好。冬性较强，不易散球，耐寒。适于华北和东北地区早春栽培。四川、云南和福建各省可作秋季栽培。

（3）雪峰　又名326，天津市蔬菜研究所从荷兰引进的春菜花新品种，属春早熟花椰菜类型。株高45cm，开展度56cm，最大叶片49cm×26cm，叶片绿色，蜡质中等，叶面微皱，宽披针形。20片叶左右出现花球，花球白色，扁圆球形，较紧实，平均单球重0.6～0.75kg，花球重与茎叶重之比为1∶1，品质优良。定植后50d左右成熟，5月上中旬上市。适于华北地区种植。

（4）日本雪山　20世纪80年代从日本引进的一代杂种。植株长势强，株高70cm左右，开展度90cm。叶片披针形，肥厚，深灰绿色，蜡粉中等，叶面微皱，叶脉白绿，有叶23～25片。花球高圆形，雪白，紧实，中心柱较粗，含水分较多，品质好。单球重1～1.5kg。该品种耐热、抗病，中熟，定植至收获70～85d。春、秋季栽培均可。适于各省种植。

（5）荷兰雪球　20世纪70年代由荷兰引进的品种。植株生长势强，开展度60cm，有30多片叶。叶片长椭圆形，深绿色，大而厚，叶缘浅波状，叶柄绿色，叶片及叶柄均有蜡粉。花球圆球形，雪白，紧实，肥厚，质地柔嫩，品质好。单球重0.75～2kg。耐热，宜秋季栽培。

（6）巨丰130天　浙江省温州市南方花椰菜研究所选育的晚熟品种。植株生长势强，株高70～75cm，开展度90cm。心叶浅黄色，外叶灰绿色有光泽，最大叶长60～65cm，叶宽28～30cm。花球洁白，紧密厚实，呈圆球形，平均单球重可达5kg左右。晚熟，从定植至收获130d。比较抗寒，对外界环境适应性强。适于四川盆地、长江中下游地区，以及云南、贵州、广东、广西等地作晚熟品种栽培。

（7）福建120天　福建省福州市地方品种。株高60cm左右，开展度85cm。叶蓝绿色，具蜡粉，最大叶长55～60cm，宽25～28cm。花球半圆形，白色，紧实，球面茸毛中等，毛白色，花粒粗大，花球重1kg。晚熟，从定植至收获120～130d。生长势强，耐寒性也强，品质好，较抗病。适合在福建省福州市及其他相似生态地区种植。

二、栽培技术

1. 春花椰菜栽培

（1）品种选择　春栽花椰菜必须选用春季生态型品种，即生长期长和冬性较强的中、晚熟品种。而早熟品种冬性弱，春季育苗时容易在幼苗尚未分化出足够的叶数和形成强大的同化器官之前，就形成很小的花球，这将会严重地影响其产量和品质。

（2）整地与施基肥 花椰菜虽喜湿润环境，但耐涝力很差，所以在多雨的地区及地下水位较高的地方，都采用深沟高畦栽培，以利排水，这是栽培花椰菜成功的一个关键。华北、东北地区栽培花椰菜其整地与结球甘蓝相同。花椰菜的栽培应选择壤土或黏质壤土，并施足基肥。因品种不同对基肥的种类和数量要求有所差异，基肥以富速效性氮肥为主。南方一般每公顷施农家有机液肥 22 500kg 或氮素化肥与堆肥混合施 15 000～22 500kg。中、晚熟品种生长期较长，基肥以厩肥并配合磷、钾肥料施用。南方一般每公顷施猪、牛等厩肥 37 500～75 000kg，或农家有机液肥 22 500～30 000kg，再加入过磷酸钙 225～300kg，草木灰 750kg。北方可用油粕等有机肥料，每公顷施 7 500～15 000kg，过磷酸钙 300kg，草木灰 750kg。施肥方法与结球甘蓝相同。

（3）育苗与定植 花椰菜育苗方法与结球甘蓝相同，可参照结球甘蓝进行。花椰菜幼苗长至 6～8 片叶，5cm 深处地温稳定在 5℃以上时即可定植。如定植过晚，则成熟期推迟，形成花球时正处于高温期，花枝容易伸长而使花球松散，品质下降。如定植过早，易造成先期现球，影响产量。华北地区在 3 月中旬至 4 月初，东北、西北地区于 4 月底至 5 月初定植。北方春季栽培以平畦或覆盖地膜的小高畦为主，平畦宽 1～1.2m，栽 3～4 行，株距 35～40cm，栽后浇透水。

（4）田间管理 田间管理包括追肥、灌溉、中耕除草及束叶等。要获得产量高、品质好的花球，必须有强大的叶簇作保证。因此，在叶簇生长期间要及时满足其对水分和养分的要求，使叶簇适时进行旺盛生长。定植后 3～5d，根据幼苗生长状况和土壤湿度以及天气情况，浇 1 次缓苗水，并及时中耕松土。地膜覆盖的可晚浇缓苗水，尽可能提高地温，促进发根。莲座期结合浇水，追施尿素 225～300kg/hm^2，防止因缺肥而营养不良，导致花球早出并散球。对营养生长过旺的地块，应及时控水蹲苗，使营养生长健壮，为花球发育打好基础。花球膨大的中后期，可用 0.1%～0.5%的硼酸溶液叶面追肥，每隔 3～5d 喷 1 次，连喷 3 次。每隔 4～6d 浇 1 次水，收获前 5～7d 停止浇水。花椰菜因品种不同，在施肥管理上有所差异。早熟品种生长期短，一般用速效性肥料分期勤施。中、晚熟品种生长期较长，在叶簇生长期应用速效性肥料分期施用，当花球开始形成时应加大施肥量。追肥的种类，一般在整个生长期都应以氮肥为主，当进入花球形成期，则应适当增施磷、钾肥料。但按目前施肥习惯，大多偏重于氮肥。南方每公顷追肥用量一般为：早熟品种用优质有机肥22 500～30 000kg，硫酸铵112.5～150.0kg。中熟品种用有机肥22 500～30 000kg，硫酸铵225～300kg，草木灰1 125kg。晚熟品种用有机肥22 500～30 000kg，硫酸铵300～450kg，草木灰150kg。在多雨的地区必须加强排水防涝。

中耕除草以及培土工作与结球甘蓝相同。束叶是用靠近花球的2～3片叶包裹花球，再用稻草或绳等轻轻捆扎一圈，不使花球见光，是保证花椰菜品质的技术措施之一。因为花球在阳光直射下，易由白色变成淡黄色，有的品种甚至出现紫色，并长出小叶，降低食用品质。束叶一般在花球直径达到10cm左右时进行。束叶时注意不要折断叶柄，以防止叶片干缩。华南地区多数地方只把接近花球的几片大叶折覆于花球表面，不使阳光直接照射花球。

2. 秋花椰菜栽培

秋花椰菜栽培宜选用雪山、白峰、荷兰雪球等品种。6月中下旬至7月上中旬播种。寒冷地区可于5月下旬至6月下旬播种，适当稀播，不分苗，避免伤根。播种床应覆盖遮阴网（防雨）、防虫网，待幼苗长至2叶后撤去遮阴物。尤其要小水勤浇，保持土壤湿润，防止干旱或涝渍。苗龄30d左右。7月中下旬至8月上旬定植。垄栽或畦栽，株行距为40cm×50cm，选晴天下午或阴天定植。秋花椰菜定植后要加强肥水管理，提早追肥，促使叶片充分生长。如营养生长不良，则可能引起先期现蕾。对外叶较少、现花球较早的品种，如白峰等，缓苗后不蹲苗，直至现蕾前不能缺水，小水勤浇，保持土壤湿润。对荷兰雪球等现花球较晚的品种，可蹲苗7～10d。进入莲座期后，浇水追肥，花球膨大期隔3～4d浇1次水。种株封垄后减少浇水次数，以免湿度过大而发生病害或落叶。花球膨大初期和中期各追肥1次，结合进行叶面追施0.2%的硼酸溶液防止茎轴空心。现花球后折叶覆盖花球。

3. 假植栽培

北方地区的花椰菜假植栽培一般较正常播种期晚20～30d。至11月上中旬，当花球直径达8～10cm，天气变冷后便可带根假植到阳畦内。假植时要摘去老叶和病叶，扶起绿叶包住花球并捆好，防止后期花球受冻或棚膜水珠滴到花球上引起花球腐烂。栽完后要埋土浇水，盖好薄膜。注意草帘与温度的管理，前期温度应稍高些，白天保持 15～20℃，夜间 8～10℃，后期温度低时应盖草帘保温，使夜间最低温度维持在 3～5℃。等到花球长成后，于元旦至春节可陆续收获上市。每平方米阳畦可假植大田 6～10m^{2}的花椰菜。

4. 花椰菜保护地栽培

在早春或秋季，利用日光温室、塑料棚及阳畦等，或在夏季利用遮阳网、防虫网栽种花椰菜，近年有较大发展。在日光温室内栽种花椰菜，可于冬季至早春随时定植。在塑料棚内的定植期，河南、山东为 2 月下旬至 3 月上旬，东北、西北等地区为 3 月下旬左右，此时，棚内 5cm 深处地温应在 5℃以上。秋冬季延后栽培，于 8 月下旬至 10 月上中旬覆膜保温。在保护地内栽培，其密度可比露地栽培稍稀些，以 40～50cm 见方为宜。定植缓苗后保护地内的温度白天保持在 25～30℃，夜间在 10℃左右。幼苗开始生长时，适当通风降温，白天在 22℃左右，不超过 25℃。莲座期白天 15～20℃，夜间 10℃左右。花球发育期白天 14～18℃，不高于 24℃，夜间 5℃左右。浇水、施肥基本同露地栽培，但次数和数量均较少些。

三、病虫害防治

花椰菜的病害主要是黑腐病、黑斑病和霜霉病，其症状和防治方法基本与结球甘蓝相同。危害花椰菜的害虫有菜蚜、菜蛾、菜粉蝶及多种夜蛾等，应选用高效、安全杀虫剂及时防治。

四、采收

花椰菜花球的成熟在植株个体之间有时很不一致，应分期适时采收。如采收过早，花球未成熟，则产量较低。采收过晚，花球过熟，则花球松散，表面凹凸不平，颜色变黄，或出现毛花，品质变劣。适时采收的标准是花球充分长大，表面圆正，洁白鲜嫩，致密，边缘花枝开始向下反卷而尚未散开。采收时在花球外带 5～6 片叶，这样可以保护花球，便于包装运输，也避免在运输和销售过程中的损伤和污染。花椰菜较耐短期贮藏，一般可放置 3～5d。用塑料袋包装，并置于 0～4℃、空气相对湿度 80%～90%的条件下，可保鲜 1 个月。

第三节 青 花 菜

一、类型及品种

1. 类型

青花菜按叶形可分为长叶和阔叶两种类型。长叶型叶片狭长，生长速度快，多为早熟品种。阔叶型叶片宽大，生长速度慢，多为中、晚熟品种。按成熟期可分为早、中、晚熟品种。

2. 品种

(1) 绿花2号 广州市蔬菜科学研究所育成。植株高50cm，开展度90cm。叶长卵圆形，长35cm，宽23cm，绿色，微皱，有蜡粉，叶缘波状。花球纵径6～7cm，横径13～18cm，绿蕾粒中等大小，花球重300～500g。早熟，从播种至初收80d，可延续采收20d。耐肥、耐热，品质好，适于华南地区栽培。

(2) 上海1号 上海市农业科学院园艺研究所育成的早熟一代杂种。植株半开张，开展度约80cm，株高38cm。叶绿色，26片叶后现蕾。主花球直径13cm，单球重400g。秋播从定植到采收65d左右。适合在长江中下游地区作秋季栽培。

(3) 里绿 从日本引入的一代杂种。生长势中等，株高43～68cm，开展度75cm。叶片13～17片，叶色灰绿。主花球纵径14～17cm，横径14～15cm，深绿色，花蕾较细。侧枝发生较少，为采收顶花球专用品种。春季种植花球重200～250g，秋季种植花球重300～350g。春季种植表现早熟，从定植到收获约45d，一般每公顷产量7 500～9 000kg。秋季种植表现为中早熟，从定植到收获约70d。适合广东、福建、江苏、北京、上海等地种植。

(4) 中青1号 中国农业科学院蔬菜花卉研究所育成的一代杂种。适于春、秋两季种植，春季种植表现早熟。株高38～40cm，开展度65cm。15～17片叶，最大叶长38～40cm，叶宽14～16cm，复叶3～4对，叶面蜡粉多。定植后45d可收获。花球浓绿较紧密，花蕾较细，主花球重300g左右，侧花球重150g左右。秋季种植表现为中早熟，定植后50～60d收获。花球淡绿、紧实，蕾粒细，主花球重500g左右。田间表现抗病毒病和黑腐病。适于华北部分地区种植。

（5）青花1号 山西农业大学从苏联引入。该品种生长势强，叶宽大，茎粗壮，浓绿色，蜡粉多。花球浓绿色，蕾粒粗实。从定植到始收70d左右，主花球收获后可延续采收侧花球，单株主花球重350～500g，侧花球可收300～400g。适于中国各地栽培。

（6）绿玉青花菜 浙江省温州市神龙种苗公司选育出的一代杂种。从定植到始收80d左右。外叶浓绿，生长势旺，耐寒、耐热，适于长江流域及华南各地栽培。

（7）中青2号 中国农业科学院蔬菜花卉研究所于1998年育成的一代杂种。适于春、秋两季种植。春季表现中早熟，定植后50d左右收获。株高40～43cm，开展度67cm。15～17片叶，最大叶长42～45cm，叶宽18～20cm，复叶3～4对，叶面蜡粉较多。花球浓绿较紧密，蕾粒较细，主花球重350g左右，侧花球重170g左右。秋季种植表现为中熟，定植后60～70d收获。花球浓绿、紧实，蕾粒较细，主花球重600g左右。田间表现抗病毒病和黑腐病。

（8）绿岭 从日本引进的一代杂种。植株生长健壮，株高45～75cm，叶片16～20片，叶色深绿。主花球纵径12～14cm，横径14～20cm，花蕾较细、紧实，色浓绿，花球有明显的小黄点。侧枝生长能力中等。春季种植表现较早熟，从定植到收获50～55d，主花球重300～350g。秋季种植表现中晚熟，从定植到收获70～80d，主花球重350～600g。适应性广，田间表现较抗黑腐病和病毒病。适合广东、福建、江苏、北京、上海等地栽培。

（9）碧玉 北京市农林科学院蔬菜研究中心育成的一代杂种。植株生长势强，半直立。花球紧实，花蕾小，浓绿，无小叶，主花茎不易空心，质地脆嫩，品质好。主花球重400g左右。适于春、秋季种植，定植后65d左右收获，为主、侧花球兼收品种。适合华北地区春、秋季栽培，华中、华东地区秋冬季栽培。

二、栽培技术

1. 播种育苗

青花菜露地栽培关键是选择好栽培季节及适合品种。春季露地栽培选择播期很重要，华北地区一般选用早中熟品种，于2月初温室育苗，苗龄60～70d。早播易先期现球，迟播易影响产量和质量。夏秋栽培由于温度高，应选用早熟品种，于6月下旬至7月上旬播种，苗龄25～30d，并选易排、易灌的田块安排生产，苗期注意遮阴、防雨。培育适龄壮苗和防止过早现球是育苗的关键。青花菜育苗应注意营养土配制和温湿度管理，防止营养不足或管理不当引发徒长，进而影响产品产量和质量。播种方法，可选用撒播或条播，每公顷大田需种量约750g，需75～90m²的苗床面积。将充分腐熟的有机肥与园土按1∶1混合过筛，并加入适量速效肥料混匀，平铺于播种床上，营养土厚10cm，浇足底水，水下渗后撒0.2cm厚细土作翻身土，而后均匀播种，再覆盖0.3～0.5cm厚细土。冬春季育苗为了保温保水还应再覆盖1层塑料薄膜，2～3d幼苗顶土出苗时及时揭除。当幼苗长有2～3片真叶时进行分苗，苗距8～10cm，幼苗5～6片真叶时定植。夏秋季育苗，为了保墒应在播种覆土后再覆盖一层细沙，当幼苗出土后适当间苗，去弱留壮。由于苗龄短，故不必分苗，但应经常浇水，保持畦面见干、见湿，及时拔除杂草，进行病虫害防治。青花菜苗床定植前1周应适当控水，进行幼苗锻炼。在定植前一天应充分灌水，使土壤湿润松软，减少起苗时伤根，提高定植成活率。

2. 整地定植

青花菜植株高大，生长快，对土壤营养条件要求高，应选择排、灌方便，土质疏松、肥沃，保水、保肥力强的壤土进行栽培。定植前每公顷施基肥60 000～75 000kg，深翻入土，整地作畦，于3月中下旬气温达10℃以上时定植。一般春季多选平畦，夏秋季多雨地区可起垄栽培，在阴天或傍晚时定植为好。株行距根据所选品种按（40～50）cm×（40～60）cm栽植，晚熟品种和抽生侧枝多的品种宜适当稀植，定植密度每公顷30 000～41 250株。可选用先开沟顺水稳苗或先栽苗后浇水的方式进行定植。

3. 田间管理

青花菜田间管理包括追肥、灌溉、中耕除草等。在栽培管理过程中促进营养生长使其在现蕾前形成足够的营养面积是获得丰产的前提条件。青花菜因品种不同，在肥水管理上应有所差异。早熟品种生育期短，对土壤营养吸收总量比中晚熟品种少，但由于生长期短又多在高温季节栽培，所以对营养的要求迫切，生产中以施速效性肥料为主。定植水后3～5d可随缓苗水追施农家有机液肥促幼苗生长，整个生育期可分期勤施，以促为主。中晚熟品种生育期较长，在叶簇生长时期宜适当控制水肥，定植水后 5～7d 浇缓苗水，然后注意中耕除草，适当蹲苗。一般于定植后 15～20d 开始追施氮肥，施肥量为 200～300kg/hm^2，现蕾后再追施一次氮肥。主花球收获后若需收侧花球，可每公顷追施优质有机肥 7 500kg 或复合肥 300～450kg。青花菜为喜湿蔬菜，在生长过程中需水较多，如果干旱季节缺水会严重影响产量和质量。定植后应每 5～7d 浇水 1 次，以保持土壤湿润，促进产量形成。青花菜不耐涝，忌大水漫灌。莲座期应适当控制浇水，防止植株徒长而形成小花球。在花球直径达 2～3cm 时及时灌水，降水多时应注意排水，以免发生腐烂。青花菜在收获前 1～2d 浇 1 次水可提高产品产量和质量，也有利于延长贮藏时间。

三、病虫害防治

青花菜植株生长势旺，抗（耐）病性较强，生产中常见的病害有立枯病、黑腐病、霜霉病和菌核病等，其症状特点、传播途径和防治方法，参见结球甘蓝。主要害虫种类及其防治同结球甘蓝。

四、采收

青花菜以发育完全的花球为产品，适收期短，若采收不及时易抽生花枝、花蕾过粗甚至开放，失去商品价值。如果采收过早则花蕾没有充分发育，花球小，产量低。青花菜以花球表面花蕾紧密平整、花球边缘略有松散、花球有一定大小时为采收适期。采收时将花球连同 10cm 左右肥嫩花茎一同收割。顶侧花球兼收品种在侧花球直径达 3～5cm 时收获。青花菜花球组织脆嫩，采收时间应选在早晨和傍晚，采收时宜附带 3～4 片叶以保护花球，采后要轻拿轻放，用塑料袋和纸箱包装。青花菜采收后呼吸旺盛，不耐贮运。在 15～28℃室温下放置 24h 花蕾即开始变黄，48h 后花蕾开放，叶绿素下降为采收时的 50%，72h 后花球全黄而失去食用价值。故青花菜采收后应及时上市出售或冷藏、冷冻加工。

第四节 芥　　蓝

一、类型及品种

1. 类型

芥蓝有白花芥蓝和黄花芥蓝两种类型。黄花芥蓝只有少量栽培；白花芥蓝的栽培品种多，一般分为早熟种、中熟种与晚熟种。

（1）早熟种　比较耐热，在较高温度（17～28℃）条件下能较快发育，进行花芽分化与形成菜薹，植株较直立，产量较高。在华南地区适于夏秋栽培，适播期为5～9月。如延迟播种，将受低温影响而使发育加快，过早花芽分化形成菜薹，使产量降低。

（2）中熟种　生长势强，适应性广，种性介于早熟种与晚熟种之间，耐热性不如早熟种，生长发育较慢，对低温适应性不及晚熟种，如延迟播种，也容易提早抽薹，产量降低。在华南地区适于秋、冬栽培，多于9～12月播种，11月至翌年2月采收。

（3）晚熟种　生长旺盛，不耐热，较耐寒，冬性强，抽薹迟，侧薹萌发力强。不宜早播，早播发育慢，营养生长期长，株簇大，叶片多且大，菜薹品质降低。适于冬春季栽培。

2. 品种

（1）早花芥蓝　广州市蔬菜科学研究所育成。株高33cm，开展度30cm。基叶近圆形，长16cm，宽11cm，青绿色；薹叶披针形，节间疏。主薹高约21cm，横径2cm，重约50g，侧薹萌发力中等。耐热，抗病性强，适应性广，品质优良。从播种至初收40～50d，可延续采收30～35d。

（2）柳叶早芥蓝　广东省佛山市郊区农家品种。株高39cm。叶长卵形，绿色有蜡粉，薹叶狭卵形。主薹高25～30cm，横径2～3cm，重70～80g。耐热性较强，侧芽萌发力弱，纤维少，品质优。从播种至初收60d左右，可延续采收30～40d。

（3）细叶早芥蓝　叶片卵圆形，深绿色，蜡粉多，薹叶卵形和狭卵形。主薹高25～30cm，横径2～3cm，重100～150g。分枝力强，质地爽脆，品质优良。从播种至初收60～65d，可延续采收30d。

（4）尖叶夏芥蓝1号、2号　华南农业大学育成的一代杂种。植株直立。薹叶长卵圆形，绿色有光泽。茎叶细小，柳叶状，节疏。花茎大小适中，无苦味，品质好。耐热、耐湿，抗逆性强，适于5～8月高温多雨季节种植。

（5）中花芥蓝　20世纪80年代从香港引进，由广州市蔬菜科学研究所提纯选留。株高36cm，叶近圆形、深绿色，薹叶披针形。主薹高24cm，横径1.8cm，重55g。生长势强，适应性广，侧薹萌发力中等，较耐热，较抗霜霉病，品质优良。从播种至初收62d，可延续采收40～50d。

（6）登峰中迟芥蓝　广州市农家品种。株高30cm，叶椭圆形，深绿色，有蜡粉。薹叶披针形。主薹高26cm，横径2.5cm。中晚熟，播种至初收65d。生长势强，侧薹萌发能力强，适应性广，耐寒性较强，品质优。可延续采收50～60d。

（7）中花13芥蓝　广州市蔬菜科学研究所育成。植株直立，株型紧凑，株高40cm。叶卵圆形，深绿色，叶柄短；薹叶披针形。主薹高22～24cm，横径1.5～1.8cm，重40～55g。生长势强，腋芽萌发力强，耐霜霉病，品质优良。从播种至初收58d。

（8）福建芥蓝　株高30～37cm。叶长椭圆形，长30～34cm，宽10～13cm，暗绿色，表面有蜡粉，叶翼延长至基部，或裂成叶耳，叶柄绿白色，具浅沟，叶缘锯齿状。薹叶狭卵形，菜薹细小，主薹高25～30cm，横径1.2～1.5cm，重50～80g，主要食用嫩叶。

（9）荷塘芥蓝　广东省新会市的农家品种，现分布广东、广西等地。叶片卵圆形，绿色，叶面平滑，蜡粉较少，基部有裂片。主薹高30～35cm，横径2～2.5cm，节间疏。薹叶狭卵形，白花。品质优良，皮薄，纤维少，脆嫩，味甜。主薹重100～150g。侧薹萌发力中等。

（10）塘阁迟芥蓝　株高37～39cm。叶近圆形，深绿色，基部深裂成耳状裂片。主薹高31cm，横径2.5～3.0cm，主薹重100～150g。生长势旺，侧薹萌发力强，耐湿，耐寒性强。质脆嫩、味鲜甜，品质佳。晚熟，从播种至初收75～80d，延续采收70d。每公顷产量为27 000～34 500kg。

（11）望岗迟芥蓝　株高60cm。叶近圆形，深绿色，基部深裂成耳状裂片。主薹高35cm，重100～150g。冬性强，抽薹迟，侧薹萌发力中等，纤维少、品质优。晚熟，播种至初收75～80d，延续采收60d，每公顷产量为34 500～37 500kg。

（12）迟花芥蓝　广东省番禺农家品种。叶近圆形，浓绿色，叶面平滑，蜡粉少。主薹高30～35cm，横径3～3.5cm，重150～200g。薹叶卵形和狭卵形，品质好，侧薹萌发力中等。

二、栽培技术

1. 播种育苗

芥蓝的根系再生能力强，适于育苗移植。育苗移植有利于培育壮苗，增加复种指数，提高土地利用率。育苗地应选择沙壤土或壤土，排灌方便，前作不是十字花科蔬菜的田地。每公顷播种量600～750g。早芥蓝在高温的夏季育苗，必须做好防热工作，才能获得优良幼苗。在广州7～8月的高温季节育苗，采用遮阳网抗热防雨覆盖技术，比一般露地育苗幼苗生长快，茎粗壮，叶面积较大，是防热育苗的有效措施。播种后要及时用遮阳网覆盖、淋水，出苗后即揭开遮阳网。芥蓝的优良幼苗，应是发育程度适当，茎较粗，叶面积较大的嫩壮苗。为了获得嫩壮苗，可以在苗期施用速效肥2～3次，如每公顷施尿素75～112.5kg，还要保持苗床潮湿。播种量要适当，注意间苗，避免幼苗过密而引起徒长。定植时幼苗以25～35d的苗龄，达到5片真叶为宜。芥蓝采种时容易混杂，育苗期间注意去杂去劣。

2. 整地与定植

芥蓝对土壤的适应性广，沙土或黏土均可栽培，但以保水保肥能力强、排灌方便的壤土为宜。整地前深耕晒垡、耙细、施基肥，每公顷施腐熟有机肥15 000～22 500kg、过磷酸钙25kg，与土壤充分混匀后耙平作高畦，畦宽1.5～1.7m（包括沟宽），畦面略呈龟背形。北方可作平畦。芥蓝的定植密度，应根据品种、栽培季节与管理水平而定。早芥蓝的株行距以13～16cm见方为宜，中熟芥蓝以18～20cm见方为宜，而迟芥蓝的株型较大，则应稀些，一般为20～30cm见方。

3. 田间管理

（1）覆盖遮阳网　夏秋季栽培芥蓝，为避免高温、暴雨对幼苗的伤害，多采用遮阳网覆盖。播种出苗或移植后，在畦面搭高为80～100cm的小平棚，覆盖遮阳网。6～8月可全期覆盖，9月定植的可在定植后覆盖15～25d。覆盖效果以银灰色遮阳网为好。

（2）施肥　芥蓝须根发达，但分布浅，所以吸收养分、水分的能力中等，植株叶数多，叶面积大，营养生长的消耗较大，且生长期较长，菜薹的延续采收期也较长。据此，施肥应掌握基肥与追肥并重的原则。基肥为腐熟有机肥和磷肥，在整地时施入；追肥每公顷施用三元复合肥450～675kg，在生长期内施用。定植后，幼苗恢复生长即行首次追肥，一般于定植后3～4d进行，每公顷施复合肥75～150kg。植株现蕾后的菜薹形成期是芥蓝最需要肥水的时期，这个时期的肥水供应，对菜薹品质和产量有很大影响，应进行一次重点追肥。在大部分植株主薹采收时，为促进侧薹的生长，应连续重施追肥2～3次或进行培肥，这是管理上的关键。也可以增施畜粪，每公顷用腐熟有机肥 11 250～15 000kg 或复合肥 225～500kg，在株行间施入，这样可延长采收期，提高产量。

（3）灌溉　定植后必须浇足定植水，促发新根，使其迅速恢复生长，生长期间经常浇水，保持 80%～90%的土壤相对湿度。芥蓝叶面积较大，如叶片鲜绿，油润，蜡粉较少，是水分充足、生长良好的标志；若叶面积较小，叶色淡，蜡粉多，则是缺水的表现，应及时灌溉。

三、病虫害防治

主要病害为芥蓝黑斑病。又称黑霉病。主要危害叶片，多由下部病叶向上发展。病部初生小黑斑，温度高时病斑迅速扩大为灰褐色圆形病斑，直径 5～30mm，轮纹不明显，但病斑上长有黑霉。病斑多时会结成大斑，致叶片变黄早枯，严重时中、下部叶片死亡。叶柄染病，病斑呈纵条形，具黑霉。花梗、种荚上病斑黑褐色，呈棱状，结荚少，或种子干瘪。植株生长后期遇连阴雨天气或肥力不足时发病重。防治方法：①增施基肥，注意磷钾肥配合，避免缺肥，增强植株抗病力。②及时摘除病叶，减少菌源。③发病前期喷洒 75%百菌清可湿性粉剂 500～600 倍液，或 50%异菌脲（扑海因）可湿性粉剂 1 000 倍液，50%腐霉利（速克灵）可湿性粉剂 1 500 倍液，隔7～10d喷 1 次，交替使用，连续喷 2～3 次。其他病虫害防治方法，参见结球甘蓝等。

四、采收

芥蓝的采收期，因品种与栽培季节而不同。腋芽萌发力强的品种，能陆续形成侧薹，采收期较长；腋芽萌发力弱的品种，侧薹少，采收期较短。但是腋芽的萌发力，因栽培季节而不同。在适合的栽培季节，植株生长健壮，主薹采收后，容易发生侧薹，且侧薹生长良好。在不适合的栽培季节，植株生长较弱，主薹采收后，难以形成侧薹。例如早芥蓝，在 7～9 月播种的，可以采收侧薹，但 10 月以后播种的，一般不能采收侧薹。采收位置不但与主薹质量有关，而且还影响侧薹的发育与产量。为兼顾主薹与侧薹的质量与产量，在采收主薹时以在基部有 3～4 片鲜叶的节上采收为宜。利用这些基叶制造光合产物，供给腋芽生长，以形成良好的侧薹。如采收节位高，留下腋芽多，则形成的侧薹虽多，但由于养分分散，侧薹细小，降低产量与质量。如采收节位低，不但影响主薹质量，而且由于基部腋芽较弱，生长慢，会延迟侧薹的形成，又由于侧薹少，侧薹产量低。在侧薹形成上，如季节适合，管理适当，采收侧薹时留1～2叶节，还可以再形成次侧薹，这样可以延长采收期和提高产量。

芥蓝的采收标准，一般是在“齐口花”时采收，即菜薹达到初花并与基叶等高时为宜。菜薹产量，一般每公顷为18 750～26 250kg。早芥蓝采收期较长，产量较高，每公顷为22 500～30 000kg；迟芥蓝株型大，产量也较高，每公顷为26 250～33 750kg。

第七章 叶菜类蔬菜栽培

第一节 菠　菜

一、类型及品种

1. 类型

根据菠菜果实上刺的有无，可分为有刺菠菜与无刺菠菜两个变种：

菠菜的植物学特征

（1）有刺种　栽培历史悠久，分布广。叶片狭小而薄，戟形或箭形，先端一般锐尖或钝尖，又称“尖叶菠菜”。但也有叶片先端较圆的有刺种，如广州的迟乌叶菠菜、成都圆叶菠菜等。其叶面光滑，叶柄细长，质地柔嫩，涩味少。一般耐寒性较强，耐热性较弱，对日照长短较敏感，在长日照下抽薹快，适合作秋季栽培或越冬栽培。春播易抽薹，产量低。夏播因不耐热而生长不良。

（2）无刺种　叶片肥大，多皱褶，卵圆形、椭圆形或不规则。先端钝圆或稍尖，基部截断形、戟形或箭形，叶柄短，又称“圆叶菠菜”。耐寒性一般，较有刺菠菜稍弱，但耐热性较强。对日照长短不如有刺菠菜敏感，春季抽薹较晚，多用于春、秋两季栽培，也可在夏季栽培。在山西北部、东北北部作秋播越冬栽培时不易安全越冬。

2. 品种

（1）东北尖叶　菠菜辽宁地方品种，种子有刺。株型直立，株高40cm，开展度35～40cm。叶片呈戟形，叶长23cm、宽15cm，叶柄长25cm，叶面平而薄，绿色，叶柄淡绿色。水分少，微甜，品质好。主根肉质，粉红色，单株重80g。较早熟，从播种至采收50～60d，冬性较强，抗寒性强，返青快，上市早，宜作秋季栽培及越冬栽培。全国各地均有种植。

（2）东北圆叶菠菜　黑龙江地方品种，又称无刺菠菜、光头菠菜等。叶簇半直立，株高 25cm，开展度 20～25cm。叶片卵圆形，叶长 13cm、宽 9.5cm，叶柄较粗壮，长 11～16cm、宽 0.7cm。叶面肥厚皱缩，质嫩，味甜，品质佳。叶色深绿，全缘。种子近圆形，无刺。晚熟，从播种至采收 70～80d。耐肥，抗寒性强，适于各地春、秋两季栽培。全国各地均有种植。

（3）双城冻根菠菜　黑龙江双城地方品种，属有刺种。植株较直立，株高 20～30cm，开展度 25～30cm。叶片戟形，长 20～30cm，宽 7～15cm，基部深裂有 2～3 对裂叶，叶柄长 10～13cm、宽 1～1.5cm，叶面深绿色，稍皱。味稍甜，品质好。早熟。耐寒性强，抗病，春季抽薹晚，耐贮性好。宜作秋季栽培和越冬栽培。东北、华北种植较多。

（4）广东圆叶菠菜　广东优良地方品种，属无刺种。叶片椭圆形至卵圆形，先端稍尖，基部有一对浅缺刻，叶片宽而肥厚，浓绿色。耐热，适于夏、秋栽培，耐寒性较弱。上海、浙江、湖北、湖南、江苏等地均有栽培。

（5）华菠 1 号　由华中农业大学园艺系育成的一代杂种。属有刺种类型。植株半直立，株高 25～30cm。叶片箭形，叶端钝尖，长 19cm、宽 15cm，叶柄长 19cm、宽 0.6cm，叶面平展，叶色浓绿，叶肉较厚，采收时有叶片 15～18 枚。柔嫩，无涩味，品质优良。根红色，须根多，单株重 50～100g，种子千粒重为 12g。早熟，耐热。可秋播，也可越冬栽培和春播。

（6）内菠 1 号　由内蒙古农业科学院蔬菜研究所育成，属无刺种类型。植株半直立，生长势强，株高 25cm，开展度 45cm。叶片卵圆形或尖端钝圆，基部呈戟形，长 20cm，宽 15cm，叶色深绿，叶面光滑。涩味轻，品质佳。单株重为 130g。从播种至采收 45～50d，春季抽薹晚，较抗病，丰产。可春、秋两季栽培。

（7）全能菠菜　由美国引进的新品种，属圆叶类型。株型直立，株高 40cm。叶片大而肥厚，叶色浓绿。单株重 200～400g。生长期短，约 45d。表现丰产、耐热、耐寒、抽薹晚、适应性广。品质佳，适合速冻加工出口。

二、栽培技术

菠菜种子的果皮较厚，内层为木栓化的厚壁组织，透水和通气困难，所以播种技术是菠菜栽培中的一大难点。南方农民采取用木桩敲破果皮后浸种催芽的“破籽催芽”法，可加速发芽。高温季节播种的夏菠菜和早秋菠菜应进行低温催芽，先将种子用凉水浸泡10～12h，再放在15～20℃温度下催芽，3～4d胚根露出，苗床浇足底水后再播种。菠菜的播种量因地区、栽培季节及采收方法而有很大差异。春、秋季温度适合时，播种量一般为45～60kg/hm²。高温期播种及越冬菠菜播种，为防止缺苗断垄，播种量宜适当加大至60～75kg/hm²，多次采收者也应适当增加播种量。菠菜栽培技术性比较强的是严寒地区的越冬菠菜和在高温季节栽培的夏菠菜。

菠菜的生长发育特性

菠菜的生长环境条件

1. 冬菠菜栽培技术

越冬菠菜在东北、西北及华北有些地区常有死苗发生，对产量影响很大，因此越冬菠菜的栽培技术应以防止死苗为中心，力争早熟丰产。主要措施如下：

（1）选用抗寒品种　宜选用抗寒性强的品种，并采用籽粒饱满、秋播采种的种子。如连年采用春播采种的种子，则抗寒力减退，抽薹期也提早。

（2）适期播种　菠菜幼苗冬季停止生长时，有5～6片真叶，主根长10cm左右就可以安全越冬。播种过晚，幼苗冬季停止生长时只有1～2片小叶和短而少的根系，经冬季土壤冻融交替，极易干枯死亡。但播种过早，冬前植株已达采收状态，越冬时外叶衰老，抗寒力降低，枯黄叶增多，翌年入春时返青迟缓，死苗率也高。各地实践证明，当秋季日平均气温下降到17～19℃时为播种适期。

（3）精细整地、施足基肥　加深耕作层，施用充分腐熟的足量有机肥作基肥，也是保证菠菜安全越冬的重要条件。耕作层土浅，整地粗糙，菠菜根系发育不良，易造成越冬期间的大量死苗。不施基肥或基肥不足，幼苗生长细弱，耐寒力降低，越冬死苗率高，返青后营养生长缓慢，易抽薹，产量也降低。

（4）加强田间管理

①冬前幼苗生长期。从播种至冬前幼苗停止生长。这一时期是为培养抗寒力强、能安全越冬、翌春又能旺盛生长的壮苗打基础的时期。出苗后在不影响幼苗正常生长的前提下，应适当控制灌水，使根系向纵深发展。两片真叶后，生长速度加快，可随灌水施用速效性氮肥。

②越冬期。从冬前幼苗停止生长至翌年早春植株返青。主要工作是做好防寒保温，防止死苗。北方地区在封冻以前设立风障，既可防寒又可促进早熟。但立风障不可过早，否则易引起蚜虫聚集，不利于病毒病的防治。浇冻水的时间以浇水后夜间土壤能冻结，中午尚能消融为最适。过早浇冻水，因气温尚高，土壤不冻结，水分易被蒸发，冬季不能起到防寒作用，还易出现土壤裂缝，使根部遭寒风袭击而引起死苗。翌春返青前还会出现干旱，使叶片枯黄，但提前浇返青水又不利于地温的回升。过晚浇冻水，则常因气温过低，土壤已结冰，水分不易下渗，并在地表形成不透气的冰层，反而使幼苗易因窒息而引起腐烂死亡。

③返青采收期。越冬后植株恢复生长至开始采收。返青后随气温的升高，叶部生长加快，这个时期要加强肥水管理，促进营养生长。当土壤开始解冻，可选晴朗天气浇一次“返青水”。浇这一次水的时期和浇水量很重要。浇早了、浇多了，土壤下层尚未解冻，水不易下渗，反而使地温下降，植株生长延迟，叶片卷缩甚至发生沤根死苗；浇晚了，耽误了旺盛生长所需的水分供应，也会延迟收获，降低产量。浇“返青水”的时间应选择气候趋于稳定，浇水后将连续晴天，土壤耕作层已解冻，表土已干燥，菠菜心叶暗绿、无光泽时进行。具体时间因地区、年份及其他条件而异，如西安多在2月上中旬，北京多在3月中下旬，辽宁中、北部地区多在4月上旬进行。

温馨提示

早春土壤没有化冻时如降大雪，应尽快清除田间积雪，否则融化后的雪水不易下渗，将造成畦面积水或结冰，并引起幼苗根系缺氧而沤根死苗。这些情况多发生在东北、华北及西北的北部地区。

2. 夏菠菜栽培技术

夏菠菜整个生长期处于高温季节，因此其栽培技术应以保证出苗、全苗及促进幼苗生长为重点。首先要选用抗旱、耐热、生长迅速的品种，如绍兴尖叶菠菜、广东圆叶菠菜等。种子必须进行低温催芽，露白后于傍晚前后播种，并用苇帘或稻草覆盖以降低地温，减少水分蒸发。出苗以前尽量不浇水，以免土壤板结或浇水时冲散覆土，种子外露。出苗以后最好采用喷灌，降低地温及气温。如采用畦面漫灌，水量要小，水流要缓，并在清晨或傍晚浇水较好。有条件的地方可搭高架遮阳，一般南北畦向，搭东面高西面低的倾斜棚，以防高温、暴雨和强光。若与耐热的苋菜、蕹菜等隔畦间作时，则可隔畦搭棚。广州一带的水坑栽培是夏菠菜抗高温栽培的一种方式，畦间开深沟，沟内保持一定深度的水层。此法不但灌排水方便而且有利于降低地温。

三、病虫害防治

1. 主要病害防治

菠菜病毒病

（1）菠菜病毒病　主要毒源：蚕豆萎蔫病毒，约占70%。其次是甜菜花叶病毒及黄瓜花叶病毒、芜菁花叶病毒等，单独或复合侵染。发生普遍，是影响菠菜生产的主要病害。田间症状多表现为花叶或幼叶细小萎缩，老叶提早枯死、脱落或病株严重萎缩、矮化呈丛枝状等。病毒在菠菜、白菜、萝卜、黄瓜及田间杂草上越冬，由桃蚜、萝卜蚜、豆蚜、棉蚜等传播，春旱、秋旱，靠近毒源田则发生重。防治方法：①清洁田园。②种植田块应远离萝卜、黄瓜等地块，避免早播。③用覆盖银灰色地膜避蚜，及时防蚜，出苗后至冬前更为重要。④及时灌水，避免干旱。此外，发病初期喷施病毒抑制剂有一定作用。参见第五章白菜类病毒病。

（2）菠菜霜霉病　发生普遍，主要危害叶片，形成灰绿色不规则病斑，大小不等。叶背病斑上产生灰白色霉层，后变灰紫色。干旱时病斑枯黄，湿度大时多腐烂。病叶由下向上发展，严重时植株叶片变黄枯死。有时病株呈萎缩状，多为冬前系统侵染所致。病菌以菌丝在被害寄主和种子上或以卵孢子在病残叶内越冬。分生孢子借气流、风雨、农事操作、昆虫等传播蔓延。一般气温在10℃左右，相对湿度在85%以上，多雨、多雾或种植密度大，田间积水时发病重。防治方法：①早春发现遭系统侵染的萎蔫株要及时拔除，重病区要实行 2～3 年轮作。②适度密植，降低田间湿度。③发病初期用 40%三乙膦酸铝（乙膦铝）可湿性粉剂 200～250 倍液，或 58%甲霜·锰锌可湿性粉剂 500 倍液，或 64%噁霜·锰锌（杀毒矾）可湿性粉剂 500 倍液，或 70%乙膦·锰锌可湿性粉剂 500 倍液等，隔 7～10d 喷 1 次，连续喷 2～3 次。

（3）菠菜炭疽病　发生普遍，主要危害叶片及茎。叶片上病斑灰褐色，圆形或椭圆形，具轮纹，中央有小黑点。严重时病斑连接成块状，使叶片枯黄。采种株主要发生于茎部，病斑梭形或纺锤形，其上密生黑色轮纹状排列的小粒点。病部组织干腐，可致上部茎叶折倒。以菌丝在病组织内或黏附在种子上越冬。分生孢子借风、雨传播，由伤口或穿透表皮直接侵入。温度约 25℃，相对湿度 80%以上，降水多，地势低洼，栽植过密，植株生长不良则发病严重。防治方法：①选用耐病品种，进行种子消毒处理，与其他蔬菜作物实行 3 年以上轮作。②合理密植，避免大水漫灌。③保护地栽培可用 6.5%甲硫·霉威粉尘剂 15kg/hm² 喷粉。露地栽培，在发病初期用 50%溴菌腈（炭特灵）可湿性粉剂 500 倍液，或 50%多菌灵可湿性粉剂 700 倍液，或 40%多·硫悬浮剂 600 倍液等喷洒，隔 7～10d 喷 1 次，连续防治 3～4 次。

菠菜炭疽病

（4）菠菜斑点病　露地、保护地栽培均可发生。多从中、下部叶片开始发病。初生浅黄褐色圆形小斑，中央淡黄色，略有凹陷，边缘褐色，后发展成隆起病斑，灰黄色至灰白色，外围浅绿褐色。潮湿时病斑上可长出黑褐色霉层。严重时病斑密布，相互连接成片，病叶黄化坏死。病菌的菌丝体潜伏在病部越冬，以分生孢子进行初侵染和再侵染。天气温暖多雨或田间湿度高，或偏施氮肥则发病重。防治方法：①收获后清除病残体，减少菌源。②合理密植，避免偏施氮肥，雨后防止田间积水。③发病初期用 40%氟硅唑（福星）乳油 8 000 倍液，或 78%波尔·锰锌（科博）可湿性粉剂 600 倍液，或 70%甲基硫菌灵可湿性粉剂 700 倍液等喷洒。保护地内可用 6.5%甲霜灵粉尘剂，或 5%春雷·王铜（加瑞农）粉尘剂 15kg/hm² 喷粉防治。

2. 主要害虫防治

（1）菠菜潜叶蝇　又名藜泉蝇。分布广泛，北方产区发生危害严重。以滞育蛹在土中越冬，翌年春季和初夏成虫羽化，达全年虫口高峰，在寄主叶背产卵，4～5 粒呈扇形排列。第 1 代幼虫潜叶取食叶肉仅留上、下表皮，形成块状隧道，常有蛆和湿黑虫粪。华北地区 4 月至 5 月上旬危害根茬菠菜。高温、干旱对此虫有明显抑制作用。防治方法：①播前翻耕土壤，减少越冬害虫数量。②施用充分腐熟的有机肥。③在主害世代成虫产卵期至卵孵化初期，可选用 50%灭蝇胺可湿性粉剂 4 000～5 000 倍液，或 1.8%阿维菌素乳油 2 500～3 000 倍液，或 90%敌百虫晶体 1 000 倍液等防治。

（2）南美潜叶蝇　以幼虫和成虫危害。幼虫在叶片上、下表皮间潜食叶肉，嗜食海绵组织，灰白色虫道沿中肋、叶脉走向呈线状，严重时可布满叶片，有时还危害叶柄和嫩茎。雌成虫产卵器刺破叶片表皮，形成灰白色的产卵点和取食点，致使叶片水分散失，生理功能严重受到抑制。此虫主要在保护地内繁殖危害，并成为露地菠菜的虫源。喜温凉，耐低温，抗高温能力差。防治方法：清洁田园，种植前耕翻土地，害虫发生期加强中耕和浇水，减少虫源。物理和化学防治方法，参见第九章番茄美洲斑潜蝇。

此外，菜蚜、甘蓝夜蛾（北方）、斜纹夜蛾（南方）等也是菠菜的主要害虫，防治方法参见第五章白菜类。

四、采收

菠菜的采收期不很严格，采收时植株可大可小，一般在高 20cm 时便可收获。从播种至采收需 30～60d。春菠菜生长期较长，秋菠菜其次，夏菠菜最短，越冬菠菜自返青至采收需 30～40d。为提早或均衡上市，可采用间拔采收或分批收割。

第二节　莴　　苣

一、类型及品种

1. 类型

莴苣按产品器官的不同，可分为叶用莴苣和茎用莴苣（莴笋）两类，含有 4 个变种。

（1）茎用莴苣　即莴笋，叶片有披针形、长卵圆形、长椭圆形等，叶色淡绿、绿、深绿或紫红，叶面平展或有褶皱，全缘或有缺刻。茎部肥大，茎的皮色有浅绿、绿或带紫红色斑块，茎的肉色有浅绿、翠绿及黄绿色。根据叶片的形状分为尖叶和圆叶两种类型，各类型中依茎的色泽又有白笋、青笋之分。

（2）皱叶莴苣　叶片有深裂，叶面皱缩，不结球。

（3）直立莴苣（长叶莴苣）　叶狭长直立，故也称散叶莴苣，一般不结球或卷心呈圆筒形。有专家认为，目前广为栽培的油麦菜属此类型。

（4）结球莴苣　叶全缘，有锯齿或深裂，叶面皱缩或平滑，顶生叶形成叶球。叶球呈圆球形、扁圆形或圆锥形。又可分 4 个类型：①皱叶结球莴苣，叶球大，结球紧实，质脆，外叶绿色，球叶白色或淡黄色。②酪球莴苣，叶球小而松散，质柔软，叶片宽阔，叶面稍皱缩。③直立结球莴苣，叶球圆锥形，外叶中肋粗大，浓绿或淡绿色，球叶窄长，淡绿色，叶面粗糙。④拉丁莴苣，叶球松散，叶片窄长。

2. 品种

（1）挂丝红　茎用莴苣，四川省成都地方品种。开展度及株高各 53cm 左右，属圆叶种。叶倒卵圆形，绿色，心叶边缘微红，叶表面有皱褶。茎皮绿色，叶柄着生处有紫红色斑块，茎肉绿色，质脆，单株净重 500g 左右。春季花芽分化早，抽薹早，为早熟品种，宜秋播作越冬春莴笋栽培。抗霜霉病力较弱。

（2）白皮香早种　茎用莴苣，江苏省南京市郊栽培，属尖叶种。叶淡绿色，叶面多皱。茎皮绿白色，茎肉青白色，香味浓，纤维少。早熟，宜秋播作越冬春莴笋栽培。

（3）尖叶子　茎用莴苣，四川省成都市地方品种。叶披针形，先端尖，绿色，平展。茎皮淡绿色，肉青色。中熟，宜早春播种初夏上市。

（4）寿光柳叶笋　茎用莴苣，山东省寿光市地方品种。株高 47cm，开展度 38cm。叶长披针形，叶面微皱，绿色。肉质茎棒形，外皮和肉均为淡绿色，肉质致密，脆嫩，品质佳。较早熟，适应性较强，抗病，不易裂皮。春、秋两季均可栽培。

（5）北京紫叶笋　茎用莴苣，北京市地方品种。植株较高，叶片披针形，较宽，绿紫色，叶面有褶皱，稍有白粉。肉质茎长棒状，外皮淡绿色，肉质脆嫩、淡绿色，品质较好。晚熟，耐寒性强，较耐热，抗病，高产。但易抽薹空心，宜及时收获。一般宜春季栽培。

(6) 软尾生菜　属皱叶莴苣，为广东省广州地方品种。株高 25cm，开展度 27cm。叶片近圆形，较薄，长 18cm，宽 17cm，黄绿色，有光泽，叶缘波状，叶面皱缩，心叶抱合。单株重 200～300g。耐寒不耐热。

(7) 登峰生菜　属直立莴苣，广东省栽培较普遍。株高 30cm，开展度 36cm。叶片近圆形，叶长 20.7cm，宽 20.9cm，淡绿色，叶缘波状，单株重 330g 左右。

(8) 翠叶　为典型的散叶生菜。株型直立，株高 27cm，开展度 31cm 左右。叶广卵圆形，叶片长 21cm，宽 23cm，叶色黄绿。上海地区秋季栽培单株重约 570g，春季栽培单株重约 400g。

(9) 碧玉　又称奶油生菜，为具有特殊用途的生菜类型，主要用它的叶片衬垫盘底，并可作为“沙拉”的一种上等原料。该品种属半结球类型。株型平展，株高 17cm 左右，开展度 27cm 左右。叶长与宽均在 16cm 左右，近圆形，全缘，叶色深绿，叶球直径 13cm 左右，单株重 395g。上海地区春季栽培产量 30 000kg/hm^2 以上。

(10) 黑核　为结球生菜，叶色深绿，结球紧密，形如核桃，故取名“黑核”。株高 18cm 左右，开展度约 40cm。叶呈扇形，叶长 23cm 左右，叶宽 25cm 左右，叶色黑绿。叶球高约 16cm，球茎 16cm 左右，叶球重 0.5kg 左右。属耐热品种，抗逆性强。上海地区露地栽培于 7 月上旬收获，夏季种植需用遮阳网覆盖。

(11) 大湖 659　引自美国。叶片绿色，外叶较多，叶面有褶皱，叶缘具缺刻。叶球较大，结球紧实，品质好。单球重 500～600g。耐寒性较强，不耐热。中晚熟，适于春、秋两季露地和保护地栽培。

(12) 皇帝　引自美国。外叶较少，叶片有皱褶，叶缘具缺刻。叶球中等大小，结球紧实、整齐，品质优良，单球重 500g 左右。适应性强，耐热、抗病。早熟，适于春、秋季栽培，也适于早夏或早秋栽培。

(13) 红艳　又称红（紫）叶生菜，主要用于西餐配色。株高 26cm 左右，株型较开张，开展度为 31cm。叶近圆形，长与宽均约 21cm，叶色红褐（底色为黄绿），单株重 360g。

二、茎用莴苣（莴笋）栽培技术

莴笋适应性较强，在某些地区可四季栽培，但主要栽培季节为春、秋两季。

1. 春莴笋

一般于秋季播种，翌年春季收获。华北、华中地区多在9、10月播种育苗，初冬或第二年春季露地定植，4～5月收获。一些越冬有困难的地方，如沈阳、呼和浩特、乌鲁木齐等地多于2月间在温室等保护地中播种育苗，4月定植到露地，6月收获。如何保证幼苗安全越冬和防止翌春返青后“窜”苗（肉质茎细弱，但迅速拔高，产量和商品品质低）是春莴笋栽培中应注意解决的问题。

（1）适时播种　在露地可以越冬的地区，具体播期应掌握：定植前40～50d播种，使定植时幼苗达到4～6片真叶。这样的幼苗不但能安全越冬，而且翌春返青后根系和叶簇能较快生长，累积较多的干物质，使肉质茎能在高温、长日照到来前充分肥大。如播种时间太晚，则越冬时幼苗小，易受冻害，且上市晚，产量低。如播种时间太早，则温度高，苗子易徒长，翌春茎的延伸生长占优势，易发生“窜”苗现象，使肉质茎细长，严重时失去商品价值。同时因苗子太大，冬前已抽薹，生长点暴露在外，越冬时极易受冻。

（2）培育壮苗　培育壮苗十分重要，若幼苗柔弱，则定植后缓苗慢，冬前幼苗衰弱，抗性差，越冬时易死苗，翌春返青后也会引起“窜”苗。培育壮苗除一般要求外，要注意掌握适合的播种量，每100m^2苗床播种子130g左右。齐苗后要及时间苗，苗距保持3～4cm，使植株得到充足的阳光，防止徒长。苗期应适当控制浇水，使叶片肥厚、平展、叶色深。浇水过多，幼苗柔嫩，易受冻害。也可采用128穴或200穴的育苗盘育苗，选用泥炭、珍珠岩和蛭石作为基质。播种较早、气温较高时，需将种子浸湿后放入冰箱中，经0℃左右5～8h，取出后置于15℃的凉爽处先催芽，再播种。苗床可搭荫棚，盖薄膜或遮阳网降温、防雨。播种较晚、气温较低时，可放在冷床或有电加温线的苗床上催芽。播种后要注意早晚各喷一次水。在温度较高季节一般3～5d出苗，温度较低时，10d左右出苗。用营养土育苗时，待子叶稍展平后进行移植，根据不同气候条件，采取薄膜覆盖或草帘保湿，或用遮阳网降温。育苗床的温度宜掌握在15～25℃，以利幼苗生长。苗期要做好覆盖物的揭盖和水分管理以及防治蚜虫等工作。

（3）定植　为了提高成活率，提早上市及提高产量，定植时应注意以下几个问题：①冬季可以露地越冬的地区应在冬前定植，冬前定植根系发育好，翌春生长快，可提早上市，产量也高。冬季不能露地越冬而实行春季移栽的地区，在土地解冻后应尽早定植。春季定植太晚，幼苗太大或徒长，则易发生未熟抽薹。②整地要细，基肥要足。整地不细，定植后易引起缺苗，幼苗越冬时易受冻害。莴笋在干旱和缺肥时也会引起"窜"苗，因此定植前要施足腐熟的有机肥。南方采用高畦要开好深沟，使田间不积水。北方多用平畦，也可采用东西向高垄，将莴笋栽在垄沟的南侧，以提高地温，减少幼苗受冻。③起苗时应带 5cm 左右长的主根，主根留的太短，栽后侧根发生少，不易缓苗。主根留得太长，栽苗时根弯曲在土中，新根发不好，也影响幼苗生长。冬栽深度应比春栽稍深，过浅易受冻，过深不易发苗。应将根颈部分埋入土中，并将土稍压紧，使根部与土壤密接，防止因土壤缝隙大而受冻。

（4）田间管理

①越冬期管理。莴笋的主根被切断后容易发生大量侧根，栽后容易成活，而且定植时温度已低，不需要太大的土壤湿度，最好趁墒好时移栽，栽后浇少量水，在土壤湿度、空气及温度都适合的情况下缓苗。缓苗后施速效性氮肥，深中耕后进行蹲苗，使植株形成发达的根系及莲座叶。冬前浇水过多苗子易徒长，不耐冻，而且第二年容易未熟抽薹。在土壤封冻之前保护好根颈部以防受冻，可结合中耕进行培土围根。

②返青后管理。莴笋是否徒长在很大程度上取决于开春返青期间的管理。这时田间管理的中心是正确处理叶部生长与茎部肥大之间的关系，形成良好的莲座叶是提高产量和品质的关键。返青后叶部生长占优势，要少浇水、多中耕，保墒提温，使叶面积扩大充实，为茎部肥大积累营养物质，这是"控"的阶段。待叶数增多、叶面积增大呈莲座状、心叶与莲座叶相平时，标志着茎部即将进入肥大期，此时应加强肥水管理，开始浇水并施速效性氮肥与钾肥，及时由"控"转为"促"。开始浇水以后，茎部肥大加速，需水、需肥量增加，应经常浇水、分次追肥。注意浇水要均匀，每次的追肥量不要太大，追肥不可过晚，以防茎部裂口。当莴笋主茎顶端与上部叶片的叶尖相平时为收获适期，这时茎部已充分肥大，品质脆嫩。如收获过晚，则花茎迅速伸长，纤维增多，

茎皮增厚，肉质变硬甚至中空，使品质严重下降。

2. 秋莴笋

秋莴笋播种育苗期正处在7、8月高温季节，种子发芽困难，且昼夜温差小，夜温高，呼吸作用强，苗易徒长。同时播种后的高温和长日照使莴笋迅速分化花芽并抽薹，所以能否育出壮苗及防止未熟抽薹，是秋莴笋栽培成败的关键。

（1）品种选择　选择耐热、对高温、长日照反应比较迟钝的中、晚熟品种，如南京紫皮香、柳叶莴笋，上海大圆叶晚种，武汉竹竿青，重庆万年椿及成都二青皮、二白皮、密节巴等。

（2）适当晚播　如果播种时间过早，植株所处高温、长日照时间较长，生殖生长的速度超过营养生长的速度，茎部还来不及膨大就已抽生花薹。秋莴笋从播种至收获需要70～80d，适合秋莴笋茎、叶生长的适温期是在秋季旬平均气温下降到21℃左右以后的40～50d，所以苗期以安排在旬平均温度下降到21～22℃时的前1个月比较安全。播期过晚，虽然不容易抽薹，但因生长期短而产量低。华北地区多在7月下旬至8月上旬播种，华中地区多在8月中下旬播种。

（3）培育壮苗　播种时因温度高种子发芽困难，播前必须进行低温浸种催芽。种子用凉水浸泡5～6h小时，放在15～18℃温度下见光催芽，2～3d胚根露出后播种。在生产实践中，农民常利用水井内冷凉湿润环境进行催芽，效果很好。育苗时可利用盖草、搭荫棚、在冬瓜架下套种，或与小白菜混播等方法，创造冷凉湿润的环境条件。如能在苗期进行短日照处理，有利于防止未熟抽薹。夏播出苗率低，应适当增加播种量，每100m^{2}苗床可播种子150～230g，并根据出苗情况适当间苗，以免幼苗徒长，引起未熟抽薹。

（4）定植及田间管理　当苗龄25d左右，幼苗4～5片真叶时定植。苗龄太长也容易引起未熟抽薹。定植时要严格选苗，淘汰徒长苗，一般宜在午后带土定植，株行距25～30cm。定植后轻浇、勤浇缓苗水。缓苗后施速效性氮肥，适当减少浇水，及时浅中耕，促使根系发展。“团棵”时第2次追肥，主要用速效性氮肥，以加速叶片的发生与叶面积的扩大。到封垄以前，茎部开始膨大时第3次追肥，用速效性氮肥和钾肥，促进茎部肥大。除上述春、秋两茬外，为了均衡供应还可进行夏莴笋栽培。宜选用尖叶子、二青皮、草白圆叶、上海小圆叶早种等较适合品种。华北及华中地区于2～3月播种，4月定植，6～7月收获。

三、叶用莴苣中、小棚栽培技术

1. 春季早熟栽培

（1）育苗　春季早熟栽培的播种期幅度较宽，早茬在1月上中旬利用日光温室育苗，晚茬可在3月中旬利用日光温室或阳畦育苗。种子应先用45～50℃温水浸种10min后即加冷水使水温降至20℃再浸泡5～6h。也可用冷水预浸后再用300mg/L的赤霉素溶液浸3min，而后用清水淘洗干净，在15～20℃条件下催芽。莴苣种子小（千粒重0.9g）、根系不够发达，育苗用土一定要疏松、肥沃（田土和腐熟堆肥各占50%）。播种前浇足底水，每平方米播种2～3g；栽培1 000m^2一般用种量30～50g。播后覆土1～2mm。如苗床土壤温度达不到15～18℃，可在床面覆盖地膜，当开始拱土时及时撤掉。幼苗1叶1心期进行间苗，株距2～3cm。2叶期是移植（分苗）适期，株行距6～8cm。用直径6cm或8cm的育苗钵进行移植。定植适期为5～6片真叶时。苗期温度管理：播种后土壤温度达到15～18℃为宜；出齐苗后白天棚内最高温度20℃、夜间最低温度10～12℃为宜；在子叶出土至第1真叶初现（破心）期间最易徒长，可以掌握偏低些；移植至缓苗期白天和夜间均可比移植前提高2～3℃；缓苗后仍按移植前的温度进行管理；定植前1周要加强通风炼苗，白天最高温度掌握在15℃以下但不低于10℃，夜间最低温度在5℃以上，并使昼夜能有5℃左右的温差。

生菜无土栽培技术

（2）定植前的准备和定植　莴苣根系主要分布在20cm土层中。每公顷基肥铺施农家肥60 000kg左右，如有机肥源不足可适当增施磷酸二铵150～225kg。早春当棚内地表最低温度稳定在8℃时方可定植。选晴天在10～14时定植。定植方法不论是否覆盖地膜最好采取先挖穴坐底水然后栽苗的方法，这样可诱使根系向纵深发展。结球品种行株距为40cm×30cm或30cm×30cm。散叶品种可以采取间拔分期收获，因此行株距可缩小一半。

（3）定植后的管理　定植后3～5d浇缓苗水。缓苗后15d左右，即植株生有7～8片真叶时每公顷结合浇水追施磷酸二铵或尿素150kg，或硫酸铵225kg，为莲座叶（第9～15片叶）的生长创造必要的条件。

如不覆盖地膜则要精细中耕适当进行蹲苗，但不可过分控制而影响根系的发展。到结球前期再按第1次的追肥量结合浇水进行第2次追肥。此后则根据植株生长情况酌量供水。在结球期还可用尿素和磷酸二氢钾各0.2%的溶液进行叶面补肥。散叶品种在蹲苗后也要结合浇水进行追肥，此后每当间拔采收后的2～3d内晴好天气进行浇水、追肥。此期间温度管理：结球前白天最高温度控制在25℃，结球期22℃左右，夜间最低温度不低于5℃。注意适当通风降湿。

（4）采收　采收莴苣的标准并不严格。结球品种一般单叶球达到400g左右即可，散叶品种在植株长到100g后如市场需要即可开始间拔进行分期采收。

2. 秋季延迟栽培

叶用莴苣秋季延迟栽培育苗必须躲开伏热。不同地区可根据生产设施性能和气候条件在8月上旬至9月下旬播种育苗，于10月下旬至翌年1月上中旬收获，现仅将其与春季早熟栽培不同之处分述如下。

（1）露地遮阴育苗　秋季延迟栽培育苗，当时气温尚高，可参照芹菜遮阴设施进行育苗。将经过浸种处理的种子包裹好后放在阴凉处进行催芽。另外秋播密度要稀于春播，播种后浅覆土。出苗后的管理和春播基本相同。为不伤根、保成活最好用育苗钵育苗。秋季育苗的重点是防高温、防干旱、防雨涝和防立枯病。

（2）肥水管理　追肥应以结球前期为主，因到结球中后期气温较低，不仅肥效不能充分发挥，而且棚内湿度大容易招致病害发生。施肥参考指标为：氮（N）13.3～15.3kg/hm^2、磷（P_2O_5）15.0～18.0kg/hm^2、钾（K_2O）17.0～20.0kg/hm^2。如有必要也可进行叶面补肥。

（3）合理密植　结球品种应比春季早熟栽培稀，每公顷定植67 000～71 000株。不结球品种也应适当稀植或提早分期采收。

（4）温度管理　中棚的保温效果明显高于小棚。当外界日平均气温降到8℃左右时先覆盖棚膜，此后随着天气转冷再陆续加盖草苫等防寒物。温度管理参考指标：在结球期以前棚内最高温度25℃、结球期按22℃，夜间最低温度在5℃以上。在9～14时进行通风，阴冷天气也要坚持短时、少量通风。

（5）收获　进入收获期的标志是外叶发生弯曲，顶部和叶球顶部相平，下部外叶的叶缘附近开始由绿色转为淡绿。如收获延迟可能发生中肋突出或裂球。收获时要保留1～2片外叶，收获后要晾2～3h后再行分级包装。

四、病虫害防治

1. 主要病害防治

（1）莴苣霜霉病 南方多雨、潮湿菜区和保护地栽培受害较重，主要危害成株期叶片。病叶由植株下部向上部蔓延，叶上初生淡黄色近圆形或多角形病斑，潮湿时叶背面病斑长出白霉。后期病斑可连接成片，变为黄褐色，枯死，严重时外叶枯黄死亡。病菌借风、雨、昆虫传播。在阴雨连绵的春末或秋季发病重。栽植过密，定植后浇水过早、过多，土壤潮湿或排水不良则易发病。防治方法：①选用抗病品种，凡根、茎叶带紫红色或深绿色的品种则表现抗病。②清洁田园。③合理密植，降低田间湿度，实行2～3年轮作。④在发病初期用40%乙膦铝可湿性粉剂200～250倍液，或78%霜脲·锰锌可湿性粉剂500倍液，或25%甲霜灵（瑞毒霉）可湿性粉剂600倍液等防治。每7～10d喷施1次，连续喷2～3次。

（2）莴苣菌核病 发生普遍，危害性较大。一般发生在结球莴苣的茎基部，或茎用莴苣的基部。染病部位多呈褐色水渍状腐烂，湿度大时，病部表面密生棉絮状白色菌丝体，后长出鼠粪状黑色菌核。在温暖、潮湿条件下可成片枯死或腐烂。温度20℃，相对湿度高于85%时发病重。防治方法：①应避免连作，合理密植，及时挖掉病株，清除枯叶。②发病初期用50%腐霉利（速克灵）可湿性粉剂或50%异菌脲（扑海因）可湿性粉剂1 000～1 500倍液防治。也可用40%菌核净可湿性粉剂1 000倍液，或50%多菌灵可湿性粉剂，或70%甲基硫菌灵可湿性粉剂700倍液防治，或每1 000m^2用5%氯硝胺粉剂3～3.7kg与细土22kg混匀，撒在莴苣植株行间。各种药剂宜轮换使用，每7～10d用1次，连续2～3次。

（3）莴苣灰霉病 发生普遍，是影响菠菜产量的重要病害。苗期染病，幼茎和叶片水渍状腐烂，可成片死苗。成株期多从根茎、茎基或下部叶片开始发病，出现水渍状不规则病斑，迅速扩展变为深褐色，逐渐腐烂。病害由下向上发展，致上部茎叶萎蔫或全株死亡。潮湿时病部表面密生灰褐色霉层。分生孢子借风雨、气流等传播。发病条件和防治方法参见莴苣菌核病。

(4) 莴苣软腐病 露地、保护地栽培常发性病害，危害植株基部、外叶和叶球，被害组织软化、腐烂，潮湿菌脓外溢，伴有臭味。传播途径和防治方法，参见第五章白菜软腐病。

(5) 莴苣病毒病 由莴苣花叶病毒、蒲公英花叶病毒和黄瓜花叶病毒侵染引起。露地栽培和夏秋温室、塑料棚栽培叶用莴苣的常发性病害。苗期和成株期症状相似，病叶出现明脉、花叶或斑驳，叶脉变褐或生褐色斑，严重时病叶皱缩畸形，植株矮化。采种株花序少，结实率低。毒源由蚜虫或汁液接触传播。防治方法：①选用抗病耐热品种，采用防虫网或遮阴栽培。②露地栽培注意除草、灭蚜，适时适量浇水。③发病初期喷施病毒抑制剂有一定作用。参见第五章白菜类病毒病。

2. 主要害虫防治

莴苣指管蚜，无翅孤雌蚜，分布较广，一年生 10～20 代，北方于 6～7 月大量发生危害。成、若蚜喜群集嫩梢、花序和叶背吸食汁液，遇震动易落地。

此外，蚜虫还传播病毒诱发病毒病，以桃蚜传毒率最高，瓜（棉）蚜、萝卜蚜、大戟长管蚜也可传毒。可用10%吡虫啉可湿性粉剂 2 000～3 000 倍液，3%啶虫脒乳油 2 500～3 000 倍液，或 1%印楝素水剂 800 倍液等防治。

五、采收

叶片已充分生长或叶球已成熟时要及时采收，特别是春季栽培结球莴苣花薹伸长迅速，采收稍迟就会降低品质。皱叶生菜和散叶生菜一般在定植后 35～40d 收获。结球生菜一般在定植后 60～70d 收获。为取得较高的经济收益，有时亦可稍提前。

茎用莴苣应选择抽薹晚、节间密、无侧枝、叶片少、笋粗而长、无裂口、无病害的植株。结球莴苣应选择外叶少、结球早而紧、不裂口、顶叶盖严、抽薹晚、叶片圆形的无病植株。散叶莴苣应选择叶片多、抽薹晚的植株。选留的种株将下部叶片去掉，并进行培土，插支柱防倒伏，减少病虫传播。结球莴苣在抽薹前应割开叶球以助花薹抽出。种株开花前施速效性氮肥与磷肥，开花后不可缺水，当顶部花谢后减少浇水，以防后期茎部重新萌发花枝消耗养分。由于花期长，种株上不同部位的种子成熟期相差很大，种子成熟后遇风雨容易飞散，因此当叶部发黄，种子呈褐色或银灰色，上生白色伞状冠毛时，即应及时采收。

第三节　芹　　菜

一、类型及品种

1. 类型

芹菜在中国长期栽培，品种、类型较多。

（1）按叶柄的不同形态分类　可分叶柄细长类型（俗称：本芹）及肥厚类型（俗称：西芹）两类。

（2）按叶柄的不同颜色分类　有青芹、白芹之分。青芹植株较高大，叶片也较大，绿至深绿色，叶柄较粗、绿色至淡绿色（有些品种心叶黄色），一般香味较浓，产量高，在温度较高、日照强烈的季节，其叶柄纤维多，质地粗老，但软化后品质较好。白芹植株较矮小，叶片较小、淡绿色，叶柄较细、黄白色或白色，香味浓，质地较细嫩，品质较好，易软化，但抗病性差。

（3）按叶柄是否空心分类　可分为实心芹和空心芹两类，实心芹一般叶柄髓腔很小，腹股沟深而窄，春季较耐抽薹，品质好，产量高、耐贮藏。空心芹一般叶柄髓腔较大，腹股沟宽而浅，春季较易抽薹，品质较差，但抗热性较强，适于夏季栽培。

西芹是从国外引入的一种叶柄更加宽、厚，较短，纤维少，纵棱突出，多实心，香味较淡，产量高的类型，各地尤其是北方地区已普遍栽培。

2. 品种

（1）津南实心芹　本芹，天津地方品种。叶簇直立，株高70～80cm，最大叶柄长约70cm，宽3cm以上，实心，白绿色。质脆、纤维少，品质好。中熟，生长期100～110d。适应性较强，耐热、耐寒、耐贮藏。春播不易抽薹，一年四季均栽培。

（2）石家庄实心芹　河北石家庄地方品种。株高90cm，最大叶柄长55cm，宽1.5cm。叶浅绿色，叶柄绿色，实心，纤维含量中等，香味浓。单株重约0.3kg。生育期120d左右。耐热，可越夏栽培。

（3）北京棒儿芹菜（铁杆青）　北京地方品种。植株较矮，叶色深绿，叶柄绿色而肥大，抱合而呈棒状。较耐热、耐涝，抽薹晚，纤维略少，但生长较慢，品质中等。

（4）实秆芹菜　陕西、河南等地栽培较多。株高 80cm 左右，叶柄长 50cm，宽约 1cm，实心。叶柄及叶均为深绿色，背面棱线细，腹沟较深，纤维少，品质好。生长快，耐寒，耐贮藏。

（5）潍坊青苗芹菜　山东潍坊地方品种。植株生长势强，株高 80～100cm，叶柄及叶均为绿色，有光泽，叶柄细长，平均叶柄长 60cm，宽 1～1.2cm。实心，质地较嫩，纤维少，不易抽薹，品质好。耐寒、耐热、耐贮藏。生长期 90～100d。适合阳畦和大棚栽培。

（6）犹他 5270　西芹，从美国引入。植株粗壮，生长旺盛，株高 60～70cm。叶色深绿，叶片较大，叶柄肥大，宽厚，抱合紧凑，实心，纤维少，脆嫩，品质好。单株重 0.75kg。生育期 130d。适应性强，较抗病，春季抽薹晚，但叶片易老化空心，基部易分蘖。华南、华北地区均可栽培。

（7）意大利冬芹　西芹，从意大利引入。植株生长势强，直立向上，株高 60～70cm，平均每株 8 片叶。叶片深绿，叶柄绿色，叶柄长 36cm 左右，基部宽 1.5cm，厚 1cm。叶柄宽圆，茎叶表面光滑，实心，纤维少，易于软化。成熟较晚，不易老化。抗病、抗寒、耐热，适应性强，高产。南北均可栽培，尤其适于秋露地栽培。因植株较直立，叶略少，可适当密植。

（8）四季西芹　天津市农业科学院蔬菜研究所育成。株高 72cm 左右，开展度 38cm，叶柄长 31cm，宽 2.1cm。叶色黄绿色，叶柄浅绿色，基部白绿色。单株重 324g。实心，纤维极少，口感脆嫩，商品性极佳。

二、露地秋季栽培技术

1. 育苗与定植

由于各地的自然条件及种植习惯不同，故芹菜的播种方式也有所不同。多数地区采用育苗移栽，少数地区以直播为主。播期较早时，苗期尚处于高温多雨季节，苗床要注意遮阴降温以及防止暴雨冲砸和渍涝。应选择地势较高的地块或采用高畦育苗，做到能灌能排。基肥以腐熟农家肥为主，并混施磷、钾肥。

芹菜播种材料为果实，常因其果皮坚厚、有油腺，难透水，发芽慢且不整齐，而使夏季育苗更为困难，所以播前必须进行浸种催芽。一般采用50℃温水浸种30min，进行种子消毒，浸种时不断搅拌，浸后立即投入冷水中降温10min，再用室温的清水浸种12～14h后，用清水冲洗，边洗边用手轻轻揉搓，搓开表皮，摊开晾种，待种子表面水分干湿适度时，用湿纱布包好，埋入盛土的瓦盆内或直接用湿沙土混拌种子，置于冷凉处催芽。或吊在水井中距水面40cm高处催芽。也可放在恒温培养箱内催芽。催芽适温为20～22℃。待约有一半以上种子萌发后，即应播种。每个育苗畦（$11m^2$）播种量约为30g，每90个畦可栽$1hm^2$。播种后进行覆盖，搭荫棚降温，创造冷凉条件。或在瓜、豆等高秧架下套种芹菜，或与其他叶菜类混播以达遮阴降温的目的。

在育苗期要特别注意水分的掌握。一般以小水勤浇为原则，保持土壤湿润。1～2片真叶时，结合间苗除净杂草，间苗前后轻浇一次水。间苗浇水后盖一层薄土。以后视生长情况追施速效性氮肥，基肥未曾用磷肥的可补施速效磷肥。

此外，要根据苗龄的增长和当地的自然条件，白天逐步缩短遮阴时间，直到全部撤除遮阴设备，使幼苗得到锻炼，增强对高温的适应性。

芹菜从播种至定植需要45～60d，苗高约10cm时定植。北方多用平畦，南方多用高畦。若准备进行培土软化栽培，可在宽约1.7m的两个芹菜畦间留一个1m宽的小畦，以备取土之用。在未培土之前，为了经济利用土地，可增播一茬快熟菜。因芹菜培土宜用净土或生土，故此茬菜不宜用有机肥，以减少芹菜培土后发生腐烂机会。

芹菜的合理密度因品种不同而异，一般行株距均约为13cm，栽苗时要注意选优去劣。南方多丛栽，早秋栽培的行株距为10cm见方，每丛3～4株。稍晚定植的行株距各为15cm，每穴2～3株。直播秋芹菜，苗高约4cm时进行间苗，苗高14cm左右时按要求的苗距定苗。若准备培土软化，行距应加大，留有培土余地。西芹的行株距应适当加大，一般为23cm左右。

2. 定植后的管理

（1）浇水　芹菜性喜湿润，秋芹菜生长前期多处于高温季节，浇水宜勤，但每次水量不宜过多。一般缓苗后应有短期的控水阶段，进行蹲苗锻炼。蹲苗时间长短，视当地土质而定。蹲苗后，土壤表皮表现出干白时，就应及时浇水，随着气温的下降，浇水次数逐渐减少。

（2）追肥　芹菜为浅根性植物，栽植密度又大，除应充分施用基肥外，在生长期间适当追肥是芹菜高产优质的保证条件。追肥种类以速效性氮肥为主，并注意磷、钾肥的配合应用。

（3）培土软化　芹菜经过培土软化后，可使食用部分薄壁组织发达，柔白脆嫩，色泽佳，风味美，品质提高。一般在秋后，芹菜长到约30cm左右时开始分期培土。因培土后一般不宜浇水，故培土前要充分灌水。每次培土的厚度，以不埋没心叶为宜。培土要在晴天无露水时进行。操作时不可损伤茎叶，避免因培土造成腐烂。

三、中、小棚栽培技术

利用中、小棚进行芹菜春早熟、秋延后栽培已十分普遍，在冬、春蔬菜供应上发挥了较大的作用。

1. 品种选择

一般情况下凡能在露地栽培的品种，在中、小棚内也可选用。要求品种耐寒性强，叶柄充实，不易纤维化，品质脆嫩。用于春季早熟栽培的，还要求不易先期抽薹。

2. 春季早熟栽培

（1）培育壮苗　芹菜春季早熟栽培要在冬季育苗，比较寒冷的地区利用日光温室，黄河以南冬季较暖，可以利用阳畦或温床育苗。覆盖草苫的中、小棚采取提前烤畦蓄热措施，在晚霜前30～40d棚内10cm土壤温度稳定在8℃时即可定植。本芹苗龄60～70d，西芹苗龄80～90d。不同地区可以据此确定播种期。苗床面积是栽培面积的6%～7.5%。播种前要先进行1～2d晒种，然后用48～50℃温水浸种15～30min（并不停搅拌）；或用1%高锰酸钾溶液浸种10～20min。在清水中搓洗后浸泡一昼夜，晾晒至种子互不黏着时在15～20℃的条件下催芽。翌日再进行淘洗、晾种，连续进行3d以满足芹菜发芽需光的要求；也可结合浸种用5mg/L的赤霉素溶液浸泡12h然后再行催芽。大约有50%的种子已经露白即可播种。育苗床的基肥施用量按每平方米施腐熟过筛的农家肥5kg和磷酸二氢钾或磷酸二铵30～50g。要求肥、土混合均匀、细碎、疏松，并经轻踩镇压，然后再精细整平。芹菜种子粒身虽小但扎根较深，在子叶期刚出侧根时，扎根深度已达5～6cm，所以强调精细整地。播种量稀播时为1.5～2.5g/m²，密播则为5g/m²左右。播后浅覆土，翌日再行覆土，共厚约0.5cm。在第1次覆土后轻轻镇压以利出苗。播种后不通风，如土壤温度达不到芹菜发芽的适温范围（15～20℃）可临时覆盖地膜。当拱土时揭除地膜后土壤温度要下降2～3℃。此后白天最高温度不宜超过20℃、夜间最低温度保持7～10℃，土壤温度15～18℃。当幼苗生出第2片真叶时进行间苗。当幼苗生有4～5片真叶即可定植。西芹在3叶期按5cm×6cm进行移植。在5叶期用85%比久400倍稀释液处理植株防止徒长。6叶期栽植在直径12cm育苗钵中。当有12～15片真叶时即可定植。白天最高温度不超过25℃，夜间最低温度按15℃掌握，绝不能低于13℃，定植前炼苗温度也不应低于11℃，以防花芽分化。土壤温度则以20℃为基准。

（2）定植前的准备和定植　应在冬前翻耕土地铺施基肥，农家肥的施肥量为75 000kg/hm²。提前插好拱架，根据当地土层冻结情况提前覆膜和草苫进行烤畦和整地。当畦内10cm土层稳定在8℃时方可定植。华北地区一般在1月下旬定植，4月中下旬收获。定植前1～2d先在苗床浇水，然后起苗，起苗时尽量少伤根。定植作业最好在14时前后结束。如不盖地膜可采取开沟摆苗的方法，如栽双棵（每撮2～3株）株行距为14cm×14cm，如栽单苗则为10cm×10cm。意大利冬芹植株一般比本芹大，可采取14cm×10cm或10cm×10cm摆单苗。随栽随浇水。如覆地膜应在定植前1d浇一次透水，渗下后喷施除草剂后覆地膜。定植方法是按预定株行距用竹签扎孔插苗，再于植株基部壅土固定。栽苗适当深度是“浅不露根，深不淤心”。如培养西芹大型单株，则行距50～60cm、株距40～50cm，可参照番茄覆地膜后用打孔器挖定植穴的方法进行定植。

（3）定植后的管理　定植后为促使缓苗将棚膜盖严不通风。缓苗后如底墒不足可再浇一次小水。此后不覆盖地膜，进行2～3次中耕。在定植后约20d，株高15cm时植株开始发棵，可结合浇水追施氮素化肥（硫酸铵300～450kg/hm²或尿素150～225kg/hm²）。据山东省的研究资料：生产1 000kg芹菜需氮（N）4kg、磷（P_2O_5）1.4kg、钾（K_2O）6kg，而且在后期需钾量大；故此在第1次追肥后再过15～20d进行第2次追肥时除仍施用氮素化肥外，可根据土壤肥力酌情增施硫酸钾150～225kg/hm²。芹菜对水分要求高，如果缺水对产量和质量都有很大影响，要求土壤相对湿度经常保持在80%左右。在进行温度管理时，中午棚内最高温度不宜超过25℃、夜间最低温度保持8～10℃。春季随着转暖，草苫要尽量早揭晚盖争取多见光。当外界最低温度高于8℃时夜间可以不盖草苫，稳定在10℃以上时可以逐步锻炼向露地环境过渡，但棚膜不要撤除，以便抵御灾害性天气。西芹的温度管理白天可比本芹高1～2℃，夜间最低温度不能低于13℃，以防花芽分化。西芹的全生长期在180～210d。

（4）采收　春季早熟栽培宜提早上市；到5月前后已多有花薹，因此不宜擗叶进行多次采收，一般都整株进行一次性收获。

3. 秋季延迟栽培

（1）遮阴育苗　育苗场所一定要选地势高、排水好的地段。如计划定植1 000m²，北京地区育苗畦的面积为90～105m²，天津地区为63～68m²，河北南部育小苗为50m²、育大苗为100m²。育苗畦上面要架设苇帘或银灰色遮阳网等遮阳降温。河北东部、京津地区和辽宁南部多于7月上旬播种，河北南部、山东、河南和陕西西安等地则于7月中下旬播种。苗龄一般50～60d，种植西芹培育大苗播种期要相应提早20～30d。浸种、晾种等各项种子处理工作和春季早熟栽培相同，但催芽场所应在阴凉的地方（机井房、地下室、土井等）或放置在冰箱的保鲜柜内进行，经过6～7d即可发芽。播种前的准备、播种方法和步骤等与春季早熟栽培相同，但播种量应稍小些。出苗后遮阴的覆盖物要逐渐撤减或在早晚掀开防止徒长。幼苗出土后到第1真叶放展前床土保持湿润，过干容易造成死苗。第1真叶放展后及2～3叶期在进行间苗后应当浇水。直到第4真叶放展后才可适当减少供水。幼苗长到5～6cm高时结合浇水少量追施氮素化肥。此外，在幼苗期要注意蚜虫和病毒病的防治。

（2）定植及定植后的管理　秋季延迟栽培基肥应以农家肥为主，每公顷施肥量75 000kg，如肥源不足可酌情增加磷酸二铵或氮磷钾三元复合肥。经过耕翻与土壤混合均匀后再精细整地。北方采用平畦，要求整成畦面稍向排水沟倾斜的“跑水畦”以防雨涝。华北地区的定植期一般在8月上旬至9月下旬。本芹栽单苗行距10～15cm、株距3～5cm；西芹品种行距20～25cm、株距10～15cm。定植后随即浇定植水，过2～3d浇缓苗水。此后适当控水并进行中耕。当幼苗株高已达15cm时先按行进行培土，然后结合浇水追施硫酸铵500～600kg/hm²。此后植株生长较快，当植株达到30cm以后则不能缺水，一般5d左右浇一水使畦面见湿、见干。在露地环境下仍要注意防治蚜虫和预防病毒病。外界最低温度低于5℃时可在夜间覆盖棚膜，到入冬（露地大白菜收获）开始整天覆盖棚膜，夜间盖苫。扣棚初期要注意通风、调温、控湿，白天棚内不宜超过20℃。随着气温下降则以保温调湿为主，白天保持15～20℃、夜间5～8℃。根据天津的天气状况，小雪节气棚内芹菜生长缓慢，到大雪节气基本停止生长。主要做好保温防寒，如果一旦发现受冻，不要马上揭苫见光，应等植株逐步解冻恢复后再揭苫。

（3）采收　从元旦至春节可根据市场需要一次性收获上市。

四、芹菜日光温室栽培技术

1. 茬口安排

芹菜在日光温室内可周年生产，但北方地区一般多作秋冬茬栽培。在高纬度或高寒地区，多进行越冬一大茬栽培，或春芹菜栽培。不论是秋冬茬还是越冬茬，其播种期均在当地初霜期前70～80d开始播种育苗，苗龄50～60d时定植，定植后60d左右即可视市场需要采收上市。春茬芹菜栽培于11月在温室中育苗，苗龄60～70d，翌年1月中下旬至2月初定植，4月上中旬开始采收。

2. 品种选择

选用高产优质、抗病虫、抗逆性强、适应性广、商品性好、适合当地种植的优良品种。

3. 播种、育苗

进行种子处理时先将种子在50～55℃热水中浸30min后，放在5～10℃条件下处理3～5d，每天用清水冲洗1～2次，再进行催芽。芹菜最适合的发芽温度为18～20℃；也可将种子用湿布包好吊入井中，使种子离水面50cm左右，每天翻动种子1～2次；也可用1 000mg/L硫脲或500mg/L赤霉素液浸种12h左右，有代替低温催芽的作用。待种子发芽率达70%左右，即可播种。苗床要选择保水、保肥性好的肥沃沙壤土，播种时将催过芽的种子与细沙混匀，在苗床浇水下渗后，即可均匀撒播于苗床上，每平方米苗床播种5～6g，然后覆盖0.3～0.5cm厚细土。夏秋季育苗应覆盖遮阳网或苇帘等遮阳、降温。出苗前主要是土壤湿度管理，如湿度减小，可用喷壶喷洒补水。出苗后，逐渐揭除遮阳网，同时保持土壤湿润。要及时除去杂草。当苗长至2片叶时间苗，去弱留强，去病留壮，留苗间距3cm。当苗长至4～5片叶时，要适当控水，防止徒长。

4. 定植

定植前深翻晒土，每公顷施优质腐熟有机肥75 000～105 000kg、磷酸二铵和尿素各225kg，然后耕耙均匀、平整，做成宽100～120cm的畦，准备定植。幼苗具5～6片真叶时即可定植。定植密度依不同品种而不同，西芹一般每畦栽两行，株距为25cm左右。定植前1d将苗床浇透水，易于起苗，少伤根系。栽时大、小苗分开栽。栽时不要埋没生长点。栽后要及时浇水。

5. 定植后的管理

（1）温度管理　10月最低气温12～15℃时应及时盖膜。在盖膜初期，注意于白天温度较高时放风降温、降湿，以后随温度下降可逐渐减少放风次数和时间。入冬后温室外要加盖草苫保温，白天室内温度20℃左右，夜间温度15℃左右，有利芹菜生长。

（2）肥水管理　定植后3d左右应浇缓苗水。苗高15cm左右，一般每周浇水追肥1次，每次每公顷追施225kg尿素，75kg硫酸钾。随温度降低，应减少浇水次数和数量，保持地温。

（3）中耕除草　缓苗水后应及时进行中耕锄草2～3次。中耕宜浅，避免伤根。一些芹菜品种易产生侧芽。侧芽消耗大量养分，影响植株产量和质量。可在生长期间结合培土及时除去侧芽，提高产量和品质。

6. 采收

日光温室栽培的芹菜一般在定植后70d左右开始采收。可以一次性采收，即连根将植株拔起，除去外部老、黄、病叶后上市；多次采收是20～30d收1次，一次每株劈收2～3个大叶，然后加强管理，连续采收。

五、病虫害防治

1. 主要病害防治

（1）芹菜叶斑病　又称早疫病。发生普遍，主要危害叶片，初生黄褐色水渍状斑，后发展为圆形或不规则灰褐色病斑，病斑连片使多数叶片枯死，以至全株死亡。茎和叶柄染病初为水渍状小斑，渐扩展呈暗褐色、凹陷的坏死条斑，严重时植株折倒，高湿时病部长出灰白色霉层。病菌在种子、病残体或保护地病株上越冬。高温、多雨季节易流行，白天温度高而夜间结露重、持续时间长也易发病。管理不善、植株生长不良时病重。

（2）芹菜斑枯病　又称叶枯病。发生普遍。对芹菜产量和品质影响较大。危害叶、叶柄和茎。叶片病斑分两种类型：初期均为淡褐色油渍状小斑点，后扩展呈圆形或不规则。大型病斑多散生，病斑外缘深褐色，中心褐色，散生黑色小粒点。小型病斑内部黄白至灰白色，边缘红褐色至黄褐色，聚生很多黑色小粒点，病斑外常具一圈黄色晕环，严重时植株叶片褐色干枯，似火烧状。叶柄、茎上病斑长圆形，褐色，稍凹陷，中央有小黑粒点。该病传播方式同叶斑病，在冷凉和高湿条件下易流行，连阴雨或白天干燥，夜间雾大或露重，植株抵抗力弱时发病重。芹菜斑枯病、叶斑病防治方法：①选用抗病或耐病品种，建立无病留种田和利用无病株采种，或播种前采用50℃温水浸种30min，进行种子消毒。②加强田间管理，增强植株抗性。③初发病时进行药剂防治，叶斑病防治参见第九章番茄早疫病。斑枯病防治可选用58%甲霜灵·锰锌可湿性粉剂500倍液，或78%波尔·锰锌（科博）可湿性粉剂500倍液，或77%氢氧化铜（可杀得）微粒剂500倍液等。

（3）芹菜细菌性软腐病　发生较普遍，主要危害叶柄基部和茎。先出现水渍状、淡褐色纺锤形或不规则凹陷斑，后呈湿腐状，变黑发臭，仅残留表皮。病原细菌在土壤中越冬，从伤口侵入，借雨水、灌溉水传播。生长后期湿度大时发病重，有时与冻害或其他病害混发。防治方法：①2～3年内不与十字花科蔬菜作物等连作。②清洁田园，早耕晒土以减少菌源。③防治地下害虫，避免造成伤口。④防止田间积水。⑤培土宜用生土或净土。⑥可用72%农用硫酸链霉素可溶性粉剂或新植霉素3 000～4 000倍液，或12%松脂酸铜乳油500倍液，或50%琥胶肥酸铜可湿性粉剂500～600倍液等，隔7～10d喷1次，连续2～3次。

另外，芹菜花叶病毒侵染所致的病毒病也是危害芹菜的重要病害。防治病毒病应做好苗期的防蚜和治蚜工作，加强管理，提高寄主抗性。

2. 主要害虫防治

蚜虫中胡萝卜微管蚜和柳二尾蚜是优势种，还有桃蚜、瓜（棉）蚜等。可用吡虫啉等防治。对南美斑潜蝇的防治措施有：清洁田园；黄板诱杀；初发期用1.8%阿维菌素乳油2 500倍液，或20%灭蝇胺可溶性粉剂1 000～1 500倍液，或10%氯氰菊酯乳油3 000倍液，或1.1%烟·百·素（绿浪2号）1 000～1 500倍液等，一般隔7d喷施1次，视虫情连续喷3～4次。

六、采收

芹菜的生长期一般需100～140d，常因播种期和品种的不同而异。同时芹菜的收获期也不是十分严格，因此可根据市场需求，在适期范围内排开播种，分期、分批上市。但各地芹菜的单位面积产量差异较大，一般产量为22 500～60 000kg/hm^2，高者可达75 000kg/hm^2。

第四节 蕹　菜

一、类型及品种

1. 类型

按蕹菜对水的适应性又可分为旱蕹和水蕹。旱蕹品种适于旱地栽培，味较浓，质地致密，产量较低。水蕹适合于浅水或深水栽培，也有些品种可在旱地栽培，茎叶比较粗大，味浓，质脆嫩，产量较高。如四川的成都水藤菜等。蕹菜按能否结籽可分为子蕹和藤蕹两种类型。

（1）子蕹　为结籽类型，主要用种子繁殖，也可以扦插繁殖。植株生长势旺盛，茎较粗，叶片大，叶色浅绿。夏秋开花结籽，是主要栽培类型。品种有广东和广西的大鸡青、白壳，湖南、湖北的白花和紫花蕹菜，浙江的龙游空心菜，江西的南昌白梗蕹菜，以及从泰国引进的泰国空心菜等。

（2）藤蕹　为不结籽类型，采用扦插繁殖，旱生或水生。品种有广东细叶通菜和丝蕹，湘潭藤蕹，四川蕹菜。广东细叶通菜和丝蕹，不能结实，茎叶细小，以旱种为主，较耐寒，产量较低，品质优良。湘潭藤蕹，茎秆粗壮，质地柔嫩，生长期长。四川蕹菜，叶片较小，质地柔嫩，生长期长，产量高。

2. 品种

（1）广东大鸡青蕹菜　广州市郊区地方品种。株高42cm左右。茎粗大，浅绿色，节较密。自播种至始收约70d。生长势强，分枝多，可延续采收150d。抗逆性强，较耐寒。质稍粗，品质中等。

（2）南昌白梗蕹菜　江西省地方品种，栽培历史悠久。株高48～52cm。茎绿白色，横切面近圆形。叶片绿色，长圆卵形。花白色。中晚熟，自播种至始收55d左右。分枝性强，耐热，耐湿性强。纤维少，质地柔软，品质佳。

（3）湘潭藤蕹　湖南省地方品种。株高28cm。茎匍匐，浅绿色，间有褐色斑点。叶色浓绿，心形。花紫色。晚熟。喜温暖湿润，耐热、耐渍，不耐霜冻。侧枝萌发力强。开花迟，不结籽。茎叶柔软，品质好。

二、栽培技术

1. 播种及育苗

用种子繁殖的可采用直播或育苗。早春播种蕹菜，由于气温较低，出芽缓慢，如遇低温多雨天气，容易烂种。可先行浸种催芽，并用塑料薄膜覆盖育苗，不仅可解决烂种问题，还可提早上市。种子用30℃左右的温水浸种18～20h，然后用纱布或毛巾包好置于30℃的催芽箱中催芽，种子有50%～60%露白时播种。直播播种量250kg/hm^2，撒播育苗并间拔上市的播种量在300kg/hm^{2}以上。早春用撒播法，由于蕹菜种子比较大，播后可用钉耙浅耙覆盖，以利出芽。有些地区也用点播或条播。当苗高约3cm后，需经常保持土壤湿润和充足的养分。苗高20cm左右，开始间拔上市或定植。每公顷秧苗可供15～20hm^{2}大田定植。

营养繁殖可用老蔓扦插或用上一年宿根进行分枝繁殖。四川采用贮蔓育苗法，即将上一年窖藏的藤蔓，先在25℃左右的温床催芽，苗高10～16cm时扦插于背风向阳、烂泥层较浅的水田，以进一步扩大繁殖系数，然后再扦插于本田。武汉于3月中旬，在温棚内栽植贮藏的越冬藤蔓萌发生长后，追施腐熟有机液肥1次，以后每7～10d追施1次，连续追肥2～3次，4月上旬再用0.2%尿素液追施1次。当新茎长15～20cm时压蔓，长30～40cm时摘心，促进分枝。当茎蔓具6～7节，长40cm以上时，选择生长健壮充实、未受病虫危害的作为种苗。定植晚的，也可以在进入采收期的本田中直接截取茎蔓，作为种苗。长沙等地是将上一年留好的藤蔓直接栽植于本田沟内，当幼苗长30cm以上时进行压蔓，以便再生新根，促发新苗，以后需经常压蔓，直到布满全田，分期采收上市。广州是用上一年的宿根长出的新侧芽定植于旱地。

2. 栽培方式与定植

蕹菜有旱地、水田和浮水栽培3种方式。旱地栽培应选择肥沃、水源充足的壤土地块，直播或定植前，结合整地施足基肥，在苗高16～20cm时，按16cm左右的株行距定植。水田栽培宜选择向阳、地势平坦、肥沃、水源丰富、用水方便、烂泥层浅的保水田块，清除杂草，耕翻耙匀，保持活土层20～25cm，施足基肥，一般施农家肥45 000kg/hm^2，灌水3～5cm深，按行、穴距各25cm定植，每穴1～2株。扦插苗长约20cm，斜插入土2～3节，以利生根。浮水栽培应选择含有机质丰富的池塘或浅水湖面。清除杂草，尤其要捞尽浮萍、空心草等，施肥与水田栽培相同，保持水深30～100cm。用直径0.5cm尼龙绳作为固定材料，以塑料绳绑扎，绑扎间距30cm，每处1～2株。尼龙绳两端插桩固定，行距50cm。也可用竹竿扎成三角形，按25～30cm间距绑扎秧苗。塑料泡沫、稻草绳、棕绳等都可用作固定材料。如果水面不大，且流动性小时，可不固定，直接抛掷秧苗于水面即可。绑秧、抛秧时期为5月上旬至7月底。

3. 施肥

蕹菜耐肥力强，多分枝，生长迅速，易发生不定根，且栽培密度大，采收次数多，需供应充足的养分和水分。蕹菜施肥应以氮肥为主，每采收1次，应及时施腐熟粪肥或复合肥75～120kg/hm^2。采收后不及时追肥或脱肥，都会影响其产量和品质。直播者幼苗具有3～4片真叶时，可混合追施复合肥225～300kg/hm^{2}和尿素30～60kg/hm^2。

4. 水分管理

旱地栽培应经常保持土壤湿润。水田栽培，在定植以后，温度尚低，应保持约3cm深的浅水，以提高地温，加速幼苗生长。进入旺盛生长期，气温增高，生长迅速，藤叶茂密，蒸腾作用旺盛，水分消耗大，应维持10cm左右的深水，以满足蕹菜对水分的要求，同时还可以降低过高的地温。浮水栽培，以尽量减少水体的流动为好。

5. 保护地栽培

（1）塑料大、中棚蕹菜早春栽培管理　长江流域一般于2月上中旬温床播种，播种量为400kg/hm^{2}左右。播种后注意增温保湿，棚内气温保持30～35℃。白天适当通风，夜间加强保温。播后30d左右，苗高13～20cm时，即可间苗上市或定植。如预定进行多次收获，并结合定苗间拔上市，则可按株行距均 12～15cm 定苗，留下的苗即作多次采收上市。如定植于塑料大棚、多次采收上市，则其栽培管理要求与露地旱地栽培相类似。黑龙江省大兴安岭地区，于 4 月下旬将经过催芽的蕹菜种子播于日光温室，每平方米点播 50～60g 种子。播后覆土 1cm 左右，覆盖地膜，夜间可在育苗畦上加盖塑料小拱棚保温，经 4～5d 出齐苗后撤去地膜，白天保持 25～30℃。苗龄达 40～45d 即可定植到塑料大棚，定植密度为行距 30cm，株距 15cm。6 月中下旬当植株长到 20～25cm 时即可收获。一般每 15d 采收 1 次，共采收 6～7 次。

（2）日光温室栽培　据佘长夫（1999）报道，新疆地区露地栽培蕹菜因气候干燥，产品纤维含量高，品质差。利用日光温室于春茬结束后栽培蕹菜，可充分利用夏秋季的光热资源，满足蕹菜对高温、高湿的要求。一般于 6 月上旬播种，每 667m^2 直播干籽 10kg。播后 35d 左右，苗高 30cm 左右即可采收，每隔 7～10d 采收 1 次。

三、病虫害防治

1. 主要病害防治

（1）蕹菜白锈病　南方蕹菜产区发生普遍，影响产量和质量。主要危害叶片。叶正面初期现淡黄绿色至黄色近圆形病斑，或不规则重叠斑，后渐变褐色，在叶背形成白色隆起状疱斑，后期疱斑破裂散出白色孢子囊。严重时病斑密布，病叶畸形、干枯脱落。叶柄和嫩茎被害则肿胀畸形，茎基部和根部生黄褐色不规则肿瘤。防治方法：①选用抗病（窄叶形）品种，采用无病种子，或用种子重量 0.3%的 25%甲霜灵可湿性粉剂拌种。②与非旋花科作物进行 2～3 年轮作，清洁田园，注意田间排水与通风。③发病初期用 58%甲霜·锰锌可湿性粉剂 500 倍液，或 25%甲霜灵可湿性粉剂 500 倍液，或 40%三乙膦酸铝 250～300 倍液或 20%三唑酮乳油 1 500 溶液等喷雾，每 10d 喷雾 1 次，共喷雾 2～3 次。

（2）蕹菜轮斑病　发生较普遍，主要危害叶片。叶上初生褐色小斑点，扩大后呈圆形、椭圆形或不规则，红褐色或淡褐色，其上均有同心轮纹，后期轮纹斑上现稀疏小黑点。多个病斑常结合成大斑，致病叶坏死干枯。病菌在病残体内越冬。在雨水多的年份，或生长郁闭的田块发病重。防治方法：①冬季清除田间病残体，并结合深翻土地，加速病残体腐烂。②重病田实行1～2年轮作。③发病初期喷洒78%波尔·锰锌可湿性粉剂600倍液，或75%百菌清可湿性粉剂600～700倍液，或58%甲霜·锰锌可湿性粉剂500倍液。隔7～10d喷1次，连喷2～3次。

2. 主要虫害防治

（1）菜蛾　初龄幼虫取食叶肉，留下表皮。三至四龄幼虫可将叶片食成孔洞或缺刻，严重时全叶片被吃成网状。防治方法：①尽量避免与十字花科蔬菜连作，在成虫期用黑光灯诱杀。②选用苏云金杆菌（含100亿活芽孢/ml）乳剂对水500倍液，或25%灭幼脲1号及3号制剂500～800倍液，或5%氟苯脲乳油1 500倍液等防治。

（2）甘薯麦蛾　俗称甘薯卷叶虫。分布较广泛，在南方地区危害甘薯和蕹菜较重。1年发生4～9代。以蛹或成虫在田间杂草、枯叶等处越冬。成虫日间多栖息在菜田荫蔽处，卵多数产在叶背叶脉间。幼虫一龄、四龄剥食叶肉，有吐丝下垂的习惯。二龄时开始吐丝卷叶，食息其中，取食叶肉留下白色表皮，排泄粪便。幼虫活泼，遇惊扰即跳跃落地。老熟幼虫在卷叶中化蛹。喜高温和中等湿度，7～9月危害最烈。防治方法：①秋冬季清洁田园，烧毁枯枝落叶，消灭越冬虫源。②应用甘薯麦蛾性诱剂诱杀成虫。③捏杀卷叶幼虫。④田间发现卷叶初期，喷洒20%杀灭菊酯乳油2 000倍液，50%辛硫磷乳油1 000倍液，或5%氟苯脲乳油1 500倍液等。以16～17时喷洒效果最佳。

（3）斜纹夜蛾和甜菜夜蛾　危害十字花科、茄科、葫芦科、豆科等蔬菜作物，也危害蕹菜。其危害特点、生活习性及防治方法等，参见第五章大白菜。

四、采收

直播的蕹菜，于苗高20～25cm时即可间苗采收。多次收获的于蔓长30cm左右时进行第1次采收。在采收第1～2次时，留基部2～3节采摘，以促进萌发较多的嫩枝而提高产量。采收3～4次后，应适当重采，仅留基部1～2节即可。若藤蔓过密和生长衰弱，还可疏去部分过密、过弱的枝条，以达到更新的目的。直播采收产量为15 000～22 500kg/hm^2，多次采收产量可达75 000kg/hm^{2}以上。

第五节　苋　　菜

一、类型及品种

1. 类型

苋菜除野苋和籽用苋外，菜用的栽培苋品种很多，以叶的颜色可分为绿苋、红苋和彩色苋。

（1）绿苋　叶和叶柄绿色或黄绿色，食用时口感较红苋和彩色苋为硬，耐热性较强，适于春季和秋季栽培。

（2）红苋　叶片和叶柄紫红色，食用时口感较绿苋为软糯，耐热性中等，适于春季栽培。

（3）彩色苋　叶边缘绿色，叶脉附近紫红色，质地较绿苋软糯。早熟，耐寒性较强，适于早春栽培。

2. 品种

（1）白米苋　上海市地方品种。叶卵圆形，长 8cm，宽 7cm，先端钝圆，叶面微皱，叶及叶柄黄绿色。较晚熟，耐热力强，既能春播，也能秋播。

（2）木耳苋　南京市地方品种。叶片较小，卵圆形，叶深绿，有皱褶。

（3）无锡青苋菜 1 号　株高 20～25cm，叶片阔卵形，长 8cm，宽 7cm 左右，叶色淡绿。茎、叶脆嫩，纤维少，口感好。生长适合温度为 23～27℃。耐高温，抗病能力强。

（4）大红袍　重庆市地方品种。叶卵圆形，长 9～15cm，宽 4～6cm，叶面微皱，蜡红色，叶背紫红色，叶柄淡紫红色。早熟，耐旱力强。

（5）红苋　广州市地方品种。叶卵圆形，长 15cm，宽 7cm，先端锐尖，叶面微皱，叶片及叶柄红色。晚熟，耐热力较强。

（6）鸳鸯红苋菜　湖北省武汉市地方品种。植株生长势中等，开展度 25cm。茎绿色泛红，纤维少，柔嫩多汁。叶圆形，下半部红色，上半部青绿，叶面稍皱，直径 4.5cm，全缘，叶柄浅红。生长期 40d 左右。具有耐热、播期长、商品性好、不易老、品质佳等优点。

（7）尖叶红米苋　又名镶边米苋，上海市地方品种。叶长卵形，长 12cm，宽 5cm，先端锐尖，叶面微皱，叶边缘绿色，叶脉附近紫红色，叶柄红色带绿。较早熟，耐热性中等。

二、栽培技术

栽培苋菜要选择地势平坦、灌排方便、杂草较少的地块，如苋菜田间杂草较多，则除草和采收极为不便。苋菜可直播，也可育苗移栽，但凡采收幼苗和嫩茎叶者都直接进行撒播。播种前先耕翻土地，耕深15cm左右，施用农家肥22 500kg/hm^{2}作基肥，再耙平作畦，畦面要细碎平整，然后播种。早春播种的苋菜，因气温较低，出苗较差，播种量宜大，一般为45～75kg/hm^2。晚春播种量为30kg/hm^{2}左右。秋播气温较高，出苗快，收获次数少，通常只采收1～2次，用种量宜少，约为15kg/hm^2。播种后用脚踏实镇压畦面。以采收嫩茎为主的，要进行育苗移栽，株行距约为35cm见方。有不少地区苋菜多套种在瓜、豆架下，或与茄子等蔬菜作物进行间作，也常与其他喜温叶菜混播，分批采收。早春播种的苋菜，由于气温较低，播种后需7～12d出苗。晚春和秋播的苋菜，只需3～5d就可出苗。当幼苗2片真叶时，进行第1次追肥，12d以后进行第2次追肥，当第1次采收苋菜后，及时进行第3次追肥，以后每采收1次，均施以氮肥为主的稀薄农家有机液肥。

苋菜在整个生长期，土壤应保持湿润状态，以利于茎、叶正常生长。但田间不能积水，以防引起根部早衰。雨后应及时排除田间积水。但春季早播的苋菜，一般不进行浇水，如天气较旱，可追施稀薄农家有机液肥代替。而夏、秋季播种的苋菜，则应注意及时浇水，以利生长。

苋菜的播种量较大，出苗较密，在采收前杂草不易生长，当采收后，苗距已稀，杂草生长容易，因此在第1次采收后7d左右，就要进行田间拔草工作。以后每次采收后，都要根据田间杂草的情况除草，以免影响苋菜的生长。苋菜对防除双子叶植物的除草剂较为敏感，应注意选择合适的除草剂。

三、病虫害防治

1. 主要病害防治

（1）苋菜白锈病　发生普遍，主要危害叶片，对苋菜产量有一定影响，但严重降低其品质。叶面初现不规则褪绿病斑，叶背群生白色圆形至不规则疱斑，严重时多个病斑连接成片，叶片凸凹不平甚至枯黄。防治方法：①播种前用浓度0.2%～0.3%的64%噁霜·锰锌可湿性粉剂进行拌种。②适度密植，降低田间湿度，避免偏施氮肥。③发病初期用58%甲霜·锰锌可湿性粉剂500倍液，或50%甲霜铜可湿性粉剂600～700倍液，或64%噁霜·锰锌可湿性粉剂500倍液等喷施，并注意交替轮用。

（2）苋菜病毒病　由千日红病毒和黄瓜花叶病毒单独或复合侵染所致。全株受害。夏、秋季露地栽培发病重。病株叶片卷曲或皱缩，有时出现轻花叶，有时出现坏死斑。防治方法参见菠菜病毒病。

2. 主要害虫防治

主要害虫有侧多食跗线螨和朱砂叶螨。防治方法：①清除杂草，减少螨源。②加强水肥管理，增强植株抗性。③害螨点片发生时及时挑治，螨株率在5%以上时普治。可用1.8%阿维菌素乳油2 000～3 000倍液，或10%复方浏阳霉素乳油1 000倍液等喷雾。防治蚜虫可用10%吡虫啉可湿性粉剂，或50%抗蚜威可湿性粉剂2 000倍液等喷雾。

四、采收

苋菜是一次播种，分批采收的叶菜。第1次采收为挑收间拔，以后均可采取割收。因此，第1次采收多与间苗相结合，应掌握收大留小，留苗均匀，以利于增加后期的产量。春播苋菜，播种后40～45d开始采收，一般采收2～3次。当株高10～12cm，具叶5～6片时，进行第1次挑收间拔，20～25d后第2次采收。第2次采收用刀割上部茎叶，留基部2～3cm，待侧枝萌芽后，再进行第3次采收。第1次可采收3 450～5 250kg/hm^2，第2、3次可收7 500～9 000kg/hm^2，总产量可达18 000～22 500kg/hm^2。秋播苋菜播种后约30d采收，只收1～2次，产量为15 000kg/hm^{2}左右。

第六节　茼　蒿

一、类型及品种

中国栽培的茼蒿有3种：

（1）大叶茼蒿　又称南茼蒿、板叶茼蒿、圆叶茼蒿，是南方各地春季栽培蔬菜之一，食其肉质茎及叶。嫩茎粗而短，分枝力强，叶片宽大而肉厚，叶缘为不规则大锯齿或羽状浅裂，品质优，口感滑软、纤维少。较耐热，耐旱力较弱，植株较矮，产量高。

（2）小叶茼蒿　又称花叶茼蒿或细叶茼蒿。叶狭小，缺刻多而深，叶片薄，叶色较浓，嫩枝细，分枝多，生长快，耐寒性较强，产量较低。

（3）蒿子秆　为嫩茎用种，北方地区广泛栽培，吉林省有野生。茎秆较细，主茎直立，发达，叶窄小，为倒卵圆形或长椭圆形，二回羽状分裂，生长快。

二、栽培技术

在北方春、夏、秋季都能在露地栽培茼蒿，冬季可进行保护地栽培，对蔬菜周年供应及丰富市场蔬菜花色品种有一定作用。夏季栽培品质较差，产量偏低。

春季一般在3～4月播种，在较冷凉地区早春播种需加设风障以防风寒。秋季在8～9月间可分期播种。在南方除炎夏外，秋、冬、春季都可栽培。长江流域春季从2月下旬到4月上旬，秋季从8月下旬到10月下旬均可播种，其中以9月下旬为最适播种期，10月下旬播种的可在翌年早春收获。华南地区从9月到翌年1～2月可随时播种。因播种期和品种不同，生长期的长短也不相同。一般由播种到采收需30～70d，产量15 000～37 500kg/hm^2，通常秋季栽培产量高于春季。

利用塑料大棚和日光温室可实现茼蒿周年生产。

茼蒿的栽培除少数地区进行育苗移栽外，绝大部分地区为露地直播。一般为平畦撒播或条播，条播行距约10cm，播种量为22.5～30.0kg/hm^2。在较冷凉的北方，用种量比较多，例如北京、天津多采用撒播，播种量为60～75kg/hm^2，多者达75kg以上。在密播的情况下生长速度快，产量也高。播种后6～7d可出齐苗。长出1～2片心叶时进行间苗，并拔除杂草，留苗行株距约4cm见方。生长期间不能缺水，需保持土壤湿润。早春播种的幼苗齐苗前后要适当控水，以免发生猝倒病。植株长到12cm时开始分期追肥，肥料以速效性氮肥为主。

三、病虫害防治

（1）茼蒿褐斑病　在露地或保护地内栽培均有发生。多危害叶片，病斑圆形至椭圆形，有时不规则，病斑中央灰白色，边缘黄褐至褐色。湿度大时，病斑正、背面生灰黑色霉状物。后期病斑连接成片，至叶片枯死。防治方法：①重病区实行与非菊科蔬菜作物轮作，保护地栽培注意通风排湿。②发病初期用70%甲基硫菌灵可湿性粉剂600倍液，或50%乙烯菌核利可湿性粉剂1 000倍液等喷洒。保护地栽培用5%百菌清粉尘等喷粉防治。

（2）茼蒿芽枯病　以保护地栽培发病重，主要危害顶芽和顶梢。初期多从积水的幼芽或有积水、受损伤的叶片开始侵染，呈不规则水渍状坏死变褐，最后腐烂或干枯。湿度高时病斑产生灰褐色稀疏霉层。防治方法：①收获后清除病残组织，避免植株遭受肥害、冻害、烟害等，防止田间积水。②保护地内注意通风降湿。③在发病初期可用50%异菌脲可湿性粉剂1 200倍液，或65%多果定可湿性粉剂1 000倍液等防治。

四、采收

一般于播种后40～50d即可收获。若采收嫩梢，每次采收后需浇水追肥，促使侧枝再生，一直可收获到开花。

第七节　茴　　香

一、类型及品种

1. 类型

中国栽培的茴香有小茴香、意大利茴香（大茴香）及球茎茴香。

（1）小茴香　多分布在天津、北京、辽宁等北方地区。小茴香植株较矮小，株高20～35cm。有叶7～9片，叶柄短，叶距小，叶为具三回羽状深裂的细裂叶，叶片细如丝状，深绿色，叶面光滑，无毛，有蜡粉。生长较慢，抽薹晚，香味浓。

（2）意大利茴香　在山西、内蒙古地区分布较广。大茴香植株高30～45cm。全株叶数5～6片，叶柄较长，叶间距离较大，叶为具三回羽状深裂的细裂叶，叶片细如丝状，绿色，叶面光滑，无毛，有蜡粉。生长快，产量较高，但抽薹较早。具有香味，种子较小，扁平。

（3）球茎茴香　从意大利、荷兰等国家引进，以柔嫩的球茎和嫩叶供食用。一般株高70～80cm，叶为具三回羽状深裂的细裂叶，裂片细如丝状，绿色，叶面光滑，无毛。球茎扁球形，高 10cm 左右，宽 6～7cm，厚 3～4cm。单株重 800～1 000g，球茎重 300～500g，叶片重450～500g。品质柔嫩，纤维少，香味较淡。生长迅速，产量高，抽薹晚。

2. 品种

大茴香品种有河北省的扁梗茴香、河北大茴香，内蒙古的河套大茴香、乌兰浩特大茴香，甘肃省的民勤大茴香等。小茴香品种有河北小茴香、山西省的长治茴香、山东省的商河茴香、湖北省的武汉小茴香、云南省的昆明茴香等。球茎茴香品种有意大利球茎茴香等。

二、栽培技术

茴香四季皆可栽培，以春、秋栽培为主，冬季可利用保护地进行生产。夏季种植品质较差，栽培面积不大。南方较少栽培，北方普遍种植。

北方露地春播在 3 月中下旬至 4 月上中旬播种。若加设风障、进行地面覆盖等保护地栽培可提前在 2 月下旬至 3 月上旬播种。露地秋播于 7～8 月播种，生长期 50～60d。冷床、改良阳畦栽培可在 9 月至翌年 2 月上旬分期播种。在寒冷地区于 12 月至翌年 1 月可在日光温室进行生产，生长期 70～90d。长江流域如武汉等地有少量栽培，4～10 月可随时播种。

茴香一般采用直播，因出苗困难，故整地作畦要细致，基肥要充分捣碎，均匀撒施，畦面要平整，以便于浇水并保证全苗。播种方法有条播和撒播，基本上与芫荽、茼蒿相同。为了出苗整齐，最好进行浸种催芽。春茴香可用 40℃温水浸种 24h 后，放在 15～20℃温度下催芽。秋茴香播种时可进行 15～18℃低温浸种，并在 15～20℃下催芽，或用 5mg/L 的赤霉素浸种 12h。一般播种量为 37.5～45kg/hm^2，但早春在有风障的地块或冬季保护地栽培，其播种量应适当增加。球茎茴香多采用育苗移栽，以利于培育壮苗，其定植行距为 30cm，株距为 25cm。夏、秋季育苗苗床需搭小拱棚遮阳或覆盖遮阳网，以降温、保湿和防暴雨冲砸。茴香播种后应保持畦面湿润，以利于幼芽出土，可在畦面上覆盖稻草等以保温、保湿和防雨。苗出齐后去掉覆盖物，间苗 1～2 次，同时进行中耕除草。

苗期不宜过多浇水，适当蹲苗，表土现干时再浇水。当植株高达10～12cm后，浇水宜勤，并追施速效性氮肥。植株长高到30cm时，即可收获，春播者可收割2次，秋播者可收获4～5次，一般产量为22 500～30 000kg/hm²。球茎茴香在球茎膨大前，要注意再施一次追肥，当球茎停止膨大时即可采收。

一般以外部叶鞘老化成黄白色时产量最高，质量最佳。南方地区秋冬栽培的可稍培土，令其仍留在田间，以备随时上市，一般多从元旦陆续供应至春节。

三、病虫害防治

（1）茴香细菌性疫病　主要危害地上部。初期在叶片上出现水渍状小斑点，后侵入叶脉、叶柄及枝条。枝条染病是该病的重要病症。防治方法：①注意及时拔除病苗。②使用充分腐熟的有机肥。③发病初期喷洒30%氧氯化铜悬浮剂800倍液，或60%琥·乙膦铝（DTM）可湿性粉剂500倍液，或新植霉素4 000～5 000倍液等。

（2）球茎茴香枯萎病　植株受侵染后，引起叶片发黄，植株瘦弱矮小，有时在花期出现烂根现象，叶色淡黄，中午呈萎蔫状，顶部叶片萎垂，变黄干枯，侧根少。生长后期湿度大时，或遭受风雨袭击后容易发病。采种株发病较重。防治方法：①与葱蒜类蔬菜、禾本科蔬菜作物实行3～5年轮作，使用充分腐熟的有机肥，采用配方施肥技术，增强植株抗性。②采用高畦或起垄栽培，雨后及时排水。③用50%多菌灵可湿性粉剂500倍液，或20%甲基立枯磷乳油1 000倍液，或15%噁霉灵水剂450倍液等灌于病穴及周围植株，有一定作用。

（3）茴香凤蝶　多分布在天津、北京、辽宁等北方地区。危害茴香、球茎茴香，主要取食叶片、花器及嫩茎等，食量很大。全国各地均有发生，1年发生2代。防治方法：一般不需单独防治，可用人工清除。必要时在幼虫低龄期用25%灭幼脲3号悬浮剂500～800倍液，或5%氟苯脲乳油1 000～1 500倍液，或20%速灭菊酯乳油2 000倍液等喷雾。

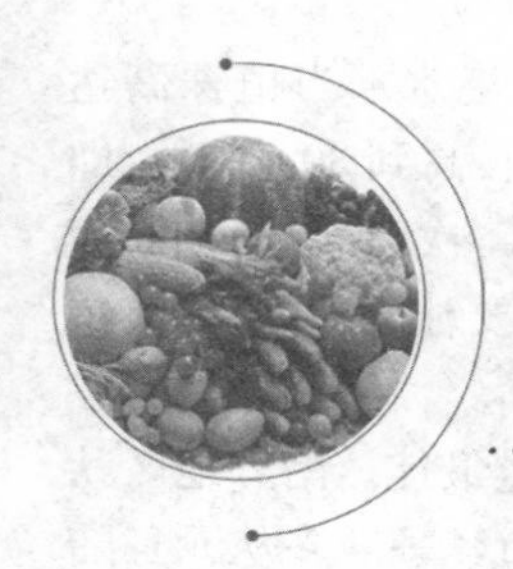

第八章 瓜类蔬菜栽培

第一节 黄　瓜

一、类型及品种

1. 类型

根据黄瓜品种的分布区域、形态特征及生态学性状，分为 6 种类型。

黄瓜的生长发育周期

（1）南亚型黄瓜　分布于南亚各地。单果重 1～5kg。短圆筒形或长圆筒形，瘤稀，刺黑或白色，皮厚，味淡。这类黄瓜品种仍处于自然原始的栽培状态。地方品种群如版纳黄瓜、昭通大黄瓜。

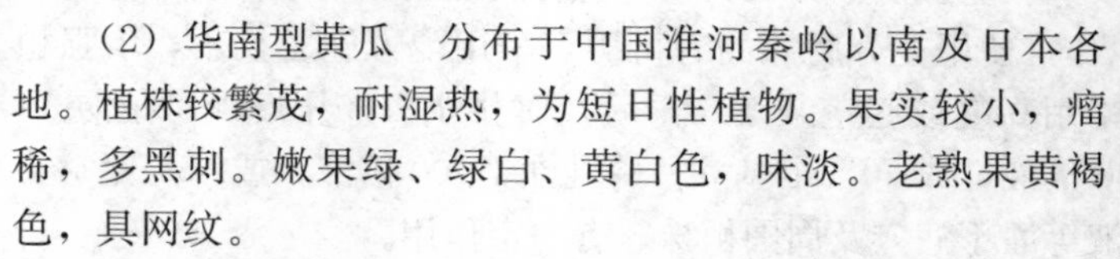

（2）华南型黄瓜　分布于中国淮河秦岭以南及日本各地。植株较繁茂，耐湿热，为短日性植物。果实较小，瘤稀，多黑刺。嫩果绿、绿白、黄白色，味淡。老熟果黄褐色，具网纹。

黄瓜对生态条件的要求

（3）华北型黄瓜　分布于中国黄河流域以北以及朝鲜、日本等地。植株长势中等。喜土壤湿润，较耐低温，对日照长短反应不敏感。嫩果棍棒状，绿色，瘤密，多白刺。老熟果黄白色，无网纹。

（4）欧美型露地黄瓜　分布于欧洲及北美洲各地。茎、叶繁茂。果实圆筒形，中等大小，瘤稀、白刺，味清淡。老熟果浅黄或黄褐色。有东欧、北欧、北美等品种群。

（5）北欧型温室黄瓜　分布于英国、荷兰等地。茎、叶繁茂。果面光滑，浅绿色，果长达 50cm 以上。耐低温、弱光。如英国和荷兰的温室品种。

（6）小型黄瓜　分布于亚洲及欧、美各地。植株较矮小，分枝性强，多花、多果，果实短小。

2. 品种

（1）津优358　华北型黄瓜，一代杂种。植株生长势强，抗霜霉病，中抗白粉病、褐斑病，耐早春低温和秋季高温；瓜条顺直，瓜把短，刺瘤适中，瓜皮深绿、油亮，商品性佳；瓜条长34cm左右，单瓜重220g左右，保护地冬春茬栽培亩产量10 000kg以上，秋延后栽培亩产量7 000kg以上。适合我国北方地区保护地冬春茬及秋延后栽培。

（2）新农黄1号　华北型黄瓜，一代杂种。植株生长势强，早熟，从播种到始收60～65d，以主蔓结瓜为主，结回头瓜能力较强。瓜条棒状，白刺，刺瘤明显，无棱，把短，腰瓜长32～35cm，粗约3.5cm，瓜色深绿，无黄条纹，有光泽，果肉淡绿色，单瓜重200～220g。保护地栽培每亩产量可达7 000kg以上。高抗枯萎病、细菌性角斑病，中抗白粉病。适合新疆各地温室、大棚、小拱棚等保护地栽培。

（3）甘丰春玉　华南型黄瓜，白皮黄瓜一代杂种。植株长势较强，雌花节率65.0%。单果重150.5g，外皮黄白色，刺白色，瘤中等大小，外形美观整齐，可溶性固形物含量35.0g/kg，可溶性糖含量23.4g/kg，风味独特。适合西北地区设施越冬、早春茬栽培，产量77.07t/hm^2。

（4）中农37　华北型黄瓜，一代杂种。商品瓜长35cm左右，瓜把短，瓜皮深绿色，有光泽，刺白、密，瘤小，商品瓜率高。早熟，前期产量高，从定植到采收35d左右。抗病毒病、白粉病，中抗枯萎病、黑星病、褐斑病等。耐低温弱光，适合保护地栽培。

（5）科润99　华北型黄瓜，一代杂种。植株生长势强，持续结瓜能力强，商品瓜率高。瓜长35cm左右，顺直，深绿色，刺密，瘤小，瓜把短粗，瓜肉绿色，心腔小，口感甜脆。抗病，早熟性和丰产性好。适合早春温室及春、秋大棚栽培，早春温室栽培产量可达150t/hm^{2}以上。

（6）京研迷你9号　为保护地水果黄瓜一代杂种。植株生长势强，全雌性。瓜长14～18cm，瓜皮深绿色，表面光滑，瓜肉淡绿色，口感脆甜，品质好。耐低温弱光，耐热。抗霜霉病、白粉病，中抗黄瓜花叶病毒病。越冬温室长季节栽培亩产量高者可达12 500kg，早春温室栽培亩产量 7 900kg，春大棚栽培亩产量 7 060kg，秋大棚栽培亩产量 6 500kg。适合我国北方地区越冬温室、早春温室和春秋大棚种植。

二、春露地栽培技术

1. 品种选择

黄瓜春露地栽培应选择耐寒、早熟、商品性状好、丰产、抗病性强的品种。

2. 育苗与苗期管理

黄瓜适龄壮苗的标准是子叶肥厚、平展，在定植时未脱落。真叶展开 3～4 片，叶片大而厚，色浓绿，水平展开。节间短，茎较粗，生长点伸展。根系发达。植株无病虫及机械损伤。日历苗龄为 35～40d。

（1）育苗方式及场所　现多采用改良阳畦进行育苗。华南地区则用塑料小拱棚或露地育苗。在这些设施中，可采用冷床育苗、温床育苗、营养基质育苗等方法。营养基质育苗是利用稻壳熏炭、食用菌栽培废料、椰糠、蔗渣、泥炭土、蛭石、培养土等或其配制成的基质进行育苗。营养基质育苗可用营养钵或育苗盘做载体，置于塑料棚或日光温室育苗。近年保护地栽培多采用黑籽南瓜、南砧 1 号等作砧木，进行嫁接育苗。无条件采用营养基质育苗的地区，要注意育苗的营养土必须选择土壤肥力好，质地疏松，无病虫害感染的土壤。最好用没有种过瓜类的大田表土与腐熟的有机肥料，按 7∶3 或 5∶5 的比例混合。土质黏重的可加入一定量的炉灰、沙子、石灰石等。肥力不足的可加入一定量的复合肥。每立方米加复合肥 3kg 并与土拌匀备用。

（2）种子处理　采用温汤浸种法对种子表面消毒处理。将干种子放入 55～70℃的温水中处理 10min，使温度降至 28～30℃时，浸种 4～6h，淘洗干净后催芽。也可用 0.1%的多菌灵盐酸液浸种 1h，用温水冲洗后再用清水浸种 4h，而后催芽。适合的催芽温度为 27～30℃，经 24h 后开始出芽。当大部分种子露出根尖时，维持在 22～26℃，经 2d 左右可出齐，待晴天时播种。

06001

黄瓜浸种催芽

（3）播种　春黄瓜的适合播种期一般在当地适合定植期前 35～40d，播种量一般为 2～3kg/hm^2。采用营养钵育苗，宜选用口径为

8～10cm的塑料筒或纸筒。播种前浇足底水，待水渗后，每钵点播1粒种子，播后还需用过筛细土覆盖。或采用营养土方育苗，即在播种前3d将营养土掺水，和成湿泥平铺在苗床内，约10cm厚，用刀切成10cm见方的泥块，在每一方块中央点一小穴，即可播种。按上述方法播种后，均需覆土1～2cm厚，过厚不利于种芽拱土，过薄则易导致幼苗带种皮出土，子叶不易展开。在育苗床上扣好塑料薄膜拱棚，封严，并于夜间加盖草苫保温。出苗期白天温度25～30℃，夜间保持18～20℃。

（4）苗期管理　从播种到出苗前，温度达到28℃左右，可促进幼苗种子尽快拱土，提高发芽率和整齐度。当80%幼苗出土，子叶展开至破心期间苗床应适当通风、降温、降湿，防止温度过高形成徒长苗，湿度过大诱发猝倒病、立枯病等。当幼苗长出第2片真叶时，尽可能让小苗接受阳光照射，适当降低气温。当幼苗大小不齐时，如用营养钵育苗的，可进行倒苗，将小苗移至温度、光照条件好的地方，使幼苗长势均匀。在苗期管理中，要注意尽可能延长光照时间，即使遇到阴天也要尽可能揭苫，让幼苗接受散射光。雨雪天气或寒流侵袭时，苗床草苫外应加盖1层塑料薄膜，既可提高保温效果，又可避免草苫被淋湿。在播种前浇透底水的前提下，苗期原则上不必浇水。一般情况下，为防止播种后苗床畦面出现龟裂，可在种子拱土至幼苗真叶吐心前进行覆土，每次覆土厚度2cm左右。在定植前7～10d，外界气温逐渐升高，苗床应加强通风，创造与露地环境相似的条件，有利于定植后缓苗。用营养土育苗的，需在定植前4～5d将苗床浇一次透水，于次日挖苗进行囤苗。待4周长出新根后定植，成活率高。用营养钵育苗的，在定植前一天浇水，准备定植。

3. 定植

（1）准备　黄瓜忌连作，应选择疏松、肥沃、排灌水便利、最好是3年未种过瓜类作物的地块种植。冬闲地应于入冬前先行冬耕与晒垡，翌年土壤化冻后，铺施腐熟优质有机肥75 000kg/hm^2、磷酸二氢铵750kg/hm^{2}后再行春耕。一般北方地区降雨少，多作平畦便于浇水，畦宽1.2～1.5m。南方地区降雨多，多作高畦便于排水，畦宽1.5m，沟深25cm。东北地区多以垄作为主。地膜覆盖栽培时通常采用高畦或垄作形式，有利于保墒，提高地温，对促进根系生长，提早采收有利。

黄瓜露地栽培
定植及管理

在定植前，增施饼肥 1 500～2 250kg/hm²、复合肥 450～600kg/hm² 或过磷酸钙 375～450kg/hm²。

（2）定植期　宜在当地终霜期后，10cm 处土壤温度稳定在 12℃以上，夜间最低气温稳定在 5～8℃时才能定植。

（3）合理密植与产量的形成　具体的定植密度与品种特性、栽培方式、土壤肥力状况、适合生长期的长短等条件有关。北方地区由于春季光照充足、通风良好，适当增加密度有利于实现增产、增效。一般株行距为（25～30）cm×（65～75）cm，每公顷栽植 45 000～60 000株。长江中下游地区阴雨天较多，定植不宜过密，一般株行距为（16～33）cm×（70～100）cm，每公顷栽植 40 000～50 000 株。此外，主蔓结瓜品种密些，主侧蔓结瓜品种稀些。小架栽培密些，爬地栽培稀些。爬地栽培的行距1.3～2.0m，株距 16cm 左右，每公顷栽植 30 000～45 000 株。

（4）定植方法　定植时宜选择晴好天气，定植深度以土坨与畦面相平即可。定植方法有开沟栽和穴栽。春黄瓜露地栽培采用塑料薄膜地面覆盖有利于其早熟高产。在黄瓜定植前或定植后覆盖好无色透明薄膜，最好采用高畦或垄作更能发挥薄膜效果。

4. 田间管理

（1）中耕保墒、灌溉排水与追肥　春黄瓜定植后缓苗期 5d 左右，其间平畦栽培而土壤干旱时应浇缓苗水，然后封沟平畦，中耕保墒，以促根蹲苗。到收获根瓜前后，一般中耕 2～3 次。高畦栽培而降水量大时，缓苗后应尽量排水，防止畦面和畦沟积水。如果土壤过湿则影响地温，降低土壤中空气容量，从而影响根系发育。到收获根瓜前后，黄瓜根系已经基本形成，花芽和性型分化也基本完成。而且蔓上有瓜不易疯秧，应开始追肥灌水，以促进蔓叶与花果的生长，保持蔓叶、根系的更新复壮。第 1 次追肥应以迟效优质肥料为主，每公顷施饼肥、粪肥等 1 500～3 000kg，其他按有效成分适量施用，过磷酸钙每公顷 150～225kg。追肥以速效肥为主，化肥与农家有机液肥应间隔施用。北方通常 15d 追肥 1 次，5～7d 灌 1 次水。南方通常 3～5d 追 1 次液肥。每公顷追肥量为农家有机液肥 37 500～45 000kg，复合肥 375～450kg，过磷酸钙 225kg。基本上相当于每公顷产 75 000kg 黄瓜的三要素吸收量。每公顷每茬春黄瓜的总灌溉量 3 000～4 500m³。不同的土壤含水量对黄瓜的生育有较大的影响，还能影响其性型变化。

（2）支架与整枝　黄瓜以搭架栽培为主。大架高1.7～2.0m，小架高0.7～1.0m。一般采用“人”字形花格架，于蔓长0.3m左右时引蔓上架，然后每3～4节绑1次蔓，同时打杈，摘除卷须，满架后摘顶。为了进行合理密植，生产上必须测定当地主栽品种在各茬栽培中的平均单叶面积，作为摘顶留叶的依据。如中、小架黄瓜每公顷栽9万株，春季早熟栽培的华北品种平均单叶面积为250cm^2，合理叶面积指数为4，每公顷总叶面积为39 000m^{2}时，每株应留17.4叶摘顶。而地爬黄瓜每公顷栽45 000株，叶面积指数为3，每公顷总叶面积30 000m^{2}时，每株应留26.67叶。目前生产中所用的品种多是主、侧蔓均可结瓜，以主蔓结瓜为主。为防止养分分散，促进主蔓生长，应将根瓜以下的侧枝及时摘除。根瓜以上叶节处所形成的侧枝，可在瓜后留2片叶摘心，以增加结果数，提高产量。当植株发育到中后期时，基部叶片开始变黄、老化，同时还易于发生多种病害，因此可及时摘除这部分叶片，既节约养分，又可改善植株间通风透光的条件。

（3）采收　黄瓜具有连续结果、可陆续采收的习性。露地春黄瓜从定植到开始采收，一般早熟品种需18～25d，中晚熟品种需30d左右。华北地区以“顶花带刺”的黄瓜为最佳的商品瓜。南方及西北部分地区黄瓜采收期偏晚，要求果实充分膨大，果皮和种子尚未硬化前为最佳采食期。一般根瓜应适当早采，以防坠秧。中部瓜条应在符合市场消费要求的前提下适当晚采，通过提高单瓜重来提高总产量。上部所结的瓜条也应当早采，以防止植株早衰。

三、夏秋季露地黄瓜栽培

1. 品种选择

选择适应性强，抗病性和耐热性强，在长日照条件下易于形成雌花的中晚熟品种。可选用津绿4号、中农6号、夏青4号、夏丰1号、鲁黄2号等。

2. 栽培季节

夏秋黄瓜的播种期范围较广，栽培季节因地区而异。在有霜地区，多于初霜前80～100d播种，约50d后开始收获，至霜前拉秧。如北京地区在6月中旬至7月上旬播种，8月上旬至9月下旬收获。初霜期晚的地区，收获期还可延长。在无霜或少霜地区，多于秋季播种，冬季收获。

3. 地块选择及整地做畦

本茬黄瓜宜选择排灌通畅、透气性好的壤土种植。最好选用3～5年未种过瓜类作物的地块，实行严格轮作甚为重要。前茬以葱、蒜、豆类为好。为改善土壤透气性和提高保水保肥能力，应多施有机肥，并注意氮、磷、钾肥配合施用。施肥后应精细整地，土肥混合均匀。耕地深度以15～16cm为宜。灌水、排水沟要在整地作畦的同时做好。可作小高畦、高垄等。生产实践表明，作畦方向以南北向优于东西向，南北向通风较好，可减少高温、多湿的不良影响。

4. 播种

夏秋黄瓜可以直播，也可育苗移栽。一般用干种子直播，可用温水浸种3～4h后播种。在预先准备好的播种沟内点播种子，每穴播种2～3粒，穴距20～22cm。播种后覆土镇压，而后浇水。采用高畦栽培时也可覆盖地膜。每公顷用种量为3 000～3 750g。

5. 田间管理

（1）苗期管理　播种后应保持土壤湿润，一般浇2次水后即可出齐苗。幼苗期不能过分蹲苗，应促控相结合。幼苗出土后抓紧中耕，如表现缺水时及时浇水，并配合少量追肥提苗。浇水后或雨后，还要及时中耕。在子叶展开时进行第1次间苗，出现1～2片真叶时进行第2次间苗，间除过密苗和畸形苗。当幼苗出现第4片真叶时定苗，每公顷定苗6.75万株左右。定苗后，施肥、浇水、浅中耕1次，每公顷施硫酸铵150kg左右。

（2）支架、绑蔓、中耕除草　定苗后浇水，随即插架绑蔓。需进行多次中耕除草。中耕不宜过深，一般为2～3cm。

（3）结瓜期管理　当根瓜坐瓜后可进行追肥。先将畦面松土，然后每公顷撒施腐熟有机肥6 000～7 500kg。在满足植株对肥水要求的同时，还需注意田间不要积水，保持土壤良好的通透性。夏、秋黄瓜追肥要采取少施、勤施的方法。一般每采收2～3次，进行1次追肥，每次每公顷施硫酸铵150kg，或腐熟的农家有机液肥7 500kg。化肥和有机肥可交替施用。无雨时，要做到小水勤浇，最好于傍晚或清晨浇水。大雨后要及时排水，夏秋热雨后要用井水串浇，即所谓“涝浇园”。夏秋黄瓜易出现尖嘴瓜、细腰瓜、大肚瓜等畸形瓜条，主要是由植株营养状况不良，矿质营养和水分吸收不平衡，或气温过高、雨水过大、受精不良，或种子发育不均匀造成的。

四、塑料大棚栽培技术

塑料大棚黄瓜栽培的基本茬口有春季早熟栽培和秋季延后栽培。高寒地区因夏季不太炎热，黄瓜可在棚中顺利越夏，进行从春早熟到秋延后的一茬栽培。

1. 春季早熟栽培

（1）品种选择　要求品种早熟、丰产、抗病，多在主蔓4～6节着生第1雌花，雌花数量适中，单性结实率高。株型紧凑，侧枝不宜过多，叶片较小适于密植。耐寒、耐弱光。对霜霉病、白粉病、疫病、枯萎病、细菌性角斑病等有较强的抗性。

（2）育苗　多在日光温室内育苗，也可在大棚内建造电热温床（或酿热温床）育苗。育苗方式多用营养土方、塑料钵、纸袋等填装培养土育苗。也可采用穴盘育苗，但要求用孔径大的穴盘（不能多于72孔），否则苗距过小，易徒长，难以育成壮苗。适合苗龄为40～50d，穴盘育苗则为30d左右，应根据各地气候条件，确定适合定植期，并推算出播种期。在东北、西北、华北北部高寒地区，安全定植期为4月下旬；华北平原、辽东半岛、中原地区北部多在3月下旬至4月上旬；华中地区多在3月上中旬定植；但长江流域的江苏、浙江等地因早春多阴雨天气，安全定植期还会晚一些。

①苗床准备。塑料大棚春黄瓜每公顷栽培50 000～60 000株，以此推算每公顷苗床播种面积需求为600m^2，用种量为1.5～2.25kg。营养土配制多用清洁田土与腐熟有机肥混合配制，土、肥比例为2∶1或3∶2（体积比）。寒冷地区有机肥比例可高一些，以利于提高地温。在营养土中每立方米还可加入尿素250g、过磷酸钙1～2kg（或磷酸二铵1.5kg），南方地区还可加入草木灰5～10kg。为防病虫害，还可加入50%多菌灵粉剂80～100g，25%敌百虫60g。育苗土必须疏松、肥沃。

②播种。选择饱满种子，用55℃温水浸种15～20min，转入28～30℃水中继续浸种8～10h，捞出后可用40%甲醛溶液浸泡种子10～

20min，或用50%多菌灵600倍液浸种30min，洗净后置于28～30℃条件下催芽，约24h后，70%以上种子的芽（胚根）长1mm时即可播种。选择晴天上午播种为好，每个育苗钵或营养土方播1粒种子，播种深度1cm左右，不可太深。播后覆土（或细沙）1～1.5cm。为保湿苗床上也可加盖薄膜，但出苗后需及时揭开薄膜。在高寒地区或重茬多的大棚内，也可采用嫁接育苗，以增强根系的抗逆性、抗病性。砧木多选用黑籽南瓜，常用靠接法或插接法嫁接。

③苗期管理。幼苗出土后下胚轴迅速生长时期把夜间温度降低，前半夜维持16～17℃，后半夜降到10～12℃，凌晨前再下降1～2℃，使夜间平均气温经常比土壤温度约低3℃的水平，而白天最高气度不宜超过35℃，通过加大昼夜温差可以防止徒长。在第2片真叶展开以后，为了适应幼苗的生长和发育，也必须采取适当加大昼夜温差的变温管理方法，以达到促进光合作用、利于养分运输、减少呼吸消耗的目的。掌握的温度指标和前一阶段基本相同。当第3片真叶展平后进行“倒方”（移动土方），倒方后3～5d（缓苗过程）温度可略有提高以促进根系生长，此后随着天气的逐渐转暖而逐步加大通风和延长光照时间并降低气温。在定植前7～10d进行低温锻炼以适应大棚的环境条件。定植时5～10cm土壤温度以12℃为下限。如果低温维持的时间过长，轻则幼苗生长缓慢，严重时则造成黄叶、花打顶，对早期产量产生不良影响。在育苗过程中夜间室内最低温度可降到8～10℃；连续阴天时白天最高温度要保持20℃左右，夜间仍以10～12℃为宜。黄瓜苗期土壤水分含量不能过大，以25%～28%为适，偏高的土壤水分能促使幼苗徒长，但如果土壤水分不足，轻则影响生长速度，严重时会影响幼苗素质。育苗期间温室的光照度在11～13时约为露地的50%，9时以前和15时以后均在25%以下，有条件的地区在苗期进行人工补光是培育壮苗和早熟丰产的有效措施。

（3）定植　在定植以前必须把施基肥、翻耕整地、作畦或起垄和覆盖地膜等准备工作做好，使土壤温度尽早回升，待10cm地温不低于12℃，气温不低于5～7℃并能稳定3～5d，方可定植。选晴天的9～15时定植，此时地温、气温较高，有利缓苗。定植深度以苗坨和畦面相平为准。定植水不要太大，以免降低土壤温度。栽培密度应根据品种、整枝方式、栽培目的等而定，一般以每公顷定植52 500～60 000株为宜。

（4）定植后的管理

①缓苗期。缓苗阶段的管理要点是提高气温和地温，促进根系生长和缓苗。可进行多重覆盖，如覆盖地膜、保温幕、扣盖小拱棚、棚侧设置围裙或采取临时加温措施。缓苗后大棚内白天保持在25～30℃，夜间10～15℃。下午25℃关闭通风口。苗期要控制浇水，可中耕松土促根壮秧。

②结瓜期。从根瓜坐住到采收，在管理上要注意夜间防寒，同时加强大棚通风管理，调节温、湿度，满足黄瓜生长发育需要。结瓜期白天气温保持在25～30℃，最高32℃，夜间最低10℃。白天棚温达到30℃时开始通风，下午降至26℃时关闭通风口，以贮存热量，使前半夜气温能维持在15℃左右，后半夜不低于10℃。

黄瓜的根系对土壤温度很敏感，土温过低则影响根系的生长和对水分、养分的吸收。一般认为35℃为上限、12℃为下限，适合温度为20～30℃。春季早熟栽培，在定植初期土壤温度是影响根系发育和早期产量的关键，如果因此而发生“花打顶”现象，它的前期产量将减少15%甚至更多，即或采取摘除主蔓顶部雌花，并加强日常管理使之恢复正常，也要经过20d以上时间，这就难以达到早熟的目的。

塑料大棚内空气相对湿度很高，夜间可达100%的饱和状态，与露地湿度环境很不相同。空气湿度过高易使叶片结露从而引发病害，所以应注意降低过高的空气湿度。大棚黄瓜的肥、水管理应强调施基肥。基肥施用量多以每公顷75t为基准，基肥种类应以粗质有机肥为主。据国外研究认为，施用干猪粪可以提高土壤放线菌活性，加强土壤的净菌作用，对控制枯萎病有一定效果。为了不断满足黄瓜生长发育的需要，还需结合灌水进行追肥。黄瓜的水分管理，除以生长发育为依据之外，还应考虑土壤温度，并且要和追肥密切配合。定植当时必须适量浇水，防止地温下降，以后灌一次缓苗水。缓苗以后到采收之前是水分管理的关键时期，土壤含水量会影响黄瓜的雌雄花数，进而影响产量。进入采收期后，视灌水的方式一般沟灌每公顷每次灌水量为225～300m^3，滴灌每公顷每次120～150m^3。当土壤含水量22%左右或土面见干时即可灌水。

（5）植株调整　黄瓜的植株调整应在及时绑蔓（或绕茎）的基础上，根据品种的结果习性进行。主蔓结瓜为主的品种侧蔓很少，主蔓要在第 20 节以上进行摘心。若黄瓜品种的生长势强，侧蔓多，则根瓜以下的侧蔓要一律摘除，根瓜以上的侧蔓，在第 1 雌花前面留 1～2 片叶及时摘心。黄瓜的卷须也应及时摘除，以节约养分。

（6）采收　果实的采收标准常因品种特性、消费习惯和生长阶段的不同等原因而有所差异，生长异常的畸形幼果应尽早摘除，采收初期宜收嫩瓜，防止坠秧而影响到总产量。采收盛期植株长势旺盛，果实可以长至商品成熟期再收，以增加产量。迷你型小黄瓜，多为主侧蔓同时结瓜，除基部侧枝可少量摘除外，其余侧枝应保留，否则会影响总产量。

2. 秋季延后栽培

（1）品种选择　大棚黄瓜秋延后栽培的气候特点是前期高温多雨，后期低温寒冷，所以不必强调早期产量，关键是要求选用抗病、丰产、生长势强，而且苗期比较耐热的品种。切忌用春黄瓜品种进行秋季延后栽培。

（2）育苗技术

①播种期的确定。大棚秋延后栽培黄瓜的播种期不能太早。如播种过早，苗期处在炎热多雨的夏天，育苗比较困难；但也不能太迟，因为中国北方每逢霜降节气后，气温便急剧下降，黄瓜难以继续正常生育，严重影响产量。所以据此推算，华北地区的播种适期为 7 月下旬至 8 月上旬，南方的播种适期为 8 月下旬至 9 月上旬，而高寒地区则宜在 6 月下旬至 7 月上旬播种，或将春茬延续生长到秋季一茬到底。

②播种方式。大棚黄瓜秋季延后栽培，可以育苗移栽，也可以在棚内直播，生产中多采用直播。如采用育苗移栽，则育苗畦要选择地势高、排水好的地块，并要搭遮阳棚降温、防雨。苗龄为 20d 左右、具 1 叶 1 心时即可定植。

（3）定植前的准备和定植　在大棚的前茬作物拉秧后，及时清除残茬和整地施肥。秋延后黄瓜生育期短，以华北地区为例，从播种至拉秧仅有 90～100d，为获得较高产量，提高植株抗性，增施基肥是必要的，并且，在生长中期要适量施肥。秋延后大棚黄瓜因前期环境条件有利于黄瓜的营养生长，若密度较高，进入冬季后会因枝叶茂盛而致叶片互相遮阳，使叶层间光照条件变劣，群体光合效率下降，造成大量化瓜，产量下降。所以栽植密度可比春茬黄瓜稀一些，对提高群体产量有利。

（4）温、湿度调节　北方地区 8 月初至 9 月中旬气温较高，要求除棚顶外四周敞开通风并应遮阳降温。9月中旬前后，当外界夜间气温降至15℃左右时，要及时关闭风口。9月下旬至10月中旬是秋大棚黄瓜生育旺盛的阶段。这一个月的时间棚内外温度适中，符合黄瓜的生育要求，是形成产量的关键时期。在这一阶段，白天棚温调节在25～30℃，夜间15～18℃，只要不低于15℃，通风口就不要关严。这一阶段的管理既要注意白天的通风换气，降低空气湿度、防病害，又要注意夜间的防寒保温。10月中旬以后到拉秧气温下降快，黄瓜生长速度减慢，收瓜量减少。这一阶段的温、湿度调节，应着眼于严密防寒保温，尽可能延长瓜秧的生育期，防止瓜秧受冻害，并利用中午气温较高时段，进行通风换气，尽可能使棚内相对湿度降至85%以下。

（5）水、肥及其他管理　秋延后的大棚黄瓜，在水分管理上的特点是苗期利用傍晚小水勤灌以降低地温，也要防止高温高湿造成幼苗徒长。自结瓜期到盛果期，水量要充足，不可缺水，过分控水使叶片少，生长慢，畸形瓜多。盛瓜期以后，天气渐渐变凉，为保温起见，不能再进行大通风，所以不能再经常浇水和追肥。后期全棚扣严不能再通风时，就停止浇水追肥。大棚黄瓜秋季延后栽培，如果底肥施得充足，则追肥可不必太多，太勤，只在盛瓜期时，结合灌水进行追肥。中期气温开始下降，追施有机肥可以提高地温，增强根系的吸收能力。如果不施用底肥时，必须加强追肥，也可在定植（或定苗）时，追施有机肥和化肥。

（6）收获　秋大棚黄瓜开始采收时，露地黄瓜还在生长，为了排开上市，提高经济效益，可将产品收获后进行短期贮藏，陆续投放市场。秋大棚黄瓜生育期短。第1瓜不宜采收过迟，否则会影响第2瓜及侧蔓瓜的发育，增加化瓜率。

五、黄瓜日光温室栽培技术

日光温室黄瓜栽培的茬口主要有冬春茬、秋冬茬和春茬几种类型。现将主要栽培技术要点分述如下。

1. 冬春茬黄瓜栽培

指秋末冬初在日光温室种植的黄瓜，一般于10月中旬至11月上旬播种，苗龄35d左右，5月至7月上旬拉秧。初花期处在严寒冬季，翌年1月开始采收，采收期跨越冬、春、夏三季，采收期达150d以上。

(1) 品种选择　选用的品种要具有较强的耐低温、弱光性能，同时还要求雌花节位低，节成性高，生长势旺盛，抗病，商品性好。

(2) 育苗方法　可采用营养土方或营养钵育苗，有条件的可采用电热温床育苗、穴盘育苗，并对育苗设施进行消毒处理。电热温床按 8cm 的行距铺设电热线，边行为 7cm，平均线距 8～10cm，其上覆盖 10cm 左右细土。土温可控制在 18～20℃。黄瓜以黑籽南瓜为砧木进行嫁接育苗，既可防止枯萎病、疫病等土传病害，又能提高黄瓜植株生长势，增强对土壤营养的吸收能力，增加产量，应用范围日益广泛。冬春茬黄瓜育苗最好在专用的育苗温室中进行，培养无病、无虫的健壮幼苗，避免与其他蔬菜成株交叉感染病虫害。

(3) 营养土配制及消毒　黄瓜根系要求育苗床土（营养土）疏松透气。应选用无病、无虫源的园田土、腐熟农家肥、草炭、蛭石、草木灰、复合肥等，按一定比例配制营养土，要求孔隙度约 60%，pH 6～7，有效磷含量 100mg/kg，速效钾含量 100mg/kg 以上，有效氮含量 150mg/kg，疏松、保肥、保水性能良好。将配制好的营养土均匀铺于播种床上，厚度 10cm。营养土可参考下列方法配制：①蛭石 50%、草炭 50%。每立方米基质加三元复合肥 1kg，加烘干消毒鸡粪 5kg。②肥沃园田土 50%、腐熟马粪 30%、腐熟厩肥 20%。每立方米营养土加三元复合肥 500g。育苗床土消毒方法：每平方米播种床用甲醛 30～50ml，加水 3L，喷洒床土，用塑料薄膜闷盖 3d 后揭膜，待气体散尽后播种；或用 72.2%霜霉威盐酸盐水剂 400 倍液，或 30%苗菌敌可湿性粉，每 20g 对水 10kg 随底水浇施床土；也可用 50%多菌灵与 50%福美双按 1∶1混合，每平方米用药 8～10g，并与 15～30kg 细土混合均匀撒在床面。

(4) 种子处理　用 50%多菌灵可湿性粉剂 500 倍液浸种 1h，或用甲醛 300 倍液浸种 1.5h，捞出洗净催芽；或将种子用 55℃的温水浸种 20min，不停地搅拌，待水温降至 30℃时，继续浸种 4～6h，用清水冲净黏液后晾干再催芽。

(5) 播种　黄瓜种子催芽后，当胚根长出种皮 1mm 左右时，选籽粒饱满、发芽整齐一致的种子及时播种。每平方米苗床再用 50%多菌灵 8g，拌上细土均匀薄撒于床面上防治猝倒病。育苗床面上覆盖地膜，待 70%幼苗顶土时撤除床面覆盖地膜，防止烤苗。如用地床育苗，则需要进行分苗。分苗的适合时期为播种后 10～12d，2 片子叶展开，第 1 片真叶显露时。分苗基质的配制比例和方法，可参考播种床基质的制作；如用营养土方或育苗钵育苗，则在浇透水后覆一层细土，将种子放入定植孔中，覆土；也可在土方或苗钵上平放种子，然后覆 2～4cm 厚、直径 5cm 左右的小土堆。育苗用种量宜1.8～2.3kg/hm^2，播种床的播种量宜为 25～30g/m^2。

（6）苗期管理

①温度管理。冬春茬黄瓜幼苗出土至第 1 片真叶平展，应适当提高白天温度，最高温度保证在 25℃以上，尽量延长 25℃以上的时间，最低气温在 15℃左右。下胚轴伸长量最大的时期必须控制夜温不能超过 15℃，以防止徒长。第 2 片真叶展平后，无论是白天还是夜间，温度要比子叶期下降。白天给予充足的光照；夜间控温，减少营养物质的消耗，才能有利于培育壮苗。育苗过程中常会遇到阴、雪天气，昼夜温度下降，甚至可能出现昼夜温度持平，在管理上应尽可能避免。此时的昼夜温差不应小于 8～10℃，如果白天难以增温，可适当通过降低夜温来实现。

②光照管理。冬春茬黄瓜栽培育苗期光照不足和光照时间短是影响育苗质量的限制因素之一，尤其以每天 9～15 时的光照极为重要。在管理上要保持塑料薄膜的清洁，在外界温度许可的情况下，尽量早打开草苫，晚盖草苫，或采用反光幕或补光设施等增加光照度，延长光照时间。

③肥水管理。黄瓜育苗期水分的蒸发量小，因此浇水要适度。播种和分苗时底水要浇足，以后视育苗季节和墒情适当浇水，防止培养土过湿或干旱。一般选晴天进行喷水，每次喷水以喷透培养土为宜。在秧苗长至 3～4 片叶时，可根外追施 0.2%～0.3%的尿素加磷酸二氢钾溶液。冬春茬栽培因生长期较短，不适合采用大苗龄，一般以 3 叶 1 心、株高 10～13cm 为宜，从播种到嫁接，经 35d 左右育成。

（7）定植

①整地施基肥。定植前 20～30d 清理前茬残枝枯叶，深翻地 30cm。白天密闭温室提高温度至 45℃以上进行高温灭菌 10～15d。目标产量为 90 000kg/hm^2 时，推荐施肥总量为尿素 39kg/hm^2，过磷酸钙 100kg/hm^2，硫酸钾 60kg/hm^2。钾肥总量的 75%和氮肥总量的 30%用作基肥。施优质腐熟农家肥 120 000kg/hm^2 以上。基肥可以铺施，也可以开沟深施。农家肥中的养分含量不足时用化肥补充。温室土壤适合肥力全氮

(N) 0.10%～0.13%，碱解氮 200～300mg/kg，磷（P_2O_5）140～210mg/kg，钾（K_2O）190～290mg/kg，有机质 2.0%～3.0%。

②温室消毒。温室在定植前要进行消毒，每公顷温室用 80%敌敌畏乳油 3.75kg 拌上锯末，与 30～45kg 硫黄粉混合，分 150 处点燃熏蒸，密闭一昼夜，通风后无味时即可定植。

③定植。冬春季黄瓜一般采用小高畦栽培，小高畦宽 70cm、高 10～13cm，畦上铺设滴灌（管），覆盖地膜，畦间道沟宽 60cm，采用大小行栽培或在高畦上开沟，株距 20～25cm，覆盖地膜，进行膜下暗灌。在 10cm 土温稳定通过 12℃后定植。一般每公顷定植 52 500～55 500株。

(8) 定植后的管理

①温度管理。定植后的缓苗期为 5～7d，这期间白天争取多蓄热，室内温度控制在 28～30℃，晚上不低于 18℃，10cm 地温为 15℃以上；初花期以促进根系发育，控制地上部分生长为主，使植株生长健壮，促进雌花形成。缓苗期至结瓜期采用四段变温管理：8～14 时，室温控制在 25～30℃，促进光合作用，以形成更多的光合产物；14～17 时，室温控制在 20～25℃，以抑制呼吸消耗；17～24 时，室温控制在 15～20℃，促进光合产物的运输；24 时至日出，室温控制在 10～15℃，抑制呼吸消耗。这期间的地温保持 15～25℃为宜。外界最低气温下降到 12℃时，为夜间密封温室的临界温度指标；外界最低气温稳定在 15℃时，为昼夜开放顶窗通风的临界温度指标。

②光照管理。可采用透光性好的耐候功能膜作温室覆盖采光材料，同时在冬春季节始终保持膜面清洁。在日光温室后墙张挂反光幕，以增加室内北侧光照度。白天只要温度许可，应提早揭开保温覆盖物，以延长光照时间。

③湿度管理。根据黄瓜不同生育阶段对湿度的要求和控制病害的需要，最佳空气相对湿度的调控指标是缓苗期为 80%～90%，开花结瓜期为 70%～85%。可通过地面覆盖、滴灌或暗灌、通风排湿、温度调控等措施将湿度控制在最佳指标范围内。

④肥水管理。冬春茬黄瓜栽培，一般采用膜下滴灌或暗沟灌。定植后应及时浇足浇透水，3～5d 后再浇 1 次缓苗水。缓苗后至根瓜采收期土壤绝对含水量以 20%为宜，促根控秧。根瓜坐住后，结束蹲苗，开始浇水追肥，整个盛果期一般每隔 10～20d 灌水1 次，水量也不宜太

大，否则会降低土壤温度和增加空气湿度。结果后期，外界气温已经升高，为防止早衰，应增加浇水次数，每5～10d浇水1次，土壤水分的绝对含量可提高到25%左右。追肥和灌水结合进行。第1次追肥在蹲苗结束时，即根瓜谢花开始膨大时。结瓜前期追肥1次，盛瓜期10～15d追施1次，整个生育期追施8～10次。追肥量为三元复合肥每公顷150～225kg，或磷酸二铵150～225kg，叶面追肥一般可喷施0.2%～0.5%尿素和0.2%磷酸二氢钾。

⑤植株调整。定植缓苗后应及时支架或吊线引蔓。以主蔓结瓜的品种在进入结果期后，要及时摘除侧蔓；对于主、侧蔓同时结瓜的品种，在侧蔓结瓜后，于瓜前留1片叶摘心。冬春茬黄瓜植株生长势一般较弱，其生长点不宜摘除，可保持较强的顶端优势持续结瓜。当植株生长接近温室屋面时，要往下落蔓50cm左右，并摘除下部老叶。落下的茎蔓沿畦方向分别平卧在畦的两边，同一畦的两行植株卧向应相反。

⑥补充二氧化碳。日光温室黄瓜补充二氧化碳的时间一般从黄瓜开花时开始，一天当中的施用时间是从早晨揭苫后半小时开始施放，封闭温室2h左右，至通风前30min停止施放。一般使温室内二氧化碳的浓度保持在800～1 200μL/L。阴天不施放。

⑦异常天气条件下的管理。在北方冬春季节，温室生产常会遇到寒流或连续阴、雪（雨）天气，给日光温室冬春季黄瓜生产带来威胁。在这种异常天气条件下，往往不能正常打开草苫或保温被，使温室内得不到阳光，温度又得不到补充，导致室内气温和地温下降，造成植株受寒害或冻害。克服方法是一定要选用能充分采光并具有良好的防寒保温能力的日光温室；在阴天外界温度不太低时（保证温室内气温5～8℃以上）于中午前后要揭苫见散射光；注意控水和适当放风，防止室内湿度过大而发病；如久阴后天气暴晴，不能立即全部揭开草苫或蒲席，因为打开草苫阳光射入后使温室内温度骤升，黄瓜叶片蒸腾量加大而发生萎蔫。

温馨提示

在管理上应特别注意在发现黄瓜叶片萎蔫时放下草苫（回苫），待叶片恢复正常后，再打开草苫见光，经过几次反复后，叶片即不会再发生萎蔫现象。

(9) 采收　冬春茬黄瓜生长势较弱，所以根瓜采收要及时，以免影响上部瓜条生长。严冬季节瓜条生长缓慢，一般 4～5d 采摘 1 次。入春之后瓜条生长速度加快，采收间隔天数也减至 3～4d 或 2～3d，甚至每天都要采收。

2. 秋冬茬黄瓜栽培

日光温室秋冬茬黄瓜栽培是以深秋和冬初供应市场为主要目标，既要避开塑料大棚秋黄瓜产量高峰期，又要衔接日光温室冬春茬黄瓜的茬口安排。具体的播种期为 9 月中旬前后，10 月中旬定植，11 月中旬始收，翌年 1 月中下旬结束生产。

(1) 品种选择　秋冬茬栽培应选择既耐高温又耐低温、生长势强、抗病、高产、品质好的品种。

(2) 育苗　秋冬茬黄瓜幼苗期正处在高温季节，容易造成幼苗细弱，又同时要定植在温室中，所以不宜在露地育苗。可在育苗钵、营养土方中直播，也可播于播种床，在子叶期移栽。具体方法同冬春茬。

(3) 苗期管理　在出苗或子叶期移栽后，应保持土壤见干见湿，浇水宜在早晨或傍晚时进行，主要为湿润土壤和降低土温。为抑制幼苗徒长，促进雌花形成，可在第 2 片真叶出现时喷施乙烯利，浓度为 100μL/L。在第 4 片真叶展开时喷 100～200μL/L 的乙烯利。

(4) 定植及定植后的管理　定植前施优质有机肥每公顷 75 000～90 000kg 作基肥，做成宽 50cm 的小垄、宽 80cm 的大垄，或 1.3m 宽的畦。垄栽的在垄台上开沟，畦栽的在畦面上按 50cm 间距开两条沟。每公顷栽苗 41 000～45 000 株。播种后 10d 左右，幼苗长至 3 片真叶时为定植适期。

①温度管理。秋冬茬黄瓜的定植期温度较高，光照较强，因此这期间的温度管理应以通风降温为中心。温室需昼夜通风。进入 10 月后，外界气温逐渐下降，当外界最低气温降到 12℃时，夜间就必须关闭通风口，白天通风，保持白天 25～35℃，夜间 13～15℃。进入严冬季节，应加强保温，有条件的可加盖纸被或采用双层覆盖。

②肥水管理。这一茬黄瓜在定植后也应进行蹲苗，以促进根系发育，适当控制地上部分生长。在根瓜开始膨大时，开始追肥灌水，每公顷追施尿素 150～225kg，追肥后灌大水，并加强通风。结果期温室白天温度仍然较高、光照较强，所以灌水宜勤，以土壤见干见湿为原则。

灌水在早晨或傍晚时进行。随着气温逐渐下降，光照减弱，应逐渐减少灌水次数，遇阴雨天气不宜浇水。结果盛期再追肥2次，每次每公顷施硝酸铵300～450kg。结果后期不再追肥，土壤不旱就不浇水。

③植株调整。秋冬茬黄瓜的整枝，摘除病、老、黄叶以及畸形瓜的要求与冬春茬相同。但因其生长期较短，可在茎蔓长到25节时摘心，如植株生长健壮，温光及水肥条件较好，则可通过促进回头瓜的生长发育来增加产量。

（5）土壤消毒　土壤高温消毒是防治土传病害、克服日光温室连作障碍的有效措施，可在盛夏进行高温闷棚处理。每公顷用40%氰氨化钙颗粒剂1 000～1 500kg，与10～20t稻草或麦秸（铡成4～6cm小段）等有机质混匀，撒施土表，用旋耕机深翻至土中30～40cm，整平土面作畦（高约30cm，宽60～70cm），用透明塑料薄膜将全室畦面封严，从膜下灌水至畦面湿透为止。然后密闭温室20～30d，使20～30cm土层保持40～50℃，可有效杀灭土壤中的真菌、细菌、地下害虫及杂草，对根结线虫也有良好的防治效果。还具有增加土壤肥力、改善土壤结构等功效。在消毒作业过程中须遵守操作规程，做好安全防护。

（6）采收　根瓜应及早采收，防止坠秧。在结瓜前期，瓜条生长速度快，每隔1～2d采收1次，有时甚至每天采收1次。后期瓜条生长速度变慢，同时市场黄瓜也已短缺，在不影响质量的情况下，可尽量延迟采收，以增加收益。采收结束后，及时拔除茎蔓、杂草，清洁温室环境，并进行消毒处理，准备种植下茬蔬菜。如将秋冬茬黄瓜栽培的播种期提前到7月中旬，8月定植，8月下旬开始收获，延缓拉秧至翌年7月，即成为生长期为1年的一大茬栽培，黄瓜产量每公顷可达30万kg左右。

3. 春茬黄瓜栽培技术

日光温室春茬栽培，是传统的栽培方式。它的上茬可以栽种芹菜、韭菜及其他绿叶菜或生产秋冬茬番茄。在北纬41°以北地区有辅助加温设备的日光温室早春茬黄瓜栽培比较普遍。春茬栽培适合的品种、浸种催芽的方法、播种和育苗方法、苗期管理、定植及定植后管理等与冬春茬相比有许多共同之处，也有其不同点。

（1）播种期与定植期　播种期一般在11月中下旬至12月上中旬，具体的播种期应根据当地气候条件和前茬作物的倒茬时间来确定。定植期在1月中旬至2月初，而拉秧时间和冬春茬相差不多，或略早一些。因此，如何提早采收，延长采收期，便成为春茬黄瓜栽培的关键。其措施之一是培育大龄壮苗。适合的苗龄指标为5～6片真叶，16～20cm高，45～50d育成。

（2）苗期管理　育苗期的管理，以防止徒长、促使雌花早分化、节位低、数量多、提高抗逆性为目标。所以在管理上要既不过于控制水分，也不浇水过多，即采取控温不控水的方法培育壮苗。在苗期管理上要随着苗生长，逐渐加大苗间距，使黄瓜苗全株见光。同时按大、小苗分类摆放，把较大的苗放在温室温度较低的位置，把较小的苗放在温度较高的位置，并适当浇些水，促使加快生长，使育出的苗大、小基本一致。

（3）定植后管理　在定植后的缓苗期密闭温室保温，遇到寒流可在温室内加盖塑料小棚，白天揭开薄膜使幼苗见光，夜间覆盖薄膜保温。缓苗后进行变温管理，方法与冬春茬相同。从初花期到结瓜盛期约90d，外界温度开始升高，光照度增加，可于根瓜开始膨大时追肥灌水。但是此期间常有寒流袭击，所以这一次应选择寒流刚过、晴好天气刚刚开始时灌水，水量不要太大。每公顷施硝酸铵225～300kg。在春茬黄瓜生长的中、后期应随着外界温度的升高，逐渐加大通风管理，室外的草苫由早揭晚盖，到最后全部撤除。雨天要关闭通风口，防止雨水侵入。当外界温度不低于15℃时，可揭开薄膜昼夜通风。茎蔓长到第25节后摘心。生长后期除了加强水肥管理外，还应注意加强对病虫害的防治。追肥以钾肥为主，每公顷追施硫酸钾150～225kg。

六、病虫害防治

1. 主要病害防治

（1）黄瓜霜霉病　真菌病害。该病在黄瓜苗期、成株期都可发生，主要危害叶片，并由下部叶片向上层发展。幼苗子叶发病初期出现褪绿斑点，逐渐呈枯黄色不规则病斑，湿度大时，子叶背面产生灰黑色霉层。子叶很快变黄、枯干。成株期发病叶片出现水渍状褪绿小点，后扩大为黄色斑，受叶脉限制呈多角形，最后变为褐色枯斑。潮湿时，病斑背面长出灰黑色霉层。病斑连片，叶片枯黄。严重时，除心叶外全株叶片枯

黄瓜霜霉病

死。病菌在寄主病叶上越冬和越夏，主要靠气流传播引起再侵染。防治方法：①选用抗病品种。②清洁田园。③选择地势高、排水好的地块种植，施足底肥，增施磷、钾肥，视病情发展适当控水。④药剂防治一般在阴雨天来临之前进行，可用25%甲霜灵可湿性粉剂800倍液，或75%百菌清可湿性粉剂600倍液，或72.2%霜霉威水剂600～800倍液喷雾。隔6～7d喷1次，连喷3～4次。农药需交替使用，喷药时叶的正反面均要喷到，重点喷病叶的背面。对健康叶也要喷药保护。

（2）黄瓜白粉病　真菌病害。成株和幼苗均可染病，主要危害叶片、叶柄及茎。发病初期，叶片正面或背面产生白色小粉斑，后扩大呈现边缘不明显的连片白粉斑，严重时布满整个叶片。发病后期变为灰白色，叶片逐渐枯黄、卷缩。有时白色粉状物上长出黑褐色小点（病菌的闭囊壳）。防治方法：①选用抗病品种。②采用地膜覆盖，科学浇水，施足腐熟有机肥，增施磷、钾肥，增强植株抗病能力。③发病初期喷2%武夷霉素水剂或2%抗霉菌素水剂200倍液。隔7d喷1次，连喷2～3次。还可选用15%三唑酮可湿性粉剂1 000倍液，或40%氟硅唑乳油8 000倍液，或50%硫黄悬浮剂250倍液等喷雾。

（3）黄瓜细菌性角斑病　细菌病害。从幼苗到成株均可染病，主要危害叶片，严重时也危害叶柄、茎秆、瓜条等。叶片受害时，初为水渍状病斑，后变褐色，扩大后受叶脉限制呈现多角形斑，病部腐烂，脱落穿孔。湿度大时，叶背常见白色菌脓，干燥后具白痕，病部质脆易穿孔。茎上病斑初呈现水渍状，沿茎沟形成条形病斑，并凹陷，有时开裂。湿度大时，表面可见乳白色菌脓。瓜条上的病斑可沿维管束向内扩展，致使种子带菌。防治方法：①与非瓜类作物实行2年以上轮作。②选用耐病品种。③选用无病种子，或种子用50℃温水浸种20min，或用新植霉素3 000倍液浸种2h后捞出，再用清水洗净后催芽。④加强田间管理，及时摘除病叶、病瓜、病蔓。⑤发病初期用40%甲霜铜可湿性粉剂600倍液，或78%波尔·锰锌可湿性粉剂500～600倍液，或72%农用链霉素可溶性粉剂4 000倍液等喷雾。

（4）黄瓜花叶病　苗期感病，子叶变黄枯萎，幼叶呈现深浅绿色相间的花叶。成株染病，嫩叶呈花叶状，叶片小，皱缩，向上或向下扣卷，植株矮小。瓜条受害往往停止生长，表面呈现深浅绿色相间的花斑。发病后期下部叶片渐变黄枯死。轻病株一般结瓜正常，但表面多产生褪绿斑驳。重病株不结瓜或瓜条畸形。种子不带病毒。防治方法：①选用抗病品种。②加强栽培管理，适时育苗、定植。③采用营养钵育苗，减少移苗时伤根。④夏秋黄瓜有条件可采用遮阳网（20～24 目）覆盖栽培。⑤及时清洁田园，农事操作时减少接触传染。⑥及时防治蚜虫。发病初期喷施下列药剂之一或交替使用：20%盐酸吗啉胍·铜可湿性粉剂 500 倍液，或 6%菌毒·烷醇或 10%三氮唑核苷铜·锌可湿性粉剂 800～1 000 倍液，或 3%三氮唑核苷水剂 800～1 000 倍液等。7～10d 喷 1 次，连续喷 2～3 次。

（5）黄瓜蔓枯病　真菌病害。茎基部发病表皮淡黄色，后变灰色，斑面密生小黑点，有时溢出琥珀色胶状物，严重时表皮纵裂，维管束分离如乱麻状。茎节部病斑长椭圆形或梭形。叶部病斑近圆形，叶缘呈楔形向里扩展，淡褐色至黄褐色，上生小黑点。瓜条感病果肉变褐、软化，呈心腐状。防治方法：①在无病留种田采种，播前用 55℃温水浸种 15min，或 40%甲醛水剂 100 倍液浸种 30min，浸后充分用清水冲洗，再催芽播种。②实行 2～3 年轮作。③发病后要控制灌水，雨季加强排水，及时追肥，增施磷钾肥，发现病株及时拔除烧毁。④发病初期用 50%甲基硫菌灵可湿性粉剂 500 倍液，或 40%氟硅唑乳油 8 000 倍液，或 70%代森锰锌可湿性粉剂 500 倍液等喷施。也可在病茎上涂 50%甲基硫菌灵或多菌灵可湿性粉剂 50 倍液。

（6）黄瓜疫病　为土传真菌病害。幼苗及成株均可发病，侵染叶片、茎、果实。叶片上的病斑初为小圆形或不规则，扩大后呈圆形，暗绿色、水渍状，边缘不明显。病斑扩展到叶柄时叶片下垂。潮湿时叶片腐烂，干燥时呈青白色，易碎。茎节部发病，出现暗绿色水渍状病斑，明显缢缩，上部叶片萎蔫下垂，直至枯死。瓜条感病，多从花蒂部开始，呈暗绿色软腐，略凹陷，湿度大时，表面有灰白色稀疏霉状物。病菌在土壤的病残体或畜粪中越冬，成为第 2 年的初侵染源。通过雨水、灌溉水、气流等传播。在高温（28～30℃）、高湿条件下易发病。在适合的温度条件下，土壤水分是此病流行的决定因素。连作，降水过多、排水不良的地块有利于发病。防治方法：①实行 3 年以上轮作。②采取深沟高畦或小高畦栽培，保持排水通畅，发现病株及时拔除并控制浇水或用畦底沟浇小水。③加强病情检查，发病前，尤其雨季到来前应该喷一次药剂预防，雨后发现中心病株及时拔除，立即喷洒 58%甲霜·锰锌可湿性粉剂500倍液，或64%噁霜·锰锌可湿性粉剂500倍液，或72%霜脲·锰锌可湿性粉剂600倍液等。隔7～10d喷1次，病情严重时5d喷1次，连续防治3～4次。

（7）黄瓜枯萎病　真菌病害。该病多于黄瓜现蕾以后发生，植株青叶下垂，发生萎蔫，病叶由下向上发展，数日后植株萎蔫枯死。茎基部呈水渍状，后逐渐干枯，基部常纵裂，有的病株被害部溢出琥珀色胶质物。根部褐色腐烂。高湿环境病部生长白色或粉红色霉层，纵切病茎可见维管束变褐。防治方法：①采用嫁接苗栽培。②种植抗（耐）病品种。③种子用60%多菌灵盐酸盐可湿性粉剂600倍液浸种1h后催芽播种。④轻病田结合整地，每公顷撒石灰粉1 500kg左右，使土壤微碱化。⑤采用高畦覆地膜栽培，移栽时防止伤根，加强管理促使根系发育，结瓜期避免大水漫灌。⑥雨后及时排水，出现零星病株用50%多菌灵可湿性粉剂500倍液，或20%甲基立枯灵乳油1 000倍液，或10%双效灵水剂200倍液等灌根，每株灌液0.25～0.5L，隔10d再灌1次，要早治早防。药剂可交替使用。

（8）黄瓜炭疽病　真菌病害。幼苗发病，子叶边缘出现褐色、半圆形或圆形病斑。茎基部受害，患部缢缩、变色，幼苗猝倒。成株期感病，叶片出现红褐色病斑，外围有黄色晕圈，干燥时病部开裂或穿孔。茎、蔓和叶柄病斑长圆形或长条状，褐色凹陷，严重时可绕茎一周，形成缢缩或纵裂。瓜条染病，初为暗绿色、水渍状椭圆形斑，扩大后变为深褐色凹陷斑。湿度大时发病部位均可产生红色黏稠状物。防治方法：①与非瓜类作物实行3年以上轮作，选择排水良好的沙壤土种植，施足底肥，注意排水，及时清除病残体。②选用抗（耐）病品种。③播种前可用55℃温水浸种15min，或用40%甲醛水剂100倍液，浸种30min后用清水洗净后催芽播种。④发病时喷洒50%甲基硫菌灵可湿性粉剂500倍液，或50%炭疽·福美可湿性粉剂400倍液，或70%代森锰锌可湿性粉剂500倍液等。茎部纵裂斑可用50%多菌灵可湿性粉剂300倍液涂茎。

（9）黄瓜黑星病　真菌病害。黄瓜全生育期均可受害，危害黄瓜叶、茎、卷须和瓜条，对嫩叶、嫩茎、幼瓜危害尤其严重。黄瓜生长点受害呈黑褐色腐烂，形成秃桩。叶片病斑圆形或不规则，黄褐色，易开裂或脱落，留下暗褐色星纹状边缘。茎和叶柄病斑菱形或长条形，褐色纵向开裂，可分泌琥珀色胶状物，潮湿时病部生黑色霉层。瓜条受害部位流胶，渐扩大为暗绿色凹陷斑，潮湿时生长灰黑色霉层，后期病部呈疮痂状或龟裂，形成畸形瓜。防治方法：①严格检疫制度，杜绝病瓜和病种传入，选用抗病品种。②种子用55℃温水浸种15min，或用25%多菌灵可湿性粉剂300倍液浸种1～2h后催芽播种。③发病初期喷洒50%多菌灵可湿性粉剂500倍液，或75%百菌清可湿性粉剂600倍液，或50%异菌脲可湿性粉剂1 000倍液，或2%武夷菌素水剂150～200倍液等。

2. 主要害虫防治

（1）瓜蚜　又名棉蚜。发生普遍，以北方产区危害重。植株上有成蚜、若蚜、有翅蚜和无翅蚜，能传播病毒病。成、若蚜在叶背、嫩茎和嫩叶上吸食汁液，分泌蜜露，使叶面煤污，并向叶背卷缩，使瓜苗生长停滞，叶片干枯，甚至整株枯死。防治方法：①清除田间杂草，可消灭部分越冬卵。②利用蚜虫的天敌，如七星瓢虫、食蚜蝇等防蚜，也可用黄板诱蚜或用银灰色膜避蚜。③发生危害初期，用2.5%高效氯氟氰菊酯乳油3 000倍液，或20%甲氰菊酯乳油2 000倍液，50%辛硫磷乳油800～1 000倍液，10%吡虫啉可湿性粉剂2 500倍液等喷洒。要注意集中喷叶背和嫩尖、嫩茎处，并及早防治。

（2）黄足黄守瓜　俗名守瓜、黄萤等。成虫咬食瓜苗叶片成环形或半环形缺刻，可咬断嫩茎造成死苗，5～6片叶期受害最重。还危害花和幼瓜。幼虫在土中危害根部，可使幼苗死亡或结瓜期植株大量死亡。也能蛀入贴地面瓜果内危害，引起腐烂。防治方法：①消灭越冬虫源和调节栽植期。②与芹菜、甘蓝、莴苣等蔬菜间作，可减轻危害。③覆盖地膜或在瓜苗周围土面撒草木灰、麦秸等可防止成虫产卵。④利用清晨成虫不活动时人工捕杀，或白天用网捕成虫。⑤用20%氰戊菊酯乳油或2.5%溴氰菊酯乳油4 000倍液喷雾。在幼虫危害期可用50%敌百虫可湿性粉剂，或50%辛硫磷乳油1 000倍液，或用烟草水30倍浸出液灌根，每株用药液约100ml，杀死土中的幼虫。

（3）温室白粉虱　北方地区黄瓜等蔬菜的主要害虫。成虫体和翅覆盖白色蜡粉呈亮白色，静止时前翅合拢呈较平展的屋脊状。若虫共4龄，营固着生活。成虫和若虫群居叶片背面刺吸汁液，还大量分泌蜜露诱发煤污病。防治方法：①做好秋、冬、春季温室的防治工作，切断露地黄瓜虫源。②用黄色粘虫板诱杀成虫，摘除带虫枯黄老叶携出田外处理。③初发期可选用25%噻嗪酮可湿性粉剂1 000倍液，或2.5%氟氰菊酯乳油、2.5%高效氯氟氰菊酯乳油、20%甲氰菊酯乳油各 2 000～2 500倍液，或 10%吡虫啉、1.8%阿维菌素乳油各 2 000 倍液喷防。应轮换用药，一般隔 7～10d 喷 1 次，连续防治几次。

（4）B 型烟粉虱　又称棉粉虱、甘薯粉虱、银叶粉虱，南方为适生区，北方季节性发生。此虫 1 年生多代，在华南等地可周年发生，夏季种群数量达到高峰、危害最重，秋季次之，晚秋和冬季种群密度明显下降，危害较轻，春季均为中等水平。甘蓝类蔬菜也是该虫适合寄主，还可以持久性方式传播黄瓜脉黄化病毒引起病毒病。防治方法：参见温室白粉虱。保护利用浆角蚜小蜂等天敌、物理防治和合理安全使用农药进行防治。

（5）美洲斑潜蝇　又称蔬菜斑潜蝇、美洲甜瓜斑潜蝇等。1 年发生多代，在广东、海南等地和温室可全年发生。北方及长江流域露地瓜田的虫源主要来自温室及南方露地的越冬蛹。幼虫潜叶危害取食叶肉，叶片正面出现弯曲蛇形的灰白色虫道，造成植株大量失水，叶绿素被破坏，植株长势衰弱，大量叶片枯死，植株萎蔫死亡。防治方法：参见第九章番茄病虫害防治部分。

（6）南美斑潜蝇　又称拉美斑潜蝇、豆斑潜叶蝇等，是危险性入侵害虫，适合在西南地区及北方季节性发生。昆明 1 年发生多代，周年发生，3～5 月和 10～11 月盛发，以春季种群数量高。而在地势较高的坝区和半山区，冬、春季盛发，进入夏季高温雨季后，种群数量显著下降。北京地区日光温室蔬菜冬季多发，露地蔬菜盛发期为 6 月中旬至 7 月中旬，其后种群密度很低。雌成虫多产卵于叶片正面、背面表皮下，幼虫主要蛀食叶肉海绵组织，蛀道沿叶脉走向呈蛇形弯曲盘绕，虫道粗宽，常成块状，在其两侧边缘排列有短条状虫粪，以叶片背面虫道居多。老熟幼虫在虫道中化蛹。防治方法：同美洲斑潜蝇。

（7）侧多食跗线螨　别名茶黄螨、茶嫩叶螨等。成螨和幼螨聚集于植株幼嫩部位及生长点周围刺吸汁液，受害叶变皱缩，叶色变浓绿，无光泽，叶片边缘向下弯曲。受害嫩茎、嫩枝变黄褐色，扭曲变形，严重者植株顶部干枯。果实受害，果面变褐粗糙，果皮龟裂。1 年发生多代，世代重叠。防治方法：①清洁田间，加强田间管理。②培养无螨菜苗。③可选用 20%复方浏阳霉素 1 000 倍液，或 20%三环锡可湿性粉剂 1 500 倍液，或 20%螨克乳油 1 000～1 500 倍液，1.8%阿维菌素乳油 2 500 倍液喷防。喷药重点是植株上部，尤其是幼嫩叶背和嫩茎。一般从初花期开始隔 10d 防治 1 次，连续防治 3～4 次。

(8) 朱砂叶螨　又称红蜘蛛。成螨、幼螨、若螨在叶背吸食汁液，使叶片呈灰色或枯黄色细斑，严重时叶片干枯脱落，甚至整株枯死。果实受害表皮变灰褐色，粗糙呈木栓化样组织。防治方法：①清洁田园并翻耕土地。②药剂防治可参见第九章番茄茶黄螨。还可用 2.5%氟氰菊酯乳油、5%氟虫脲乳油各2 000倍液防治。要注意轮换使用不同类型药剂，以免产生抗药性。

(9) 瓜实蝇　别名黄蜂子，幼虫称瓜蛆。是华南、华东及湖南、江西、四川、贵州等地瓜类作物常发性害虫。雌虫产卵于嫩瓜内，幼虫孵化后，即在内取食，将瓜蛀成蜂窝状，致使黄瓜腐烂、脱落，或成畸形瓜。老熟幼虫弹入土中化蛹。防治方法：①毒饵诱杀成虫。用煮熟后发酵的香蕉皮或南瓜、番薯 40 份，90%晶体敌百虫 0.5 份，香精或食糖 1 份，加水调成糊状毒饵，直接涂在瓜棚篱竹上或装入容器挂于棚下，每 667m^2 布 20 个点，每点放 25g 能诱杀成虫。②及时摘除被害瓜，喷药处理烂瓜。在严重地区将幼瓜套纸袋，避免成虫产卵。③在成虫盛发期，选中午或傍晚喷洒 80%敌百虫可湿性粉剂 800 倍液，或 2.5%溴氰菊酯乳油、10%氯氰菊酯乳油各 3 000 倍液。每 3～5d 喷 1 次，连续2～3次。

(10) 瓜绢野螟　又称瓜野螟、瓜娟螟、瓜螟。分布北自辽宁、内蒙古至海南广大区域，20 世纪 80 年代以来成为瓜类蔬菜重要害虫，长江以南和台湾省密度高，近年山东等省也常发生。江南 1 年发生 4～6 代，世代重叠，一般 8～9 月盛发，高温少雨发生重。初孵幼虫在叶背取食形成灰白色斑块，三龄后吐丝缀叶，匿身其中，四至五龄食量占幼虫期食量的 95%，可食光叶片，或蛀食花、幼果及瓜藤，造成落花、烂瓜及瓜蔓枯萎。防治方法：①幼虫发生初期及时摘除卷叶，利用寄生蜂等天敌控制瓜田害虫。②瓜果采收后清洁田园。③释放螟黄赤眼蜂。④药剂防治，如一至三龄幼虫期可用 25%杀虫双水剂 500 倍液，或 50%辛硫磷乳油、6%烟・百・素乳油2 000倍液等防治。否则应选用 1%阿维菌素乳油 1 500 倍液，或 20%氰戊菊酯乳油 2 000 倍液等防治，注意交替用药。

3. 生理性病害及其防治

(1) 花打顶　是一种生长不良，未老先衰的现象。节间短缩，主蔓生长缓慢，所有叶腋甚至子叶节均可形成雄花，生长点呈簇状。苗期缺肥，水分不足，过早播种，夜间低温，日照较短，特别是定植后过于干旱而又肥料不足均会造成花打顶现象。

黄瓜肥害

（2）化瓜　在未达到黄瓜商品成熟前，子房变黄或脱落的现象，尤以生长前期最为严重。其原因很多，如不同品种的单性结实能力不一，化瓜程度不同。当昼温高于35℃或低于20℃，夜温超过20℃或低于10℃时，容易引起化瓜。光照不足，单性结实能力降低而引起化瓜。此外，栽培密度过大，水肥过多，植株繁茂，相互遮阴，病虫害严重等原因均易造成化瓜现象。

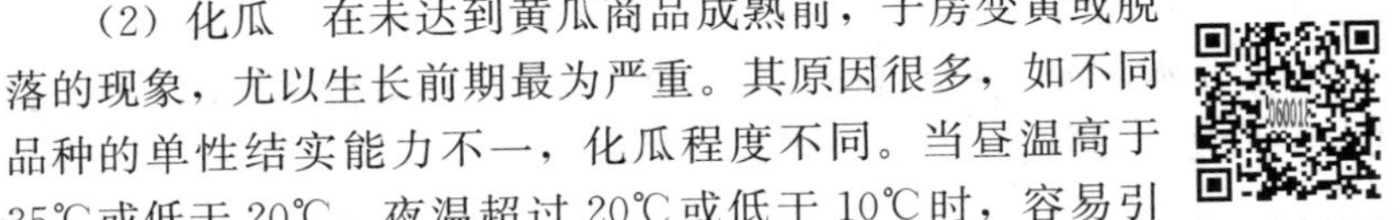

黄瓜缺钾问题

黄瓜有害气体的危害和防治

（3）弯曲瓜　外物阻挡或子房受精不良，果实发育不平衡所致。其原因多为采收后期植株老化、肥料不足、光照少、干燥、病虫害多等。

（4）大肚瓜　黄瓜受精不完全，仅先端产生种子，果肉组织肥大，形成大肚瓜。营养不良也易发生该种情况。

（5）尖头瓜　单性结实弱的品种、未受精者，易形成尖头瓜。形成原因多为受精遇到障碍。肥水不足，营养不良。植株长势不良，下层果实采收不及时等。

（6）细腰瓜　又称蜂腰瓜。黄瓜果实两头大、中间细，其细腰部分易折断，中空，常变成褐色，商品性严重下降。它是由雌花授粉不完全或受精后植株干物质产量低，养分分配不均衡引起的。高温干燥，花芽发育受阻，植株生长衰弱，果实发育不良，缺乏微量元素硼等均易形成。

以上各种生理病害主要根据形成原因，采取相应的栽培技术措施加以防治，即可取得良好效果。其中提高光合效率是防治瓜条弯曲的重要措施。

第二节　冬　　瓜

一、类型与品种

1. 类型

按冬瓜果实的形状，可以分为扁圆形、短圆柱形和长圆柱形等类型。按果实表皮颜色和被蜡粉与否，可分为青皮冬瓜和白皮（粉皮）冬瓜。按冬瓜熟性，可分为早熟、中熟、晚熟三种类型。按果实大小，可分为小型、中型和大型。还有一些特色冬瓜，如广东小型黑皮冬瓜（作冬瓜盅或小家庭食用）、台湾芋仔冬瓜（具有芋头香味，皮厚耐运输，货架寿命长达2个月）。

（1）小型冬瓜　早熟或较早熟。第1雌花发生节位较低，有些能连续发生雌花。果实小，扁圆、短或长圆柱形，每株可采收几个果，一般采收嫩果上市。

（2）中型冬瓜　多属较早熟或中熟。植株长势中等，一般主蔓在第10节左右发生第1雌花，以后4～5节再发生1个雌花。果实短圆柱形至长圆筒形，单果重5～10kg。

（3）大型冬瓜　中晚熟或晚熟。植株生长势强。主蔓一般第10节左右发生第1雌花，以后每隔5～7节出现1个雌花或连续两个雌花。果实短圆柱形或长圆柱形，青绿色至墨绿色，被白蜡粉或无。

2. 品种

（1）一串铃　小型冬瓜，北京市农家品种。植株生长势中等。主蔓通常第3～5节发生第1雌花，以后连续出现雌花，结果多。果实扁圆形，高18～20cm，横径18～24cm，嫩青色，被白蜡粉，果肉厚3～4cm。一般单果重1～2kg。早熟。纤维少，水分多，品质中上。适于保护地及露地栽培。

（2）吉林小冬瓜　小型冬瓜，吉林市农家品种。植株生长势不强，第10节开始着生雌花。果实长圆柱形，长28cm，横径13cm，浅绿色，满被白色茸毛，皮薄肉厚。一般单果重1.5～2.0kg。

（3）五叶子冬瓜　小型冬瓜，四川成都市农家品种。植株生长势中等。主蔓第15节左右发生第1雌花。果实短圆柱形，长17～20cm，横径24～26cm，青绿色，蜡粉少。一般单果重5kg左右。

（4）一窝蜂冬瓜　小型冬瓜，又名早冬瓜。南京市农家品种。植株自第6节开始发生雌花，以后每隔5～6节发生一雌花。果实短圆柱形，青绿色，无白蜡粉，一般单果重1.5～2.5kg。

（5）桂蔬8号　黑皮冬瓜一代杂种。植株田间长势中等，春播生育期约120d，夏播生育期约100d。成熟果实深墨绿色，瓜皮光滑、坚硬，耐贮运。瓜呈长圆筒形，纵径75～85cm，横径20～22cm，肉厚5.0～

6.0cm，肉质致密，单果重15～20kg，整齐一致，商品率好，坐果率高。亩产量6 000～10 000kg。适合我国各冬瓜产区种植。

（6）小青冬瓜 中果型冬瓜，上海市农业科学院蔬菜研究所选育。植株生长势强，叶色深绿，主蔓第12节左右着生第1雌花，以后隔3节左右着生1朵雌花。瓜呈圆柱形，果皮青绿色，上有浅绿色斑点，白色茸毛。平均单果重约10kg。中早熟。较抗病，不耐日烧病。

二、栽培技术

1. 播种育苗与栽培密度

冬瓜直播或育苗均可。实践证明，早冬瓜采用育苗，特别是采用营养钵育苗，结合保温措施如利用阳畦（冷床）或塑料薄膜棚等防寒保温，能培育壮苗，提早成苗。冬瓜的栽植密度因品种、栽培方式与栽培季节而不同。小型冬瓜单位面积产量是由株数、单株结果数和单果重三方面构成的，可以通过适当密植提高产量。定植密度15 000～19 500株/hm^2。大型冬瓜品种多数每株一果，单位面积产量是由单位面积株数和单果重量两个因素构成，所以应在保证单果重量的基础上适当密植。地冬瓜植株蔓叶在地面生长，不便于植株调整。棚冬瓜基本上也是平面生长，都不利于密植。架冬瓜能利用空间生长，结合植株调整和引蔓则有利于密植，目前生产栽培种植密度为4 500～9 000株/hm^2。

2. 植株调整

一般小型冬瓜多采用双蔓整枝法，即生长期只留主蔓和一侧蔓，其余侧蔓全部抹除。但也有为提高密度，采用单蔓整枝法，坐果前去除侧枝，坐果后及时摘心。大型冬瓜可采用单蔓整枝法，一般利用主蔓坐果1个，坐果前摘除全部侧蔓，坐果后留2～3个侧蔓，且留2～3片叶后打顶，摘除其余侧蔓。主蔓打顶，多用于棚架冬瓜。地冬瓜一般利用主蔓和侧蔓结果，可在主蔓基部选留1～2个强壮侧枝，摘除其他侧蔓，坐果后侧蔓任其生长。

引蔓要使瓜蔓均匀分布，充分利用阳光，并有适当位置坐果，调整好营养生长和生殖生长的相关部位。架冬瓜栽培在搭架时可将基部没有雌花的茎蔓绕架杆盘曲压土。当瓜蔓长至60cm时，先在垄面撒生石灰粉375kg/hm^2增钙防病，并在第6～7节位用新土压蔓，可促进节间发生不定根，起到固秧防风作用。隔4节再压1次。第18节左右时可引蔓上架，并摘除全部侧蔓。茎蔓上架时须进行绑蔓，一般在距地面20cm左右时绑蔓1次，在距地面50cm时再绑蔓1次，使冬瓜果实位于架杆中心部位悬挂生长，以利于果实发育。待瓜蔓长到架顶时再绑蔓1次。绑蔓时要注意松紧适度以免妨碍茎蔓生长。棚冬瓜栽培在上架以后至棚顶部一般按瓜蔓自然生长势引蔓，利用卷须缠绕固定便可。在瓜蔓生长至棚顶以后，瓜蔓应在棚面均匀分布。棚架上半部至棚架顶部初期的瓜蔓，一般是坐果的适合节位，有良好的雌花就可以坐果，以利于果实发育。上午瓜蔓含水多容易折断，引蔓、摘蔓等工作宜于下午进行。

3. 坐果与护果

小型冬瓜争取每株多结果，一般不存在坐果位置问题。大型冬瓜则不同，一般每株留1果，争取结大果。冬瓜的坐果节位与果实大小又有一定关系，如广东青皮冬瓜品种以第29～35节坐果的大果率最高，第23～28节坐果的其次，第17～22节坐果的再次，所以以第23～35节坐果即主蔓上第3～5个雌花坐果结大果的可能性较高。大型冬瓜的单果重一般在10kg以上，容易坠落或折伤茎蔓，所以应及时吊瓜。

温馨提示

地冬瓜及小架冬瓜栽培要注意垫瓜，并适当翻动果实，避免与地面接触引起病害，导致烂瓜。并采用稻草、麦秸、叶片等遮盖，防止日灼。

4. 人工辅助授粉

冬瓜花一般在22时左右初开，次日早晨7时盛开。花瓣约经2d凋谢。冬瓜在结果期间，常出现落花、落果现象。造成这种现象的原因很多，如受精不良，开花时夜间温度高、植株徒长，整蔓、打杈、摘心不及时等。防止落花、落果的办法是进行人工辅助授粉和用生长激素处理，能提高坐果率，增加产量。将刚开放的雄花摘下，除去花冠，用花药在当天开放的雌花柱头上轻轻涂抹，使花粉粘在柱头上即可。因低温而引起的落花、落果，可采用生长激素进行处理。

5. 施肥

冬瓜的生长对肥水的需要量大，并且需要持续供给，特别是开花结果期需要更多的养分和水分。施肥应以基肥为主，整地时施腐熟农家肥 45～75t/hm^2。在瓜苗定植时，进行开沟施肥，每公顷施粪干 7.5～11t 或圈肥 22.5t，混合过磷酸钙 375～450kg、硫酸铵 150kg。施肥后封沟、栽苗浇水。果实旺盛生长前期，施 1～2 次腐熟的农家有机液肥或硫酸铵 150kg/hm^2。

温馨提示

追肥时要注意结果后期少追肥，大雨前后不施，不偏施速效氮肥，尤其不偏施高浓度的速效肥，否则容易在结果期引起果实绵腐病。

6. 灌溉

移栽时浇足定苗水，缓苗后保持土壤湿润。坐果以后需经常供给充足水分，以利果实发育。果实重 1.0～1.5kg 时，结合追肥浇水 1 次，作为催瓜水，促进果实发育。长江以南地区，冬瓜的生长季节正是多雨时期，要排灌结合，如采用深沟高畦栽培，可在畦沟贮水，但应保持畦面 20cm 以下的水位。降雨后注意排水，避免受涝。待果实成熟前则应减少水分，降低土壤湿度，以提高其耐藏性。

三、病虫害防治

冬瓜的主要病害有疫病、枯萎病、蔓枯病、炭疽病和病毒病等，尤以疫病的威胁较大。主要害虫有蚜虫、蓟马、斑潜蝇等。防治方法：参见黄瓜和节瓜。

四、采收

小果型品种的果实从开花至商品成熟需 21～28d，至生理成熟需 35～40d。大果型品种自开花至果实成熟需 35d 以上，一般为 40～50d。采收前（一般 10d 以上）停止施肥、灌溉。果实成熟时肥水多，果内组织不充实、水分多，不耐贮藏。雨后不宜采收。一般应在晴天的下午采收，避免果实温度高时入贮。采摘时用剪刀在距瓜柄 3cm 处剪下，轻拿轻放，切勿造成机械损伤。冬瓜较耐贮藏，可通过贮藏延长供应期。

第三节　南　　瓜

一、类型及品种

1. 类型

按植物学分类，南瓜包括两个变种：

（1）圆南瓜　果实扁圆形或圆形，表皮多具纵沟或瘤状突起，浓绿色，具黄色斑纹。如甘肃的磨盘南瓜、广东的盒瓜、湖北的柿饼南瓜、山西的太谷南瓜和榆次南瓜、台湾的木瓜形南瓜等。

（2）长南瓜　果实长形，头部膨大，果皮绿色有黄色花纹。如浙江的十姐妹、上海的黄狼南瓜、山东的长南瓜、江苏的牛腿番瓜和太原的长把南瓜等。

2. 品种

（1）黄狼南瓜　又称小闸南瓜。上海市地方品种。生长势强，分枝多，蔓粗，节间长。叶心形，深绿色。第1雌花着生于第15～16节，以后雌花间隔1～3节出现。瓜长棒槌形，顶端膨大，种子少，果面平滑，瓜皮橙红色，成熟后有白粉。肉厚，肉质细致，味甜，品质佳，耐贮藏。生长期100～120d。平均单瓜重约1.5kg。适于长江中、下游地区种植。

（2）大磨盘　南京市郊区栽培较多。大扁圆形，老熟瓜橘红色，满布白粉，果实有纵沟10条，脐部凹入。果肉橘红色，近果柄及脐部较薄，腰部厚。肉质细，粉质，水分多，味较淡。以食用老熟瓜为主。平均单瓜重6～8kg，大者达15～20kg，产量高，耐贮性差。

（3）贝栗4号　迷你型优质贝贝南瓜，果皮墨绿色带浅绿色条纹。单株坐果5～10个，单果重600g左右。果实厚扁圆形，果肉浓黄色，肉质细纷甜糯，口感极佳。长势稳健，产量高，商品性好。适应性广，可在全国范围内种植，生长势稳健。在各地种植均有突出表现。

（4）广蜜1号　为中国南瓜杂交一代品种。植株生长势和分枝性强，雌花多，花期集中，坐瓜性好。广东播种至初收，春季约104d，秋季约92d。瓜短棒槌形，成熟时瓜皮棕黄色，肉色橙黄。单瓜重量一般为3.5～5.0kg，大的可达10.0kg以上，瓜个均匀，外形美观，采收期集中。品质好，维生素C含量145m/kg，淀粉含量6.73%，可溶性固形物含量9.12%，总糖含量6.38%。田间抗逆性强，适应性广。可在华南、华中、华北等地种植。。

(5) 红蜜 3 号　杂交一代南瓜新品种。植株生长势强，中晚熟，第 1 雌花节位 20 节左右，主、侧蔓均可结瓜；果实长葫芦形；嫩果绿色带白条纹，成熟果橘黄色带白条纹，果面有棱沟；商品瓜长 38cm 左右，单瓜重 3～4kg。果实可溶性固形物含量 9.1%左右，肉质致密，口感细腻、粉、甜。亩产量 3 400kg 左右，适于华中、华南地区露地栽培。

二、露地栽培技术

1. 整地与施肥

南瓜虽然对土壤要求不严格，但要获得优质高产，应将其种在较肥沃的沙壤土或壤土中。前茬作物收获后，及时清洁田园，翻耕土地，每公顷铺施优质农家肥 60 000～75 000kg，同时加入过磷酸钙 450～750kg，饼肥 3 000～4 500kg，作长 6～8m、宽 1.5～2.0m 的畦，或按南瓜株、行距挖定植穴，穴宽 40～50cm，深 13～16cm，将粪肥施入穴内，并与土壤混匀，等待栽植。南方由于春季多雨，夏秋干旱，需做深沟高畦。一般畦宽（连沟）2～3m，株距 0.6～0.8m。与其他作物间套种或栽种越冬作物，要预先留出种植南瓜的位置。

2. 播种与育苗

南瓜栽培有育苗移栽和直播两种方法。早熟栽培都进行育苗移栽，中、晚熟栽培适于直播。

(1) 育苗　育苗设施有温床、冷床或塑料薄膜小拱棚，有条件时还可采用电热畦育苗。播前进行浸种、催芽。采用直径 10cm 营养钵育苗。具体方法同黄瓜营养钵育苗。一般早熟品种苗龄为 25～30d。适合的播种期是在当地终霜前 30d 左右。南瓜的育苗有分苗和子母苗两种方法。采用分苗法可利用育苗盘播种，当两片子叶展平后进行分苗。子母苗则是直接将种子播于营养土方或营养钵中，不再进行分苗。此法根系损伤小，易于培养壮苗。播种后要严密覆盖保温，白天要尽量争取光照，苗床温度保持在 20～30℃，夜间控制在 12～15℃。子叶拱土后要及时通风降温，白天保持在 20～25℃，夜间控制在 10℃左右。当大部分幼苗出土时，需要盖 1cm 厚的培养土以保持湿度。育苗期的温度管理参见下表。

南瓜育苗时的温度管理

单位：℃

项目		播种（1～6d）		出苗后（7～22d）	
		发芽	发芽后	前期	后期
气温	白天	—	25～30	20～28	20～25
	夜间	—	15～18	13～18	10～15
地温	白天	25～30	20～25	20～25	18～23
	夜间	18～20	15～20	15～20	10～15

在定植前7～10d要进行低温锻炼和囤苗。定植时的壮苗标准是地上部长有3～4片真叶，叶片深绿，茎秆粗壮，株高12～15cm，根系发达洁白，无病虫危害。在定植前，苗床集中喷洒防治蚜虫或白粉虱的农药1次，防止害虫扩散于大田。

（2）露地直播　晚熟栽培的南瓜一般于当地终霜期后直播。通常先催芽后直播，出苗较快，还可减少鼠害。采用干籽直播亦可。一般每穴直播种子3～4粒，水渗后再覆盖2cm厚的细土，7～8d即可出苗。幼苗长出1～2片真叶时进行间苗，每穴选留2株健壮的幼苗。为减轻春季低温威胁，播后夜晚可扣泥碗或塑料帽保温，白天揭开见光。如土壤墒情好，则苗期可不浇水。应多次中耕松土，并向幼苗周围培土。为促进苗壮，于沟内施入硫酸铵，每公顷150～225kg，然后再浇水、覆土。当幼苗长出3～4片真叶时进行定苗，每穴选留1株最健壮的幼苗。

3. 定植

定植时间一要根据当地的终霜期早、晚而定。如华北地区早熟栽培多于4月中下旬定植，普通栽培的在5月上中旬定植。如果定植时有矮拱棚加地膜覆盖栽培设施的，则可以提早7～10d定植。二要根据茬口衔接而定。如果与五月蔓油菜、莴笋、甘蓝等套作，则可在该作物收获前1个月定植。如不进行套作，需待前茬作物收获后才能定植。栽苗深度以子叶露出地面为宜。采用地爬式栽培的，畦宽1.8m，每畦种植1行，株距0.4～0.5m，每公顷栽植12 000株左右，并覆盖地膜。栽苗后应及时浇水、覆土，提高成活率。

4. 水肥管理

南瓜定植的株、行距大，单位面积株数少，单株产量高，所以必须保证全苗，应及时查苗、补苗。缓苗后，如果苗势较弱，叶色淡而发黄，可结合浇水追施腐熟农家有机液肥1次。如果肥力足而土壤干旱，可只浇水不追肥。在定植到伸蔓前尽量不浇水，要进行中耕以提高地温，促进根系发育。在开花坐果前，应防止茎、叶徒长或生长过旺，以免影响开花坐果。当植株进入生长中期，已坐住幼果时，应在封行前重施追肥，每公顷施用150～225kg硫酸铵，或尿素105～150kg，或三元复合肥225～300kg。在果实开始收获后，追施化肥，可延迟植株早衰，增加后期产量。如果不收嫩瓜仅收老熟瓜，则后期一般不追肥。根据土壤墒情浇1～2次水即可。在一定的氮、钾肥基础上，增施磷肥可提高南瓜的坐果数，并可促进果实的发育和产量的提高。从定植到伸蔓封行前，要进行中耕除草。第1次中耕除草是在浇过缓苗水后，于适耕期间进行，中耕深度3～5cm。第2次应在瓜秧开始倒蔓，向前延伸时进行，中耕时可适当向瓜秧根部培土。

5. 整枝和压蔓

一般早熟品种，密植栽培南瓜多采用单蔓式整枝。中晚熟品种多采用双蔓或多蔓整枝。双蔓式整枝是除主蔓外还选留一条侧枝，主蔓和侧蔓各留果1个，待坐果后将主、侧蔓摘心，同时将多余侧枝全部去除。多蔓整枝是在主蔓第5～7节时摘心，选留2～3个侧枝，使子蔓结果。或主蔓不摘心，在其茎部选留2～3个粗壮侧蔓，将其他侧枝摘除。压蔓具有固定叶蔓的作用。这一措施是地爬栽培时必须进行的操作。压蔓前首先进行理蔓，使瓜蔓均匀地分布于地面，并按一定的方式引蔓。当蔓伸长到0.6m左右时进行第1次压蔓。即挖1个7～9cm长的浅沟，将蔓轻轻放入沟内，用土压好，生长顶端露出12～15cm。以后每隔0.3～0.5m压蔓一次，先后进行3～4次。如采用支架栽培技术，可以不进行压蔓，或仅压第1次蔓。

6. 人工授粉和植物生长调节剂的应用

南瓜是雌、雄异花授粉的作物，依靠蜜蜂、蝴蝶等昆虫媒介传粉。在自然授粉的情况下，异株授粉结果率占65%，本株自交授粉结果率占35%。从人工授粉和自然授粉的效果来看，人工授粉的结果率高达72.6%，而自然授粉的结果率仅为25.9%。所以，人工授粉对提高南瓜的结果率甚为有利。特别是在南方栽培时，开花时期正值梅雨季节，光照少，温度低，往往影响南瓜授粉和结果，造成僵蕾、僵果或化瓜。一般南瓜在凌晨开花，早晨4～6时授粉最好，所以人工授粉要选择晴天上午8时前进行。授粉以后，用瓜叶覆盖，勿使雨水侵入，以提高授粉效果。

三、病虫害防治

南瓜发生的主要病虫害与西葫芦相似，防治方法请参阅有关部分。

四、采收

早熟种在花谢后10～15d可采收嫩瓜，中晚熟品种在花谢后35～50d才能采收充分老熟的瓜。老熟瓜的表皮蜡粉增厚，皮色由绿色转变为黄色或红色，不易破裂。南瓜采收后应选择通风、阴凉的室内或棚内贮藏，在冬季应存放于10℃左右恒温的普通冷藏库内。一般可贮藏3～4个月。

第四节 西葫芦

一、类型及品种

1. 类型

常见的分类方法是依据西葫芦的植株性状，可分为3个类型：

（1）矮生类型 该类型的品种瓜蔓短，株型紧凑。早熟，第1雌花着生于第3～5节，以后每隔1～2节出现雌花。代表品种有花叶西葫芦、站秧西葫芦、一窝猴西葫芦等。

（2）半蔓生类型 该类型品种节间略长，第1雌花着生在主蔓的第8～11节，多为中熟品种。如花皮西葫芦、裸仁西葫芦等。

（3）蔓生类型 该类型植株长势强，叶柄长，叶片大，瓜型大。第1雌花着生在主蔓第10节以上，晚熟品种。抗病、耐热性强于矮生类型，但耐寒力较弱。其结果部位分散，采收期较长，一般单果重2～2.5kg，适于晚春早夏栽培。代表品种如笨西葫芦、扯秧西葫芦、河北长蔓西葫芦等。

2. 品种

（1）京葫36 是北京市农林科学院蔬菜研究中心育成的杂交一代耐寒品种。植株长势旺盛、生长期长、耐低温弱光、株型合理、通风透光性好；

低温弱光条件下连续结瓜能力强，瓜码密、产量高，采瓜期可达200d以上；商品瓜长23～24cm，粗6～7cm，瓜条长柱形、粗细均匀，颜色翠绿，光泽度好，品质佳，商品性突出。适合北方越冬温室与春秋大棚种植。

（2）长青王6号　由山西省农业科学院棉花研究所选育，为早熟、丰产、半蔓型的杂交种。该品种生长势强，丰产性好，植株后期不易衰老。瓜长筒形，纵径24.0～24.5cm，横径7.0～7.5cm。瓜皮翠绿色，光泽度好。田间表现为高抗病毒病、耐白粉病。露地栽培每公顷产量为67 962.0～73 510.5kg。适合山西地区露地种植。

（3）长蔓西葫芦　河北省地方品种。植株匍匐生长，分枝性中等。叶为三角形，浅裂，绿色，叶背多茸毛。主蔓第9节以后开始结瓜。瓜为圆筒形，中部稍细。瓜皮白色，表面微显棱。一般单瓜重1.5kg左右。果肉厚，细嫩，味甜，品质佳。中熟，从播种到收获60～70d。耐热，不耐旱。抗病性较强

（4）黄皮西葫芦　从美国、以色列等国引进的品种，又称香蕉西葫芦、金皮西葫芦。植株矮生，株型较紧凑，坐果率高。果色金黄，果形细长、略弯。以采收嫩瓜供食用，可生食。

（5）涡阳搅瓜　安徽省涡阳县地方品种。植株蔓性，生长势强。叶片小，掌状，叶缘波状浅裂。主蔓结瓜，第1雌花节位在主蔓的第12节。瓜呈圆筒形，表面平滑，嫩瓜皮乳黄色，瓜面无斑纹，无棱，无蜡粉。一般单瓜重750g。生育期100d左右。肉质疏松，老瓜经冷冻蒸煮后，用筷子搅动成丝，脆嫩适口，品质较好。耐热性强，耐旱性弱，抗病性中等。

（6）飞碟瓜类　由国外引入。短蔓或无蔓。茎具棱刺。叶片绿色掌状，浅裂至深裂。叶柄直立，有刺毛。果实扁圆，腹部或腹背呈对称或非对称性隆起，果面被刺毛，果缘有棱齿状突起。果肉致密，呈乳白色，有清香味。一般单果重0.5～1kg。种子浅黄色，扁平，千粒重65～85g。果实有白色、黄色和墨绿色3类。白果类型品种有早白矮、UFO、白碟等。墨绿果类型品种有绿碟等。

二、露地栽培技术

1. 春季栽培

栽培方法分直播与育苗两种。直播方法简单，但经济效益较差。育

苗栽培可提早上市，投入较多，但效益好。生产中以育苗移栽为主。适合的播种期宜选择在当地终霜期前的30～40d。

(1) 播种育苗　采用育苗方法时需先浸种催芽，然后播种。将选好的种子放入50～55℃的温水中烫种，保持15～20min，降至室温后浸种4～6h。或用1%高锰酸钾溶液浸种20～30min，或10%磷酸三钠溶液浸种15min。用清水冲洗后，置于28～30℃的条件下催芽，经2～3d即可出芽。当芽长约1.5cm时即可播种。播种用的营养土一般采用未种过瓜类蔬菜的无病虫害的园田土6份，优质腐熟的农家肥4份混配。可在每立方米营养土中添加过磷酸钙0.5～1kg、草木灰5～10kg。营养土可在苗床中做成营养土方，也可装入直径9～10cm的营养钵，催好芽的种子可直接播于营养土方或营养钵中。也可以将种子均匀地撒播在育苗盘中，待子叶展开、真叶露心后及时移栽到营养钵中。西葫芦种子较大，拱土能力强，覆土厚度约2cm。覆土过薄，易出现"戴帽"现象，并有芽干的危险。

(2) 苗期管理　西葫芦幼茎易伸长徒长，严格控制温、湿度是培育壮苗的重要环节。播种后保持昼温25～30℃，夜温18～20℃，地温22～24℃，空气相对湿度80%～90%，经3～4d即可出齐苗。幼苗出齐后应适当降低温度，昼温维持25℃左右，夜温13～14℃。当第1片真叶展开到定植前的8～10d，夜温可降到10～12℃，以促进幼苗健壮和雌花分化。定植前8～10d，一般昼温15～25℃，夜温6～8℃。定植前2～3d，温度可降至2～8℃。在正常情况下，播种前浇足底水，直至定植前可不再浇水。

(3) 定植　西葫芦定植的安全期是地温稳定在13℃以上，夜间最低气温不低于10℃。定植前每公顷施入优质农家肥45 000～75 000kg。早熟品种的垄距为60～65cm，株距40～50cm，每公顷定植30 000～33 000株。也可作成1.3m宽的平畦，每畦栽植2行。蔓生晚熟品种，行距100～150cm，株距30～50cm，每公顷定植18 000～27 000株。坐水栽苗，待水渗下后，封埯并扶正瓜秧。

(4) 定植后的管理　浇缓苗水后及时中耕松土，进入蹲苗期。当第1个瓜长到10～12cm时，开始浇水，并结合追施化肥或腐熟的农家有机液肥1次。结瓜后要逐渐加大浇水量，一般6～8d浇水1次。雨季要注意排除畦内积水。暴雨侵袭后可及时浇井水，降低地温，增加土壤中的氧气。在西葫芦缓苗后可开沟拦肥，每公顷施入腐熟饼肥2 250～3 000kg，或施入750～900kg的三元复合肥。在结瓜期间顺水每公顷追施粪肥15 000～22 500kg或硫酸铵150～225kg。一般追肥2～3次。苗期和第1雌花坐果期，倘若氮肥和水分施用过多，易引起植株徒长，雌花的分化和坐果率都会受到影响。相反，初期苗瓜过多，采收不及时，营养生长受到抑制，就会产生坠秧现象，使瓜秧生育不良。矮生西葫芦的分枝能力弱，一般无须整枝打杈，如果出现侧枝，应及时摘除。

晚熟蔓生型西葫芦的分枝能力较强，主蔓和侧蔓均可结瓜，需进行整枝。整枝方式有：单蔓整枝，即摘除所有侧枝，只留下主蔓结瓜。多蔓整枝，即主蔓长有5～7片叶时摘心，选留2～3条长势强的侧蔓，其余侧蔓摘除。若为采收老熟瓜，则每个侧蔓只留1条瓜。露地种植的蔓生西葫芦要进行引蔓操作，即当蔓长1m左右时，把枝蔓向同一方向牵引，使其排列有序，有利于通风透光，并进行压蔓，以后每隔5～7节压蔓一次。压蔓时，把茎压入土中3～5cm，可固定植株方向，并诱生不定根。同时摘除老叶、病叶，除掉过多的雌、雄花和幼果。西葫芦落花、落果现象严重。防治的主要措施是：培育壮苗，合理施肥浇水，及时整枝压蔓和采收，同时要进行田间人工授粉。

（5）采收　西葫芦应及时采收。前期苗瓜过多或根瓜采收过晚会影响后期坐瓜。有试验表明，早期摘除西葫芦的幼瓜，可比采收成熟瓜提高光合生产率15%，增加叶数并扩大叶面积20%。当第1瓜在谢花后7～9d，瓜重达0.25～0.5kg时即可采摘，以后各瓜长至1～1.5kg时采收。

2. 秋季栽培

秋季栽培与春季栽培的环境条件有很大差异，适合西葫芦生长的季节短，气温高而潮湿，植株易过旺徒长，病害较多。所以，在栽培管理上要做到植株健壮而不徒长，这是获得高产的关键。秋播西葫芦品种宜选用生长期短，抗病性、抗逆性好的中早熟品种，特别要重视选用前期产量高的品种。播种期掌握在日平均气温24～25℃为宜，如河北省中南部地区在8月10～15日播种。采用直播方式，而且要覆盖银灰色或黑色地膜。在播种前7～10天整地施肥。早熟品种的行、株距为70cm×60cm，中熟品种为80～100cm×60cm，每穴2～3粒种子。当幼苗长出2～3片真叶时，选留一株健壮无病的幼苗。当大多数植株已经坐瓜，要浇大水一次，可维持到收获。秋播西葫芦生长期短，以追施速效性化肥为主。前期一般不追肥，结瓜期结合浇水，每公顷施入225～300kg尿素或375～450kg硫酸铵。秋播西葫芦必须注意整枝打杈，见到侧枝就要及时去除。一般每株只留1个瓜。在当地初霜到来前20d左右，选留1个瓜长10～15cm的幼瓜，将主蔓摘心并去掉侧枝和其余的幼瓜。

三、西葫芦春季早熟中、小棚栽培技术

利用中、小棚从事西葫芦春季早熟栽培甚为普遍；西葫芦中、小棚秋季延迟栽培并非不可行，而是因露地栽培的产品可以进行贮藏，加之近年节能型日光温室的西葫芦秋冬茬栽培相当普遍，使西葫芦中、小棚秋季延迟栽培受到限制。

1. 品种选择

西葫芦短蔓型品种具有早熟性，中、小棚的空间基本能满足其生长发育的需要。

2. 培育壮苗

供中、小棚定植的秧苗可在日光温室、大棚或阳畦中培育。苗龄30～40d，即在3叶1心时定植。

（1）种子处理和播种　西葫芦比较饱满的种子千粒重近200g，备种时按需种量再增加10%～15%的安全系数。用55～65℃的热水浸种可对病毒起到钝化作用。将种子投入热水中要急速搅拌，当水温降到50℃时将种子立即投入冷水中浸泡2h捞出，1h后再投入20～30℃水中浸泡2～3h后催芽。西葫芦种子发芽的最低温度为15℃，适合温度为25～30℃，采取变温催芽一般2～3d即可露白。育苗土的配制及播种，可参考本节番茄的内容。

（2）温度的调节　播种后出土前不通风，白天气温可维持25～30℃，夜间18～20℃，土壤温度在15℃以上，一般经过3～5d即可出齐。幼苗一出土应立即降低温度，白天最高温度控制在23～25℃，于16时前后保持20℃，凌晨最低温度控制在13～14℃。当第1片真叶开始展开应适当提高温度，白天最高温度控制在25～28℃，凌晨最低温度维持在12～15℃。这种大温差夜冷育苗的方式可促进雌花早出。直

到定植前7d左右进行降温炼苗，即中午最高温度由22℃缓降到18℃，夜间最低温度从13℃缓降到8～10℃。

（3）肥水管理　因育苗土比较肥沃，播种前已浇足底水，所以在一般情况下育苗前、中期不需追肥浇水。如果幼苗在中午发生萎蔫，到14时前后仍不能恢复，则适量补水。若发现叶子有脱肥现象而生长点色淡时，可以用含有0.2%尿素和0.2%磷酸二氢钾的溶液喷洒幼苗，这样既向土中补充了肥水，又起到叶面补肥的效果。另外肥水的补充应在晴天上午进行。

（4）适龄壮苗生长状态　幼苗子叶完好，颜色正常，生有3～4片真叶，自然株高10～15cm，主茎长小于8cm，茎粗约0.8cm，刺毛硬。叶柄的长度和叶片的宽度基本相等。叶色深绿，根系健全。

（5）定植前的准备和定植　西葫芦根系发达，吸肥力强，苗期不宜过量施肥。基肥应以农家肥为主，每公顷铺施60 000～75 000kg；中型棚内部空间比小棚宽敞，可按定植位置掘30cm的深沟，在沟内每公顷施充分腐熟的鸡粪3 000kg，或磷酸二铵225kg，与沟底土壤混匀后填平。这样做是待根系生长到施肥部位时再产生肥效，故简称“待肥”。至于整地、作畦和覆膜蓄热等各项准备工作均和番茄相同。西葫芦根系伸长的最低温度为6℃，根毛发生的最低温度为12℃。所以适期定植的温度指标为：棚内10cm的土壤温度必须稳定在10℃以上，最低气温不低于6℃。在长江下游地区适合定植时间是2月下旬至3月中旬。华北地区棚外盖草苫时，定植时间为2月下旬至3月中旬，棚外不盖草苫的定植时间为3月中下旬。

定植方式：一般1m窄畦定植1行、1.5m宽畦定植2行，株距50～60cm，定植位置2行应互相错开。选晴天上午采取坐水稳苗的方法进行定植；秧体较小的幼苗要靠南侧定植。定植深度以土坨和畦面相平为准。覆盖地膜栽培的，应在定植后将定植穴四周壅土封严。定植工作应在14时前后结束作业，以便有足够时间来提高棚内温度。

3. 定植后的管理

（1）环境调节　在定植3～5d内暂不通风，如发现萎蔫可临时间隔盖苫，恢复后再揭苫，促使缓苗。缓苗后至开始开花，当棚内气温达到20℃开始通风，通风量由小到大，按中午最高温度为25～26℃进行掌握，下午内部气温降到20℃停止通风，降到15℃左右时盖苫使次日凌晨能保持12℃。始花期3～5d后即进入结果期，这时植株生长较快，应适当控制茎叶生长。在温度调节上，虽然仍以中午最高温度25℃为限，次日凌晨最低温度12℃为宜，但应适当增加通风量和延长通风时间，草苫等覆盖物也应根据天气情况早揭晚盖。进入采收期后随着天气转暖，可逐渐延长通风时间和加大通风量，为逐步向露地栽培过渡做好准备。当外界最低气温稳定在10～12℃时不必再覆盖草苫，外界最低气温稳定在15℃时也可不盖薄膜。另外，西葫芦需要较多的光照，在保证温度达标的情况下要尽量增加见光时间。

（2）肥水管理　西葫芦适于土壤湿度较高而空气湿度较低的环境，故覆盖地膜更为有利。高畦和平畦都可将畦面盖严，结合浇水进行追肥，平畦可从定植穴渗入，高畦在畦沟两侧扎孔也能顺利渗入畦中。定植后如底墒充足，在坐瓜前不必浇水。据河北农业大学研究，5cm土壤绝对湿度为20.36%、10cm为22.36%或在现蕾期应少量补水。当幼果长到6～8cm时，结合浇水进行每公顷追施磷酸二铵或尿素150～225kg，此后每采收1～2次浇1次水，每隔1～2次水追1次肥。高畦可采取化肥和有机肥交替使用的方法，即在畦沟结合浇水冲施农家有机液肥，或鸡粪、豆饼加水发酵制成的液体。据山东和北京有关配方施肥的研究，每收获1 000kg果实需氮（N）3.92～5.74kg、磷（P_2O_5）2.13～2.22kg、钾（K_2O）4.09～7.92kg。

（3）中耕及植株调整　不覆盖地膜的则应在缓苗后精细中耕直到现蕾期在行间开沟追肥，浇水后结合平沟进行最后一次浅耕并按行培成高约10cm的高垄，日后再追肥、浇水时可减少根颈部分直接接触肥水。西葫芦矮生品种每节或每隔1～2节即可出现雌花，甚至1节着生2朵雌花，应及早疏掉过多或生长较弱的雌花。另外，萌发的侧蔓和中期以后基部黄化的老叶应及时摘除。

（4）化控保果和辅助授粉　西葫芦不具有单性结实的性状。在短日照下育苗前期缺少雄花，可利用植物生长调节剂处理花器，如用2，4-D处理的适合浓度为30～40mg/L，坐果率可达80%～100%；用防落素处理的适合浓度为50mg/L。对当天开放的雌花在清晨及早进行处理，在9时前结束此项作业。如处理子房的同时也处理雌蕊，这比单纯处理子房的结果率和果实平均重均有明显提高。处理子房时要使全部均匀受药，以免因受药不匀发生畸形。用毛笔涂抹的方法每朵雌花的用量为1～2ml。另外，在进行辅助授粉后再用植物生长调节剂涂抹子房，对促进幼果膨大生长更为有利。进行A级绿色食品生产，规定不得使用植物生长调节剂，可以考虑单独进行诱雄育苗。具体方法是利用陈旧种子播种；育苗土不施肥而且控制浇水进行相对饥饿和干旱胁迫处理；在第1真叶放展后用5～10mg/L的赤霉素喷洒叶片促使早现雄花。西葫芦的雌花在开花当天的上午5～6时受精能力最高，至8时已明显下降，故此辅助授粉要在清晨尽早进行。

（5）采收　一般在定植后55～60d即可进入采收期。第1雌花的幼果长到200～300g时须及时采收，如果拖延将会坠秧。此后随着瓜秧的生长和市场价格的变化逐渐延迟采收时间，只有后期才收获充分生长的果实。生食品种黄色香蕉西葫芦要及时早采收。

四、西葫芦日光温室栽培技术

日光温室西葫芦栽培的茬口安排有早春茬、秋冬茬和冬春茬3种，但以早春茬和冬春茬栽培居多。

1. 冬春茬西葫芦栽培

一般在10月初至11月初播种，苗期35d左右，11月上旬至12月上旬定植，12月上旬至翌年1月上旬收获，5月上旬至6月上旬结束。

（1）品种选择　选择抗病、早熟、耐低温、耐弱光、产量高的品种。

（2）播种育苗　播前将种子放在55℃水中浸种，至水温降到30℃，经4h后，再用10％磷酸三钠溶液浸种20～30min捞出，于25～30℃条件下催芽。营养土配制：腐熟的马粪30％、牛粪20％、炒过的锯末或炉灰30％、园田土20％混合均匀后，再在每立方米营养土中加入硫酸铵1kg、过磷酸钙10kg、草木灰10kg。用50％多菌灵可湿性粉剂与50％福美双可湿性粉剂按1∶1混合，或25％甲霜灵与70％代森锰锌按9∶1混合，每平方米用药8～10g，并与15～30kg细土混合，播种时1/3铺于床面，其余2/3盖在种子上。播种方法有两种：一是播于营养土方。选晴天，在苗床内浇足底水。水渗后，在畦面上划成10cm见方的格子，在每个方格中间播1粒种子，覆盖薄土后，上覆过筛细土成

2～3cm 高小土堆，再在整个畦上覆盖 1cm 厚的细土，畦上覆盖薄膜保墒。一直到出苗之前，白天温度保持在 25～30℃，夜间温度保持在 14～16℃。二是播于苗钵中，具体方法与黄瓜苗钵播种相同。每公顷需西葫芦种子约 6kg，需苗床 300m²。

（3）苗期管理　从出齐苗到第 2 片叶展开，白天温室内温度保持 20～24℃，夜间 8～10℃。定植前 4～5d，白天 15～18℃，夜间 6～8℃。长有 4 叶 1 心，苗高 10cm 左右，茎粗 0.4～0.5cm，叶柄长度等于叶片长度，叶色浓绿，此为壮苗，即可定植。冬春茬栽培西葫芦一般用黑籽南瓜作砧木培育嫁接苗，具体嫁接方法与管理同黄瓜基本相同，但如采用靠接法时，其接穗和砧木要同时播种；采用插接法时，接穗应晚播 4～5d。

（4）定植　定植前每公顷用优质农家肥 75 000kg、磷酸二氢钾 750～1 050kg、硫酸钾 750～1 125kg 作基肥，基肥的 2/5 铺施，3/5 开沟集中施用。施肥整地宜在定植前 7～10d 完成。每公顷日光温室用硫黄粉 30～45kg，加敌敌畏 3.75kg 拌上锯末分堆点燃，然后密闭一昼夜进行消毒。定植行距 70～80cm，或大行 80～100cm、小行 50～60cm，株距均为 40～50cm。每公顷栽苗 30 000～45 000 株。

（5）定植后管理。定植后至缓苗前温室内温度不超过 30℃一般不通风。缓苗后保持白天温度 20～25℃，降到 25℃以下即闭风，15℃左右时放下草苫，夜温控制在 12～15℃，早晨揭苫时温度降到 8～10℃。第 1 雌花开放后，根瓜开始膨大时，可适当提高温度，白天保持 22～25℃，夜间最低温度保持 11～13℃。随着外界温度升高，要逐步加大放风量，延长通风时间，当外界温度稳定在 12℃以上时，可昼夜通风。定植后浇一次缓苗水，及时中耕，进行 2 次蹲苗。到第 1 个瓜长到 10～12cm 时开始浇水追肥，浇水过早易引起疯秧并化瓜。进入结瓜盛期，每隔5～7d 浇一次水。在第 1 个根瓜坐住时，结合浇水每公顷追施腐熟农家有机液肥 15 000kg。在第 2 条根瓜正在膨大时，进行第 2 次追肥，每公顷施硝酸铵 300kg，并浇水。结果盛期结合浇水每公顷追施腐熟农家有机液肥 15 000kg 或复合肥 10～14kg，浇 1 次水追 1 次肥，需追肥 2～3次。每次进行水肥管理后，要及时通风降湿。定植缓苗后，在温室后墙可张挂反光膜，以增加后排株间光照强度。经常清除塑料薄膜上的尘土。阴天揭开草苫后室内气温只要不降到 5℃以下，就要揭开草苫见光。人工授粉和激素处理。西葫芦开花时间主要集中在清晨 4:00～5:30，该时间也是雌花受精力最强的时间。因此，在日光温室揭开草苫后就要进行人工授粉。

温馨提示

促使西葫芦产生雄花的方法：利用同品种的陈籽提早播种在花盆或木箱中，不施肥，少浇水促使雄花早出现，或者在苗期喷施5～10mg/L 赤霉素，则更有利于雄花出现。为促进西葫芦雌花早出现和保果，常用浓度为 30～40mg/L 的 2，4-D，于 8:00～9:00 对刚开和即将开放的雌花进行蘸花，其坐果率可达 80%～100%。如在处理子房的同时也处理雌蕊，则比单纯处理子房其结果率和果实平均重量均有明显提高，处理子房时要使子房全部均匀着药，以免因受药不均而产生畸形果；避免重复处理；每朵花的用药量为 1～2mg；如既进行人工授粉，又用激素处理则效果更好。如在用 2,4-D 处理时，同时加入 0.1%的腐霉利可湿性粉剂，可防治灰霉病。在栽培半蔓生和蔓生种西葫芦时，可采用吊蔓栽培，利用主蔓结瓜。随着下部瓜的采收，及时落蔓，并及时摘除下部老叶和除去侧芽。

（6）采收　冬春茬西葫芦在开花后 10d 即可采收嫩瓜上市。第 1 雌花形成的果实长到 250～300g 要及时采收，适时采收不但能促进茎叶生长，而且有利于植株上层幼瓜发育。此后再收获的果实要掌握单果重在 500g 左右，随着植株生长和市场价格的变动，应延迟采收，只有后期才采收充分长成的果实。

2. 早春茬西葫芦栽培

日光温室早春西葫芦栽培的前茬作物一般为韭菜、芹菜等耐寒叶菜，在春节前后收获完毕。北纬 43°以北的地区，冬季在日光温室内不加温的情况下难以生产果类蔬菜，或者因为日光温室结构不太合理，保温性能差，只能进行早春茬栽培。这茬西葫芦栽培的效益虽不如冬春茬，但因前茬的产值较高，所以从总体上看也是合适的。

（1）品种选择和播种期　适合作早春茬西葫芦栽培的品种一般与冬春茬栽培相同。其播种期要依据苗龄、定植期以及前茬蔬菜作物的倒茬时间来确定。一般苗龄30d左右，华北地区温室栽培的倒茬时间多在立春（2月上旬）左右。因此这一茬西葫芦的播种期以1月上旬为宜。

（2）育苗　采用温床育苗，或在加温温室内育苗，具体方法可参照日光温室黄瓜育苗方法和管理技术。浸种催芽、播种方法基本与冬春茬栽培相同。苗期温度和水分管理，可参照日光温室早春茬黄瓜栽培。定植前3～5d进行低温炼苗，使幼苗逐步适应温室环境。

（3）定植　定植前要清除前茬作物残株及杂草，提前深翻晒土，并进行温室环境消毒处理，所用消毒药剂及方法，与冬春茬栽培相同。西葫芦根系强大，吸肥能力强，所以需肥量大，每公顷施优质有机肥75 000kg。一般采用高垄之间宽、窄相间的方法，即窄垄间距50cm、宽垄间距70cm开定植沟，垄高20cm。沟内再施磷酸二铵每公顷600～750kg。垄上覆盖地膜以提高地温。按照上述垄距定植，如果株距为35cm，则每公顷可栽苗约48 000株；如株距为40cm，则每公顷可栽苗约42 000株。

（4）定植后的管理　早春茬西葫芦的生育期比冬春茬短，但收获结束的时间基本一致，所以在管理上应尽量促进西葫芦的生长发育，才能获得高产。定植后的缓苗期和缓苗后到根瓜坐住之前的管理，基本与冬春茬栽培相同。进入结果期后，要提高温度，白天掌握在25～28℃，夜间最低温度要保持在13～15℃。到隆冬时节，中午最高温度可掌握在30℃左右，应尽量多蓄热以备夜间消耗。西葫芦喜较强的光照，可以采取与冬春茬栽培相同的增加光照的措施。对于半蔓生品种要进行吊蔓栽培来改善光照。对于矮生品种栽培，要及时摘除植株底部老叶、病叶、侧枝、卷须等。使用激素或人工授粉的要求和方法，均与冬春茬栽培相同。

五、病虫害防治

1. 主要病害防治

西葫芦的主要病害有病毒病、白粉病、褐腐病、疫病、黑星病、霜霉病、炭疽病、猝倒病等，它们的发病特征、发病条件及防治方法，参见黄瓜的有关部分。此外，在20世纪90年代后期西葫芦栽培中出现的银叶病是比较特殊的病害。其主要症状是在西葫芦叶片正面出现均匀的银灰色或灰白色，叶柄及嫩茎由绿变淡绿色或淡黄色，卷须也变成淡黄色。严重时植株萎缩，瓜条畸形或白化，或出现白绿相间的杂色，丧失商品价值。该病在苗期、结果期均有发生，当生长条件好时，以后生长的茎、叶又可逐步恢复正常。据观察，3～4 叶时为发病敏感期。在秋播露地及保护地秋冬茬生产中易于发生。防治方法：一是选用抗银叶病的品种，在同样栽培条件下，不同品种间抗银叶病的能力有显著差异。二是综合措施防治 B 型烟粉虱，方法参见黄瓜的有关部分。

2. 主要害虫防治

西葫芦的主要虫害有瓜蚜、白粉虱、B 型烟粉虱、红蜘蛛、瓜蓟马、黄守瓜、黄条跳甲、蛴螬、蝼蛄、种蝇、小地老虎等。但同一虫害在不同茬次中对产量影响不同。一般在冬春茬和早春茬栽培中，瓜蚜、粉虱、种蝇、小地虎等危害较重。在春茬栽培及越夏栽培中，则以瓜蚜、红蜘蛛、烟粉虱等危害最重。因此，在不同茬次的栽培中，要采取相应的防治措施，有针对性地进行防治。虫害的防治方法参见黄瓜的有关部分。

第五节　西　　瓜

一、类型及品种

1. 类型

果用西瓜的分类方法很多，以果实大小分小型（2.5kg 以下）、中型（2.5～5.0kg）、大型（5.5～10.0kg）、特大型（10kg 以上）4 类。以果形分为圆形、椭圆形和枕形。以瓤色分为红、黄、白等。从栽培的角度看，西瓜可分为以下 5 个生态型：

（1）华北生态型　主要分布在华北温暖半干旱栽培区（山东、山西、河南、河北、陕西及苏北、皖北地区），是中国特有生态型。果实以大中型为主。中熟或晚熟，瓤肉软或沙质，种子较大。代表品种有花里虎、三白、喇嘛瓜、大花领、黑蹦筋、早花、兴城红、郑州 2 号、郑州 3 号等。

（2）东亚生态型　主要分布在中国东南沿海和日本。适合湿热气候，生长势较弱，果型小，早熟或中熟，种子中等或小。代表品种有：马铃瓜、滨瓜、蜜宝、旭大和、新大和等。

（3）新疆生态型　主要分布在新疆等西北干旱栽培区。果实以大果为主，晚熟种。生长势强，坐瓜节位高，种子大，极不耐湿。代表品种有精河白皮西瓜、吐鲁番白皮瓜、精河黑皮冬西瓜等。

（4）俄罗斯生态型　主要分布在俄罗斯伏尔加河及中下游和乌克兰草原地带。适应干旱少雨气候，生长旺盛，多为中晚熟品种，肉质脆，种子小。代表品种有小红子、美丽、苏联 1 号、苏联 2 号等。

（5）美国生态型　主要分布在美国南部。适应干旱沙漠草原气候，生长势较强，为大果型晚熟种，含糖量高。代表品种有灰查理斯顿、久比利、克隆代光等。

2. 品种

从栽培品种来看，中小果型、含糖量高、瓤色好、质地硬脆和耐裂的西瓜品种不断出现，适合于保护地栽培的小型有籽西瓜种植面积不断上升，相对而言，大果型、无籽、露地栽培型品种比例有所下降；设施保护地优质厚皮甜瓜品种和优质薄皮甜瓜品种的生产面积不断扩大。

西瓜品种
选择原则

（1）早佳（8424、新优 3 号）　新疆维吾尔自治区农业科学院园艺研究所和新疆葡萄瓜果开发研究中心共同选育而成。早熟，生长势中等。果实圆球形，果皮绿底覆墨绿条带，整齐美观。红瓤，质地松脆，较细，多汁，不易倒瓤。风味爽，中心含糖量 11.1%，高的达 12.8%。平均单瓜重 3kg 左右。

（2）早春红玉　由日本引进的特早熟小型杂交一代西瓜新品种，一般开花坐果后 30d 左右即可收获。植株长势稳健，生长势较强，低温下坐果性好。果实呈橄榄形（长椭圆形），绿底，条纹清晰，果皮厚0.4～0.5cm，单果重通常不超过 2kg。果实成熟后果皮呈青黄色，瓤色鲜红，肉质脆嫩爽口、细腻无渣，糖度一般在 15%左右。产品保鲜时间长，商品性好。

（3）朝霞　中国农业科学院郑州果树研究所选育而成。设施专用小果型西瓜品种。极早熟和果实酥脆多汁是其突出优点，雌花开放到果实成熟 25～28d，中心可溶性固形物含量 12%～14%，果肉黄中透红，肉质细嫩多汁，口感好。平均单瓜重 2.0～2.5kg，果皮厚度 0.4cm 左右。全国各地日光温室、塑料大棚均可种植。

（4）新红宝　台湾育成的一代杂种。早熟，果实发育期 35d 左右，全生育期 100d。植株生长势强，抗枯萎病较强。第一雌花着生在主蔓第 7～9 节，以后每隔 4～5 节再现雌花。果实椭圆形，瓜皮浅绿色散布着青色网纹，果皮厚 1～1.1cm，坚韧，不破裂。瓜瓤鲜红色，肉质松爽，质地中等粗，中心含糖量11%。种子灰褐色，千粒重35～38g。单果重5～6kg。

(5) 京欣2号　国家蔬菜工程技术研究中心选育的优质早熟丰产西瓜一代杂种。果实外形似京欣1号，圆果，绿底覆条纹，条纹稍窄，有蜡粉，瓜瓤红色。作为京欣1号的继代品种，具有果肉脆嫩、口感好、甜度高等优良品质特性。与京欣1号相比其突出优点：在早春保护地生产低温弱光下坐瓜性好、整齐，膨瓜快，可提早上市2～3d，单瓜重大，增产明显，果实耐裂性有所提高。

(6) 特小凤　台湾农友种苗公司育成。极早熟种。单瓜重1.5～2kg。果皮极薄，瓤色晶莹，种子特小，是其最大优点。在高温多雨季节结果稍易裂果，应注意排水及避免果实在雨季发育。

(7) 苏梦6号　是品质尤为突出的小果型西瓜新品种。早春保护地栽培全生育期105～117d，果实发育期30～35d。果实近圆形，果皮绿色覆细墨绿色齿条带，果皮厚0.44cm。果肉红色，质地酥脆，中心糖含量12.3%。单瓜重1.5～2.0kg，亩产量2 000～3 200kg。抗枯萎病，适合江苏和北京地区春季保护地栽培。

二、露地栽培技术

1. 土地选择与轮作

西瓜地应选择向阳背风、有排灌条件的沙壤土或沙土为宜。西瓜实行大田轮作，这样有利于防治或减轻枯萎病的危害。轮作的作物，北方以小麦为主，其他还有高粱、玉米、萝卜、甘薯、绿肥等。同时由于西瓜生长期短、苗期长、行距大，所以适合与其他作物进行间套作，如越冬作物冬小麦、根茬菠菜、葱、早春豌豆等。

2. 育苗与嫁接

西瓜栽培可以直播，现逐渐转向育苗移栽。春季露地直播栽培，适合的播期为日平均气温稳定在15℃以上，5cm地温稳定在15℃以上时。播种方法以穴播为主，穴深3～4cm，灌水0.5～1.0kg，播种3～4粒，盖土1～2cm。有些地区采用在播种穴上堆高6～12cm土堆。西瓜育苗方式和其他瓜类相仿。育苗前先催芽，方法是用50℃温水浸泡12～24h，后在20～30℃温度下催芽2～3d，或在30～35℃温度，一昼夜即可出芽。苗床温度白天25～30℃，夜间17～18℃。大苗苗龄20～30d，以 2～3 片真叶定植为宜。育小苗时，当子叶平展时即可定植。嫁接栽培有明显的抗病（主要是枯萎病）和增产效果。选择抗病性强、亲和力高、对西瓜品质无影响的砧木，目前利用最多的为葫芦、瓠瓜与南瓜等。嫁接一般在苗床内进行，用插接、靠接和劈接等方法。为确保在早春低温下有较高的成活率，需要保持较高的土温与湿度，以有利于嫁接伤口愈合。嫁接苗伤口愈合的适合温度是 22～25℃。通常刚嫁接的苗白天应保持 25～26℃，夜间22～24℃，2～3d 内可不进行通风。嫁接后 3d 内，晴天可全日遮光，以后逐渐缩短遮光时间，直至完全不遮光。为避免瓜苗徒长，6～7d 后应增加通风时间和次数，适当降低温度，白天保持 22～24℃，夜间18～20℃。只要床土不过干，接穗无萎蔫现象，不要浇水。1 周后，轻度萎蔫亦可不遮光或仅在中午强光时遮 1～2h，使瓜苗逐渐接受自然光照，晴天白天可全部揭开覆盖物，接受自然气温，夜间仍覆盖保温，以达到炼苗的目的。嫁接后 15～20d，具有 2～3 片真叶时为定植适期。嫁接后的西瓜苗如从刀口下发出新根，则失去换根的防病作用，为此定植时不宜定植过深，嫁接的刀口应高出地面 1.5～2.5cm。定植后应随时摘去砧木发出的新芽。

3. 整地与施基肥

北方平畦栽培区一般进行秋耕，深约 20cm，耕后晒垡。早春解冻后再进行 1 次翻耙，将土地平整好，然后按 1.5～2m 的行距开沟（宽 50～70cm、深 25～40cm，随地势高低和土质情况而定）。为了排灌方便，瓜地还要设置排灌水沟。南方湿润，宜作高畦，华东、华中以平顶高畦为主，华南以龟背高畦为主。种单行，畦宽为 2.3～3.0m。种双行，畦宽为 3.7～4.3m。基肥以粪肥及土杂肥等农家有机肥料为主，一般沟施或穴施。每公顷施发酵腐熟好的肥料 22 500～37 500kg，也可混合施入过磷酸钙 300～375kg 和硫酸钾 37.5kg。如若施用草木灰，应与硫酸铵、过磷酸钙等肥料分开，每公顷用量600～750kg。

4. 栽植

直播栽培的西瓜，大型品种为每公顷 4 500～6 000 株，中小型品种每公顷 7 500～9 000 株。育苗定植应选择晴天进行。定植时宜带土栽培，否则不易成活。先开沟（或穴）、浇水，后栽苗、培土、封沟。

5. 中耕与除草

从出苗到蔓长 30～35cm，一般中耕 2～3 次，深度 10～15cm，但应注意避免根伤。在第3次中耕时要随之进行间苗、定苗。北方单株为多，南方也有留单株的。苗期可以结合中耕及时除草，但后期瓜蔓和根群布满全畦，不便中耕和除草，而以拔草为宜。

6. 追肥

西瓜追肥应掌握轻施提苗肥，巧施伸蔓肥，重施结果肥的原则。苗期在距幼苗根部10cm处开环形浅沟，施尿素37.5kg/hm^{2}或农家有机液肥2～3次，每次3 750～4 500kg/hm^2。当瓜蔓长35cm时，施饼肥1 500kg/hm^2，复合肥150～225kg/hm^2，在距瓜根部30cm处开沟施入。果实膨大时施磷酸二氢钾225kg/hm^2，尿素150～225kg/hm^2，或复合肥375～525kg/hm^2。南方地区追肥以农家液态有机肥为主，于坐果前后施用。当蔓长35～60cm时，沟施农家液态有机肥15 000kg/hm^{2}或粪肥7 500kg/hm^2。结瓜后一般施猪粪15 000～18 750kg/hm^2。

7. 灌溉与排水

定植后3～4d浇1次缓苗水，以促进幼苗生长。进入伸蔓期后，结合追肥适量浇水。雌花开放到幼果坐住时要控制浇水。进入果实生长盛期，需水量增大，始终保持畦面湿润。果实成熟前7～10d应少浇水，采收前3～5d停止浇水。南方在梅雨季节后，如遇天旱可灌溉，但应注意不宜大灌，在采瓜前3～4d不宜灌水。同时应注意及时排去多余的积水或过量的雨水。一般畦面积水不能超过12h。

8. 整枝与压蔓

整枝压蔓是西瓜田间管理的一项重要措施。目前普遍采用的有单蔓、双蔓和三蔓式整枝。双蔓整枝除留主蔓外，在主蔓的第3～5个叶腋内选留1个侧蔓，两蔓相距30cm左右，平行引伸生长。以后在主蔓和侧蔓上长出的侧蔓应及时去掉。三蔓整枝一般为大型品种采用，叶面积大可以获得大瓜。但蔓多，单株占地面积就大，单位面积的株数就少。有的种特大型瓜，留4～6蔓，每公顷只有3 000株左右。压蔓能固定瓜蔓防止风害，并能促进发生不定根。有的地区在压蔓前，先进行倒秧和盘条。当幼苗在团棵期后，蔓长16～33cm时进行倒秧，即将西瓜根茎基部向一个方向（一般为向南）用土压倒。盘条就是将蔓向反方向压倒，盘半圈后向前引伸压蔓。一般从盘条后每隔5～6节压1次，共压3次。在结果处前后两个叶节不能压，以免影响瓜的发育。侧蔓不留瓜时也参照主蔓节数进行压蔓。压蔓方法分为明压、暗压两种。北方暗压多，将蔓压入土中。中部湿润地区用明压多（也有不压蔓铺草），明压是不把蔓压入土中，用土块压在蔓上就行。华南和华中部分湿润地区由于土壤黏重不宜压蔓，一般在畦面铺草。铺草可以固定株蔓，防止杂草生长，保持土壤湿度和松软。整枝也不严格，只疏掉过多过密的侧蔓，留蔓多达5～6条。近10年来由于品种的更新与栽培方式的改变，压蔓的方式也变得简化，采用小的土块、竹签或树枝固定瓜秧即可，以防止风吹断瓜秧及瓜秧相互缠绕。对于一些早熟品种，可只在坐瓜前整枝，坐瓜后可不进行整枝，以简化西瓜的栽培程序。

9. 留瓜与翻、垫瓜

北方栽培，不论几蔓整枝均1株1果。一般选留主蔓上第2或第3个雌花留瓜（太近、太远均不易结大瓜），同时可在侧蔓上选留第1～2个雌花备用。当幼瓜长到鸡蛋大些时，即可选瓜定果，除去果形不正、病果和发育不良等劣果。有些地区在膨瓜期，将瓜轻轻转动，进行翻瓜，进行2～3次，每次角度不要过大，使瓜全面受光，消除阴阳面，增进甜度。南方瓜区大都不整枝，单株多蔓多瓜，留瓜、定果不如北方严格。但在坐果较密的茎蔓上进行疏瓜，可达到连续收瓜的目的。有些地区于果实生长后期在果实下面垫上一个草圈或麦草、蔗叶等，以免果实发生腐烂。

10. 人工授粉

西瓜是典型的虫媒异花授粉作物。在阴雨低温天气，昆虫活动较少，应及时进行人工辅助授粉，以提高坐果率。授粉时间在雌花开放后2h以内进行，一般在上午7～10时较好。授粉方法可采用对花法或毛笔蘸粉法两种。

三、无籽西瓜栽培技术要点

1. 品种选择

应选择发芽率高、结实好、皮薄、不空心、糖分高的适于当地生产条件与消费习惯的抗病丰产品种。中国目前栽培的主要三倍体无籽西瓜品种有黑蜜2号、农友新1号、雪峰304、洞庭1号、暑宝、翠宝5号等。

2. 种子处理与催芽

无籽西瓜种子由于种皮厚而硬，胚不充实，必须破壳才能顺利发芽。方法是用温水浸泡2h（浸种时间不宜过长），擦干，用嘴或钳子把种子尖端磕开，注意不可用力过大，以免损伤子叶和胚芽。然后在33～35℃恒温下催芽一昼夜。当种子“露嘴”后即可进行播种。

3. 育苗

由于无籽西瓜种子具有价格高、发芽率低、成苗率低和苗期生长弱等特点，利用育苗栽培较好。播种后，应保持较高的土温，以利于种子出苗。出苗后要及时摘去夹住子叶的种壳。在苗期应促进幼苗生长，提早发苗。

4. 辅助授粉

无籽西瓜的花粉不能萌发，必须同时栽种普通二倍体西瓜作授粉用，其数量可按无籽西瓜：二倍体西瓜=4：1或5：1配置。在坐瓜期注意控制秧苗营养生长，防止徒长跑秧。

四、西瓜日光温室栽培技术

1. 茬口安排

西瓜生长发育对光照、温度的要求较高，同时也要求有较大的昼夜温差和较低的空气湿度。所以，在日光温室里冬季生产西瓜有一定的难度，而大部分地区采用结构性能良好的日光温室作早春栽培，于4～5月上市。秋季栽培于7月下旬至8月上旬播种，定植时较合适的日历苗龄为15～20d。

2. 品种选择

日光温室应选择较耐低温弱光和耐湿的品种，抗病性强，优质高产。

3. 育苗

（1）营养土配制　按园田土5份、厩肥3份、堆肥2份的比例混合，肥料必须充分腐熟过筛，每立方米营养土另加复合肥1kg和磷肥3kg。营养土水分要保持60%左右，即以手捏能成团，落地能散为宜。在配制营养土时，可用1 000倍辛硫磷和500倍凯克星均匀喷洒营养土消毒，以防止根蛆、蛴螬等害虫和苗期病害。育苗时应在苗床内铺设电热线加温，或采用酿热温床，用10cm×10cm塑料苗钵育苗。

（2）浸种催芽　浸种之前先要晒种，之后用55℃的温水浸种15min，再用清水浸种6～8h，放入30～32℃条件下恒温催芽约2d，种子露白色胚根后即可播种。无籽西瓜种子种壳较厚，发芽率通常只有30%～40%，可采用人工破壳的方法，使发芽率提高到95%以上。将具有三倍体种子特征（种胚不充实，种壳上有较深的木栓质纵裂，珠眼突起）的优良种粒选出后，温汤浸种2～3h，然后嗑种，嗑开部分为种子长度的1/3左右即可。西瓜种子可和湿沙混合催芽。具体做法是：取清洁河沙晾至半干，湿度以手捏成团，指缝间无水滴流出，手松即散为度。湿沙为种子体积的2～3倍，把种子与河沙均匀混合，置于28～30℃条件下催芽。

（3）播种　春茬日光温室西瓜栽培于1月上旬至2月上旬播种，每钵播1粒种子，平放在基质中，播后覆盖3cm左右厚的基质。无籽西瓜幼苗出土后种壳不易脱落，易“戴帽”出土，必须及时用人工辅助去壳。如果种壳过于干燥，先喷少量水，将种壳湿润再去壳。

（4）苗期管理　播种后搭小拱棚保温，春季育苗采用“二高二低”的温度管理原则：播种至出齐苗期间白天温度控制在30℃，夜间25℃左右；齐苗至真叶展开，白天22～25℃，夜间15～18℃；真叶展开至移栽前7d，白天25～28℃，夜间18～20℃；移栽前7d开始降温炼苗，白天20～25℃，夜间12～15℃。苗期一般不追肥，应尽量控水，掌握见干见湿的原则，防止小苗徒长。苗期注意猝倒病、立枯病的防治，定植前喷1次甲基硫菌灵防病。

（5）嫁接育苗　日光温室春茬西瓜栽培普遍采用嫁接育苗，砧木可选用瓠砧1号或西砧1号，也可选用云南黑籽南瓜。接穗比砧木提早播种5d左右，播种和嫁接方法与黄瓜嫁接相同。

4. 定植及管理

定植前施足底肥。按1m行距开沟，每公顷沟内施入45 000kg腐熟优质农家肥、150kg饼肥、过磷酸钙750～1 125kg，充分混匀，深翻耙平，做底宽50cm、上宽35cm、高10cm的垄，整平垄台，覆盖地膜。定植时期春茬西瓜苗龄应掌握在35～40d，于2月中旬至3月上旬选晴天定植。定植株距50cm。大型西瓜品种每公顷栽植8 250～12 000株，小型西瓜每公顷栽24 000株左右。

（1）温度管理　定植后5～7d一般不通风，白天温室内气温28～30℃，夜间不低于15℃，以促进缓苗。伸蔓期白天保持25～28℃，夜间不低于15℃，有利于坐瓜。坐瓜期白天28～32℃，夜间17℃以上。

成熟期白天室内气温保持30～35℃，夜间15℃左右，以利于糖分的形成与积累。如遇寒流要增加覆盖物保温，最低气温不低于10℃。

（2）肥水管理　一般定植后浇3～4次水，追肥2次。前期适当控水，促根系生长。当蔓伸至30cm后开始浇水，同时每公顷施三元复合肥225～300kg。开花坐果期一般不浇水施肥，以防"化瓜"。坐果后要肥水齐促，当80%植株幼瓜长至苹果大小时，要浇一次定瓜水。1周后瓜迅速膨大，再浇一次水，同时每公顷追尿素75kg，三元复合肥375～450kg。

（3）光照管理　西瓜为喜光作物，日光温室西瓜栽培所采取的增加光照度及光照时间的措施，与甜瓜栽培相同。

（4）整枝引蔓、打顶　大型瓜品种采用"一主两侧"或"一主三侧"整枝方法，即当瓜蔓长至30～50cm时进行压蔓，瓜前轻压，瓜后重压，促使瓜蔓粗壮。小果型品种多采用单蔓整枝。实施双蔓整枝时，在主蔓第5～7节叶腋处选留一条粗壮的子蔓。坐果节位以上保留18～20片叶打顶，顶部保留2个侧枝，基部的老叶、病叶应及时剪去。西瓜主蔓的第1雌花坐果多为畸形，个小，皮厚，商品价值低，第4雌花以后结的瓜因水肥供应差，也常出现偏头瓜。因此，一般应选留第2～3雌花所结的瓜。双蔓整枝可在主蔓和子蔓上各留1个瓜（子蔓上可留第1雌花结的瓜），以后根据生长发育状况选留1个瓜。

（5）人工授粉、定果　一般于每天上午7～9时进行人工授粉。无籽西瓜取授粉品种当天开放的雄花授粉。对于授过粉的雌花，应标明授粉当日时间，以便确定适合的采收日期。果实发育到鸡蛋大小选择果形圆整的留瓜，春季选择坐果节位在第18～20节前后的果实定果，秋季可适当提高坐果节位，每株留1果，疏去多余果实。当果实膨大到1.0kg左右时，应及时用尼龙丝网袋或用草圈托起，防止坠秧和伤瓜。

五、病虫害防治

西瓜病虫害比较多，主要病害有幼苗猝倒病、立枯病、枯萎病、炭疽病、蔓枯病、病毒病、白粉病、细菌性果腐病、疫病、叶枯病、根线虫病等。害虫有小地老虎、蝼蛄、种蝇、瓜蚜、黄守瓜、红蜘蛛、茶黄螨、粉虱、斑潜蝇等。防治方法见黄瓜相关内容。

六、采收

西瓜自播种到收获为80～120d，果实自雌花开花到果实成熟为25～50d。春播露地栽培的收获盛期，因地区而异，华南在6月，华中、华北在7月，北部高寒地区则在8月。

西瓜的采收

【专栏】

西瓜成熟的鉴定方法

西瓜成熟的鉴定是比较复杂的，瓜农积累了很多宝贵经验。总结起来有如下几种方法：一是计算坐果日数和积温数。早熟品种28d，需有效积温700℃。中熟品种33～35d，晚熟品种达40～45d，需有效积温1 000℃。二是观察形态特征。果实附近几节的卷须枯萎，果柄茸毛脱落，蒂部向里凹，果面条纹清晰可见，果粉退去，果皮光亮等都是成熟的特征。三是听音。用手指弹瓜发出浊音，表示成熟。上述几种鉴定方法在实际应用中以综合判断更为可靠。

第六节　甜　　瓜

一、类型及品种

1. 类型

根据生态特性，中国甜瓜的栽培品种分薄皮甜瓜与厚皮甜瓜两个生态类型：

（1）薄皮甜瓜　又称普通甜瓜、东方甜瓜、中国甜瓜、香瓜。全国各地都有种植，但以黄淮流域、长江中下游以及松辽平原一带栽培最为广泛。植株较矮小，叶片、花、果实、种子均比较小，果皮、果肉较薄，易裂，均具芳香味，其瓜瓤和汁液极甜，可以连皮带果肉一起食用。按照果皮颜色分有白色、黄色、绿色、花皮、绵瓜等品种群。

（2）厚皮甜瓜　包括网纹甜瓜、硬皮甜瓜和冬甜瓜。要求有较大的昼夜温差和充足光照，抗病性较弱，在中国露地栽培仅局限于新疆、甘肃地区。生长势旺盛，叶片、花、果实、种子均较大，果皮厚硬，果肉厚，细软或松脆多汁，芳香、醇香或无香味。可溶性固形物含量11%～15%，高的可达20%。较耐贮运。按照品种的成熟期和特性有早熟圆球形软肉、早熟脆肉、中熟夏瓜、中晚熟秋瓜、晚熟冬甜瓜、白兰瓜品种群之分。

2. 品种

（1）梨瓜　江西省地方品种，在中国栽培区较广。中熟。果实似梨形，果皮乳白色，有细绿纵条，成熟后阳面泛黄，折光糖含量13%左右，品质优。较耐运输。平均单果重300g左右。

（2）黄金瓜　浙江省地方品种，浙江、上海一带普遍栽培。早熟种。果实长卵形，果皮金黄色，光滑。果肉白色，质脆汁多，折光糖含量12%左右。平均单果重400g。

（3）西薄洛托　从日本引进的甜瓜杂交品种。该品种叶片小，叶色浅绿，叶面细毛多，气孔大，主枝粗壮节间短，植株生长势旺盛，较抗蔓枯病和白粉病，不早衰，坐果率高，从开花到成熟36～40d，不落蒂，单株结瓜3～4个，一般单果重600～1 000g，亩产量1 200～1 600kg，果实呈球形。适合在上海、江苏、浙江、山东、海南种植。

（4）翠雪7号　是由浙江省农业科学院蔬菜研究所杂交育成的早中熟厚皮甜瓜新品种。果实椭圆形，平均单果重1.66kg。果皮白色，果实充分成熟时，果面会有不规则细纹。果肉白色，囊微红，果肉厚3.7cm，质地细脆，味好纯正，中心可溶性固形物含量17%左右，贮运性好。在浙江省杭州地区早春2月下旬至6月上中旬栽培，全生育期100d左右，果实发育期38d左右，易坐果，亩产量为2 500kg左右。较耐低温，抗逆性好，对蔓枯病耐性较强，适合春季保护地栽培。

（5）众天9号　中国农业科学院郑州果树研究所选育的网纹类厚皮甜瓜中熟品种。郑州地区春季保护地栽培全生育期100～120 d，坐果到成熟40～45 d，果实椭圆形，绿色果皮上覆灰白色网纹，果面上有纵沟和深绿色斑块，果肉白至绿白色，肉质松脆，单果重量1.5～2.5 kg，中心可溶性固形物含量16.0%、边部12.0%，果肉厚度3.5～4.5 cm，中抗白粉病。适合我国东部地区塑料大棚和日光温室种植。

二、露地栽培技术

1. 整地与施肥

露地栽培甜瓜应选择背风向阳、地势高燥、又有灌溉条件的沙质土或壤土。熟荒地、河滩地或夜潮地均适于种植甜瓜。土壤中一定的含盐量可促进生育、提早成熟和增加果实的可溶性固形物含量。新疆维吾尔自治区著名哈密瓜产区如鄯善的东湖、尉犁伽师、岳普湖等均选在轻盐碱地或大河下游盐渍化程度较高的地区种植。但在盐碱地上种植哈密瓜时，整地前应先灌水洗盐，然后每公顷再铺沙 22 500～37 500kg 进行压碱。甜瓜忌连作，连作将造成枯萎病的猖獗，故应实行 3～5 年的轮作。甜瓜的前作一般为大田作物。甜瓜常与小麦、棉花、玉米等作物间套作，与越冬直立性作物套作，在早春可以起到防风、增温、早熟作用。上海市南汇区的早春甜瓜—水稻茬口安排，既合理利用了土地与季节，又有效地进行了轮作倒茬，取得了良好的效果。旱作栽培一般不作畦。灌溉栽培的应按行距要求作畦。北方地区一般作成 2 个宽、窄不同的平畦，窄畦供种瓜和浇水用，宽畦用于爬蔓结果。畦间筑埂，干旱缺水时进行畦面漫灌，但也有临时开沟进行沟灌的。南方多雨地区均作成高畦或高垄，在畦（垄）沟内进行排灌。甘肃省河西走廊的旱塘栽培，分旱塘与水塘两个部分。前者系植株生长爬蔓的地方。后者只用于灌水，塘面多是凹形，以利保墒。有试验表明，生产 1 000kg 甜瓜果实需氮（N）2.5～3.5kg，磷（P_2O_5）1.3～1.7kg，钾（K_2O）4.4～6.8kg。增施磷肥可以促进根系生长和花芽分化，提高果实含糖量。钾肥可以提高植株的耐病性。甜瓜各个生育期对营养元素的要求不同，应根据植株的生育期和生育状况施肥。基肥施用量约占全施肥量的 2/3。一般每公顷施粗肥如厩肥、堆肥或塘泥 37 500～45 000kg，过磷酸钙 300～450kg，草木灰 3 750～4 500kg。

2. 播种与育苗

（1）种子消毒　用相当于种子体积 3 倍的 55～60℃的温水进行浸泡，或将干燥种子放在 70℃的干热条件下处理 72h，或用 1 000 倍升汞水溶液浸种 5～10min，或 1 000 倍有机汞制剂浸种 30～60min，或 40%甲醛 100 倍液浸种 30min，或用 10%的磷酸三钠水溶液浸泡种子 20min，可有效防止病毒传播。消毒后用清水充分洗净后催芽。

（2）浸种催芽　将消毒、清洗后的种子用清水在常温下浸泡 6～8h，使种子充分吸水，再淘洗干净后用清洁湿润的毛巾或纱布包好，置于 28～30℃下催芽，24～36h 后即可发芽。为促进发芽整齐一致，可用 0.1%的硼酸或 0.1%的硫酸锰浸种 8～12h，具有一定效果。

（3）播种 甜瓜经移植伤根后根系的恢复再生能力较弱、缓苗慢，故多用直播方法。露地直播均用穴播法，每穴播籽5～6粒或播芽3个左右。北方地区春播时常借墒播籽或点水播芽以及采用浅播高盖加小土堆的增温保墒播种法，以促进出苗。苗床的制作、育苗土的配制、营养钵的装排等播前准备工作，可参考黄瓜有关章节。薄皮甜瓜籽小，每公顷用种量为1 500～2 250g。厚皮甜瓜每公顷用种量3 000～3 750g。育苗栽培的用种量每公顷只需750～1 050g。

（4）苗期管理

①直播苗期管理。有3个关键措施：其一是盘瓜，这是北方苗期中耕的特有技术。即从幼苗出土至幼苗团棵时用瓜铲除去幼苗四周杂草，松土，再抹平拍实，一般需3～4次。其二是间苗、定苗，一般分3次进行，分别在子叶平展、2片真叶期、团棵期进行。三是4～5叶期的主蔓摘心。

②春播育苗。播种前将钵土浇透水，把露出胚根的种子平放在钵内，上面覆土1～1.5cm即可。从播种到出苗，床内的气温、地温、夜温均要保持在28～30℃，以促进早出苗，出齐苗。此期，只要苗床内温度不超过35℃，一般不通风。出苗的同时，将地温降至23～24℃。气温白天25～30℃，夜间15～20℃。定植1周前进行低温锻炼，白天要通风炼苗，夜间逐步通风。自播种至出苗一般不浇水，以防降低地温，影响出苗。出苗后视床土湿度浇水，但要分期浇透水。定植前伴随低温锻炼，水分也要适当控制。甜瓜苗期较短，春季育苗苗龄一般为35d左右。

（5）定植 甜瓜的根系忌畦内积水，在非盐碱的地块宜采用高畦栽培。在排水不畅的地块，为防止沤根可在畦内开50cm的深沟，沟内铺20cm稻壳或作物秸秆，压实后再铺畦土。一般畦宽1.3～1.5m。甜瓜吸收矿物质营养与干物质的形成及糖分的积累密切相关，因此，增施优质有机肥料是获得优质高产的关键措施之一。北方种植甜瓜一般每公顷用堆肥或厩肥22 500～30 000kg，加450～750kg过磷酸钙作基肥。南方以施用农家有机液肥为主，每公顷37 500kg左右。西北地区一般每公顷施厩肥30 000～60 000kg。薄皮甜瓜的行、株距一般为（1.0～1.7）m×（0.5～0.7）m，折合每公顷栽9 000～15 000株。露地厚皮甜瓜的地爬栽培行、株距为（2～2.3）m×（0.5～0.7）m，折合每公顷栽6 000～

12 000株。甜瓜栽培覆盖地膜的方式多以条状局部覆盖为主，南方多雨地区则采用高畦面全覆盖方式用以防雨护根。覆膜时间顺序有两种：一是先覆膜后播种、定植。二是先播种、定植后再覆膜。

（6）田间管理　甜瓜对水分反应敏感，过干、过湿均不适合。幼苗期需水量少，以多盘瓜、少浇水进行适当蹲苗为好。开花坐果期的湿度要适合，干旱时可适量补水。膨瓜期需水量大，要加强灌水。北方此时又正值旱季，故应根据墒情加强浇水。成熟前停止浇水，以确保果实品质。整枝摘心是甜瓜田间管理中的关键性技术措施。整枝要根据不同品种的开花结果习性而定。一般品种的雌花不在主蔓上发生，大多着生在子蔓或孙蔓上。因此，栽培上需要通过摘心提高茎叶内的养分浓度，促进叶色转浓，抑制顶端生长优势而促进子、孙蔓的发生和提早结果。从主蔓基部发生的子蔓一般雌花着生较迟，而中上部子蔓的雌花着生较早。孙蔓一般都在第 1 节即可发生雌花，生产上常利用这种孙蔓留果，瓜农称之为果杈。而发生雌花晚的孙蔓往往生长过旺，瓜农称之为疯杈或油条，应及早摘除。因不同品种的开花结果习性不同，故整枝方法不同。厚皮甜瓜多采用单蔓或双蔓整枝，薄皮甜瓜多采用双蔓和多蔓整枝。

①单蔓整枝。主要用于侧蔓结果的品种，即主蔓 8～10 节以下的侧蔓尽早打掉，9～15 节发生的侧蔓作为结果枝，此后上部的侧蔓仍打掉，主蔓留 23～25 片叶摘心。新疆哈密瓜和保护地搭架栽培的网纹甜瓜等采用这种方式。

甜瓜植株调整

②双蔓整枝。对雌花在主蔓和子蔓上发生晚而在孙蔓上发生早的品种，进行主蔓摘心，留 2 条侧蔓，侧蔓上萌发的侧枝（孙蔓）为结果枝。大多数薄皮甜瓜品种都是利用孙蔓结瓜。其主蔓摘心的方式可以分为 2～3 叶摘心、4～5 叶摘心和 7～8 叶摘心 3 种，其中以 4～5 叶摘心的最为普遍。选留基部 2～3 条健壮子蔓，当子蔓具 4～10 叶时再进行子蔓摘心。中晚熟品种常先摘除子蔓基部 5～6 节以下的孙蔓，当子蔓具 20 片叶才行摘心。摘心越早发杈越快，瓜农为了早熟常在 2～3 片真叶时，用竹签拨除生长点，以促进子蔓早发，选留 2 条子蔓。

③四蔓整枝。果型较大的中晚熟品种多采用主蔓 7～8 叶摘心，选留第三节以上的健壮子蔓 4 条，每根子蔓于 8～12 叶摘心，这是子蔓四蔓整枝法。山东益都银瓜与兰州白兰瓜的四蔓整枝法各具不同特色，银

瓜用的是孙蔓四蔓整枝法，白兰瓜用的是倒扣锅状“天棚”式子蔓四蔓整枝法。

此外，还有采用大蔓整枝和不整枝的。为了促进坐果，在坐果前应及时去除多余枝蔓和结果枝上留 2 叶摘心。当幼果坐稳后，整枝摘心可适当放松。像楼瓜等主蔓上雌花着生早而连续发生的品种，可以不摘心。

④二茬果整枝。厚皮甜瓜春季栽培常通过采收二茬果来实现既要早收，又要提高产量、延长收获期的目标。即单蔓整枝时，主蔓上部的侧蔓保留 2～3 条，待第 1 个瓜定个，进入成熟期后，上部的侧蔓再选留 1 个果。第 1 果收获时，二茬果正处于膨瓜期。厚皮甜瓜栽培的主蔓可在所留结果枝的雌花开花时摘心，结果枝侧蔓留 2 片叶摘心。摘心打杈要在晴天的上午进行，以防因伤口导致病菌侵入而感染病害。秋季栽培前期植株长势旺，摘心可提前进行，一般展开 17～18 片叶时摘心。留瓜节位因品种不同而异。低节位果实个小、果形扁、肉厚。反之，高节位的果实因下部叶片多，上部叶片少，果实初期纵向膨大快，而后养分不足影响横向膨大，故果实偏长，糖分积累少，果肉薄，网纹甜瓜则网纹稀疏。大果型品种，每株只留 1 个果实，当幼果长至鸡蛋大小时，即可疏果定瓜。选留幼瓜的标准是颜色鲜绿、形状匀称、两端稍长、果柄较长、侧枝健壮。薄皮甜瓜都为一株多果，一般不进行疏果。果实定个后应小心及时进行翻瓜、垫瓜和果面盖草等工作。翻瓜要逐步翻转，雨水较多的地方，成熟前常在瓜下垫一草圈。不耐日晒的品种要进行盖草防晒工作。

三、甜瓜日光温室栽培技术

在日光温室栽培甜瓜，一般可以安排春茬、秋冬茬和冬春茬栽培，但以春茬栽培为主。秋冬茬栽培于 8 月上旬至 9 月上旬播种，苗龄 30d 左右，定植期为 9 月下旬至 10 月初，翌年 2 月上中旬开始采收；冬春茬栽培的播种期在 10 月下旬至 11 月上旬，定植期在 11 月下旬至 12 月上旬，翌年 2 月上中旬始收。现主要介绍日光温室春茬栽培技术。在华北地区，日光温室春茬栽培一般在 12 月下旬到翌年 1 月中旬播种，采用日光温室育苗，苗龄 30～35d。1 月下旬至 2 月上旬定植，4 月上旬始收。

甜瓜果实管理

1. 品种选择

日光温室春茬栽培甜瓜一般以早熟或中早熟品种为主。

2. 育苗

（1）营养土的制备　营养土最好选用比较肥沃而未种过瓜类作物的大田沙壤土或前茬为豆类、葱、蒜类蔬菜作物的地块，掘取 13～17cm 土层的土壤，肥料可用经充分腐熟的有机肥。营养土的配制比例约为肥：土＝2：1，混合过筛，每立方米加 100g 甲基硫菌灵和 100g 敌百虫（或 500 倍浓度喷洒混匀），同时加 1kg 磷酸二铵或复合肥。有条件的也可用草炭与蛭石混合配制，混配比例为 1：1，每立方米基质可加 1kg 复合肥和 5kg 经高温膨化的消毒鸡粪。常用直径为 10cm、高 10cm 的塑料钵育苗。装钵时注意上松下紧，整齐地排入育苗畦中，育苗畦铺塑料地膜，使苗钵与土壤隔离。

（2）播种育苗　甜瓜播前对种子应进行浸种、催芽，其方法可参考黄瓜的浸种催芽和播种方法。春茬甜瓜栽培的育苗时间正值寒冬季节，应在加温温室里育苗，在日光温室内要用温床育苗。其育苗方法亦与黄瓜相同。日光温室春茬甜瓜栽培也可以培育嫁接苗，砧木选择缩面南瓜、黑籽南瓜或 90－1 等。采用靠接或插接法，嫁接技术基本与黄瓜嫁接相同。苗床上扣塑料小拱棚增温、保湿。嫁接苗床的温度要比黄瓜高 1～2℃，其他管理同黄瓜。

（3）苗期管理　在甜瓜幼苗出土前，白天要求温度保持在 25～35℃，夜间 18～20℃，2～3d 后开始出苗。70％营养钵出苗后白天温度控制在 20～25℃，夜间保持在 15～20℃。此阶段既要防止徒长，又要避免冷冻伤苗，并给予充足光照条件。整个苗期注意肥水管理，可适当少量施肥或叶面喷肥。夏秋季育苗要注意遮阳、降温。定植前 5～7d 开始加大苗床通风量，控制水分。在苗龄 30～35d、幼苗长到 3～4 片真叶时定植。

3. 定植

（1）整地施肥　前茬作物腾地后，清除残株、杂草，进行温室消毒。深翻土地，每公顷施腐熟有机肥 60t，采用小高畦栽培，畦高 10～15cm，畦面宽 80cm，沟宽 80cm。

（2）定植　定植时要求温室内 10cm 深土壤温度稳定在 15℃以上，如果加盖小拱棚或其他增温设施，定植期可适当提前。每畦栽 2 行，行距 60cm，株距 35～40cm。每公顷种 22 500～33 000 株。定植应在晴天进行。定植多采用暗水定植法，即先挖穴，穴里灌足水，栽苗。栽苗深度以刚埋住土坨上层表面为准，待水渗后用土将穴填满。覆土时注意将地膜上的定植口封严，一是可保湿，二是防止膜下热气通过定植口烤苗，并可以防止杂草生长。

4. 定植后的管理

（1）温度管理　定植后白天应保持27～30℃，夜间不得低于20℃，地温20～22℃。缓苗后逐渐降温，营养生长期白天25～30℃，夜间不低于15℃，地温20℃。果实膨大期白天27～30℃，夜间15～20℃，地温20～23℃。

（2）肥水管理　定植水的水量要足。定植后4～7d浇缓苗水，一直到植株抽蔓均不需浇水。在茎蔓迅速生长时浇一次水，以促进茎蔓伸长，然后控制浇水，直到第1瓜开始膨大时，再浇水促进果实迅速膨大，以后一般不再浇水。棚内湿度应控制在50%～70%，以减少病害的发生。到伸蔓期应浇小水，同时施肥，以氮肥为主，适当配合磷、钾肥。尿素和磷酸二铵（或复合肥、硫酸铵）按1∶1配施，每公顷施600～750kg。施肥可在距根部10～15cm远、深10cm处挖穴施入，施肥后立即浇水。开花前1周控制水分，防止植株徒长，以利于坐果。当幼瓜长到鸡蛋大小时即进入膨瓜期，此时是甜瓜生长需肥水最多的时期，也是追肥的关键时期。该期应适当控制氮肥，重施磷、钾肥，一般每公顷施磷酸二铵450～600kg，硫酸钾150～225kg。施肥在距瓜根部20～30cm处，挖穴或开沟施入。网纹甜瓜开花后14～20d进入果实硬化期，果实开始有网纹形成，如果网纹形成初期水分过多，则容易产生较粗的裂纹，因此在网纹形成前7d左右减少水分，待网纹逐渐形成后再逐渐增加水分，以促进果实肥大并形成均匀、美观的网纹。如果土壤太干旱，则果实的网纹很细且不完全，外观亦不美。果实近成熟时控制水分，有利于提高品质。

（3）光照管理　每天揭苫后应清洁屋面塑料薄膜，争取更多阳光进入温室。在温室后墙张挂反光膜，增加温室内中后部光照强度，提高地温和气温。

（4）植株调整与授粉　日光温室栽培甜瓜采用吊绳固定秧蔓，即用吊绳缠在主蔓2片子叶以下，然后顺时针缠瓜秧，同时摘去卷须和已开放的雄花。早熟栽培一般都采用单蔓整枝法，也可采用双蔓整枝法。

①单蔓整枝。主蔓长至25～30叶时摘心，选留主蔓第11～16节上的子蔓作结果预备蔓。一般留3～5条子蔓，每条子蔓上留1个瓜，瓜前留2片叶摘心。结果蔓以上再发出的子蔓全部摘除，最顶部子蔓留3～5片叶摘心。结果后主蔓基部的老叶可摘掉3～5片。

②双蔓整枝。幼苗第3～4片真叶展开时摘心，各叶腋均能发出子蔓，待子蔓长15cm左右时，留强健发育整齐的子蔓2条，其余摘除，子蔓长到20～25叶时摘心。因每蔓1个果，果实较大而均匀，虽然比单蔓整枝的少栽500株苗，但产量并不低。不管用何种整枝方法，必须经常调节茎蔓的高度，使其生长点在温室南北方向上处于同一高度，留瓜的高度也应尽量一致，这样做不但整齐美观，而且也有利于受光。

日光温室栽培甜瓜要进行人工授粉。授粉于晴日上午9～10时进行。1朵雄花可为2～4朵雌花授粉，或将花粉采集于小玻璃器皿内，用干燥毛笔蘸花粉往柱头上涂抹。

甜瓜辅助授粉

5. 采收

授粉后挂上纸牌，标明授粉日期，以便确定采收期，或者在同一授粉期的果实挂上同一颜色的纸牌，以便在确定1个瓜成熟后，即可采收挂有同样颜色纸牌的瓜。植株结果后5～10d，当幼果如鸡蛋大时，选择果形端正者留果，同时去掉花痕部的花瓣。在进行单蔓整枝时，大果品种每蔓留1果，小果品种最多每蔓留2果。留果后用细绳吊住果梗，或在果实长到250g左右时，用稻草做成草圈托吊幼瓜。甜瓜果实成熟后，表皮有光泽，花纹清晰，脐部有该品种特有香气。采收甜瓜时果梗应剪成T形为宜，果肩贴商标，并用泡沫网套包好，装箱。

甜瓜留瓜与护理

甜瓜适时采收

四、病虫害防治

1. 主要病害防治

甜瓜的病害较多，主要有枯萎病、蔓枯病、白粉病、霜霉病、疫病、炭疽病、猝倒病、病毒病。生产上对枯萎病与病毒病的防治主要是采用轮作倒茬和避开高温季节栽培等农业措施。防治枯萎病除了实行多年轮作和选用抗病品种外，主要采取控制土壤湿度措施，采用小水漫灌方法，降雨后及时排水。蔓枯病可通过高畦栽培、暗沟灌水降低设施内空气湿度的方法防治。防治病毒病，主要采取堵截毒源，不在瓜地附近种植带毒寄主和清除杂草消灭传毒媒介；及时灭蚜；控制发病条件；适当早播躲开发病高峰期的威胁。白粉病的蔓延很快，药剂防治可参见黄瓜白粉病。硫悬浮剂对白粉病的防治效果良好，但不同品种反应不同，喷洒时要先进行少量试验。甜瓜植株叶片较其他作物耐性差，故喷洒农药时，一般要避开 35℃以上的高温，以免发生药害。苗期用药浓度要低于成株期。有的品种对铜离子敏感，对含铜离子的药剂，要注意先做实验。

2. 主要害虫防治

甜瓜的害虫有守瓜、蚜虫、红叶螨、侧多食跗线螨以及地蛆等。防治方法参见黄瓜相关内容。

五、采收

薄皮甜瓜的果实发育成熟比较快，一般只需 20～30d。厚皮甜瓜果实发育所需的天数较长，哈密瓜的早熟品种需 25～35d，中熟品种 45～50d，晚熟品种却要 65～70d。白兰瓜也要 45～50d 才能充分成熟。

【专栏】

甜瓜果实的成熟标志：①皮色鲜艳，花纹清晰，果面发亮，充分显示品种固有色泽，网纹品种的网纹硬化突出。②果柄附近茸毛脱落，果顶（近脐部）开始发软。③果蒂处产生离层的品种如白兰瓜、黄蛋子等，瓜蒂开始自然脱落。④开始发出本品种特有的浓香味。⑤因胎座组织开始解离，用手指弹瓜面而发出空浊音。⑥果实比重小于 1 而半浮于水面。⑦植株衰老，结果枝上的叶片黄化。

第七节　丝　　瓜

一、类型及品种

1. 类型

丝瓜分普通丝瓜和有棱丝瓜两个栽培种。

(1) 普通丝瓜　生长势强。叶掌状，叶裂较深。嫩果有密毛，无棱，肉质嫩。现中国南、北各地均有栽培。采丝瓜络栽培多用此种。印度、日本、东南亚等地的丝瓜多属此种。

(2) 有棱丝瓜　植株生长势较普通丝瓜弱，需肥多，不耐瘠薄。果实有棱和皱纹，果皮色有深绿色、绿色或绿白色等。主要分布在广东、广西、台湾和福建，近年来全国各地均有引种栽培。

2. 品种

(1) 白玉霜　武汉市郊地方品种。主蔓第15～20节着生第1雌花。果实长圆柱形，一般长60～70cm，横径5～6cm。皮浅绿色有白色斑纹，表面皱纹多，皮薄，品质好。一般单果重300～500g。不甚耐旱。

(2) 七喜　台湾农友种苗公司育成。果色淡绿，纵线稍明显，果脐中大，皮面较粗糙。商品果实长21cm，横径78cm，单果重500g。植株生长势旺盛，不易衰萎，结果期长，结果多，在台湾夏季6～8月长日照期间播种不易结果。

(3) 白丝瓜　亦称白天萝，浙江省地方品种。生长势强，分枝性强。第1雌花着生在第8～10节，结瓜往往在第12～15节上，主侧蔓均能结瓜，以主蔓为主。果实短棍棒状，商品果长38cm，横径4.5cm。果皮白色，有9～12条淡绿色不明显纵棱。老瓜黄白色，表面光滑。一般单果重350～450g。

(4) 雅绿9号　广东省农业科学院蔬菜研究所选育的有棱丝瓜一代杂种。第1雌花着生节位7～15节，第1瓜坐瓜节位9～16节。瓜呈长棒形，瓜色深绿，外皮无花斑，棱沟深，棱色墨绿；瓜长45.0～48.1cm，横径4.79～5.00cm；单瓜重387.0～444.8g，单株产量1.60～1.91kg，一般栽培产量30 000～37 500kg/hm^2。适合华南地区春夏种植。

(5) 桂冠5号　广西壮族自治区农业科学院蔬菜研究所选育的有棱丝瓜一代杂种。植株生长势强，分枝能力强，主、侧蔓均可结瓜，叶片深绿色；早熟，播种至始收春季65～68d、秋季45～47d；商品瓜短棒形，瓜皮绿色带斑点，瓜长35～38cm，横径5.0～5.2cm，单瓜重310～350g，瓜肉白色、细嫩，口感甜脆；亩产量3 500～3 900kg。适合华南地区春、夏、秋季种植。

(6) 石棠丝瓜　广州市郊区蔬菜研究所育成。中熟种。蔓生，分枝力强。果实棒形，外皮青绿色，瓜身柔软，肉厚，白色。一般单瓜重350g左右。喜水，耐湿。春、夏、秋季均可栽培。

二、露地栽培技术

1. 整地、播种、定植

丝瓜对土壤的选择、播种期和育苗技术等，与冬瓜基本相同。有棱丝瓜连作病害较重，应与非瓜类蔬菜作物轮作。南京市郊区利用棚架栽培，一般畦宽2.7～3.3m（中间畦沟宽0.7m），两边各种1行，株距23～26cm。广州市郊区一般畦宽1.7～2m（连沟），一般单行株距15～25cm，双行株行距80cm×（30～45）cm。在确定丝瓜的栽植密度时，首先，应考虑种和品种的结果习性，结果能力较弱的品种比结果能力较强的可密些，果实较小的品种比果实较大的也可密些。其次，不同栽培季节的栽植密度不同，春播和夏播的气候较适合，茎叶生长和结果较好，生长期较长，不宜过密，秋播则可适当密植。具体还应根据棚架方式和肥力等条件而定。

2. 施肥灌溉

丝瓜施肥应以有机肥为主，其中以氮、磷、钾齐全且肥效长的经充分发酵腐熟的各种有机肥为好。施用量应根据不同栽培季节、生长期长短和土壤肥力状况而定。在广州市郊区每公顷产量为20 000～27 000kg时，一般约需腐熟厩肥20 000kg、过磷酸钙650～700kg、三元复合肥（N、P、K各15%）350kg，氯化钾30kg和尿素350kg。春、秋栽培在插架前及第1雌花开花时结合培土各培肥1次，每公顷用复合肥300～450kg。夏季栽培结果前不施或少施肥。采收后均应培肥1～2次，以后每采收1～2次追肥1次。丝瓜虽然耐旱，但比较适应较高的土壤湿度，要经常保持土壤湿润，结果期更要保持充足的水分，宜保持土壤相对湿度80%～90%。

3. 搭架引蔓和植株调整

丝瓜茎叶茂盛，需要设置比较高大的棚架或支架，使茎蔓有较适合的生长空间。棚架的形式主要有：篱笆架、棚架、“人”字形架等。广州地区春、秋种植的有棱丝瓜苗高20～23cm时即可插杆引蔓。丝瓜的主蔓和侧蔓都能坐果，一般以主蔓结果为主。随着结果期的延长，侧蔓结果越来越多，但不同季节，丝瓜主蔓和侧蔓的结果情况是有变化的。

通常在主蔓坐果以前，应把基部侧蔓摘除以培育主蔓。生长中期按去弱留强的原则摘除植株上部较弱的侧蔓，培养强健的侧蔓，后期一般不摘蔓。

三、保护地栽培技术要点

北方地区利用塑料大棚、日光温室种植丝瓜，一般于12月中下旬利用营养钵播种育苗，在棚（室）内覆扣小拱棚，增温防寒。苗床温度控制在20～25℃，如遇夜间低温，还应在小棚外加盖草苫等。早春移栽时需覆地膜。每公顷栽植33 000～36 000株。丝瓜在棚内种植时，多采用假单蔓整枝法：在主蔓见幼果时，及时在幼果上部留3～4叶打顶，以便换新蔓上架，同时打掉其他侧蔓。在新蔓上又产生雌花坐果时，仍按上法打顶摘心，以后依次进行。保护地内气温应控制在20～28℃，根据季节和丝瓜生育期，进行保温或通风调节。在开始坐瓜前，要重施追肥。

四、病虫害防治

丝瓜在栽培过程中受霜霉病、疫病、炭疽病、褐斑病等病害及斑潜蝇、黄守瓜、瓜实蝇等虫害的危害，其中，较易感染霜霉病，需及早防治。病虫害的防治方法与其他瓜类相同。

五、采收

商品瓜的采收一般在开花后约10d，但也因果实发育期间的气候条件不同而变化。一般当瓜条饱满，果皮具光泽时便可采收。

第八节 苦　瓜

一、类型及品种

1. 类型

苦瓜以其皮色区分，可分为绿色和白色两类。其色泽又因品种之不同，有浓、淡之分，并无显著之界限。以其果形区分，可分为纺锤形、长圆锥形、短圆锥形、长棒形、长球形等，并有宽肩、尖肩之别。按果皮的瘤状突起可分为条（肋）状瘤、粒瘤、条粒瘤相间及刺瘤等类型。

按熟性分为早熟、中熟和晚熟类型。中国苦瓜的品种资源，以长江流域特别是华南地区为多。

2. 品种

（1）大顶苦瓜　又名雷公凿，广东省地方品种。生长势强，侧蔓多。叶黄绿色。主蔓第 8～14 节着生第 1 雌花。果实短圆锥形，青绿色，长约 20cm，肩宽约 11cm，瘤状突起较大。肉厚 1.3cm，味甘，苦味较少，品质优良。平均单果重 0.3～0.6kg。适应性强。

（2）长身苦瓜　广东省地方品种。生长势强。叶薄，黄绿色。主蔓第 16～22 节着生第 1 雌花。果实长圆锥形，绿色，顶端尖，长约 30cm，横径约 5cm，有条状和瘤状突起。肉厚约 0.8cm，肉质较致密，味甘苦，品质好，耐贮运。平均单果重 0.25～0.6kg。较耐瘠薄，抗性较强。分布在广东、湖南、四川等地。

（3）槟城苦瓜　从马来西亚槟城引进。植株分枝力强，叶片黄绿色，节间短。主蔓第 16～22 节着生第 1 雌花。果实长条形，长 30cm 左右，横径 5～6cm，浅绿色，有纵沟和瘤状突起，肉厚 0.8～1.0cm。平均单果重 0.25～0.6kg。早熟，稍耐寒，忌湿，抗逆性较强，耐贮运，苦味少，品质好。

（4）碧丰 3 号　广东省农业科学院杂交选育的长身苦瓜品种。瓜长圆锥形，瓜长 25～30cm，横径 6.5～7.5cm，肉厚 1.0～1.2cm，皮绿色，条瘤状；果腔小，肉质紧实致密，单果重 400～500g；肉质脆，苦味适中，商品瓜率 93%。中熟，优质，中抗枯萎病，抗白粉病，耐热性和耐涝性强，亩产量 4 000～5 000kg，适合华南地区 3～8 月露地种植，也可保护地 1～2 月抢早种植。

（5）如玉 146　由福建省农业科学院选育的早中熟苦瓜一代杂种。植株生长势较强，早春低温条件下生长较快，主侧蔓均可结瓜，连续坐果能力强。从开花到商品瓜成熟 15～18d；商品瓜近平顶棒状，瓜长 32～38cm，横径 6.5cm 左右，肉厚 1.1cm 左右，单果重 500～600g；瓜皮白绿色、有光泽，纵条间圆瘤。果实肉质脆嫩，苦味中等，回味甘甜，维生素 C 含量 735.0mg/kg，品质优良。抗枯萎病，中抗白粉病，亩产量3 200～3 500kg，适合福建、江西、湖南等地早春大棚或春露地种植。

二、栽培技术

1. 播种

育苗春播，特别是早春播种，宜在薄膜大棚内用营养钵育苗。播种前用50～55℃温水浸种10～15min，然后在30℃温水中浸种8～10h，置于30℃左右条件下催芽，待多数种子出芽后播种于准备好的苗床或钵内。待幼苗长至3～4片真叶时，在当地终霜期过后定植。夏、秋季栽培，可在浸种、催芽后直播。为提高苦瓜的抗寒性和抗病性，可与黑籽南瓜进行嫁接，培育嫁接苗。

2. 植株调整

植株开始抽蔓时搭架，常用的有“人”字形架、排式架和棚架。爬蔓初期，可人工绑蔓1～2次，以引蔓上架。开花结果前摘除侧蔓，开花结果后让侧蔓任意生长，或在生长期间去弱留强，即把弱小侧蔓和雌花发生迟、雌花又少的侧蔓摘除，以发挥主蔓和其他侧蔓在生长和结果上的作用。生长中后期要适当整枝，及时摘除老叶、黄叶和病叶，以利于通风透光，增强光合作用，防止植株早衰，延长采收期。

3. 施肥与灌溉

苦瓜耐肥而不耐瘠薄，充足的肥料是丰产的基本保证。在每公顷栽植20 000～27 000株的条件下，需氮（N）47～65kg、磷（P_2O_5）13～19kg、钾（K_2O）64～85kg。根据每公顷产13 000～20 000kg计，应施用13 000～20 000kg猪粪、过磷酸钙1 000kg、三元复合肥（N、P、K各含15%）约350kg和尿素70～100kg。猪粪和过磷酸钙在定植前作基肥施入，尿素在定植后至初花时分次施用，复合肥多在结果期施用。苦瓜苗期不耐肥，追肥宜薄施。开花结果期要施足肥料，可用各种农家有机肥、复合肥，每采收2～3次施用1次。苦瓜的根系较弱，不耐渍，一般在定植后，可适当灌溉促进成活。抽蔓期以前如土壤水分不足，可适当灌溉。开花结果期根系具有较强的吸收能力，需水量较大，宜保持土壤湿润。灌溉时以沟灌为宜，尽量不用漫灌。多雨地区及地下水位高的地块应注意排水，短时间的渍涝，植株便会发病。

三、病虫害防治

苦瓜的主要病害有白粉病、霜霉病、炭疽病和枯萎病等。主要虫害有瓜实蝇、瓜绢螟、蚜虫等，以前者危害较大。防治方法可参照其他瓜类病虫害防治部分。

四、采收

苦瓜从定植到收获一般需 50～70d。通常花后 12～15d 为商品嫩果的适合采收期。此时果实的条状或瘤状突起比较饱满，果皮具光泽，果实顶部颜色变淡。稍迟采收，果实便开始生理成熟，种子也成熟，果肉发绵，降低食用品质。过早采收，果实未充分长成，果肉硬，苦味浓，产量低，果实商品性差。

第九章 茄果类蔬菜栽培

第一节 番 茄

一、类型及品种

1. 类型

在园艺学上大体可分为以下几种类型：

（1）按植株生长习性分 可分为无限生长型和有限生长型（包括自封顶、高封顶）两类。

（2）按叶形分 可分为普通叶型（裂叶型）、薯叶型（大叶型）、皱缩型三种。绝大多数番茄品种的叶属于普通叶型。

（3）按果实大小或颜色分 可分为大果型（150～200g 以上）、中果型（100～149g）、小果型（100g 以下）。或大红（火红）果、粉红果、黄色果（橙黄、金黄、黄、淡黄）。

2. 品种

（1）浙粉 712 粉果番茄。生长势强，早熟，连续坐果能力强，每亩产量在 5 000kg 左右；果实圆形，果表光滑，果脐平，花痕小；成熟果呈粉红色，色泽鲜亮，着色一致；单果重 200g 左右，果皮果肉厚，果实硬度好，耐贮运，畸形果少；果实酸甜，风味好；抗番茄黄化曲叶病毒病、番茄花叶病毒病、枯萎病、灰叶斑病。

（2）京番 308 粉果番茄杂交种，早熟，无限生长型，绿肩，果实圆形，每穗坐果数 4～6 个，单果重 80～120g，耐裂性好，汁多味浓。具有抗根结线虫病 *Mi1* 等抗性基因位点。

（3）苏粉 16 粉果番茄杂交种，无限生长类型，果实近圆形，单果重量 240 g 左右；幼果无绿色果肩，成熟果粉红色；田间抗病性强，抗 TYLCV、ToMV、叶霉病、枯萎病。适合番茄黄化曲叶病暴发严重的地区作保护地栽培。

（4）金陵梦玉　樱桃番茄一代杂种，无限生长类型，果实圆形，单果重量 23 g 左右；幼果有绿色果肩，成熟果粉红色；田间抗病性强，抗 TYLCV、ToMV、叶霉病、枯萎病。适合番茄黄化曲叶病严重的地区栽培。

（5）圣女　台湾育成的樱桃番茄品种。株高 130～150cm，生长旺盛，适应性强。早熟，每个花序可坐果 12～15 个，单果重 12～15g。果实椭圆形，粉红色，果皮薄，含糖量高，肉质脆，口感佳。自播种至收获需 100～120d。

（6）美味樱桃番茄　中国农业科学院蔬菜花卉研究所选育而成。无限生长型，生长势强，早熟。果实圆形，红色，平均单果重 10～15g。甜、酸适中，风味极佳。高抗 ToMV，抗 CMV，适应性强。适合在中国各地保护地和露地栽培。

（7）苏粉 14　无限生长类型，中熟番茄品种，该品种长势强，扁圆形，粉红色，耐裂果，单果重 200～230g，大小均匀，整齐度好，硬度高，抗 TYLCV。平均可溶性固形物含量 4.7%，酸甜适中。适合江苏省春秋季保护地栽培，每亩平均产量 6 310.8kg。

（8）新番 72　早熟加工番茄一代杂交种，有限生长类型，成熟果深红色，椭圆形，平均单果质量 90g，可溶性固形物含量 4.5%，番茄红素含量 148mg/kg，亩产量 8 000kg 左右，田间综合抗性较强，适合在新疆各地区种植。

二、春季露地栽培技术

1. 播种育苗

（1）播种育苗的方式　春季栽培时，为了提早供应及增加产量，华北一带多应用小棚、大棚或日光温室内套小棚等方式育苗。长江流域各大城市郊区普遍应用温床或冷床育苗。华南地区及长江流域广大农村多用薄膜小拱棚育苗。江淮流域应用薄膜小棚、大棚或日光温室内套小棚等方式育苗。东北及西北一些地区，大面积无支架栽培时，也有用直播的。南方地区秋番茄栽培时，多进行直播。直播时需要较大的播种量，间苗、灌溉、防热等工作也较繁重，但苗株具有较大的根系，耐旱能力较强。华南地区夏、秋、冬番茄栽培，多在露地播种，再在畦面上80～100cm高处挂遮阳网进行遮阳育苗，可防止强光、降低温度及减少暴雨等恶劣天气对秧苗的影响。利用蛭石、泥炭、炭化砻糠、珍珠岩、椰子壳纤维、棉籽壳等基质代替土壤，并在基质中拌入矿物质肥料进行的番茄无土育苗方式，育成的苗生长快、苗龄短、病虫害少，适于大规模生产商品苗。

（2）育苗地的选择　应选择地势高、避风向阳、排灌方便、避免与茄科作物连茬的地块做育苗地，华南地区最好选择前作为水稻。床土必须肥沃，富含营养物质，有良好的物理性状，保水力强，空气通透性好。配制床土时，田土占50%～70%，草木灰、化肥等速效肥及经过充分腐熟发酵的厩肥（或腐熟的鸡粪）、堆肥、河泥、塘泥、泥炭、腐殖质等因地制宜，并用50%的多菌灵粉剂等配成水溶液作消毒剂，喷洒在床土上。南方红壤地区配制床土时可适当加些石灰，以中和酸性及增加土壤中的钙质。

（3）浸种催芽与播种方法　番茄一些病害（如猝倒病、叶霉病等）的病原菌可由种子传播，因此播前应进行种子消毒处理。消毒方法有以下几种：将干燥种子放在70℃下经72h的高温处理法。将干种子浸在50℃温水中25min的温汤浸种法。用药量为种子重量0.3%的70%敌克松粉剂等拌种的药剂拌种法。将在清水中浸泡2～4h的种子浸入100倍福尔马林、600倍百菌清等药剂中一定时间并用水洗净的药剂浸种法。番茄可以播干种子，采用撒播。也可事先浸种催芽，催过芽的湿籽易结块，如是未发芽的种子，可用细沙或细土拌匀后撒播。如是已发芽的种子，则要点播，以免伤芽。播后立即用细土、营养土等均匀覆盖1.5～2.0cm，覆土过薄易带种皮出土，影响子叶展开。每公顷大田秧苗所需种子量为300～450g，一般在11m^{2}的苗床上播种子50～100g，育成的秧苗可以栽1 332m^{2}或更多些。播种期与苗龄的长短将直接影响到植株的生长与结果。播种过早，苗龄过长，定植时已带有花甚至小果实，这样，虽然可以提高早期产量，但会影响后期生长和结果，容易引起早衰，总产量也不会很高。所以，播种期的迟早，要根据品种特征、栽培目的及当地气候条件来决定。早熟品种开花结果早，生长期较短，苗龄要短些。晚熟品种生长及结果期较长，苗龄可以长些，采用温室和温床播种育苗的苗龄要短些。

（4）幼苗管理

①播种至出苗期间的管理。要求苗床温度保持在白天25℃、夜晚18℃左右。苗床温度偏低，发芽慢，出苗期延长并容易烂籽，但温度过高再加上床土干旱，易引起“烫芽”。幼苗在顶土期要降低床温，及时揭去床上表面的覆盖物，此时温度过高易引起下胚轴伸长，成为高脚苗。如果覆土过薄，发现顶壳现象，应再覆一层细土。

②出苗至分苗期间的管理。当幼苗的两片子叶展开以后，苗床温度要适当降低，白天以20～30℃、夜间10～15℃为宜，温度过高易引起秧苗徒长。分苗前1周，苗床温度再降低2～3℃，白天应逐渐加大通风口，延长通风时间，草帘也要逐渐早揭晚盖，延长光照时间。一般情况下，苗床不浇水追肥。如果床土出现干燥情况则适当补水。苗期若因床土瘠薄，出现叶片发黄的缺肥症状，可适当喷施少量速效肥。分苗也称移苗，一次分苗的密度可采用10cm×10cm，若大苗定植进行2次分苗的，以采用15cm×15cm为宜。分苗后2～3d，苗床内以保温、保湿为主，待秧苗中心的幼叶开始生长时，再通风降温，以防秧苗徒长。

③分苗到定植前的管理。此期苗床的温度变化较大，夜间（有寒流时）温度较低，易造成冻害或冷害。晴天中午，苗床温度常高过35～40℃，如不及时通风降温，会引起灼伤或秧苗徒长，所以这一时期的温度管理相当重要。随着秧苗的生长，应通过将草帘早揭晚盖来延长秧苗的受光时间。床土宜干干湿湿，不要经常浇水。浇水要选择晴天上午进行，阴雨天气切忌浇水。苗期追肥以速效肥为主，除了氮肥之外，还要配合施用磷、钾肥。

④幼苗锻炼和徒长苗的控制。为了获得茎粗、叶绿、节间短、具7～9片叶及小花蕾、根系发达的健壮幼苗，应在定植前十多天通过加强通风、降低床温、减少浇水、控制生长量等来进行炼苗。经过锻炼的幼苗，全糖及淀粉的含量增加，全氮量反而减少，对苗床低温的环境忍耐力增强，是防止徒长和冻害的有效措施，并有促进花芽分化，提早开花结果的作用。为了防止幼苗徒长，可通过增强苗床光照、降低温度、控制浇水及喷施磷、钾肥等管理措施来实现。对于已发生徒长的幼苗，可应用200～250μl/L的矮壮素（CCC）浇施床土，效果较好。

2. 整地、作畦与施基肥

为了防止土壤传染番茄病害如青枯病、枯萎病等，各地番茄栽培应实行3～5年轮作，不与茄子、辣椒、烟草、马铃薯等茄科作物连作。有的农区采用番茄与大田作物小麦、水稻轮作，效果较好。番茄栽培在中国北方春季比较干旱的地区，多采用平畦，南方用高畦。在华中及华南各地，深沟高畦是丰产技术之一。畦宽（连沟宽）一般1.3～1.7m，沟宽0.3～0.5m，栽两行。北方地区平畦宽1～1.5m，种植两行。整地时深耕13～16cm，定植前，在畦中央开沟施足基肥。但定植时，幼苗不要栽在施基肥的地方，以免烧根。番茄是一种生长期长、坐果多、产量高、需肥量大的蔬菜。要达到高产，需选疏松肥沃、保水力强的土壤，施肥以基肥为主，磷、钾肥与腐熟的有机肥混合作基肥，速效的人粪尿或硫酸铵、尿素等氮肥可以一部分配合作基肥，留一部分作追肥。基肥充足，前期生长快，营养生长与生殖生长均好，这是番茄早熟与丰产的关键。番茄基肥宜在翻耕时施入，每公顷可用75 000～112 500kg腐熟有机肥，如厩肥、堆肥，再配以液态农家有机肥、饼肥、鸡鸭粪等，使肥料掺和均匀。定植前结合作畦在畦中央开沟，每公顷再施入氮、磷、钾复合肥或过磷酸钙375kg左右，或饼肥1500kg。番茄施肥要注意各肥料之间的合理配合。磷酸肥料对各种土壤都很重要，对番茄果实及种子的发育起着很大的作用。氮能够促进茎叶生长及果实发育，尤其在生长的初期，氮肥更为重要。钾肥的施用对于延迟植株的衰老，延长结果期，增加后期的产量及果实的色泽有良好的作用。在施肥中，三要素的配合比例以1∶1∶2为宜。

3. 定植与栽培密度

定植的时期应根据当地晚霜终止的早、晚而定，在晚霜终止后即可定植。

长江流域一般在清明前后、华北地区在谷雨前后、东北地区在立夏前后定植。在无晚霜危害的情况下，适当早定植可以增产。定植时，南方各地的苗床，宜在定植前4～5h浇一次透水。北方地区的苗床，一般于起土坨前浇透水，可多带土，减少伤根。营养钵育苗可在定植前1～2d浇一次透水。定植最好选择无风的晴天进行。栽苗方式有平栽、沟栽等。可先栽后灌水，或开沟浇水，在沟中按株距稳苗，然后覆土封沟，俗称“水稳苗”。栽植的深度以覆土盖没原来土坨为宜。栽植密度随品种的特性、整枝方式、气候与土壤条件及栽培目的等而异。一般来说，早熟品种比晚熟品种要密。株型紧凑、分枝力弱的品种比植株开展大的品种密。自封顶品种比非自封顶品种密。长江以南，雨水多，枝叶生长繁茂，栽培的密度要比北方的小些。北方用“大架”栽培者要比“小架”栽培的小些。目前，长江中下游地区多采用双干整枝，每公顷栽 45 000～52 500 株。华北地区对早熟品种采用改良式单干整枝，矮架栽培，每公顷栽 75 000 株左右。对中晚熟无限生长类型品种用单干整枝，高架栽培，每公顷栽 52 500～60 000 株，采用无枝架栽培每公顷栽 24 000～37 500 株。适当密植，在一定程度上可以达到增产效果，但也不宜过密，否则适得其反。

4. 灌溉和排水

番茄有几个重要的生育期，必须保证水分供给。

①缓苗水。番茄定植后 5～7d，已经缓苗，应灌 1～2 次缓苗水，但水量不要大，以免因灌水使地温下降，影响根系生长。

②保花水。经过蹲苗后，在番茄植株有 40%～50%已经开始开花时，如土壤保水保肥力差，或遇天气干旱时，要浇 1 次“保花水”，避免植株严重缺水。

③催果水。当植株第 1 穗果膨大到直径 3～5cm，第 3 穗果刚坐果时，应灌催果水，催果水标志着蹲苗结束，果实进入迅速膨大期。多雨年份，催果水应晚灌或不灌。

④盛果期灌水。番茄进入盛果期，需水量大，因这时植株长势旺，果实膨大需水分多，再加上进入高温季节，地表蒸发增强，植株茎叶的蒸发量增大（番茄蒸腾系数约为 800），因此，必须保持土壤经常湿润。一般 5～7d 灌水一次，干旱年份每 3～4d 灌 1 次水，或每采收 1～2 次后灌水 1 次，每次灌水量要大一些，但沟灌时水面不宜高于畦面。在长江以南的广大地区，每年 5～6 月的雨水多，要注意排水，畦要高，沟要深，不但畦面上不要积水，而且沟中也不要积水。否则土中空气少，温度低，根系生长不良，叶子容易发黄，容易引起落花及各种病害。

5. 中耕、除草与地面覆盖

中耕常与除草、培土及蹲苗结合进行，一般在定植缓苗后进行中耕。第 1 次中耕，清除杂草，将大土块打碎，行间中耕宜深些，植株周围宜浅，使土表疏松便可。第2次中耕在定植后1个月左右，此次中耕结合培土，将畦沟锄松培于畦面上与植株四周，加高畦面，并使行间形成浅沟，便于以后浇水和施肥。以后因植株已高大，不再中耕、培土。在雨季到来之前，要做好畦头排水沟，以利排水。中耕常与蹲苗结合进行，蹲苗的目的在于促进根系发展，控制前期茎叶过分生长，使养分积累，加速植株开花结果。蹲苗的措施主要是多锄少浇，深细中耕。蹲苗一般于浇缓苗水后第1次中耕时开始，浇灌催果水标志着蹲苗的结束。但蹲苗要依番茄品种类型、植株生长情况、土质、肥力、气候情况灵活掌握。若采用大苗定植，植株很快进入结果期，可少蹲苗或不蹲苗。早熟品种蹲苗不可过重，否则将来叶量小，果过多，引起早衰。中晚熟品种蹲苗则要适当重些，以防止茎叶徒长疯秧。土质差，肥力不足，苗黄且瘦，不宜蹲苗，否则易成老小苗，对发棵及丰产都不利。定植后利用薄膜（聚乙稀薄膜）覆盖地面，能使土壤水分分布更均匀，营养物质与微生物丰富，能促进根系及茎叶的生长，提早开花结果，增加产量，尤其是早期产量。对于早期土壤温度较低的地方，如东北、华北及华中的春栽番茄，增产效果更明显。

6. 追肥

番茄生长期长，连续结果，多次采收，整个生长期需要大量的养分。除基肥外，要有充足的追肥，才能获得丰产、稳产。在生产上，往往于定植缓苗后、蹲苗前追施1次“催苗”肥，促进苗期的营养生长，一般每公顷可追施稀薄粪水7 500kg，或施尿素或复合肥150kg。当第1穗果开始膨大后，追施“催果”肥，这次追肥量应占总追肥量的30％～40％，一般每公顷可施薄液态农家有机肥15 000kg，或施尿素或复合肥300～375kg。第1穗果将要成熟，第2、3穗果迅速膨大，第4、5穗花开放时，要第3次追施速效的肥料，一般每公顷可施尿素和复合肥150～300kg。如是长季节栽培，结果后期仍需适当追肥，但肥料浓度可以降低些。番茄的类型不同，对施肥的要求也不同。对于有限生长的早熟品种，如北京早红基肥要充足，同时要早施、勤施追肥，促进植株在结果前有较大的叶面积。而对无限生长的品种，如中杂9号等，结果前不宜追肥过多，避免徒长，到第1、2花穗结果后，加强追肥。番茄的生长，既要有足够的氮肥，但又不能过多。碳、氮平衡是生长和结实的基础，不能在施基肥时1次用氮过多，而要在生长结果期中利用多次追肥来补充。追肥和基肥一样，不宜偏施氮肥，要配合磷、钾肥施用，也可追施复合肥。用液态农家有机肥追肥时，初期宜稀薄，后期要浓些。在第1、2次追肥时，每公顷宜加150～225kg过磷酸钙。如果在生长前期发现叶色淡黄，可施一次硫酸铵，每公顷225～300kg，效果较好。番茄也可以由叶片吸收矿质营养，特别是吸收磷肥能力强。因此，在果实生长期间，喷洒1.5%的过磷酸钙或磷酸二氢钾溶液2次，每次每公顷用过磷酸钙30～45kg，对果实发育及增进品质有良好效果。李家慎等（1955）用铜、硼等微量元素进行喷洒处理，认为有增加番茄维生素C及可溶性固形物含量的作用。

7. 植株调整

（1）整枝、打杈　番茄植株每个叶腋间都能抽生侧枝，若任其生长，则枝蔓丛生，消耗水分、养分，影响通风透光，不能正常开花结果。因此，在番茄生长期间要经常摘除侧枝，有目的地留下1～3个枝条让其继续生长、开花、结果，俗称“打杈”。在西北及东北干旱地区栽培的番茄，多不立支架，侧枝较少，故很少整枝，而华北、华南和长江流域地区的栽培番茄均需进行整枝。无限生长型的番茄株高叶茂，生长期长，一般都打杈整枝，而有限生长型的早熟品种，一般只摘除植株基部的几个侧芽，保留第1花穗以下的上部、最强的侧枝，以便继续生长、开花、结果。

番茄整枝的方式主要有以下两种：

①单干整枝。适用于中、晚熟高秧品种，即在植株整个生长过程中只留1个主干，而把所有的侧枝都摘除，最上一层花穗留定后，留2片叶后摘心。摘心后可促进果实膨大和成熟，且在单位面积上可以栽植较多的株数，从而增加早期产量及总产量。

②双干整枝。适用于自封顶类型、半高型品种。除主枝外，再留第1花穗下叶腋所生的1条侧枝，而把其他的侧枝摘去。这种方法需要的株行距较大，每公顷株数较少，单位面积上的早期产量及总产量比单干整枝的低些，但可以节约秧苗用量。

此外，尚有三干式整枝法、四干式整枝法、改良单干整枝法、连续摘心整枝法、分次结果整枝法等。整枝摘芽工作不可过早或过迟，因腋芽的生长能刺激根群的生长，过早摘除腋芽会影响根系生长，引起根群内输导系统发育不完全。因此，当侧芽长到4～7cm时进行摘除，并要在晴天中午进行，以利伤口的愈合。栽培无限生长类型的番茄，当植株达到预定的果穗数时（如4～5穗），需进行摘心，掐去顶芽，只留下2～3片叶，以抑制植株继续向上生长，使养分集中到果实中。同时上部留叶遮阴，有防止果实日烧病的作用。此外，要及时摘除植株下部的老叶、病叶，改善通风、透光条件。

（2）搭架和绑蔓　人工搭架、绑蔓，可以充分利用空间，改善通风透光条件，减轻病害和烂果，便于田间管理。一般在定植之后，即开始插架。常用的插架方式有单支柱架、“人”字形架、篱笆形架、四脚架（锥形架）等。单支柱架适用于植株矮小、高度密集、留2穗果的早熟自封顶类型品种。“人”字形架适用于天气干燥、阳光强烈之地，尤其适于单干或双干整枝栽培，可减少蒸发，且果实可以生在支架下，不易发生日烧，色泽也较好。篱笆形架适用于雨水多的地区或在温室栽培中使用。华北各地的所谓“大架”“小架”，系指所留植株的高矮而言。大架一般留6～7穗果，小架留3～4穗果，即行“打顶”。因此，小架适用于密植，每公顷栽60 000株以上。而大架株行距较宽，每公顷30 000～45 000株。东北及西北一些干旱地区，由于雨水少，地面干燥，即使果实及枝叶接触土面，也不易腐烂。所以，在露地大面积栽培番茄时，采用无支架栽培。番茄的茎蔓较长，田间操作或有风时很易损伤茎叶，尤其是挂果后，番茄更易倒伏，应随植株的生长及时用塑料绳把茎蔓均匀地绑在支架上。一般在结果前绑一道，以后每穗果下绑一道。绑蔓时塑料绳宜在蔓与架材之间绑成8形，可避免蔓与架材摩擦或下滑。绑蔓的松紧要适度，过松易滑落，过紧易勒伤蔓茎。

8. 保花保果

在番茄所开的花中，有许多在开放以后不久便脱落。不少果实，在其生长膨大之前亦会脱落。引起落花、落果的原因主要是由于外界环境条件不适而影响到花器发育不良、花粉管伸长缓慢、受精不良，以及水分缺乏、营养不良引起花柄离层的形成。如春季定植后气温过低（夜间温度在15℃以下），或者秋季栽培时气温过高（夜间温度在25℃以上），以及定植过迟、根部受伤过多，或者光照不足，整枝不及时，营养生长弱，都能引起落花、落果。如果落花、落果的原因系由于营养及水分的不足、阳光过弱或下雨过多等，那么就要从栽培技术上去解决。若是由于温度过低或过高所引起，则可用生长调节剂来解决。

温馨提示

比较有效的生长调节剂有2,4－D（2,4－二氯苯氧乙酸）、防落素（PCPA，对氯苯氧乙酸）、BNDA（β－苯氧乙酸）、赤霉素及萘乙酸等。通常采用5%的2,4－D 15～20μl/L，或5%的PCPA 25～30μl/L。2,4－D对嫩芽及嫩叶的药害较重，只能用于浸花或用笔涂花，工效较慢。而PCPA对嫩芽嫩叶的药害较轻，可用小喷雾器或喷枪喷花的办法处理，工效较快。两者对防止落花、落果，促进子房膨大的效果都很显著。

三、番茄塑料中、小棚栽培技术

利用中、小棚进行番茄春早熟和秋延后栽培属于低投入高产出的栽培方式，经济效益和社会效益都十分显著。由于棚内空间和性能的局限和尽量避免与露地栽培采收期的重叠，宜选用早熟或极早熟的有限生长型品种。如果受消费习惯的制约或其他因素的影响必须采用无限生长型的中、晚熟品种时，则应选留2～3穗果摘心，进行小架栽培。

1. 春季早熟栽培

（1）培育壮苗　秧苗素质对未来的产量和产品质量关系十分密切。应当根据育苗场所（北方和中原地区多利用日光温室，南方则利用塑料大棚或温床）的条件结合品种特性来确定播种期和苗龄。有限生长型品种苗龄一般为60～70d，如苏粉1号、苏抗5号等品种第1花序着生节位偏高1～2节，苗龄可再延长10d左右。杜绝长龄老化苗是谋求丰产的一项关键。

①播种前的准备。育苗用的营养土是培育壮苗的基础，应具备：有机质丰富、质地疏松、保水保肥力强、微酸性或中性并杜绝病原和害虫存活。茄果类一般要求固相占45%～50%、液相占20%～30%、气相占20%；有机质不低于5%，氮（N）、磷（P_2O_5）、钾（K_2O）的全量分别不低于0.2%、1.0%和1.5%。可根据当地的资源本着就地取材的精神进行肥、土搭配。种子用凉水预浸3～4h，而后用10%磷酸三钠溶液浸种20～30min，经淘洗后投入50～54℃温水中，搅拌约30min，立即掺入凉水；如系未曾用磷酸三钠处理的干燥种子，可再浸3～5h。当种子

吸水后的重量比干燥种子增加90%，即已基本完成了吸水过程，放在20～25℃的条件下催芽，当种子露白（胚根刚突破种皮）即可播种。

②播种。可用苗床或播种箱，采取撒播，每籽营养面积不小于5cm²。播种后土壤温度白天保持25℃，夜间不低于20℃。为确保出苗整齐，可采取分次覆土、在苗床（或播种箱）上覆盖地膜等措施来提高土壤温度。当幼苗即将出土（拱土）时撤掉地膜并降低设施内的温度。齐苗后要进行间苗，淘汰长势不良、无生长点及子叶畸形的劣苗和过密的小苗。

③移植。为保证番茄幼苗生有健全的根系和避免定植前起苗伤根，应采用容器育苗（塑料育苗钵等），容器要有足够的体积以利根系发展和持有足够的水分以供日后幼苗生长。第2片真叶初展是移植适期。移植后一旦发生萎蔫要临时进行遮阴，使之在2～3d内完成缓苗过程。

④肥水管理。在播种前（或后）和移植时都要浇水，容器育苗因土壤（基质）体积有限，在缓苗后应根据情况适量进行供水。若有缺肥症状可在水中添加0.2%尿素和0.2%磷酸二氢钾，也可试配营养液来补充肥水。

⑤防止徒长。番茄在生有4片真叶以后要分次逐步加大育苗钵间的距离，并适度降温。另外也可在缓苗后在叶面喷洒矮壮素，浓度为200～250mg/L，并在10～15d后再用500mg/L处理1次，不仅能有效控制徒长，而且有增产作用。

⑥温度管理和适龄壮苗的形态。整个育苗期间温度管理参考指标见下表。适龄壮苗应无老化症状、无病虫害、株型匀称、整体轮廓呈长方形或顶部稍宽的梯形；株高20～25cm，茎粗5～6mm，具7～9片真叶，下部节间长5～6cm、上部小于5cm；叶片绿色、舒展，叶柄与茎成45°角；第1花穗已现蕾；根系发育良好，侧根量多且呈鲜白色；在育苗钵中没有发生严重的盘根现象。

番茄育苗温度管理参考指标

生育时期	白天最高温度（℃）	下午盖苫时的温度（℃）	次日揭苫时的温度（最低温度）（℃）	备注
播种至出苗	27～30	18～20	10～12	密闭不通风
出苗至吐心	22～25	15～17	10～8	出苗后逐渐通风

（续）

生育时期	白天最高温度（℃）	下午盖苫时的温度（℃）	次日揭苫时的温度（最低温度）（℃）	备注
吐心至1叶放展	25左右	18	10～8	从播种至吐心需20～25d
1叶放展至2叶前期（移植）	23～25	14～16	6～8	移植前7～8d进行锻炼
移植至缓苗	30以上	20	10	密闭不通风
缓苗至炼苗前	23～25	14～16	10以上	自缓苗以后，如夜温长期偏低可能发生畸形花或主茎生长点失活
炼苗至定植	20～15	14～12	5～7	

（2）定植前的准备 番茄中、小棚春季早熟栽培最好在冬灌前尽量结合秋耕铺施基肥，每公顷施农家肥50 000～60 000kg，附加过磷酸钙750kg，或磷酸二铵225kg，经过耕翻、化冻改善土壤结构。小棚在春季尽早插拱架，中棚可在冬前插好拱架。在早春20cm土层解冻时再行耕地、整地并覆棚膜、盖草苫等进行蓄热（俗称“烤畦”），在华北、中原等地烤畦时间不宜少于15d。另外，定植前在棚内的东西两端和南侧用旧膜绑好高约30cm的“围裙”，为日后通风时保持幼苗不受“扫地风”危害。在定植前7～10d逐步降温进行炼苗。定植前1d浇起苗水，使定植脱钵时不散坨、少伤根。

（3）定植 不同地区由于气候影响使定植期有相当差异，例如西安市定植期为3月上中旬，兰州市为3月下旬至4月上旬，西宁市则为5月上旬。因番茄在9～10℃根毛停止生长，所以棚内10cm土壤温度稳定在10℃以上才能定植。关于密植定额应根据品种特性和土壤肥力具体掌握，一般株高不超过60cm、株型紧凑的品种如齐研矮粉、兰优早红等每公顷栽植67 500～75 000株；苏粉1号、杂优5号等株型较高大的品种每公顷可栽52 500～60 000株。定植作业要选择在一次天气过程之后进行，争取定植后有几个晴天以利缓苗。

具体方法：覆盖地膜的先在植穴内坐好底水，然后栽苗并用细土压膜封严定植穴；不覆盖地膜则在定植沟内浇半沟水，将秧苗浅栽进行少量覆土，经过 3～5d 已经缓苗后先浇一小水再将定植沟覆平。有的地方在定植后才覆地膜，采取用刀拉口掏苗的方法，在秧苗四周也要用细土封严刀口。

（4）环境调节　在定植后的 5～7d 是缓苗阶段，一般不进行通风，一旦在中午发现萎蔫可采取临时、间隔盖苫遮阴，植株恢复后立即揭苫。夜间最低温度力争不低于 15℃。完成缓苗后在第 1 花穗开花期白天最高温度掌握在 25℃，夜间最低温度不宜低于 12℃。结果期白天最高温度掌握在 25～28℃，夜间最低温度保持 15℃左右，可参照白天情况使昼夜温差保持 10～12℃。晴天中午棚内温度在 35℃以上若超过 1h 即会产生不良影响，必须在 25～28℃时及时进行调节。阴天或雨雪天气白天温度偏低，夜间温度也要相应下调。调节棚内部气温的方法是通风。初期采取打开东西两端薄膜进行通风，随着天气转暖仅靠两端通风已感不足时，可在南侧将棚膜支起进行通风，并逐步加大通风量。当夜间最低温度稳定在 12℃以上可不再盖苫，稳定在 15℃时夜间也应适当通风。此后可以逐渐向露地环境过渡，棚膜可以不盖，但不必急于撤掉，以防止寒流的侵袭。番茄对光照要求较高，应争取多见光，随着天气转暖逐渐延长见光时间，即便是雨雪天气也要坚持揭苫见光。

（5）浇水和追肥　沟栽方式在定植和缓苗时的浇水已如前项所述；覆膜穴栽也应同时浇缓苗水。此后在第 1 花穗开花期和结果初期要适当控水，直到幼果果径约 3cm、土壤 20cm 土层相对湿度约 60%、土壤负压在 0.05MPa（即 pF2.7）再行浇水。此后茎、叶、果实不断生长，需水量多在土壤相对湿度降到 70%（土壤负压计 0.03MPa 或 p*F*2.5）即行补水。直到最末穗果实已充分膨大生长，进入栽培过程的后期再适当控水。番茄对氮、磷、钾的需求特点是：基肥中要增施磷肥，中小棚属于短期栽培，进入收获期再追施磷肥则为时已晚。氮肥在初期如过量会使营养生长过盛，反而不利早熟。钾肥在进入采收期仍需不断供给。故此在第 1 穗幼果直径约 3cm 时结合浇水进行第 1 次追肥，追施磷酸二铵 150～200kg/hm^2、硫酸钾（或氯化钾）200～225kg/hm^2。第 1 穗果开始采收时结合浇水再进行第 2 次追肥，追施尿素 150～200kg/hm^2、硫酸钾（或氯化钾）150kg/hm^2。

（6）植株调整　利用中、小棚栽培番茄应采取单干整枝，在缓苗后每株直插 1 根架材并进行绑缚，随着植株的生长还要再绑 1～2 次。在第1穗坐果后主茎上萌发的侧芽要摘除。如果发生个别缺苗现象，可在其相邻植株上保留第1花穗下的侧枝，在侧枝的第1花穗前保留2叶进行摘心。如果秧苗老化，长势较弱，在萌发的侧枝上摘心时保留1～2片真叶借以增加叶面积。为了维持整株长势的均衡和提高产品质量，还应进行疏花、疏果，如有畸形花应尽早摘除；一般大果型品种每穗留果3～4个为宜。中果型品种每穗留果5个为宜。

（7）保花保果　目前保花、保果的措施主要是用植物生长调节剂处理花器。常用的种类和浓度：防落素20mg/L、2,4-D 10mg/L。使用方法：用毛笔或微型喷雾器处理花梗和萼片基部，最好在1个花穗上已开和将开的花朵达到了3个时进行一次性处理，这样同一穗上的果实膨大生长比较均衡。另外还要避开高温，最好在15时以后进行处理。

（8）采收与催熟　一般在果实由顶部着色开始向果实中部扩展，即可以采收上市。这样一方面好运输，同时也可有适当的货价期。如果为了提早上市，可进行人工催熟。当果实顶端开始着色时，正是进行催熟的理想时期。前期产品应将果实摘下放在800～1 000mg/L的乙烯利稀释液中浸泡3～5min，捞出稍晾待果面干后装筐并用塑料薄膜封严，放在20℃的条件下进行催熟。中期产品的催熟方法：带上棉织手套在800～1 000mg/L的乙烯利稀释液中浸湿后，对植株上已进入白熟后期即将着色的果实轻轻抚摸。采收后期可用800mg/L乙烯利稀释液喷洒整个植株，这样可促使叶片褪绿、果实变红，提早7～10d结束生产。

2. 秋季延迟栽培

在无霜期200d左右的地区可以进行这种由露地栽培过渡到保护地的秋季延迟栽培。其技术难度和风险性都比春季早熟栽培大；但果实采收后通过贮藏保鲜，经济效益比较显著。

（1）遮阴育苗　一般多在8月上中旬进行育苗，苗龄约30d，在育苗期间应力争做好防强光、防高温、防雨、防雹、防徒长、防伤根和防蚜虫传毒。播种用育苗土，按容积配制，洁净田土占40%，腐熟过筛的马粪（或堆肥+草炭）40%、细沙（或细炉灰）20%。移植用育苗土用田土的比率可增加10%，细沙减少10%；另外每立方米添加充分腐熟过筛的鸡粪15kg、过磷酸钙3kg和草木灰10kg或尿素、硫酸钾各2kg。利用塑料育苗钵育苗可以直播，也可在子叶平伸、真叶未现时提早移植以免伤根。至3～4叶期随着植株生长要适当加大苗间距离。亦可按前文所述喷洒矮壮素防止徒长。防止病毒侵染非常关键，首先操作人员不能接触烟草；种子要用磷酸三钠浸种；苗床上悬挂银灰薄膜或反光幕的细条进行驱蚜；采取黄板诱杀或喷药灭蚜。

（2）整地和施基肥　关于基肥施用量和整地作业的要求可参照春季早熟栽培。因定植初期要防雨涝，高地势可做平畦，否则可起垄或做成高畦。高畦一般高 15cm 左右，两畦之间为灌、排两用的水沟；高畦的宽度必须根据当地的土质使沟灌后能横渗到畦中央，一般 1～1.2m 即可。

（3）保护设施的准备和使用　定植缓苗后尽早架设中小棚拱架。秋分前后根据农活情况提早将风障沟掘好，保证在降霜前能及时加设完毕。在外界最低温度低于 15℃或植株结露较重时即可在夜间覆盖棚膜；白天最高气温低于 20℃时不再揭膜，利用通风来调节棚内温度。在覆膜的情况下夜间内部最低温度低于 12℃时则覆盖草苫进行保温。

（4）定植　应选阴天或在下午进行定植，定植密度要比春季早熟栽培高 10%左右，以备淘汰早期感染病毒病的秧苗。另外高温期育苗往往比较徒长，但定植深度仍不可过深，必要时可以斜栽。定植时随定植、随浇水，应浇足定植水和缓苗水，以免秧苗过度萎蔫延长缓苗期。

（5）浇水和追肥　在秋季延迟栽培当中，气候变化正和春季早熟栽培相反。定植初期不能缺水，尤其在第 1 花穗的结实过程如受干旱胁迫则利于病毒病的发生和发展，应根据降水情况采取小水勤浇的方式进行浇水。当第 2 花穗坐果以后天气已渐凉爽，供水也要相应核减。追肥以第 1 穗果实膨大生长期为重点，追肥量应大于春季早熟栽培的数量。第 2 次追肥则应少于春季早熟栽培。如果土壤肥力充足也可仅进行一次追肥。

（6）其他管理　秋季延迟栽培的开花期因当时气温较高，使用植物生长调节剂的浓度要略低些。至于整枝、中耕等诸项管理和春季早熟栽培基本相同。

（7）适时采收　当棚内最低温度降到 8℃时，虽然从外表看不到冷害症状，但应及时进行全部采收。

四、塑料大棚栽培技术

1. 春季早熟栽培

（1）品种选择　大棚番茄春季早熟栽培应选择抗寒性强、抗病、分枝性弱、株型紧凑、适于密植的早中熟丰产品种。其第 1、2 穗果实数目较多，果型中等大小者对增加早期产量更为有利。

（2）播种育苗　塑料大棚春番茄北方多在日光温室育苗，也可以在温室播种出苗后移植（分苗）到小拱棚或大棚内成苗。南方多在塑料大棚内搭建小拱棚播种育苗。在大拱棚内育苗时，为了解决地温低的矛盾，多采用电热线育苗，可按 80W/m^2 埋设电热线，效果很好。

①播种期确定。应根据当地的定植期来推算播种期。大棚春番茄定植时，要求幼苗株高 20cm 左右，有 6～8 片叶，第 1 花序现蕾，茎粗壮、节间短，叶片浓绿肥厚，根系发达，无病虫害。按常规育苗方法，苗龄需 65～70d，温床育苗 50～60d，穴盘育苗只需 45d，可由此推算播种期。

②育苗准备。可采用地床营养方育苗或营养钵育苗。用清洁的大田土与腐熟有机肥按 5∶5 或 4∶6 或 6∶4（高寒地区应肥多土少）的比例混合配制营养土，并用 65%代森锌可湿性粉剂，或 50%多菌灵可湿性粉剂，按每立方米 40～60g 施入，充分混匀，用塑料薄膜覆盖 2～3d 进行消毒。也有用 0.5%福尔马林液喷洒床土，拌匀后盖膜封闭 5～7d。每平方米播种量为 10～15g。

③浸种催芽与播种。播种前可用 50～55℃热水进行温汤浸种 15～30min，置于 25～30℃下催芽。进行药剂消毒，可用 10%磷酸三钠液浸种 20～30min，捞出洗净后再浸种催芽，可预防烟草花叶病毒；用 1%甲醛液浸泡 15～20min 后再用清水浸种催芽，可防早疫病；用 1%高锰酸钾溶液浸种 10～15min 后浸种催芽，可防溃疡病及病毒病。当催芽的种子有 50%以上发芽时，要及时播种。幼苗出土前，白天保持 25～28℃，夜间 20℃以上，3d 左右即可出苗。幼苗出土后，应增加光照，适当降低床温，轻覆土一次保墒，以防止形成“高脚苗”。白天保持 20℃左右，夜间 12～15℃即可。当幼苗出现第 1 片真叶时，可适当降温，白天 20～25℃，夜间 13～15℃。分苗前 3～4d，再适当降温，白天 20℃左右，夜间 10℃左右。温度适合时，从播种至分苗需 17～20d。

④分苗。一般应在番茄幼苗 2 叶期分苗，此时第 1 花序开始花芽分化。分苗的株、行距为 10cm×10cm，也可分入塑料钵。分苗应选择晴天上午进行，分苗后立即浇水，底水要充足。分苗后至缓苗前要保持白天 25～28℃，夜间 15～18℃。缓苗后白天 20～25℃，夜间 12～15℃。地温不低于 20℃，可促进根系发育。番茄营养生长与生殖生长的速度

与转化，受幼苗基础强弱的影响很大，而幼苗健壮与否，与苗期温度关系尤为密切，必须给予充分保证。大棚番茄育苗时若配制的营养土比较肥沃，可以不必追肥，但可进行根外追肥，用浓度为0.2%～0.3%的尿素和磷酸二氢钾喷洒叶面。若用电热线育苗，苗期需补充水分，但浇水量宜小不宜大，以免降低地温；若为冷床育苗，原则上用覆湿土的办法保墒即可。

（3）定植　塑料大棚番茄春早熟栽培的定植期应尽量提早，但也必须保证幼苗安全，不受冻害。要求棚内10cm最低地温稳定在10℃以上，气温5～8℃，若定植过早，地温过低，迟迟不能缓苗，反而不能早熟。定植前应结合深翻地每公顷施入腐熟有机肥75～105t，磷酸二铵300kg，硫酸钾450～600kg。栽培畦可以是平畦，畦宽1.2～1.5m。也可为高畦（南方多为高畦），畦高10cm，宽60～70cm。北方地区早春寒潮频繁，应选择寒潮刚过的“冷尾暖头”的晴天定植。定植密度一般早熟品种每公顷75000株左右，中熟品种60000株左右较为适合。定植深度以苗坨低于畦面1cm左右为宜。定植后立即浇水，并覆盖地膜。

（4）定植后管理

①结果前期管理。从定植到第1穗果膨大，关键是防冻保苗，力争尽早缓苗。定植后3～4d内不通风，白天棚温维持在28～30℃，夜温15～18℃，缓苗期需5～7d。缓苗后，开始通风，白天棚温20～25℃，夜温不低于15℃，白天最高棚温不超过30℃，对番茄的营养生长和生殖生长都有利。定植缓苗后10d左右，番茄第1花序开花，这时要控制营养生长，促进生殖生长，具体措施是适当降低棚温，及时进行深中耕蹲苗。

待到第1穗果核桃大小，第2穗果已经基本坐住，结束蹲苗，及时浇水追肥，水量要充足；灌水过早易引起生长失衡，植株过大郁闭，影响果实发育和产量提高。

温馨提示

切忌正开花时浇大水，避免因细胞膨压的突然变化而造成落花。

早熟栽培多采用单干整枝，留2～3穗果摘心。每穗留花4～5朵，其余疏除。为保花保果，常用2，4－D处理，浓度为12～15mg/kg；也可用番茄灵20～30mg/kg喷花，但一定不要喷在植株生长点上，否则易发生药害。每花序只喷1次，当花序有半数花蕾开放时处理即可。由沈阳农业大学研制的“沈农番茄丰产剂2号”是一种比较安全无害的生长调节剂，使用浓度为75～100倍液，每花序有3～4朵花开放时，用喷花或蘸花的方法处理。

②盛果期与后期管理。结果期棚温不可过高，白天适合的棚温为25℃左右，夜间15℃左右，最高棚温不宜高于35℃，昼夜温差保持10～15℃为宜。盛果期适合地温范围为20～23℃，不宜高于33℃。盛果期要加大通风量，当外界最低气温不低于15℃时，可昼夜通风不再关闭通风口。盛果期要保证充足的水肥，第1穗果坐住后，并有一定大小（直径2～3cm，因品种而异），幼果由细胞分裂转入细胞迅速膨大时期，必须浇水追肥，促进果实迅速膨大。每公顷追施氮、磷、钾复合肥225～375kg。当果实由青转白时，追第2次肥，早熟品种一般追肥2次，中晚熟品种需追肥3～4次。盛果期必须肥水充足，浇水要均匀，不可忽大忽小，否则会出现空洞果、裂果或脐腐病。结果后期，温度过高，更不能缺水。大棚番茄在结果期宜保持80%的土壤相对湿度，盛果期可达90%。但总的灌水量及灌水次数较露地为少，灌水后应加强通风，否则因高温高湿易感染病害。大棚内高温、高湿、光照较弱，极易引起番茄营养生长过旺，侧枝多、生长快，必须及时整枝打杈。在一年可种两茬的地方，春季早熟栽培，不主张多留果穗，以争取早熟和前期产量为主，争取较高的经济效益。高寒地区无霜期短，一年只种一茬，可以多留果穗，放高秧，以争取丰产。缚蔓（或吊蔓）随植株生长要不断进行，当第1穗果坐果后，要将果穗以下叶片全部摘除，以减少养分消耗，有利于通风透光。大棚春番茄常常出现畸形果、空洞果、裂果等现象，生产中要注意避免，具体措施可参见本节病虫害部分相关内容。

（5）采收　塑料大棚春番茄比露地栽培收获期可提早30～50d，因地区而异，第1穗果要及时采收，以免影响上面的果实膨大和红熟。

2. 秋季延后栽培

塑料大棚秋季延后栽培的番茄，其产品弥补了露地番茄拉秧后的市场空缺，由于生产投入较低，栽培技术又不复杂，产量可达30～45t/hm^2，所以受到生产者的欢迎。大棚番茄秋季延后栽培主要在华北地区和长江流域的江苏、浙江等地较普遍。

（1）品种选择　大棚番茄秋季延后栽培针对前期高温、多雨、后期气温又急剧下降的气候特点，要求品种抗热又耐寒，抗病毒病的大果型中、晚熟品种。

（2）播种育苗　大棚番茄秋延后栽培必须严格掌握其播种期，如播种过早，则因高温、多雨，使根系发育不良，易发生病毒病；如播种过晚，则生育期短，后期果实因低温不能充分发育影响产量。适合的播种期，一般于当地初霜期前100～110d播种。华北地区多在7月上中旬，长江中下游地区一般在7月下旬至8月上旬，高纬度地区在6月中下旬至7月初。播种方式目前以育苗的较为普遍。育苗床要选地势高燥、排水顺畅的地块，苗床上要搭遮阴棚，可用遮光率50%～75%的黑色或灰色遮阳网，晴天于10～16时覆网遮阴降温，减轻病毒病发生。播种前种子处理及消毒的方法同春大棚早熟栽培。播种量为450～600g/hm^2（直播的用种量多）。出苗后若只间苗不分苗的，要及时间苗，防幼苗拥挤而徒长。若进行分苗，当幼苗长出1～2片叶时分苗，苗距8～10cm见方。若幼苗弱小可喷施0.3%尿素和0.2%的磷酸二氢钾水溶液。移栽时的日历苗龄为20～30d，苗高15cm左右，3～4片叶。

温馨提示

苗期管理的重点是降温、防雨、防暴晒、防蚜虫。

（3）定植　定植前进行整地，施肥、作畦，基肥用量为有机肥75t/hm^2，过磷酸钙375～600kg/hm^2。秋延后栽培可作平畦，也可作小高畦。移栽宜选阴天或傍晚凉爽时进行，有利缓苗。定植后要立即浇水，水量要充足，2～3d后浇1次缓苗水。缓苗后及时中耕。定植密度视留果穗数而不同，留2穗果的为60 000～75 000株/hm^2，留3穗果的为45 000～60 000株/hm^2。

（4）定植后管理

①结果前期管理。此时为夏末初秋，外界气温高、雨季尚未结束，应注意通风、防雨、降温。定植缓苗后随植株生长要及时支架、绑蔓（或吊蔓）、打杈，由于结果前期高温多湿，也易造成落花落果，可用生长调节剂处理，激素种类及处理方法同春早熟栽培，浓度切不可过高。

每个花序留3～4个果。9月中旬以后及时摘心。秋延后栽培结果前期浇水不宜过多，因温度高、土壤水分过大易引起徒长。在第1花序开花前及时浇1次大水，开花时控制浇水。第1穗果坐住后，及时浇水追肥，每公顷施硫酸铵225～300kg，或尿素225kg。

②结果盛期及后期管理。大棚番茄秋延后栽培全生长期只有100～110d，因此留果穗数只有2～3穗，进入9月下旬以后，气温逐渐下降，为保证果实发育成熟，要加强水肥管理。第2穗坐果后，每公顷再施尿素150kg或硫酸铵225kg，天气转凉后宜追有机肥。后期为防寒保温通风量大大减少，不能再进行浇水追肥，否则会因湿度太大而引发病害。当第1穗果膨大后，应将下部枯黄老病叶除去，有利通风和透光。9月中旬后白天保持25～28℃，夜间不低于15℃。进入10月中旬气温骤降，当外界夜温低于15℃时，夜间要关闭所有通风口，只在白天中午适当通风降湿。当最低气温低于8℃，要在大棚四周围草苫，防止冻害。

（5）采收　大棚番茄秋季延后栽培，要及时采收，尤其是最后一穗果若采收不及时，遭遇冻害会造成损失。当外温降至3～5℃，棚温降至8℃左右，如有未能红熟的果实，也要及时一次性成穗剪取采收，在日光温室内平放贮藏，使其自然红熟，可供应到元旦。

五、番茄日光温室栽培技术

番茄日光温室栽培的茬口主要有春茬、冬春茬以及秋冬茬栽培3种类型，以春茬和冬春茬的栽培效果最好。近年来，日光温室番茄越冬长季节栽培获得成功。该茬口正处在前期高温、中后期低温寡照的时期，栽培难度较大，但若温室环境管理良好，冬季日光温室内最低气温控制在8℃以上，外界平均日照百分率在60%以上，每公顷产量可达30万kg左右。

1. 冬春茬番茄栽培

冬春茬番茄多在9月上中旬播种，苗龄50～60d。12月下旬至翌年1月上旬采收，6月中下旬拉秧。其主要技术关键是：选用适合品种，培育适龄壮苗，增施有机肥，垄作覆盖地膜，暗沟灌溉，变温管理，张挂反光幕，改进整枝技术等。

（1）品种选择　适合日光温室栽培的番茄品种应具有质优、耐热、耐低温和弱光、能抗多种病害、植株开展度小、叶片疏、节间短、不易徒长等特点。

(2) 播种育苗

①播种前准备。播种床按每平方米播种 600～700 粒计，每栽种 $1hm^2$ 温室番茄需 120～150m^2 播种床。移栽床每株秧苗的营养面积不能小于 10cm×10cm，育苗株数应比实栽株数增加 10%～20%，所以每栽种 $1hm^2$ 温室番茄需移栽床 750～1 050m^2。冬春茬栽培的番茄播种期室内外气温比较适合，在室内做育苗畦即可育苗。如利用营养钵或营养土方（规格 5cm×8cm）直播育苗，做宽 1m、长 5～6m 的畦，然后把营养钵摆放在畦内，一般可直播 30g 左右的种子。也可以育苗移栽，即在温室内做宽 1～1.5m、长 5m 的畦，畦埂高 10cm，每畦撒施优质有机肥 100kg，翻耕后耙平畦面，待播。

②种子处理。在播种前用 10%磷酸三钠浸种 20min，用清水洗净后在 55℃水中浸泡 10min，再在 3℃水中浸种 6～8h。也可以先用 52℃水浸泡 20min，沥干水分，放入 1%高锰酸钾溶液中浸泡 10～15min，用清水洗净，再进行浸种催芽。番茄播种可以催芽播种，也可以不催芽播种。如需催芽，可将浸好的种子放在 28～30℃条件下催芽，每天用温水淘洗 1 次，48～60h 后种子发芽，即可播种。

③播种。番茄种子的千粒重为 2.5～4g，按每公顷种植 60 000～75 000株计算，则需种量为 450g。如考虑到种子的发芽率、间苗、选苗等损耗，还应增加 30%以上的种子量。采用育苗盘（钵）直播育苗的，应先向育苗钵内浇足水，将配好药土量的 1/3 撒在苗钵上，再在每钵内播放 1 粒种子，种子上面再覆其余 2/3 的药土（约 1cm 厚，按每平方米苗床用纯农药混合剂 8g），最后在钵上盖一层报纸保湿。如采用育苗移栽，可先向育苗畦浇透 10cm 左右深土层，待水渗后将番茄种子均匀播在畦面上，一般每平方米播 25～30g 种子，覆 1cm 左右的过筛细土，再铺好地膜保温、保湿。北方地区当幼苗长到具 2～3 片真叶、花芽分化即将进行时移苗。如采用营养钵或营养土方育苗，则只需适当加大间距，以增大幼苗的受光面积，防止徒长。

日光温室冬春茬番茄栽培可以采用嫁接育苗技术。一般砧木为野生番茄，嫁接方法可采用靠接、插接等。嫁接苗应放在遮阴的塑料棚中，保持气温为 20～23℃，空气相对湿度 90%以上。嫁接后第 3 天开始见弱光，此后的3～4d内逐渐加强光照强度以恢复光合作用。当接口完全愈合后，即可撤除遮光覆盖物，进行正常管理。

④苗期管理。温度管理上，冬春茬番茄在播种至出苗前白天温度控制在25～28℃，夜间12～18℃，以促使出苗整齐。出苗后可将温度降为白天15～17℃，夜间10～12℃。第1片真叶展开后，白天温度为25～28℃，夜间20～18℃，土壤相对湿度保持在80%左右。试验证明，加大昼夜温差，对控制茎叶生长，增加根系重量而降低根冠比有一定作用。遇阴雪天气，中午苗床最高气温不应低于15℃，夜间最低气温不低于10℃。到定植前7～10d内的前半期夜间最低气温可降到12～10℃，后半期可降到10℃以下，使幼苗能够适应定植后偏低的温度。苗期的水分管理对培育壮苗非常重要，一般在播种时浇1次透水后，至出苗前不再浇水。出苗后至分苗期间尽量少浇水，但每次浇水必定要浇足。如苗床育苗采取开沟坐水后移苗，可维持相当长的时间不必补水，直到定植前起苗时才浇水；如采用营养钵或营养土方育苗，一般是幼苗出现轻度萎蔫时才补水。在育苗中、后期，如植株生长迟缓，叶色较淡或子叶黄化，则要及时补充养分。叶面追肥可用0.2%磷酸二氢钾和1%葡萄糖喷雾。在光照管理上，尽可能延长温室受光时间，覆盖高光效塑料薄膜，随时清洁温室屋面，增加透光性能；在温室后墙张挂反光幕等。在有条件的地方，可采用人工补光措施，提高秧苗的质量。

（3）定植　在中等土壤肥力条件下，每公顷施腐熟优质有机肥150m^3。结合深翻地先铺施有机肥总量的60%作基肥，再按1.4m畦间距开宽50cm、深20cm的沟，施入其余有机肥并与土混匀，在其上做成60cm宽、10cm高的小高畦，畦间道沟宽80cm。在畦上铺设1道或2道塑料滴灌软管，再用90～100cm宽银黑两面地膜覆盖，银面朝上。日光温室冬春茬番茄定植时的适合苗龄，依品种及育苗方式不同而有差别，一般早熟品种为50～60d，中熟品种为60～70d。从生理苗龄上看，苗高20～25cm，具7～9片真叶，茎粗0.5～0.6cm，现大蕾时定植较为合适。定植时间一般在11月上中旬。定植密度与整枝方式有关。采用常规整枝方式，小行距50cm，大行距60cm，株距30cm。每公顷保苗52 500株；如采用连续摘心多次换头整枝方式，小行距为90cm，大行距1.1m，株距30～33cm，每公顷保苗27 000～30 000株。定植时在膜上打孔定植，苗坨低于畦面1cm，然后再用土把定植孔封严。定植后随即浇透水。

（4）定植后的管理

①温度管理。定植后5～6d内不通风，给予高温、高湿环境促进缓苗。如气温超过30℃且秧苗出现萎蔫时，可采取回苫遮阴的方法，秧苗即可恢复正常。缓苗期适合气温白天28～30℃，夜间20～18℃，10cm地温20～22℃。缓苗后，控制室内气温白天26℃，夜间15℃；花期白天26～30℃，夜间18℃；坐果后，白天26～30℃，夜间18～20℃。外界最低气温下降到12℃时，为夜间密封棚的温度指标。

②肥水管理。在浇定植水和缓苗水时，要使20～30cm土层接近田间持水量，可维持一段时间不浇水。当第1穗最大果直径达到3cm左右时，浇水结束蹲苗。第1穗果直径4～5cm大小，第2穗果已坐住时进行水肥齐攻，可在畦边开小沟每公顷追施复合肥225kg或随滴灌施尿素150kg，每公顷的灌水量225m^3左右。但是此时浇水还需依据20cm土层的相对湿度，如接近60%时才应浇水（土壤负压为0.05MPa）。此后番茄生长速度不断加快，当土壤相对湿度降到70%时（土壤负压0.03MPa）即行浇水。在番茄结果盛期需水量大，当土壤相对湿度达到80%时（土壤负压为0.02MPa）即需要补水。到生长后期，主要是促进果实成熟，所以不再强调补水。

③光照调节。番茄生长发育需光量较高，光的饱和点是7万lx，冬季日光温室难以达到这样的强度，因此必须重视尽量延长光照时间和增加光照度。调节的措施有：清洁屋面塑料薄膜；选用适合温室栽培的专用品种，这种专用品种的植株开展度小，叶片疏，透光性好；在温室后墙张挂反光幕，增加温室后部植株间光照度；适当加宽行距，减小密度，以改善通风透光条件。如日本采用高畦单行种植，行距1.4m，株距30cm，每公顷栽23 800株，留6穗果，产量为126 000kg。

④植株调整。日光温室番茄整枝方式很多，除单干整枝外，还有其他方式。一次摘心换头：主蔓留3穗果摘心，选留1个健壮的侧枝再留3穗果摘心。二次摘心换头：即进行两次换头，留9穗果，具体方法同一次摘心换头。两次摘心都要在第3花序前留2片叶。摘心宜在第3花序开花时进行。连续摘心换头：当主干第2花序开花后留2片叶摘心，留下紧靠第1花序下面的1个侧枝，其余侧枝全部摘除；第1侧枝第2花序开花后用同样的方法摘心，留下1个侧枝，如此可进行5次，共留

5 个结果枝，10 穗果。每次摘心后都要进行扭枝，造成轻微扭伤，使果枝向外开张 80°～90°。通过摘心换头整枝，人为降低了全株高度，有利于养分运输。但扭枝后植株开展度加大，故需减少种植密度，依靠增加单株结果数和果实重量来提高总产量。

⑤补充二氧化碳。补充二氧化碳的时间在第 1～2 花序的果实膨大生长时，浓度以 700～1 000mg/L 为宜。一般在晴天日出后施用，封闭温室 2h 左右，放风前 30min 停止施放，阴天不施放。

⑥异常天气管理。可参照日光温室冬春茬黄瓜栽培进行。

2. 秋冬茬番茄栽培

秋冬茬番茄播种期应根据当地气候条件具体确定，产品主要与塑料大棚秋番茄及日光温室冬春茬番茄产品相衔接，即避开大棚秋番茄产量高峰，填补冬季市场供应的空白，所以，其播种期一般比塑料大棚秋番茄稍晚，华北地区的播种期一般在 7 月下旬，苗龄 20d 左右。11 月中旬始收，翌年 1 月中旬至 2 月中旬拉秧。

（1）品种选择　可选用无限生长类型的晚熟品种，要求栽培品种抗病，尤其是抗病毒病，耐热，生长势强，大果型。

（2）苗床准备　日光温室秋冬茬番茄的育苗期正值高温多雨季节，苗床必须能防雨涝、通风、降温，最好选择地势高燥、排水良好的地块做育苗畦。畦上设 1.5～2m 高的塑料拱棚，棚内做 1～1.5m 宽的育苗畦，每平方米施腐熟有机肥 20kg，肥土混匀，耙平畦面。在拱棚外加设遮阳网，或覆盖其他遮阴材料，如苇帘等。

（3）播种及苗期管理　播种方法和冬春茬栽培基本相同。但在管理上，要注意避免干旱，保持见干见湿，及时打药防治蚜虫，以防传播病毒病。此时土壤蒸发量大，浇水比较勤，昼夜温差小，因此幼苗极易徒长，可喷施 0.05%～0.1%的矮壮素。秋冬茬番茄定植时的苗龄以 3～4 片叶、株高 15～20cm、经 20d 左右育成的苗子较为合适。

（4）定植　在定植前应在日光温室采光膜外加盖遮阳网，薄膜的前底脚开通风口。每公顷施有机肥 75 000kg。按 60cm 大行距、50cm 小行距开定植沟，株距 30cm。定植方法同冬春茬栽培，可在株间点施磷酸二铵每公顷 600kg。每公顷保苗 55 500 株。

（5）定植后的管理　定植后 2～3d，土壤墒情合适时中耕松土 1 次，同时进行培垄。缓苗期如发现有感染病毒病的植株，要及时拔除，将工具和手消毒处理后再行补苗。现蕾期适当控制浇水，促进发根，防止徒长和落花。不出现干旱不浇水。浇水要在清晨或傍晚进行。开花时用番茄灵或番茄丰产剂2号处理，浓度为20～25mg/L。处理方法同冬春茬番茄栽培。当第1穗果长到核桃大小时，结束蹲苗，开始追肥浇水。每公顷随水追施农家液态有机肥4 500kg或尿素300kg。第2穗果实膨大时喷0.3%磷酸二氢钾。整枝用单干整枝法。第1穗果达到绿熟期后，摘除下面全部叶片。第3花序开花后，在花序上留2片叶摘心。上部发出的侧枝不摘除，以防下部卷叶。一般每果穗留4～5个果，大果型品种留3～4个果。

（6）采收　日光温室秋冬茬番茄的产品，要在保证商品质量的前提下，尽量延迟收获。如采用留4穗果的整枝方法，则拉秧时会有一部分果实刚达到绿熟期和转色期，可用筐装起来，放在温室中后熟，陆续挑选红熟果上市。

3. 春茬番茄栽培

进行春茬番茄栽培，必须选用具有较好的采光及保温性能的日光温室，同时，最好准备临时补充加温设备，以提高生产的安全性。日光温室春茬番茄栽培的适合栽培品种基本与冬春茬栽培相同。播种期在11月中下旬，定植期在翌年的1月中下旬，收获期在2月下旬至3月上旬，6月中下旬结束栽培。

（1）育苗及苗期管理　这一茬番茄的育苗期已是冬初，在北纬40°以北的地区，要用温床或电热温床育苗。浸种催芽方法、播种方法和冬春茬栽培相同。播种后尽量提高温度，以促进出苗。当70%番茄出苗后，撤去覆盖在畦面上的地膜，白天保持25℃左右，夜间10～13℃。第1片真叶出现后提高温度，白天25～30℃，夜间13～15℃，随外界气温逐渐下降，应注意及时覆盖温室薄膜或在育苗畦上加盖小拱棚保温。当第2片真叶展开时进行移苗，移栽方法与冬春茬栽培相同；如采用营养钵育苗，应在幼苗长至5～6片叶时，拉大苗钵间的距离，避免幼苗相互遮光，防止徒长。移栽缓慢后，在温室后墙张挂反光幕，改善苗床光照条件。定植前5d左右，加大防风量，除遇降温外，一般夜温可降至6℃左右。

（2）定植　春茬番茄的定植适合苗龄为8～9片叶，现大蕾，约需70d。定植温室每公顷施腐熟有机肥75 000kg，深翻40cm，掺匀肥、土，耙平畦面。按大行距60cm、小行距50cm开定植沟待播。定植株距28～30cm，株间点施磷酸二铵每公顷600～750kg。每公顷保苗55 500～60 000株，覆盖地膜。

（3）定植后的管理　定植后，温室温度管理应以保温为主，不超过30℃不放风。缓苗后及时进行中耕培土，以提高地温。白天保持25℃左右，超过25℃即可通风。下午温度降到20℃左右时，关闭通风口。前半夜保持15℃以上，后半夜10～13℃。在定植水充足的情况下，于第1穗果坐住前一般不浇水，当其达到核桃大时，开始浇水施肥，每公顷随水施硝酸铵300～375kg。第2穗果膨大时再随水施入相同量的磷酸二铵。第3穗果膨大时每公顷追施300kg硫酸钾。经常保持土壤相对含水量在80%左右。果实膨大期不能缺水，可隔7～10d选晴天浇1次水。浇水后加大通风量，降低温室湿度。春茬番茄采用单干整枝。若留4穗果，可在第4果穗以上留2片叶后摘心，自这2片叶腋中长出的侧枝应予保留。每穗留3～4个果。

4. 长季节番茄栽培

日光温室番茄长季节高产栽培，在北京地区于7月中旬播种，8月中旬定植，采收期自11月初至翌年7月底结束栽培。

（1）品种选择　应选用连续结果能力强，耐低温、弱光，抗逆性强，抗病等品种。

（2）播种育苗　北京地区的播种期一般为7月5～15日。采用育苗盘（钵）育苗。自播种至出苗，白天温度为30～32℃，夜间20～25℃。基质温度为20～22℃。出苗至2～3片真叶期，白天保持20～25℃，夜间18～20℃，基质温度为20～22℃。注意应用遮阳网调节光照和温度。苗期防止基质干旱，一般隔3～5d向基质喷1次水。

（3）整地施肥与定植　定植前清洁温室环境，深翻地30cm，封闭温室进行高温灭菌。每公顷施入腐熟优质厩肥150m^3。厩肥的60%结合翻地先行铺施，其余厩肥和鸡粪及复合肥沟施。沟上做畦，畦宽60cm，高10cm，畦间距80cm。定植密度：行距40cm，株距31cm，每公顷保苗45 000株。

（4）定植后管理　缓苗期温室内温度保持在白天28～30℃，夜间20～18℃，10cm地温20～22℃；缓苗后室内气温白天26℃，夜间15℃；花期白天26～30℃，夜间18℃；坐果后白天26～30℃，夜间

18～20℃。外界最低气温下降到12℃时，为夜间密闭温室的临界温度。定植后，外界气温较高，宜用小水勤浇以降低地温，一般每公顷灌水105m^3左右；第1穗果直径达4～5cm，第2穗果已经坐住后，进行催果壮秧，每公顷追施复合肥225kg，或随水追施尿素150kg，灌水量为225m^3左右。以后每7～10d浇水一次，每公顷灌水120～150m^3。10月中旬后应控制浇水。采用单干整枝，花期用30～50mg/L防落素喷花保果，同时注意疏花、疏果，每穗留果3～5个。喷花后7～15d摘除幼果残留的花瓣、柱头，以防止灰霉病菌侵染。当茎蔓长至快接近温室顶部时，应及时往下落蔓，每次落蔓50cm左右，将下部茎蔓沿种植畦的方向平放于畦面的两边，同一畦的两行植株卧向相反。病虫害防治方法同一般温室栽培。

（5）采收期管理　在正常情况下，番茄果实可在10月下旬至11月上旬开始采收。越冬期注意防寒保温。阴天室内温度应比正常管理低3～5℃。翌年4月气温逐步升高，应注意加大通风量，外界气温达15℃时，应昼夜开放顶窗通风。进入5月后，进行大通风，并根据气温情况开始进行遮阴降温。进入11月后减少浇水量，每20～30d浇一次水，每公顷每次浇水150～225m^3。翌年进入4月后，随着气温回升，应加大浇水量，一般7d左右浇一次，每公顷每次浇水150m^3左右。自定植到采收结束，共计浇水20～25次，每公顷总浇水量4 500～5 100m^3。

六、病虫害防治

1. 非侵染性病害（或称生理性病害）

由不良环境条件引起植株（特别是果实）出现多种生理障碍如变形、变色或死亡。主要有以下几种：

（1）畸形果　在症状上有4种类型：①变形果。果脐部凹、凸不平，果面有深达果肉的皱褶，心室数多而乱，果呈不规则或双果连体形的多心形果。②尖嘴果。心皮数减少，果形顶部变尖，果呈桃形。③瘤状果。在果实心皮旁或果实顶部出现指形物或瘤状凸起。④脐裂果。果脐部位的果皮裂开，胎座组织及种子向外翻转或裸露。引起畸形果的主要原因是花芽分化期间遇到低温，使每个花芽分化的时间变长，心皮数目分化增多，产生多心皮的子房。另外，使用植物生长调节剂（2，4-D、防落素）的浓度过高，醮花时，花尖端留有多余的生长素滴，使果实不同部位发育不均匀，形成畸形果。防治办法：①在育苗期间，要防止过度低温及苗龄过长，日间保持床温 20℃以上，夜温做到不低于10℃。②采用地膜覆盖栽培，不在温度过低时定植。③使用防落素时应注意调配恰当浓度，不宜过浓。

（2）裂果 常见的有 3 种：①放射状裂果。裂痕以果蒂为中心，向果肩部呈放射状延伸。②环状裂果。以果蒂为中心，在果肩部果洼周围呈同心圆状开裂。③混合型裂果。既有放射状裂痕，也有环状裂痕。发生裂果的原因主要是由于果实生长期间，正值夏季高温、干旱季节，当遇到降雨，特别是暴雨后又遭烈日暴晒，或灌大水，土壤水分突然增加，果肉组织吸水后迅速膨大生长，而果皮组织不能适应，引起裂果。所以在果实生长期间，土壤水分供应不均匀是产生裂果的重要原因。但品种不同，对裂果的抗性也有差异，一般大果型的粉果、皮薄品种容易裂果，而小型果、红果、皮厚果、果皮韧性较大者裂果较轻。为了克服裂果的产生，一方面可通过选用抗裂性强的品种，另一方面可通过栽培措施，如增施有机肥、保持土壤湿润、保证水分供给均匀、合理密植、及时整枝打杈、使果实不直接暴露在阳光下等，裂果现象就会减轻。

（3）日灼病（又称日烧病、日伤） 生长到中后期的果实，当其向阳部分直接暴晒在强烈阳光之下，果皮及浅表果肉细胞就会烫伤致死，伤部褪色变白、变硬，上生不规则的黄白色略凹陷的斑块，果肉也变成褐色块状。防止日伤的措施有：选择叶量适当的品种，加强肥水管理，使枝叶繁茂，绑蔓时把果穗隐藏在叶片中，打顶时顶层花穗上面留 2～3 片叶，使果实不为阳光直晒，日伤的程度会大为降低。

（4）空洞果 胎座组织生长不充实，果皮与胎座组织分离，种子腔成为空洞。空洞果的果肉不饱满，果实表面有棱起，会大大影响果实的重量及品质。产生空洞果的原因：一是受精不良，种子退化或数目很少，胎座组织生长不充实。二是氮肥施用量过多，或生长调节剂处理的浓度过大，或处理时花蕾过小，以及果实生长期间温度过高或过低、阳光不足，碳水化合物的积累少。此外，品种间也有差异。克服空洞果的有效方法：加强肥水管理。正确使用生长调节剂的浓度。用振动器辅助授粉，及避免极端气候的出现。

（5）果实着色不良 主要表现为“绿肩”“污斑”及生理性“褐心”。“绿肩”是在果实着色后显症，在果实肩部或果蒂附近残留绿色区或斑块，外观红绿相间，其内部果肉较硬。在高温及阳光直射，氮肥过多、水分不足时易发生“绿肩”，但缺氮则果肩呈黄色。缺钾，果肩呈黄绿。缺硼，果肩则残留绿色并有坏死斑。“污斑”系指果实表皮组织中出现黄色或绿色的斑块，影响果实的色泽及食用价值。果皮局部不变色，一般由筋腐病引起。内果皮维管束变褐，果肉发硬，成熟果病变部分不变色，呈白绿色斑块，影响品质，一般由于施氮肥过多，或水分管理不当引起“褐色”（或“污心”）。有时与“污斑”不易分开。“褐心”有由生理原因产生的，也有由病毒引起的。在栽培上加强水肥管理，增施有机肥料，促进枝叶生长，以及合理整枝，使果实不易暴露在阳光直射之下，还应调节好土壤营养，可有效地克服果实着色不良。

（6）脐腐病　果实近花柱的一端（脐部）变为黑褐色，然后腐烂，在高温、干旱的季节较为常见。脐腐病发生的原因是果实缺钙引起果实脐部组织坏死。同时由于高温、土壤干旱，根部吸收的水分不能满足叶片大量蒸腾的需要，致使输送到果实中去的水分被叶片摄取，使青果脐部大量失水，从而引起组织坏死，形成脐腐。克服脐腐病的发生，一方面是多施有机肥，增加土壤保水力，促进根对钙等元素的全面吸收。另一方面是施钙盐，增加果实中钙的含量。如对叶面喷施1%过磷酸钙、0.1%～1%的氯化钙或0.1%的硝酸钙液，对防止番茄脐腐病有较好的效果。

（7）卷叶　卷叶是指植株基部的叶子边缘向上卷曲的现象，严重时整株叶片卷曲，病叶增厚、僵硬，影响光合作用。除病毒，特别是马铃薯Y病毒（PVY）危害造成卷叶外，生理性卷叶是因植株叶片的自然衰老，或外界条件及栽培措施的不当引起。如土壤过度干旱、初次打杈过早和早摘心、氮肥施用过多、温度过高及日照强度大都会引起卷叶。卷叶现象在品种间有差异。卷叶本身是一种生理病害，要防止卷叶发生，就要选择不易卷叶的品种，同时在土壤营养、水分及栽培管理上进行综合改善，如不宜过早摘心及使用过多氮肥等。

2. 侵染性病害

由真菌、细菌、病毒、线虫等病原物的侵染而引起，主要种类有：

（1）番茄病毒病。是危害番茄的主要病害，全国各地均有发生。主要由番茄花叶病毒（ToMV）、黄瓜花叶病毒（CMV）引起。常见的症状有3种：①花叶型，叶片出现黄绿不均的斑驳和皱缩。②蕨叶型，顶芽呈黄绿色，幼叶呈螺旋形下卷，中上部叶片变蕨叶或丝状叶，中下部叶片向上卷曲成筒状。由腋芽发出的侧芽，生蕨叶状小叶，呈丛枝状，花冠肥厚增大，形成巨大的畸形花，结果极少，果畸形，果心变褐。③条斑型，发病开始在叶柄及茎上形成大小不一的纵向褐色条斑，在果实上形成茶褐色凹陷的斑块。发病后顶芽、顶叶枯死，果实不堪食用，甚至整株坏死。春番茄以花叶型发生率最高，秋番茄以蕨叶型发生普遍，但有的年份秋季高温、干旱，则以条斑型为主。ToMV 主要引起花叶症状，CMV 主要引起蕨叶症状，但 ToMV 和 CMV 或其中一种与 PVX（马铃薯 X 病毒）或 PVY（马铃薯 Y 病毒）复合侵染时，可造成蕨叶、线叶或条斑坏死等症状。防治方法：①选用抗病品种。②用 10%磷酸三钠溶液浸种 20min，进行种子消毒。③与非茄科作物轮作，2～3 年1 次。④拔除重病株，在整枝及绑蔓前用肥皂洗手，减少人为传播。⑤及时防蚜、避蚜和灭蚜，田间可挂或铺银灰色膜。⑥用药剂防治蚜虫等传毒昆虫，对预防病毒病有重要作用。⑦在发病初期喷 1.5%植病灵乳剂 1 000 倍液等，对番茄病毒病有一定的防治效果。

（2）番茄猝倒病　以危害幼苗为主，幼茎基部产生暗褐色水渍状病斑，继而绕茎扩展，逐渐缢缩成细线状，使幼苗倒伏死亡。其后向四周蔓延，造成成片倒苗。该病多发生在早春育苗季节。防治方法：①选好苗床和配制无菌培养土，也可用蛭石、草炭营养土作床土。②冬季、早春采用温床育苗或营养钵、育苗盘等培育壮苗。③加强苗床管理，注意防寒保温（苗床土温保持在 15℃以上）、通风透光及床土不过湿。④种子用 55℃温水浸种 10～15min，或用种子量 0.4%的 50%多菌灵可湿性粉剂或 50%福美双可湿性粉剂等拌种。⑤发现病株要及时拔除并撒草木灰，同时用 25%甲霜灵可湿性粉剂 800 倍液，或 64%噁霜・锰锌（杀毒矾）可湿性粉剂 1500 倍液等喷施幼苗，视病情每隔 7d 左右喷 1 次。

（3）番茄立枯病　刚出土的幼苗即可受害，而以育苗中后期发生较多。先在茎基部产生圆形或椭圆形凹陷的暗褐色病斑，病苗白天萎蔫，晚间恢复，随病斑扩展绕茎一周后，病部出现缢缩，幼苗逐渐枯死，一般不倒伏。主要发生在春季，气温忽高忽低、湿度过高、幼苗徒长、苗床内通风不良时易发生此病。防治方法参照番茄猝倒病。

（4）番茄早疫病　又称轮纹病，番茄的叶、茎、果实均可受害，但以叶片为主。被害叶呈现圆形、椭圆形或不规则的深褐色病斑，有同心轮纹，病害自下而上蔓延。茎上病斑多发生在分枝处，也有同心轮纹。果实受害从果蒂和裂缝处开始，病斑近圆形，上密生黑霉。越冬菌源以菌丝体和分生孢子从番茄叶的气孔、皮孔或表皮直接侵入，分生孢子再借风雨进行再次侵染。严重时下部叶片枯死脱落，茎部溃疡或断枝，果实腐烂。防治方法：①选用抗病品种。②选无病株及果实留种，播前种子用52℃温汤浸种30min杀菌。③与非茄科作物实行2年以上轮作，施足基肥，增施磷、钾肥，合理密植，雨后排水。④发病前用50%异菌脲（扑海因）可湿性粉剂1 000倍液，或50%多菌灵可湿性粉剂500倍液，或64%噁霜・锰锌（杀毒矾）可湿性粉剂500倍液，或70%代森锰锌可湿性粉剂500倍液等喷雾防治，每7～10d喷1次，连喷3～4次。

（5）番茄晚疫病　又称疫病，主要危害叶片和果实，也能侵害茎部。幼苗期受害叶片会出现绿色水渍状病斑，遇潮湿天气，病斑迅速扩大，致整片叶枯死。若病部发生在幼苗的茎基部，则会出现水渍状缢缩，逐渐萎蔫倒伏而死。成株期番茄多从植株下部叶片发病，从叶缘形成不规则褐色病斑，叶背病斑边缘长有白霉，整个叶片迅速腐烂，并沿叶柄向茎部蔓延。茎部被害后呈黑褐色的凹陷病斑，引起植株萎蔫。果实发病，青果上呈黑褐色病斑，病斑边缘生白霉，随即腐烂。防治方法：①选用耐病品种。②实行与非茄科蔬菜3～4年的轮作。③选地势较高、排水良好的地块种植，合理密植，及时整枝打杈，摘除下部老叶，改善田间通风条件等。④田间一旦出现发病中心，要及时摘除病叶深埋，喷药加以封锁。常用药剂有50%甲霜灵、64%杀毒矾可湿性粉剂各500倍液，或72%霜脲・锰锌（克露）可湿性粉剂600～700倍液，或72.2%霜霉威（普力克）水剂800倍液等，每隔5～7d喷1次，连喷3～4次。

（6）番茄灰霉病　幼苗期和成株期叶、茎、果均可发病，潮湿时病部长出灰褐色霉层，可造成烂苗、烂叶和大量烂果，是冬春保护地和南方露地春季番茄主要病害。防治方法：可用50%多菌灵可湿性粉剂500倍液，或50%腐霉利可湿性粉剂1 500倍液，或50%噻菌灵可湿性粉剂1 000～1 500倍液等喷雾。对上述药剂产生抗药性的菜区，可选用65%甲霉灵可湿性粉剂800倍液，或50%多霉灵可湿性粉剂800倍液等。此外，在番茄开花期，蘸花液中加入0.1%上列高效药剂，可预防花器和幼果染病。上述药剂和方法应轮换使用，每7～10d喷施（熏）1次，连续防治2～3次。

（7）番茄叶霉病　主要危害叶片，叶面出现椭圆形或不规则淡黄色褪绿斑，叶背病部长出灰白色渐变紫灰色霉状物，严重时叶片正面也长出暗褐色霉层，随着病斑扩大和病叶增多，植株叶片由下而上卷曲变黄干枯，花器凋萎，幼果脱落。防治方法：①选用抗病品种。②从无病植株上采种，播前采用温汤浸种等方法进行种子消毒。③重病区与非茄科蔬菜实行3年以上的轮作。④增施有机肥和磷钾肥，合理密植，及时排水，摘除病叶、老叶等。⑤发病初期可喷70%甲基硫菌灵可湿性粉剂800倍液，或60%防霉宝超微粉600倍液，或50%多·硫悬浮剂800倍液等防治，每隔7～10d喷施1次，连续3～4次。注意轮换用药，且喷匀全株及叶的正、背面。

（8）番茄枯萎病　又称萎蔫病。一般在开花结果期开始发病，下部叶片变黄，后萎蔫枯死，但不脱落。有时茎的一侧自下而上出现凹陷区，此侧的叶片发黄、变褐而枯死。还有的半边叶、半边茎枯黄，而另半部正常，病情由下向上发展，除顶端残留数片健叶外，其余叶片枯死。病株的根、茎、叶柄、果柄维管束变成褐色。从显症到全株枯死，需15～30d。本病的病情发展慢，叶片由下而上变黄，切茎挤压无乳浊色的黏液滴出，有别于青枯病。防治方法：①选用抗病品种。②选择3年以上未种过番茄的无病土做苗床，老床育苗土壤可用50%多菌灵或50%甲基硫菌灵可湿性粉剂进行消毒，每平方米床土撒8～10g，或每平方米床土用40%甲醛30ml对水100倍喷后盖膜4～5d，揭膜耙松放气2周播种。③用无病田或无病株采收的种子播种，播种前用0.1%硫酸铜液浸种5min进行消毒。④发现零星病株时用50%多菌灵可湿性粉剂400～500倍液灌根，每株药液量250ml，或10%双效灵水剂200倍液，每株灌药液100ml。

（9）番茄斑枯病　又称斑点病、鱼目斑点病。主要危害叶片、茎及萼片。初发期，叶背面出现水渍状小圆斑，以后正面也显症。病斑边缘深褐色，中央灰白色并凹陷。该病在结果期发病重，通常由下部叶片向上蔓延，严重时叶片布满病斑，而后枯黄、脱落，植株早衰。防治方法：①用无病株采种，用52℃温水浸种30min灭菌。②与非茄科作物轮作2～3年。③清洁田园，防止田间积水。④可用70%甲基硫菌灵可湿性粉剂1000倍液，或58%甲霜灵锰锌400倍液，或64%噁霜·锰锌可湿性粉剂500倍液，或40%多·硫悬浮剂500倍液等，于发病初期施药，一般隔10d喷1次，连喷2～3次。

（10）番茄青枯病　又称细菌性枯萎病，常在结果初期显症。病株顶部、下部和中部叶片相继出现萎垂，一般中午明显，傍晚可恢复正常。在气温较高、土壤干旱时，2～3d后病株凋萎不再恢复，数天后枯死，但茎叶仍呈青绿色，故名青枯病。切开地面茎部可见维管束变成褐色，用手挤压有污白色的黏液流出。受害株的根，尤其是侧根会变褐腐烂。防治方法：①选用抗（耐）病品种。用抗病砧木CHZ26等嫁接育苗，则防病效果更好。②结合整地撒施适量石灰使土壤呈弱碱性，抑制细菌增殖。③采取水、旱轮作，避免与茄科作物及花生连作。④调整播期，尽量避开高温多雨的夏季、早秋种植。⑤采取深沟高畦种植，天旱不大水漫灌，雨后及时排水。⑥在田间发现零星病株时，立刻拔除、烧毁，在病穴灌注72%农用链霉素可溶性粉剂4 000倍液，或77%氢氧化铜（可杀得）可溶性微粒粉剂500倍液等，药液量每株300～400ml。或在病穴周围撒施石灰，对防止病菌扩散有一定效果。另据报道，定植时用番茄青枯病菌拮抗菌NOE104和MA7菌液浸根有一定防治效果。

（11）根结线虫病　主要危害根部，在须根或侧根上产生大小、数量不等的瘤状结，次生根系减少。轻病株生长缓慢，似矿质营养和水分缺乏症。重病株矮小、叶黄，生长不良，结实少而小，干旱时中午萎蔫或提早枯死。防治方法：①选用抗病品种。②用无线虫配方营养土育苗。③避免与番茄、黄瓜等重要寄主连作，与葱、蒜类及大田作物2～3年轮作。④保护地番茄栽培用98%棉隆（必速杀）颗粒剂处理土壤：沙壤土药量每公顷75～90kg，黏壤土药量每公顷90～105kg。或用1.8%阿维菌素乳油每公顷10kg对水适量，均匀喷施于定植沟内后移栽番茄苗。

2. 主要害虫

（1）桃蚜　成、若蚜群集叶背、顶端嫩茎心叶上刺吸汁液，造成卷叶皱缩、黄化，停止生长。有翅蚜传播CMV、PVY等，危害很大。防治方法：①用银灰色地膜覆盖，可避蚜预防病毒病。②利用黄板诱杀有翅蚜。③在蚜虫点片发生时用50%辟蚜雾（抗蚜威）或10%吡虫啉可湿性粉剂各 2 000～3 000 倍液，或 2.5%溴氰菊酯乳油 2 000～3 000 倍液喷雾。

（2）温室白粉虱 其成虫及若虫吸吮番茄汁液，分泌蜜露诱发煤污病，使叶片褪绿、黄萎甚至干枯，果面黏黑，降低商品价值，同时还可传播病毒病。白粉虱在中国北方地区危害重，冬季在温室果菜上繁殖危害并形成虫源基地，使其周年发生。防治方法：①温室种植加设防虫网。②培养无虫苗再定植到清洁的保护地内。③避免与黄瓜、番茄、菜豆等先后混栽，减少相互传播。④及时摘除带虫老叶。⑤采用黄板诱杀成虫。⑥在成虫密度低于 0.1 头/株时，释放丽蚜小蜂"黑蛹"每株 3 头控制虫口密度，隔 7～10d 释放 1 次，连放 3 次。⑦初发期可用 25%噻嗪酮（扑虱灵）可湿性粉剂 1 000 倍液，或 10%吡虫啉可湿性粉剂2 000倍液，或 2.5%氟氰菊酯（天王星）、高效氯氟氰菊酯乳油各 2 000 倍液，或 50%马拉硫磷乳油 800 倍液，每 7～10d 喷 1 次，视虫情定次数。

（3）美洲斑潜蝇 20 世纪 90 年代初期由国外传入，在中国南方及北方保护地番茄生产中危害重。雌成虫产卵器刺破叶片上表皮，进行取食和产卵。幼虫在表皮间蚕食叶肉，使叶片正面出现灰白色线状弯曲隧道，严重时布满叶面，可导致番茄幼苗生长延缓或死亡，成株期叶片变黄干枯，严重影响产量。防治方法：①加强检疫，防止从疫区调运带虫植物到非疫区。②清洁田园，培育无虫苗。③覆盖地膜和深翻土壤有灭蛹作用。④与抗虫作物（如苦瓜、苋菜）间作。⑤黄板诱捕成虫，保护地设施加设防虫网。⑥初发期被害叶率达 5%时，用 1.8%阿维菌素乳油 2 500 倍液，或 20%灭蝇胺可溶性粉剂 1 000～1 500 倍液，或 6%烟・百素（绿浪）乳油 900 倍液，或 4.5%高效氯氰菊酯乳油 1 500～2 000 倍液，或 20%阿维・杀丹（斑潜净）微乳剂 1 000 倍液等喷雾。

（4）南美斑潜蝇 又名拉美斑潜蝇，属外来入侵害虫。成虫多产卵于叶片正、背面表皮下，幼虫主要蛀食叶肉海绵组织，蛀道在叶背沿叶脉走向呈线状弯曲，较宽，或呈片状，也可在叶柄、嫩茎上产卵、取食危害。在西南地区于春、秋及北方季节性发生。防治方法参见美洲斑潜蝇。

（5）侧多食跗线螨 又名茶黄螨。成、幼螨集中在番茄幼嫩部分刺吸汁液，使嫩叶增厚僵直，叶片变小变窄，叶背呈黄褐色或褐色，油渍状。幼茎变褐色，花蕾畸形，重者不能开花和坐果。果柄、萼片及果皮变为黄褐色，失去光泽，果皮粗糙，果实开裂。防治方法：①清洁田间、路边杂草及枯枝落叶，培育无螨苗。②用5%尼索朗乳油2 000倍液，或20%复方浏阳霉素1 000倍液，或20%螨克乳油1 000～1 500倍液，或1.8%阿维菌素（爱福丁）乳油2 000～2 500倍液，或73%克螨特乳油1 000倍液等喷雾，注意轮换用药。点片发生时重点喷药防治植株的上部。

（6）棉铃虫　初龄幼虫蛀食花蕾、嫩茎、嫩叶，三龄开始蛀果，四至五龄有转果习性，每虫可蛀果3～8个。被蛀果穿孔、腐烂脱落，造成严重减产。防治方法：①进行冬前灌水，深翻，消灭越冬虫蛹。②田内种植甜玉米每公顷1 500～3 000株诱蛾产卵，集中消灭心叶中的幼虫。③摘除虫果，消灭卵和幼虫。④田内置黑光灯诱杀成虫。⑤在主要危害世代的产卵高峰后3～8d，喷Bt乳剂（每克含活孢子100亿）250～300倍液，或棉铃虫核型多角体病毒（HaNPV）2次，或在产卵始、盛、末期每公顷释放赤眼蜂22.5万头，每次隔3～5d，连续放3～4次，卵的寄生率可达80%。⑥未放蜂田在产卵盛期和幼虫蛀果前，用1.8%阿维菌素乳油2 500倍液，或5%氟啶脲（抑太保）乳油1 500倍液，或10%氯氰菊酯乳油2 000倍液，或2.5%高效氯氟氰菊酯（功夫）乳油2 000倍液喷雾，每隔7d喷1次，连喷2次。

此外，还有斜纹夜蛾、小地老虎、蛴螬、红蜘蛛等危害番茄，也应注意防治。

七、采收

番茄果实的采收时期，一般可根据番茄的成熟特性和采收后的目的不同来决定。

番茄果实的成熟及采收可分为4个时期：

（1）绿熟期（也称为白熟期）　果实已充分膨大，体积不再增大，果顶及果面大部变白，果实坚硬，果顶内部果肉即将变色。此时采收后可自然完熟，适于贮藏及远距离运输，但糖含量低，风味较差。

（2）黄熟期（也称变色期）　果实顶部50%～70%、整个果面约30%已显黄色。此时采收适于提早上市及较长时间贮运，也有利于后期果实的发育。

（3）坚熟期（也称成熟期）　除果实肩部以外，3/4果面都已着色（红色或黄色），有光泽，但果未变软，营养价值较高。此时采收适于立即上市，不宜远运和贮藏。

(4) 完熟期　果面全部着色，色泽更艳，充分显示果色特征，果肉变软，含糖量较高。此期采收适于即刻上市和鲜食，不宜贮运。

第二节　茄　　子

一、类型及品种

1. 类型

按植物学分类将茄子栽培种分为：圆茄、长茄和矮茄3个变种。圆茄又可分为圆球形、扁圆球形和椭圆形。按成熟期分，可分为早熟、中早熟、中熟、中晚和晚熟种。茄子果实的颜色有黑紫色、紫色、紫红色、绿色和白色。中国南北各地对茄子的消费习惯不尽相同，因而栽培的茄子类型和品种各异。东北、西北等高寒地区以栽培早熟长茄和矮茄为主。黄河流域与华北地区以栽培圆茄为主。长江流域、华南地区及台湾省以栽培长茄为主。南方多以长果形品种作为早熟栽培，单果重量较轻，但单株的结果数多，为产量构成中的“果数型”。黄河流域及华北地区多栽培大果型品种，较晚熟，单果较重，但单株的结果数较少，为产量构成中的“果重型”。

茄子的主要器官及其生长发育特性

茄子的一生

2. 品种

茄子品种类型及特点

(1) 北京六叶茄　北京市地方品种。植株生长势中等，叶绿色，门茄着生在主茎第6节上。果实扁圆形，一般横径10～12cm，纵径8～10cm，单果重0.4～0.5kg，果皮黑紫色，萼片及果柄亦为黑紫色，果肉浅绿白色，肉质细嫩。早熟，对低温适应性强，适于春夏季露地栽培。

(2) 渝茄5号　果实长棒状，平均纵径36 cm，横径5.8 cm，平均单果重量330 g。果皮黑紫色，有光泽，着色一致，萼片紫色，萼下浅紫红色。果肉较疏松，耐老熟，种子少，平均产量67.98t/hm^2。抗倒伏、耐热、耐旱、采收期长，适合西南片区露地长采收嫁接栽培。

(3) 西安大圆茄　陕西省西安市地方品种。植株高大，株高100cm左右，门茄着生于主茎第8～9节，茎紫色，叶深紫绿色。果实大圆球形，果实纵径15.0，横径17.0cm，单果重1.0kg左右。商品果紫红色，有光泽，果肉致密，品质好。晚熟种。不抗褐纹病及绵疫病。

（4）园杂460　植株直立，生长势强，果实近圆形，纵径10～12cm，横径12～13cm，单果重量500～800g，商品果果皮紫黑色，光泽度好，萼片紫色。果肉淡绿色，肉质细腻，味甜，商品性好。耐低温弱光，中抗枯萎病。中早熟，露地一般产量82 458.8kg/hm^2。适合华北、西北地区早春日光温室、秋日光温室、早春塑料大棚和春露地栽培。

（5）驻茄15　植株生长势强，果实卵圆形，纵径15.0cm左右，横径10.6cm左右，平均单果重量0.52kg，果皮绿色、光亮，肉质硬度中等，商品性好，一般每亩前期产量1 100kg左右，总产量5 300kg左右，田间对青枯病、绵疫病、黄萎病的抗性强于对照郑研早青茄，适合河南省及周边省份春、秋设施及露地栽培。

（6）布利塔　由荷兰瑞克斯旺公司培育的高产抗病耐低温优良品种。植株开展度大，无限生长，花萼小，叶片中等大小，无刺，早熟，丰产性好，生长速度快，采收期长。果实长形，长25～35cm、直径6～8cm，单果重400～450g，紫黑色，质地光滑油亮，绿萼，绿把，比重大。正常栽培条件下，亩产36 000kg以上。适用于日光温室、大棚多层覆盖越冬及春提早种植。

（7）金华白茄　浙江省金华地方品种。株高50～60cm，分枝多，叶椭圆形，绿色，第11～13节着生第1朵花。商品果白色，纵径11～12cm，横径6～7cm，形如电灯泡。果实肉质较硬，种子多，品质较差。但耐高温、干旱，抗性强。

二、露地栽培技术

1. 整地施肥

茄子忌连作，不宜与其他茄果类作物连作，以免传染立枯病、青枯病及其他土传病害。在长江流域一带，茄子的前作一般为白菜、萝卜、芥菜、菠菜等，后作为秋冬菜类。前作收获后，在冬季休闲地深耕一次，使土块经冬季冻晒，至早春定植前再耕翻一次，整地作畦或起垄、施肥。一般畦宽1.3～1.7m栽双行。茄子的根在排水不良的土壤中，容易烂根，所以畦面要平，畦沟要深。在华南有些地方，为了排水便利，有筑成高墩或高垄的。在东北、西北及华北等地区有畦栽和垄栽，垄距为60～70cm。基肥多用腐熟的厩肥，每公顷施肥2.0万～3.5万kg，并加施磷酸二氢铵及钾肥，在整地时与土混合。但为节约肥料用量，也可以在翻耕以后，采用穴施或条施。由于茄子的结果期长，除基肥外，在生长结实期还需多次追肥，以促进后期的生长和结果。

2. 播种育苗

一般都是先育苗后定植，即使在华南地区也很少直播。播种前，先浸种催芽，每公顷播种量为0.5～0.7kg。茄子种子表面有黏膜，如浸种时间短，则种子吸水量不足。或在种子催芽过程中温度控制不好，则种子发芽慢且不整齐。根据林密等多年试验，茄子在50～55℃温水中浸种30min，后在室温下继续浸泡10～12h，再后催芽。也可用磷酸三钠（10%）、高锰酸钾等药液浸泡消毒。催芽最好应用变温管理，每昼夜24h中，8h调为20℃，16h调为30℃，经5d左右即可出芽。这种浸种催芽方法，出芽快而且整齐。播种后要求温度保持25～30℃才能迅速出苗，出苗后夜间应保持12～15℃，白天为20～26℃，如果夜间温度在10℃以下，生长不良。尤其是土壤的温度，不要低于17～18℃，否则根系发育不良。幼苗生长期要进行1～2次间苗，间去过密及过弱的苗。在播种后30～50d，幼苗长有2～3片真叶时，分苗一次，苗距7～10cm见方。在育苗过程中，茄子比番茄容易死苗、僵苗，其主要原因是根的生长要求较高的土温。在土壤温度为25℃左右时，根的生长旺盛，吸收肥水能力强。当土温降到12℃时，是发生根毛的低温极限。当降到10℃以下时，根停止伸长生长。所以分苗以后，如土壤温度低而又干燥，就容易产生“僵苗”。在进行幼苗锻炼时，温度过低，水分过少，幼苗生长受到过度的抑制，新根不易发生，形成“萎根”或“回根”，也会造成“僵苗”。克服僵苗的办法主要是提高土壤温度。利用温床育苗的，可增加热能，多受阳光。也可以采用配方施肥技术，喷施多效好、喷施宝、叶面宝等促进植株生长，适时适量浇水。华南地区栽培的春茄子，越冬时要加强防寒措施。此外，在1～2片真叶时，容易发生猝倒病。

嫁接育苗对土传病害如茄子黄萎病等病害防治效果明显，增产幅度显著。嫁接用的砧木主要有托鲁巴姆、刺茄（云南野生茄）、刚果茄、赤茄，其中以托鲁巴姆和刺茄（云南野茄子）防病效果更好。

3. 定植

茄子定植期比番茄稍迟，一般均在春季终霜后定植。长江中下游地区，多在清明前后。广州的春茄于2月中旬定植，夏、秋茄子于7～

8月定植。栽苗要选择温暖的晴天，栽苗后发根快，成活率高。如果栽植以后，即遇大雨，而土壤排水又不好，发根就困难，不易成活。定植方法：在北方多用畦栽或垄栽。晚熟品种用垄栽，因易于培土。垄栽时常采用所谓“水稳苗”，即先在垄沟内灌水，趁水尚未渗下时将茄苗按株距插入沟内，待水渗下后再覆土，3～5d后，灌水一次。这种方法，成活率高。在南方各地，都是先开穴定植，然后浇水。如遇多云天气，为了防止浇水后降低土温，不利发根，也可以次日再浇水。定植不必过深（茄子主茎不易生不定根），以土埋过土坨或与秧苗的子叶平齐为宜。定植以后，为了使幼苗迅速恢复生长，栽后即浇一次稀薄的液态农家有机肥或硫酸铵水溶液，作为“催苗肥”。对于新根的发生有良好的效果。栽植距离视品种及气候条件等而异。在东北、西北高寒地区，每公顷栽苗4.5万～6.0万株，黄河流域及华北地区为3.5万～4.5万株，长江以南地区为4.5万～5.5万株。适当密植可以提高单位面积产量，尤其是早期的产量较高。而合理密植要根据不同品种、不同土壤肥力而定。合理密植必须要有充足的养分、适量的水分和加强田间管理，才能达到预期的目的。但过度密植，叶面积愈增加，叶子相互遮光程度亦愈大，对总产量的增加反而不利。

4. 田间管理

茄子的管理工作有追肥、灌溉、中耕培土、整枝、打叶、防止落花及病虫害防治。

（1）追肥　可在定植缓苗以后，结合浇水，施稀薄的粪肥或化肥。结果以后，可追浇浓的粪肥或化肥，以氮肥为主。每次每公顷施150～225kg尿素或磷酸二氢铵，隔11～15d施1次，以供果实不断生长的需要。果实生长最旺盛的时期，也是需追肥最多的时期。如果只重视早期追肥而忽视后期追肥，对后期产量及总产量影响很大。如果营养不足，枝叶生长量小，容易落花，所结果实细小而弯曲，果皮组织也易老化。茄子的着果有周期性，即在结实盛期以后，有一个结实较少的间歇时期。在整个结果期间，有2～3个周期。周期起伏的程度与施肥量、采收时果实的大小及结果数目有关。多施肥，其周期性的起伏就不明显，产量高。而少施肥，则周期性的起伏就大，果数及产量降低。果实采收的迟早（即采收间歇期的长短），对结实的周期性及产量影响很大。早采区比对照区（一般采收）的着果数多，所以茄子的果实应该在达到食用时就及时采收。

（2）灌溉和排水　茄子的单叶面积大，水分蒸腾较多，一般要保持80%的土壤相对湿度。当水分不足时，植株生长缓慢，甚至引起落花，所结果实的果皮粗糙，品质差。长江中下游各地7～8月间，也就是生长的后期，天气炎热，容易干燥，如不及时灌溉不但不能满足叶片蒸发需要，而且严重影响光合作用，降低物质积累，尤其在结果盛期。浇水量的多少要根据果实发育的情况而定，当果实开始发育、露出萼片时，就需要浇水，以促进幼果的生长。果实生长最快时，是需水最多的时候，这时肥、水充足，果皮鲜嫩有光泽。至收获前2～3d，又要浇水，以促进果实迅速生长。以后在每层果实发育的始期、中期以及采收前几天，都需要及时浇水，以供果实生长的需要。为了保持土壤中适当的水分，除灌溉以外，也可利用地膜覆盖，以减少土面的蒸发。在长江以南地区，当雨水过多时，还要注意排水。

（3）中耕培土　茄子地的中耕工作多结合除草进行。早期的中耕可以深些，5～7cm，后期要浅些，3cm左右。大雨过后，为了防止土壤板结，应在半干半湿时进行中耕，这种情形在江南梅雨地区更要抓紧。当植株生长到高33cm左右时，要结合中耕进行培土，把沟中的土培到植株根旁，以免须根露出土面，并可增强对风的抵抗力。这在东南沿海有台风的地区更有必要。有时单靠培土，还不足以抵抗台风，还要立支柱。

（4）整枝、摘叶　由于茄子的枝条生长及开花结果习性相当有规则，所以一般不进行整枝，而只是把门茄以下的分枝（即靠近根部附近的几个侧枝）除去，以免枝叶过多，通风不良。但在生长强健的植株上，可以在主干第1朵花或花穗下的叶腋留下1～2条分枝，以增加同化面积及结果数目。此外，对于大果型的品种上部各分枝，除在每一花穗下留1侧枝外，其余的侧枝亦可摘除。有些早熟品种（果数类型）对于基部的侧枝可以不除去。中国一些地区的农民，对茄子有摘叶的习惯，认为摘叶可以减少落花，减少果实腐烂，促进果实着色。摘叶的方法：当“门茄”直径生长到3～4cm，摘去“门茄”下部的老叶。当“四门斗茄”直径3～4cm时，摘去“对茄”下部的老叶。摘叶的本身不是必要的，更不能认为摘叶愈多愈好，不要把良好的叶子摘去。但是为了通风透光，可除去一部分衰老的、同化作用弱的叶子，而且这些老叶在生长后期往往下垂与土面接触，容易腐烂。

三、塑料大棚栽培技术

在塑料大棚内多进行茄子的春季早熟栽培。东北、西北、华北北部高寒地区因夏季比较凉爽，大棚春早熟栽培的茄子可安全越夏，秋季继续生长可延迟到初冬拉秧，成为由春到初冬的一年1茬长季节栽培。大棚茄子春季早熟栽培高产棚产量可达 112 500kg/hm^2，上市期最多可比露地提早 40～60d。

1. 春季早熟栽培

（1）品种选择　要求选用比较耐弱光、耐低温、抗逆性强、生长势中等、门茄节位低、易于坐果的早熟和中早熟品种。

（2）育苗

①播种前准备。育苗场地最好建在日光温室内，有条件时采用电热温床育苗。定植时壮苗指标为株高 18～20cm，6～7 片叶，茎粗壮，节间短，根系发达，第 1 花蕾有 70%以上现蕾。要达到这一标准，若用冷床育苗苗龄长，多在 90～100d，温床育苗苗龄 70～80d。各地可以此推算其播种期。苗床准备可参考大棚春番茄或甜椒。采用电热温床育苗时，华北地区功率以 100W/m^{2}为宜（高寒地区可适当提高一些）。

②种子处理及播种。在浸种催芽前，应晒种 6～8h。用 50～55℃的热水浸种，水温降至 30℃时，再浸 6～8h，捞出后催芽。或用 1%福尔马林液浸种 15～20min，清水洗净后，再浸种 6～8h 后进行催芽。为防止茄子褐纹病和绵疫病，可将种子浸入 70～80℃热水中，不停地搅拌，使水温降至 30℃左右时，继续浸种 6～8h 后洗净催芽。采用变温处理催芽，即白天 30℃，夜间 16～18℃，一般经 5～7d 即可出齐芽。种植 1hm^{2}茄子需要播种 600～750g 种子。播后覆土 1～1.5cm。

③苗期管理。出苗前如白天保持 28～30℃，夜间 16～20℃，地温不低于 16℃，5～7d 可出苗。幼苗出土后，应适当降低温度，防止幼苗徒长。白天保持 25℃，夜间 15℃。幼苗 1～2 片真叶时进行分苗，分苗前 3～4d 适当降温，白天 20℃，夜间 15℃。选晴天上午分苗，株、行距为 10cm×10cm。分苗后及时浇水，白天保持 25～28℃，夜间 18～20℃，以促进缓苗。5～7d 缓苗后，白天控制在 25℃左右，夜间 15～18℃。播种前浇足苗床底水，分苗时再浇足分苗水，此外应尽量减少浇水次数。若用穴盘育苗，则采取控温不控水的办法，经 60～65d 即可定

植。由于用常规方法育苗茄子苗龄达 80～100d，可向叶面喷施 0.3%磷酸二氢钾或尿素追肥，交替进行。

④嫁接育苗。茄子连作重茬容易引起黄萎病、枯萎病、青枯病及根结线虫等土传病虫害，一直是栽培中不易解决的问题，可通过嫁接换根育苗栽培加以解决。嫁接方法一般多用劈接法，也可斜接。劈接方法及嫁接后的管理，可见本书第六章有关部分。常用的砧木品种有托鲁巴姆、赤茄、茄砧 1 号、北农茄砧、金理 1 号等。经北京市农业技术推广站生产试验，认为北农茄砧和托鲁巴姆表现得生长势更强，产量更高，是比较理想的砧木品种。砧木一般要比接穗提早播种，提前天数因品种而异，如托鲁巴姆出苗缓慢，一般要提前 20～25d，而赤茄和北农茄砧只需提前 7～10d 播种。

茄子嫁接后管理

（3）定植　因茄子根系深，定植前要深翻地，嫁接幼苗生长势强、根系发达更要求深翻，且要施足基肥，每公顷要求施优质有机肥 75～120t，外加磷酸二铵和硫酸钾各 450kg。茄子栽培畦多为平畦，南方也可做成小高畦，畦高 15～20cm。种植密度早熟品种为 45 000～49 500 株/hm^2，中熟品种为 37 500～40 500 株/hm^2。茄子要求棚内气温不低于 10℃，10cm 地温达 12℃以上时方可定植。宜选在晴天上午定植，应带土坨，避免伤根，定植深度比番茄和甜椒略深一些，覆土厚度要在原土坨之上，即所谓“茄子没脖”。定植后立即浇水，水渗下后封沟，将土坨埋好，应尽量提高塑料大棚内的温度，促进早缓苗。

（4）定植后的管理

①环境控制。在定植缓苗阶段的管理重点是保温、防寒以促进缓苗。白天气温保持在 25～30℃，夜间 15～20℃，棚温不低于 35℃可不通风。棚内最低气温不要低于 10℃。同时还应加强中耕，促进发根。缓苗后白天维持到 20～30℃，其大于 28℃的棚温，最好能维持 5h 以上。中午当棚温超过 30℃时，要进行通风换气降低温度和湿度，下午当棚温接近 25℃时应关闭通风口。进入结果期后，外界温度已明显上升，应加大通风量，当外界最低气温稳定在 15℃左右时，不再关闭通风口，昼夜大通风，使植株白天多接受自然光照，有利于开花坐果和果实着色。

②水肥管理。茄子定植要浇足定植水，3～4d 后根据墒情可再浇一次缓苗水，以后基本不再浇水，直到门茄幼果直径 2.5～3cm（长茄达

3～4cm长)、第1果坐住（俗称“瞪眼”）时才可浇水，并结合第1果实的膨大进行追肥。以后每隔15～20d追肥1次，每公顷可追施3 000～7 500kg腐熟有机肥，也可追尿素150～250kg，或磷酸二铵150kg，或复合肥150～225kg等，交替使用。门茄采收后，进入盛果期，此时已进入春末夏初，气温越来越高，要保证水分充足，一般每6～7d浇水1次。

③植株调整。当门茄开始膨大时，应将基部3片叶子打掉，以后随着植株不断生长，逐渐打掉下层叶片，以利通风透光。茄子枝条的生长和开花结果的习性一般很有规律，露地栽培多不整枝，只是去除门茄以下的侧枝。大棚栽培应进行整枝，以避免“四门斗”茄子（第3层果实）形成后出现枝叶茂盛、通风不良的现象。整枝方式较多，但以下列两种方式较好：双干整枝法：即在“对茄”形成后，剪去两个向外的侧枝，只留两个向上的双干，打掉其他所有侧枝，待结到7个果实后摘心，以促进果实早熟。改良双干整枝：即“四门斗”茄形成后，将外侧两个侧枝果实上部留1片叶后打掉生长点，只留2个向上的枝，此后也一直留2个枝，把所有外侧枝去掉。到6～7月，大棚春早熟茄子拉秧前20d，每株保留1～2个已开放的花，在花上部留1～2片叶摘心，抑制植株生长，促进结果。

茄子打叶及去芽

④防止落花落果。茄子在低温或高温条件下均会出现落花或果实不发育现象，因此生产上需采用坐果激素蘸花。目前常用的几种坐果激素有：沈农番茄丰产剂2号，每瓶对水350～500g喷花或蘸花；防落素，用量为40～50mg/kg，处理方法与沈农番茄丰产剂2号相同；2,4－D，用量20mg/kg，可供蘸花用。

（5）采收　茄子为嫩果采收，采收早晚不仅影响品质，也影响产量。特别是“门茄”，如果不及时采收，就会影响“对茄”发育和植株生长。茄子萼片与果实相连处的白色或淡绿色的环状带非常明显，则表明果实正在迅速生长，不宜采收，如果这条环状带已趋于不明显或正在消失，则表明果实已停止生长，应及时采收。通常，早熟品种开花20～25d后就可采收。采收时间在早晨或傍晚为宜。

2. 茄子长季节栽培

在夏季较凉爽的西北、东北、华北北部等地区，对春早熟栽培的大棚茄子，于7月下旬至8月上旬进行整枝修剪，更新复壮，经过1个月左右，即可采收秋茄子。具体做法：先将棚内茄子的残枝、老叶、枯叶清理干净，将植株“四门斗”处的枝条剪断，除去上部老的枝叶，并清理出棚。在植株两侧挖一条沟，沟深20cm，在沟内施肥，每公顷施复合肥或磷酸二铵450kg，然后进行大水灌溉浇足浇透，促发新枝新叶，使其继续生长。只要管理得当，秋延后的大棚茄子可采收至初冬。

四、日光温室栽培技术

茄子的日光温室栽培分早春茬和冬春茬栽培两种类型，其中早春茬栽培一般在11月播种，翌年2月中旬定植，此时的温度及光照条件均比冬春茬栽培好，所以栽培比较容易；冬春茬栽培的播种期一般在10月中旬，翌年1月中下旬定植，2月下旬后开始收获，一直收获到6月上旬。在华北冬季不太寒冷的地区，可以9月中旬播种，11月上旬至12月定植，翌年1月上旬至2月下旬收获，直到6月下旬至7月上旬结束。

1. 品种选择

一般选用早熟、抗病、植株开展度较小的露地品种。

2. 育苗

（1）营养土的配制与消毒　培育茄子苗的床土可采用50%肥沃园田土、30%腐熟马粪和20%炭化谷壳（体积比）或腐熟有机肥过筛、混匀。采用营养钵或塑料穴盘育苗，可用草炭与蛭石各50%，加少量氮磷钾专用复合肥，一般每1 000kg培养土加1～2kg。培养土的消毒可用甲醛配成100倍的稀释液喷洒床土，1kg甲醛配成的稀释液可处理床土4 000～5 000kg，或用50%代森铵药剂，加水200倍配成稀释液，1kg药剂的稀释液可以处理床土7 000～8 000kg。

（2）种子处理　对一些当年收获的茄子种，常有一段时间的休眠期。为了及时播种和促进出苗整齐，必须打破休眠。常用的方法是在浸种前，先用赤霉素处理，其浓度为200～500mg/L，处理时间8～12h；对于先年采收的种子在浸种前最好先进行高温干燥。其方法是：将种子日晒2～3d，或置烘箱中保持70℃左右，经72h可杀死附着于种子表面的病菌；对于一般用种，可用温水浸6～7h，再在40%甲醛100倍液中浸20min，取出后密闭2～3h，最后用清水充分洗净，或先用清水浸种

1h，再用50%多菌灵500倍液浸种7h，后用清水冲洗干净。茄子宜采取变温催芽，控制25～30℃催芽16～18h，16～20℃催芽6～8h。待有70%～80%的种破嘴时可进行播种。

（3）播种　播种量每公顷需要种子600g。根据不同茬口，在育苗时，如果采取一次成苗，则宜适当稀播，即每10m²苗床的种量应控制在50g左右。若在育苗过程中需分苗1次，则可以加大播种密度，即10m²的苗床可以播种150g。播种方法：播种的前1d要将苗床浇足底水，播种宜采取撒播法。播种后要及时覆上1cm厚的培养土，再根据外界气温的高低覆盖地膜或塑料遮阳网。如果外界气温低于12℃，还应有塑料膜小拱棚覆盖。

（4）嫁接育苗　茄子嫁接育苗根系发达，生长快，长势强，抗逆性增强，不仅能有效地防治黄萎病、枯萎病、青枯病及根结线虫等，克服连作障碍，还能加速茄子生长形成大的植株，生长期长，不早衰，早熟高产，一般比自根苗增产20%～30%。生产上常用的砧木品种主要有赤茄、CRP和托鲁巴姆等。砧木播种后60～70d，苗茎粗0.4～0.5cm，6～8片真叶，5～7片真叶为嫁接适期，嫁接苗适合苗龄80～90d。冬春茬温室栽培8月中下旬播种，10月末嫁接，12月中旬定植，一般砧木要按要求早播20d左右，赤茄早播10d。秋茬茄子温室栽培可于6月上旬育苗，8月上旬嫁接，9月中旬定植。嫁接方法可采用劈接法、斜切接等方法。斜切接法即先用刀片在砧木两片真叶上面的节间斜切30°左右，斜面长1.0～1.5cm。然后将接穗保留2～3片真叶，用刀片削成与砧木相反的斜面，去掉下端，斜面的大小与砧木斜面一致，再将接穗的斜面与砧木的斜面贴合在一起，用专用嫁接夹固定。

（5）移栽（分苗）　一般在2～3片真叶期进行移栽。每株移栽苗的营养面积如按10cm×10cm计算，再加上安全系数，每公顷需移栽床面积600～750m²。移苗床营养土配制和播种床营养土配制基本相同。床土应进行消毒，用甲醛消毒方法与播种床土消毒相同。

（6）苗期管理　幼苗出土后要向床面上覆两次干营养土，以防止幼苗“带壳出土”，当第1片真叶顶心时进行间苗，淘汰弱苗，苗间距3cm左右即可。播种后覆盖塑料薄膜，白天气温控制在28～30℃，促使土温提高。夜间气温20℃，最低地温不低于13℃。幼苗大部分出土后撤去育苗畦上覆盖的塑料薄膜，白天气温保持20～25℃，夜间15～

17℃。如遇阴雨天气，白天气温应该掌握在20℃左右，适当减少通风量和通风时间，但必须坚持短期通风。移栽后的缓苗阶段应尽量不通风，使白天气温达到30℃，夜间温度达15℃左右，给予高温、高湿条件，加快发根缓苗。定植前5～7d进行低温锻炼，白天最高温度降到25℃以下，夜间最低温度降到10℃左右，以使幼苗适应定植后的环境。茄子的苗龄一般较长，因此，苗期容易出现脱肥现象，可采用叶面喷洒0.3%磷酸二铵和0.5%尿素的方法进行根外追肥。

3. 定植

茄子自播种至定植的日历苗龄为80～100d，生理苗龄的指标为8～9片真叶展开，株高18～20cm，茎粗0.5～0.7cm，叶片肥厚深绿，80%现蕾，根系发达，无病虫危害。

（1）定植前的准备　定植前密闭温室，提高室内温度，并进行温室消毒，或每立方米用硫黄4g加80%敌敌畏0.1g及锯末3g，混匀后点燃熏蒸，密闭一昼夜，再进行通风。每公顷施腐熟农家肥75 000kg，将其2/3的肥料铺施，深翻使粪土混匀，其余的1/3深施于定植沟中。做60～65cm宽、10～15cm高的高畦（垄），而后在高畦上开2行浅沟，提前浇好底水，经过1～2d后，使土壤温度回升，以备定植。

（2）定植　定植要选择晴天，或阴天过后刚刚转晴时进行，温室内10cm平均地温应稳定达到12℃以上。定植时在预先浇好底水的浅沟中挖穴点水栽苗，两行间的植株相互交错栽植，株距38～40cm。每公顷栽培床定植株数，如采取单干整枝，应栽49 500～52 500株；如采用双干整枝，则栽37 500～40 500株。

4. 定植后的管理

（1）温度管理　定植后5～7d不通风或少通风，或在室内加设塑料小拱棚，白天气温尽量保持在30～32℃，以促进缓苗；进入寒冷季节，白天气温以25～30℃为宜，夜间气温保持15℃左右；进入开花坐果期，白天温度保持在25～30℃，上半夜18～24℃，下半夜15～18℃，土壤最低温度不宜低于13℃。阴雨天温度管理可比常规管理低2～3℃。如遇久阴骤晴天气，注意中午回苫遮阴防止植株发生萎蔫。以后随着气温升高，逐渐加大通风量，延长通风时间。当外界最低气温达到15℃以上时，应逐渐放夜风。

（2）肥水管理　定植水要浇足。浇缓苗水后要控制浇水追肥，进行蹲苗。在门茄“瞪眼”（长至直径为3～4cm）时，开始浇水、追肥，但只能在薄膜下沟灌。以后在每层果实发育的始期、中期及采收前几天，都按此要求及时浇水，以保证果实生长发育的连续性。当土壤水分含量相当于田间持水量的70%时就应浇水，如浇水不及时，产量就会受到不同程度的影响。在蹲苗后，结合浇水追1次农家液态有机肥，或含氮量偏高的速效性复合肥。进入结果期后，尤其在门茄开始膨大时，可每公顷追施腐熟有机肥22 500kg或复合肥450～600kg，以后每隔15d左右追肥一次。每次追肥的时间应抢在前批果已经采收、下批果正在迅速膨大的时候，抓住这个追肥临界期，能显著提高施肥效果。应重视叶面追肥，追肥种类可选用磷酸二氢钾和尿素的混合液，前者浓度0.2%，后者浓度0.1%，能起到促秧、壮果的双重作用。

（3）整枝　日光温室茄子栽培自“四门斗”长成以后，易因枝叶茂盛而影响通风、透光，所以要及时进行整枝。整枝方式可以采用单干整枝、双干整枝法，其方法参见塑料大棚栽培技术。如果要延长茄子的收获期，可采用剪枝再生技术，即在收获7个茄子后，在主干距地面10cm处剪断，然后松土、追肥、浇水，促进侧枝萌发，选生长健壮的枝条再进行双干整枝，1个月后又可以收获果实。

（4）保花保果　为了防止茄子落花，应根据其发生的原因，有针对性地加强田间管理，改善植株的营养状况，并加强通风排湿。此外，使用生长调节剂也能有效地防止落花。目前，常用的生长调节剂有2，4-D和番茄灵（PCPA）。处理方法是在花蕾肥大、下垂、花瓣尖刚显示紫色到开花的第2天之间涂抹花萼或花柄，浓度为2，4-D为30～40mg/L，PC-PA为25～40mg/L。注意不要将药液碰到枝叶上，以免引起药害。

5. 采收

“门茄”要适当早采，以免影响植株生长。“对茄”以后达到商品成熟时采收。

五、病虫害防治

茄子主要病害有苗期的茄子猝倒病、茄子立枯病，还有结果期的茄子绵疫病、茄子黄萎病、茄子褐纹病等，此外，茄子灰霉病、茄子青枯病、根结线虫病等也是重要病害，防治方法参见番茄相关部分。主要虫害有地老虎、蚜虫、红蜘蛛、茄黄斑螟和茄二十八星瓢虫等。

1. 主要病害防治

（1）茄子绵疫病　该病主要危害果实，自下而上发展，果面形成黄褐色至暗褐色凹陷斑，近圆形。潮湿时发展至整个果面，由棉絮状菌丝包裹成白色，果肉变黑腐烂，脱落。叶部病斑圆形或不规则，水渍状淡褐色至褐色，随着扩展形成轮纹，边缘明显或不明显，有时可见病部长出少量白霉。茎部受害引起腐烂和缢缩。防治方法：①选择适合本地种植的抗（耐）病品种。②要注意田间排水，采取高垄覆盖地膜，避免果实与病菌接触。③及时摘除病果、病叶，增施磷、钾肥。④发病初期喷洒64%杀毒矾可湿性粉剂500倍液，或58%甲霜·锰锌可湿性粉剂500倍液，或72.2%普力克水剂800倍液，或14%络氨铜水剂300倍液，每7～10d防治1次，共防治2～3次。

茄子主要缺素症状与对策

（2）茄子黄萎病　一般在坐果后开始显症，沿叶脉间由外缘向里形成不定型的黄褐色坏死斑，严重时叶缘上卷，仅叶脉两侧有淡绿，似如鸡爪，最后焦枯脱落。病叶自下而上或从植株一侧向全株发展，发病初期晴天高温时出现萎蔫，早晚尚可恢复，后期变褐死亡。有些发病植株叶片皱缩凋萎，植株严重矮化直至枯死。病株根、茎和叶柄的维管束变成褐色。雨后天晴闷热时发病严重。防治方法：①选用耐病品种。②有条件的地方实行水旱轮作，与葱蒜类蔬菜轮作4年。③如零星发病时，应及时拔除病株，或在发病初期用12.5%增效多菌灵可湿性粉剂200～300倍液浇灌，每株100ml，隔10d浇灌1次，连灌2～3次。

（3）茄子褐纹病　幼苗茎基部发病造成倒苗，但多在成株期发病，下部叶片先受害，出现圆形灰白至浅褐色病斑，边缘深褐色，其上轮生小黑点，有时开裂。茎部发病多位于基部，形成圆形或梭形灰白斑，边缘深褐或紫褐色，中央灰白凹陷，并生有暗黑色小斑点，严重时皮层脱落露出木质部，植株易折倒。果实发病时出现褐色圆形凹陷斑，生有排列成轮纹状的小黑点。病斑可扩大至整个果实，后期病果落地软腐或在枝干上呈干腐状僵果。高温连阴雨、土壤黏重、栽植过密、偏施氮肥等有利于发病。防治方法：①播种前对种子进行温汤浸种或用50%多菌灵可湿性粉剂拌种，用药量为干种重的0.3%。②对苗床土进行消毒。③加强田间管理，雨后及时排除积水，清洁田园。④发病初期用64%杀毒矾可湿性粉剂500倍液，或40%甲霜铜可湿性粉剂700倍液，或58%甲霜·锰锌可湿性粉剂500倍液喷洒，视病情约10d喷1次，连喷2～3次。

2. 主要虫害防治

(1) 小地老虎　俗称切根虫、地蚕等。国内菜区都有分布，主要危害春播蔬菜幼苗，从近地面处咬断茎部造成缺苗断垄。防治方法：①早春铲除田间及周围杂草，春耕耙地有灭虫作用。②春季可用糖醋酒诱液或黑光灯诱杀成虫。③用泡桐叶、莴苣叶诱捕幼虫。④在清晨人工捕杀断垄附近土中的幼虫。⑤在幼虫三龄前用90%晶体敌百虫800～1 000倍液，或2.5%溴氰菊酯乳油3 000倍液等喷雾，也可用敌百虫或辛硫磷等配成毒土或毒饵防治。

(2) 茄二十八星瓢虫　又称酸浆瓢虫等。中国南方茄子的主要害虫之一。成虫及幼虫啃食叶肉，残留表皮，甚至吃光全叶，还取食果实表面，被食部位硬化变苦。此虫喜高温、高湿，6月下旬至9月危害最烈。防治方法：①清洁田园，拔除杂草，人工摘除卵块和捕捉成虫。②在卵孵化盛期至二龄幼虫分散前，喷施2.5%溴氰菊酯乳油3 000倍液，或10%溴·马乳油1 500倍液，或10%菊·马乳油1 000倍液等。

(3) 马铃薯瓢虫　又名二十八星瓢虫，分布于北方各省，主要危害马铃薯和茄子。成虫有群居越冬习性，可进行捕杀。防治方法参见茄二十八星瓢虫。

(4) 茄黄斑螟　分布于中国南方地区。幼虫钻蛀茄子顶心、嫩梢、嫩茎、花蕾和果实，造成枝梢枯萎、落花、落果及果实腐烂。秋茄受害较重。防治方法：①及时剪除被害株的嫩梢及果实，茄子收获后拔除残株，清洁田园。②应用性诱剂诱杀雄成虫。以滤纸或橡皮头为载体，剂量为50μg或150μg，利用诱捕器诱集，其高度应高出植株30～50cm，有效期20d以上。③幼虫孵化盛期蛀果（茎）前施药，采用的杀虫剂种类同番茄棉铃虫。

(5) 红蜘蛛　主要种类有朱砂叶螨及截形叶螨，常混合发生。成、幼螨和若螨群集叶背面吸食汁液，造成叶片发黄或呈锈褐色，枯萎、脱落，缩短结果期。高温、干旱年份或季节危害重。防治方法：①清洁田园，加强肥水管理，增强植株耐害性。②在叶螨低密度时，按叶螨与捕食螨数量20∶1释放拟长毛顿绥螨，或害益比为10∶1释放智利小植绥螨，每10d释放1次，共放3次。③在非生物防治区，当有螨株率达5%时进行药物防治，用药种类、剂量参见番茄侧多食跗线螨。

（6）侧多食跗线螨　别名茶黄螨。茄子的重要害螨，果实受害后脐部变为黄褐色，发生木栓化和龟裂，严重时种子裸露，果实味苦，不能食用。其他受害症状及防治方法参见番茄侧多食跗线螨部分。

六、采收

茄子早熟种定植后30～40d开始采收。中熟种定植后50～60d成熟。晚熟种定植后60～70d收获。一般在开花后15～25d可以采收。茄子果实采收的适合时期，可以看萼片与果实相连接的地方，颜色有一白到淡绿色的带状环，群众称为“茄眼睛”。如这条白色环带宽，就表示果实生长快，如果环带逐渐不明显了，则表示果实生长慢了，即应采收。因此一般以“茄眼睛”作为采收的标志。这是因为紫红色的茄子，果实表皮含有花青苷、飞燕草素及其配糖体如风信子素等，这些色素在黑暗中不会形成，要见光以后才会形成，而且着色的深浅与光强度及曝光时间的长短有关。更由于每天生长的快慢及曝光时间的长短不同，而形成3～4层颜色深浅不同的层次，“眼睛”白色的部分愈宽，表示果实生长愈快。

【专栏】

茄子的落花及其防止

在栽培茄子的过程中，当气温低于20℃时，会影响授粉受精及果实生长，在15℃以下会引起落花。因此，在长江流域茄子早期所开的花也有脱落现象。但由于茄子的生长一般比番茄缓慢，开花时期亦较迟，到第1朵花开放时，夜间气温往往已达到15℃以上，因此，茄子的落花问题，没有番茄那样显得严重。造成落花的原因很多，光照弱、土壤干燥、营养不足、温度过低以及花器构造上的缺陷均可导致落花。短花柱的花不论在强光或弱光下，都会脱落。而长花柱的花，在强光下不脱落，在弱光下易脱落。温度过低之所以引起落花，与花粉管的生长速度有关。花粉管萌发、生长最适合的温度为28～30℃，最低界限为17.5℃，最高界限为40℃。如果温度低于15℃时，花粉管生长几乎停止。如果夜间温度在15℃以下，白天温度虽高，而花粉管的生长时快时慢，也达不到受精的目的。这种生长早期的落花，可以喷施生长刺激素来防止。一般使用20～30mg/L的2,4-D或

25～40mg/L 的 PCPA（对氯苯氧乙酸）处理（李曙轩，1955）。由于茄子嫩芽、嫩叶对于 PCPA 的抵抗力较番茄强，因而不易发生药害，可用喷花法，所用药剂浓度，也可以比番茄高些。或用 10mg/L 的萘乙酸或 30～40mg/L 的防落素蘸花或抹花。近年来，育种家利用自然变异选育出单性结实茄子新品种，不但因无籽提高了果实品质，而且可以避免因低温等因素影响造成授粉受精不良而落花。

第三节　辣　椒

一、类型及品种

1. 类型

根据辣椒栽培种果实的特征分类，有以下 5 个主要变种：

（1）樱桃椒　株型中等或矮小，分枝性强。叶片较小，卵圆或椭圆形，先端渐尖。果实向上或斜生，圆形或扁圆形，小如樱桃故名。果色有黄、红、紫等色。果肉薄，种子多，辛辣味强。云南省建水县及贵州省南部地区有大面积的樱桃椒。

（2）圆锥椒　也称朝天椒。株型中等或矮小。叶片中等大小，卵圆形。果实呈圆锥、短圆柱形，着生向上或下垂，果肉较厚，辛辣味中等，主要供鲜食青果。如南京早椒、成都二斧头、昆明牛心辣等。

（3）簇生椒　株型中等或高大，分枝性不强。叶片较长大。果实簇生向上。果色深红，果肉薄，辛辣味强，油分高。晚熟，耐热，对病毒病抗性强。但产量较低，主要供于制作调味用。如天鹰椒等。

（4）长辣椒　也称牛角椒。株型矮小至高大，分枝性强。叶片较小或中等。果实长，微弯曲似牛角、羊角，线形，果长 7～30cm，果肩粗 1～5cm，先端渐尖。萼片平展或抱肩。果肉薄或厚，辛辣味适中或强。肉薄、辛辣味强的供干制、盐渍和制酱。肉厚、辣味适中的供鲜食。产量一般都较高，栽培最为普遍。中国用于制作干辣椒的多属这一变种。干制品种如陕西省的线椒、四川省的二金条等。鲜食品种如长沙河西牛角椒等。

（5）甜椒　也称灯笼椒。株型中等或矮小，冷凉地区栽培则较高大，分枝性弱。叶片较大，长卵圆或椭圆形；果实硕大，圆球形、扁圆形、短圆锥形，具三棱、四棱或多纵沟。果肉较厚，含水分多。单果重可达200g以上。一般耐热和抗病力较差。冷凉地区栽培产量高，炎热地区栽培产量低。老熟果多为红色，少数品种为黄色。辛辣味极淡或甜味，故名甜椒。

2. 品种

（1）湘研55　一代杂种。中熟，植株生长势强，适应性好；果实长牛角形，果实由绿色转红色，果顶尖，果表微皱；果纵径20～22cm，果横径3.0～3.5cm，果肉厚0.22cm，平均单果重量45g；果实维生素C含量1450mg/kg，辣椒素含量0.054g/kg，干物质含量11.5%，微辣，肉质脆嫩，品质好。田间耐热及耐旱性强，抗病毒病、疫病及炭疽病能力强，每亩鲜椒产量2 400kg左右，适合在湖南、湖北、广东、广西等地区露地丰产栽培或秋延后栽培。

（2）中椒105　甜椒一代杂种。中早熟，始花节位9～10节，定植后35d开始采收青果。果实灯笼形，果色浅绿，果面光滑，3或4心室，纵径10cm、横径7cm，典型单果重量130～150g。抗逆性强，兼具较强的耐热性和耐寒性，抗烟草花叶病毒病，中抗黄瓜花叶病毒病和疫病。丰产、稳产，中后期仍能保持较好的结果率和商品性，一般亩产量3 000kg左右。主要适于露地早熟栽培，也可用作保护地栽培。

（3）博辣皱线1号　一代杂种。中早熟，青果绿色，生物学成熟果鲜红色，果实长牛角形，果表有皱，果纵径26cm左右，果横径2.6cm，果肉厚0.29cm，单果重量32g左右，味辣，皮薄肉嫩，鲜食口感好。该品种分枝多，坐果多，连续坐果能力强，适合作春提早和秋延后鲜食辣椒高效栽培。

（4）樟树港辣椒　湘阴县樟树镇地方品种。早熟，耐低温和弱光，椒果朝下着生，呈羊角形，果表有纵棱和褶皱，有韧性，果端钝圆，青果为浅绿色，熟果为暗红色，果柄较短；椒长5～8cm，果径1～1.5cm，果厚0.1～0.15cm，单果重5～8g；味微辣，独具清香，口感佳；辣椒素含量0.06～0.2g/kg，钾含量≥2g/kg，膳食纤维含量≥30g/kg。

（5）川椒20　早熟线椒。果长25～30cm，横径1.6cm。嫩果绿色，椒条顺直，果面微皱，口感柔软细腻，味香辣。连续坐果能力强，前后期果实一致性好。耐低温弱光，丰产抗病能力强。特适合早春大棚抢早青椒上市和秋延后栽培。

二、甜椒露地栽培技术

1. 培育壮苗

早熟栽培可在日光温室、大棚和中小棚内播种育苗。这时天气仍然寒冷，所有育苗设施都要提前覆盖薄膜增温，并准备好草苫，以备夜间覆盖，有条件的地方应准备电加温线，使播种后设施中白天温度保持在20～28℃，夜间15～18℃。延秋栽培因为播种晚，也可以露地育苗。栽培1hm^{2}的甜椒需种子1.0～1.5kg。育苗方法可参见本章第一节番茄有关内容。定植时的椒苗标准：8～10片真叶，现蕾，苗高21cm左右，茎粗壮，叶肥大，色深绿。一般苗龄80～90d。如苗龄太长，往往造成老化苗、徒长苗，定植后影响产量，且管理时间很长，费工费时。

2. 土地准备

宜选择地势高燥、排水良好、有机质较多的肥沃壤土或沙壤土栽培。黏土及低洼易涝地、盐碱地均不适合甜椒栽培。用于栽培甜椒的地块，最好2～3年内未种过茄果类蔬菜，前茬作物以葱蒜类为最好，其次为豆类、甘蓝类等。冬前深耕、冻垡，以消灭土传病虫害。春耕前每公顷施腐熟的有机肥7.5万kg，过磷酸钙750kg，硫酸钾300kg，或氮磷钾复合肥1 200～1 500kg，旋耕两遍，粪、土掺和均匀后修筑田间灌排水沟，整平地块。一般地块宽（包沟）8～10m，两块地修筑一条灌水沟和一条排水沟。春露地栽培一般采用小高畦，基部宽60cm，顶部宽40cm，高10～12cm。定植前5d覆70～80cm宽的地膜，地膜要紧贴畦面，两边用土压好不透风。

3. 定植

定植期应选在定植后不再受霜冻危害的时期，应选择寒流过后的“冷尾暖头”的晴天进行。栽培密度应视品种、土壤肥力和施肥水平而定。不进行恋秋栽培时每畦（沟）栽两行，穴距26～30cm，每公顷6.6万～7.5万穴（13.2万～15.0万株）。进行恋秋栽培时每畦（沟）栽两行，穴距33cm，每公顷6万穴（12万株）。采取小高畦栽培的，幼苗应栽在畦的两侧肩部，畦上行间距离30～50cm，栽植深度以苗坨与畦面相平为宜。栽植完毕，须立即浇水，最好在上午10时后温度高时浇水。

4. 田间管理

定植后至坐果前，地温仍然较低，管理上以中耕保墒为主，一般浇过缓苗水后 3～4d 进行中耕。注意防治地老虎、蝼蛄、蚜虫等虫害。此期因地温低，如浇水则温度更低，所以不出现干旱一般不浇水。可促进生根。到 5 月中旬，气温、地温升高，甜椒生长速度加快，应及时浇水以满足甜椒对水分的要求。进入高温季节前，一般 5～6d 浇 1 次水。进入高温季节后，应小水勤浇，一般 3～4d 浇 1 次水。浇水宜在傍晚或早晨进行，遇有闷热天气或暴雨后天骤晴时，应及时浇水，以降低地温。进入雨季应疏通各级排水渠道，切实做到雨停后田间无积水。缓苗后追施 1 次提苗肥，每公顷用尿素 250kg。蹲苗结束时追第 2 次肥，施肥量适当增加。进入结果盛期，要增加追肥量，以氮、磷、钾复合肥为主。除进行正常追肥外，还要用尿素或磷酸二氢钾进行根外追肥，喷洒浓度为 0.3%。为了防止植株坐果后因头重脚轻而倒伏和高温期地温过高而损伤根系，需在植株封垄前进行培土，培土厚度以 6～16cm 为宜。封行后不再中耕。如植株生长茂盛，封垄严密，已影响到田间的通风透光时，应适当整枝。整枝方法一般是打去脚芽、徒长枝、病虫叶。顶芽过多时，打掉群尖、顶尖、果枝尖等。

三、辣椒露地栽培技术

1. 土地准备

辣椒对土壤的适应性较强，红壤土、稻田土、河岸沙壤土都宜种植，但要求地势较高，能排能灌，最好是冬耕休闲，深耕冻地，促进土壤风化。及时挖好围沟、厢沟，保持土壤干松，有利辣椒根系生长，同时还可以消灭一部分土传病虫害和杂草种子，从而减轻病虫危害。南方雨水较多，当土壤比较干爽时方可整地作畦，切忌湿土整地。湿土整地因人畜践踏和机械压力会使土壤板结成块，透气性差，日后辣椒生长不良。为了排水和灌溉方便，应采用高畦、窄畦、深沟栽培。畦以南北向为宜，通风透光好。畦高 20～25cm，一畦栽 2 行的，畦宽 70～80cm，一畦栽 3 行的畦宽 1.1～1.2m，一畦栽 4～5 行的畦宽 1.5～2.0m，可因地势高低和土壤质地制宜。辣椒的基肥应以肥效持久的有机肥为主，一般每公顷施腐熟的堆杂肥 7.5 万～9.0 万 kg，氮、磷、钾复合肥 750～1 500kg，饼肥 450～750kg。基肥可以撒施，施后翻入土中，也可以沟施和穴施，这样便于辣椒吸收，提高肥料的利用率。南方多雨潮湿，基肥应控制氮肥的施用量，避免植株吸收氮肥过多而造成徒长。

2. 定植

育苗方法可参考本章第一节番茄有关内容。定植期主要决定于露地的温度状况，原则上应在晚霜过后，10cm 深处的土温稳定在 15℃左右即可。要选择寒流过后的“冷尾暖头”的晴朗天气定植，露地栽培最忌雨天栽苗。移栽过程中尽量少伤根，要使椒苗幼根伸展，栽植深度同秧苗原入土深度，营养钵或营养块育苗的栽后应与地面齐平，栽苗后立即浇定根水。海南等地的土壤含沙多，透气性好，冬季栽培气候干燥，定植后可以采用沟灌，以减轻劳动强度。定植时如果气温已经很高，要选择下午定植，这样有一个晚上缓苗，有利于提高椒苗的成活率。南方田间湿度大，密植以后，不利于通风透气，常导致授粉不良引起落花，病害发生严重。其具体栽植密度因品种、土壤条件、肥水管理而异，一般早熟品种的株、行距为 0.4m×0.5m，中熟品种的株、行距为 0.5m×0.5m，晚熟品种的株、行距为 0.5m×0.6m。早熟品种栽双株，可明显提高早期产量，增加单位面积产值。

3. 中耕培土

辣椒定植成活后，久雨土壤板结，应及时中耕以利根系生长。深度和范围随植株的生长而扩大、加深，以不伤根系又锄松土壤为准，一般进行 2～3 次。封行前进行 1 次全面中耕，这次中耕深可及底土，但不能伤及根系。此后，只锄草，不再中耕。辣椒培土可防植株倒伏。早熟品种植株不高，可以平畦栽培，封行以前，结合中耕逐步进行培土。植株高大的中、晚熟品种，要先沟栽，随着植株的生长，逐步培土，根系随之下移，既可防止倒伏，还可增强抗旱能力。

4. 追肥

辣椒追肥要根据各个不同生育阶段的特点进行。南方椒农在长期生产实践中总结出一套很好的经验，简明地概括了辣椒生育各阶段的追肥技术要点，这就是：轻施苗肥，稳施花肥，重施果肥，早施秋肥。

（1）轻施苗肥　早施、轻施提苗肥，可以促进辣椒植株壮苗早发，有利早熟。一般结合浅中耕，淡粪轻施，以施用腐熟的农家液态有机肥比较好，不宜多施尿素、硫酸铵等，以免导致徒长。

（2）稳施花肥　自第 1 次现蕾至第 1 次采收果实前，是植株大量开花而果实尚不多的时期，此期既要追施适量肥料以满足分枝、开花、结果的需要，又要防止追肥过多而导致徒长，引起落花。一般每公顷可施农家液态有机肥 7 500kg，另加氮磷钾复合肥 150kg。

（3）重施果肥　自第 1 次采收果实至立秋以前，此期是植株大量结果时期，需要着重追肥，一般每公顷每次施农家液态有机肥 1.5 万 kg，氮磷钾复合肥 300kg。必要时加尿素 150kg，通常每采收 1 次可追肥 1 次。

（4）早施秋肥　秋肥对于中、晚熟品种很重要，可以提高后期产量，增加秋椒果重。可分别于立秋和处暑前后各追施一次，每次每公顷施液态农家有机肥 1.5 万 kg，氮、磷、钾复合肥 300kg。秋肥不能施得过晚，否则气温下降，肥料难以发挥作用。

5. 灌溉与排水

定植后在搞好蹲苗的同时，要及时浇水。长江流域自 6 月下旬雨季结束，进入高温干旱时期，此时用地面淋浇的方法已不足以补充辣椒对水分的需要，可以进行沟灌。根据长沙郊区椒农的经验，沟灌自入伏开始，并须掌握以下技术要点：

（1）灌水前要除草、追肥，避免灌水后发生草荒和缺肥。

（2）看准天气才灌，避免灌后下雨，造成根系窒息或诱发病害。

（3）午夜起灌进，天亮前排出，此时的气温、土温、水温都比较凉，比较安全，切忌中午灌水。

（4）要急灌、急排，灌水时间要尽可能缩短，进水要快，湿透心土后即可排出，不能久渍。

（5）灌水逐次加深，第 1 次齐沟深 1/3，第 2 次约 1/2，第 3 次可近畦面，始终不可漫过畦面。

6. 地面覆盖

长江中下游地区在高温、干旱到来之前，利用稻草或油菜秸秆、油菜籽壳、麦秸等，在辣椒畦面覆盖一层，这样不但能降低土壤温度，减少地面水分蒸发，起到保水保肥的作用，还可防止杂草丛生，防止浇水引起的土表板结。通过地面覆盖的辣椒，在顺利越过夏季之后，转入秋凉季节，分枝多，结果多，对提高秋椒产量很有好处。长江流域一般在 6 月份雨季结束，辣椒已经封行后进行畦面覆盖，覆盖厚度以 4～6cm 为宜，太薄起不到应有的覆盖效果，太厚不利辣椒的通风，易引起落花和烂果。

四、干椒栽培技术要点

1. 选用良种

作为干椒生产的品种，应是果实细长、果色深红、株型紧凑、结果多、结果部位集中、果实红熟快而整齐、果肉含水量少、干椒率高、辣椒素含量高的专用品种。中国各特产区都有符合上述条件的优良品种，如河北省地方品种鸡泽羊角椒、望都辣椒，陕西省的地方品种耀县线辣、咸阳线干椒等。如前所述，近年来各地已选育出一批优良的干椒专用一代杂种，可供选用。

2. 育苗移栽

很多地方传统干椒栽培以直播为主，使干椒产量和质量受到很大影响。现多采用冷床或塑料小拱棚育苗，苗龄 50～60d。育苗技术与甜椒育苗相同。大面积栽培时可不分苗，但苗床播种密度应适当减小。在水源缺乏、较为干旱的地区，可以直播，一般在土温达到 15℃时播种，每公顷用种量为 3～6kg。

3. 定植与密度

干椒栽培的前茬多为小麦或速生叶菜。整地施肥与甜椒相同，但施肥量可略少于甜椒栽培。定植可采用大小行，每穴 2～3 株，每公顷栽苗 18 万～27 万株。

4. 田间管理

干椒的水肥管理大体和甜椒栽培相似，但因定植时地温已经较高，所以在定植时应浇透水，过几天再浇 1 次缓苗水，然后再中耕蹲苗。干椒栽培要求采收红熟果实，因此，除重视氮肥外，还应重视磷、钾肥的施用。果实开始红熟后，应适当控制浇水，以至停止灌水，防止植株贪青徒长，影响红熟果产量。

五、辣椒塑料大棚栽培技术

北方广大地区大棚多进行辣（甜）椒春季早熟栽培，其成熟期一般比露地甜椒提早 30～40d，如果栽培管理技术好，植株健壮，还可以在棚内越夏，一直生长到初冬，或者撤棚后在露地条件下越夏生长，秋季扣棚继续生长，比露地栽培的拉秧时间后推 20～30d。长江下游地区多进行秋冬茬延后栽培。

1. 春季早熟栽培

（1）品种选择　根据塑料大棚的小气候特点，要求辣（甜）椒品种的适应性强，抗寒、耐热、早熟、丰产，果实品质好。

（2）播种育苗　为争取早熟，要求大棚辣（甜）椒定植时幼苗80%左右已现花蕾，株高20cm左右，叶片数10～12片，茎粗0.4～0.5cm，根系发达，因此应适当早播种。采用大棚进行温床育苗，早熟品种的适合苗龄为75～85d，中、晚熟品种需80～90d。如在华北大部分地区，大棚采用多层覆盖栽培的，可于12月上中旬育苗，3月上中旬定植。如果冷床育苗、苗龄多为90～110d。高寒地区多在日光温室内采用电热温床（或酿热温床）育苗。其营养土配制选用未种过茄果类蔬菜的园田土，过筛并加入40%腐熟有机肥（最好用腐熟马粪，若用鸡粪则用量要减半），每立方米营养土中加入过磷酸钙1kg，草木灰5～10kg，混匀后铺床，厚度10cm。种子用温汤浸种4～6h，置于28～30℃的条件下催芽，5～6d种子露白，即可播种。播种应选寒潮刚过"冷尾暖头"的晴天上午进行。播种前先浇水，水渗下后先覆底土，后均匀播种，每平方米用种7～8g。播后覆土1cm厚。播种完毕立即覆盖塑料薄膜，夜间加盖草苫子，促进出苗。出苗前苗床温度控制在25～28℃。幼苗出齐后，可适当通风降温，白天的适温为20～25℃，夜间16～18℃，防止幼苗徒长。第1片真叶显露后，应当减少通风量，适当提高床温，白天保持在23～28℃，夜间16～20℃，不低于15℃。3～4片真叶时进行分苗，辣（甜）椒一般进行双株分苗，每双株的两棵苗大小要相近。分苗后一般畦温宜稍高，白天保持在23～28℃，夜间不低于15℃，苗床达不到这一要求时，要少通风，促苗快长。定植前10～15d浇水切营养土块，并逐渐加大通风量，白天20℃左右，夜间可降至10～12℃，进行低温炼苗。

温馨提示

定植前还可叶面喷布0.2%～0.3%尿素和0.2%磷酸二氢钾溶液，有利壮苗。

（3）定植　当大棚内10cm深处地温稳定在12℃以上，棚内最低气温不低于5℃时，即可定植。采用大棚内加盖小拱棚的栽培方式时，其定植的时间可适当提前。定植应提前15～20d扣好棚膜，以利于提高棚温和地温。在定植前应深翻地 2～3 次，以利提高地温。每公顷 75～120t 优质有机肥作基肥。辣（甜）椒定植可以沟栽，也可以平畦栽或垄栽。垄栽有利提高地温。定植深度以封沟后，土面稍高于营养土方即可。定植密度每公顷 52500～60000 穴，每穴双株。甜椒一般行距约 50cm、株距 30cm 较适合。大棚栽培时，植株生长旺盛也可以单株定植，单株栽培时株、行距为 25cm×40cm。

（4）定植后的管理

①温、湿度的调节。甜椒的生长适温为 20～28℃，气温低于 15℃时，生长极为缓慢，35℃以上授粉受精不良，而造成落花落果。定植后为促进缓苗，5～7d 内不通风，使棚温维持在 30～35℃。缓苗后，开始用天窗通风，棚温降至 25～30℃。随着外界气温的升高，要不断加大放风量。当外界夜间最低温不低于 15℃时，可以昼夜通风。大棚内温度高、湿度大，容易感病；过于干燥则对授粉和受精不利，影响坐果。但塑料大棚内过高的空气相对湿度也不利于辣（甜）椒的开花坐果，因此大棚甜椒进入开花坐果时期，要及时放侧风（边风），大棚甜椒适合的空气相对湿度为 60％～80％。

②水肥管理。定植后经过 5～7d 幼苗开始长新根缓苗，浇缓苗水后，及时中耕、培土、扶苗。根据墒情可以浇 1～2 次缓苗水，深中耕蹲苗，在门椒坐住前，不再浇水。蹲苗期间可中耕 2～3 次，第 1 次宜浅，第 2 次中耕要深，促进根系生长。辣（甜）椒根系较弱，蹲苗不宜过度。待“门椒”开始膨大时，正是辣（甜）椒生长最旺盛的时期，要及时浇水追肥，每公顷追施复合肥 300kg，一般每 15～20d 追肥 1 次。多追有机肥，增施磷、钾肥，不仅能提高产量，还可改进品质。第 2 次追肥多在“门椒”开始采收时进行，在这以后进入盛果期，更需保证充足的水肥，土壤要经常处于湿润状态，相对湿度保持 70％～80％为宜，一般5～6d 浇 1 次水。

③整枝。甜椒第 1 果（门椒）坐住后，及时把分杈以下的侧枝全部摘除。如枝叶过密时，可摘除下部的枯、黄、老叶，以利通风透光。辣（甜）椒在大棚中由于生长势比露地强，植株比露地高大，为防倒伏，除加强培土外，需要在每个栽培行间架设简单支架，或用尼龙绳吊株，这样做不但有利于植株间通风透光，还能提高中下部坐果率。

④保花、保果。为防止落花，提高坐果率，在“门椒”开花后，

可用10～15mg/kg的2,4－D或20～30mg/kg的番茄灵涂抹花柄。用沈农番茄丰产剂2号75～100倍液处理大棚辣（甜）椒防落花效果也很好。

（5）采收。大棚辣（甜）椒春早熟栽培以采收嫩果为主。只要果实的果肉肥厚、颜色浓绿、皮色发光，达到品种的果形大小即应采收。一般第1个果实（“门椒”）从开花到采收约需30d，第2层果实（“对椒”）需20d左右，第3层果实（“四门斗”）需18d左右。第1个果实应适当早收，这不仅可早上市，提高经济效益，还可防止坠秧，影响植株生长发育。

2. 秋延后栽培

（1）品种选择　要求品种耐热又抗寒，抗逆性强，生长势强，结果期比较集中，果肉厚等。

（2）育苗选择　地势高燥、排水顺畅的地段做苗床，也可在大棚内育苗。苗床要有遮阴、防雨、防虫设备，以减少病虫危害。种子处理可只浸种，或浸种又催芽，也可干籽直播。种子也应消毒，处理方法同春季早熟栽培。播种前苗床浇透水，水渗下后播种，覆土1cm，并及时扣防虫纱网，苗床土要见湿见干，不能缺水。苗出齐后2～3叶期结合浇水可适当追肥，还要及时拔除苗床的杂草。苗龄30～40d即可定植。

（3）定植　定植前整地施肥，应将前茬残株清理干净，整地要细致，以利根系生长。每公顷施腐熟有机肥60～75t。定植宜在下午高温过后，或选在阴天进行、防阳光暴晒烤苗。定植密度可比春早熟栽培稍大，因秋延后栽培气温后期下降，植株生长势较春季弱。

（4）定植后的管理　定植水要大，3～4d后浇缓苗水。定植初期外界气温尚高，土壤蒸发量大，故要经常浇水，防止高温干旱引起病毒病。追肥随浇水进行。进入秋季，气温逐渐下降，随着棚膜通风口的减小，逐渐减少浇水次数，一般10d左右浇1次，根据土壤墒情掌握。在早霜来临前，当外界最低温达15℃左右，需扣严棚膜，夜间不再通风，此时停止浇水追肥，以防降低地温和增加空气湿度引发病害。秋延后栽培后期加强防寒很重要，以尽量延长生长期而获得高产。当大棚内最低温度≤10℃时，及时采收，防止果实受冻害。秋延后栽培因植株生长期短，宜采收青果，通过贮藏使鲜果延长供应期。

六、辣椒日光温室栽培技术

日光温室辣（甜）椒栽培茬口有秋冬茬、冬春茬、早春茬以及甜椒的长季节栽培等。

1. 早春茬辣椒栽培

早春茬一般是10月下旬至12月上旬播种育苗，苗龄110d左右，2月初定植，3月中旬前后始收，5月以后结束采收。这茬辣椒的育苗期在寒冷季节，可以通过保温或加温措施育成壮苗，风险较小，定植后气温又逐步回升，所以栽培比较容易，在北纬40°地区多采用这种茬口。在品种选择上要选择早熟品种，或根据市场需要选择一些微辣品种，其育苗及栽培方法，请参考冬春茬栽培。

2. 冬春茬辣椒栽培

冬春茬是目前日光温室辣（甜）椒栽培中最主要的生产茬口。华北地区于8月下旬至9月上旬播种，11月中下旬定植，翌年1月上旬始收，6月下旬至7月上旬采收结束，其产品可以供应元旦、春节市场。

（1）品种选择　利用日光温室进行冬春茬辣（甜）椒生产，应选用产量高、耐低温弱光、抗逆性强、坐果率高、抗病性好的品种。

（2）育苗　育苗用的营养土配制，可用肥沃葱茬菜园土60%，腐熟有机肥或草炭土40%。每平方米育苗床加入三元复合肥10kg。也可按草炭：蛭石＝2：1（或3：1）的比例配制，每立方米基质加入5kg膨化鸡粪和1.5kg复合肥，充分搅拌。床土消毒常用40%福尔马林200～300ml对水20～30kg，可消毒床土1 000kg；或用50%福美双或65%代森锌可湿性粉剂等量混合施用，每平方米苗床用混合药剂8～9g，与半干细土3～15kg拌匀，播种时作为垫籽土和盖籽土。

（3）种子处理　将辣（甜）椒种子放入50～55℃温水中浸15～20min，在水温降至30℃后，浸泡4～6h；药剂拌种可用70%代森锰锌粉剂，按种子重量的0.2%～0.3%拌种。采用药剂浸种消毒时，在种子浸入药液前，要用清水预浸4～6h，浸过药液后，要立即用清水冲洗掉种子表面药液。常用的药液：10%磷酸三钠水溶液浸种15～25min，或1%硫酸铜溶液浸种5min。也可以将完全干燥的种子置于70℃的恒温箱内进行干热处理72h，可杀死病菌，而不降低种子发芽率。

（4）催芽、播种　通常是将经过处理的辣（甜）椒种子至25～

30℃条件下进行催芽，经过3～5d，待有50%～60%的种子胚芽露白时即可播种。播种前，需先浇透苗床，选择晴天上午或中午进行播种。待苗床中水渗下后，在苗床中覆一薄层过筛细土，随后均匀撒播发芽的种子，也可干粒播种。播种后覆土，厚度为1cm左右，避免种壳“戴帽”出土，使子叶不能正常展开，影响幼苗生长。如采用育苗盘育苗，其播种方法同苗床；如采用穴盘育苗，要在每穴中部用竹竿或手指压一深1cm左右的小坑，然后每穴放入一粒种子。播完后，在穴盘上均匀撒一层过筛细土或营养土，用手或小木条、竹竿找平，使细土更均匀地覆盖在种子上。覆土后，在苗床土或育苗盘上覆盖一层地膜并封严，保持苗床温度和湿度，随时检查苗床，待有60%～70%出苗时，揭去地膜。播种后苗床温度白天可保持在30℃左右，夜间20℃左右，床面应保持湿润状态，一般播后4～5d即可出苗。当幼苗子叶展平后，要及时进行间苗，将拥挤的、长势不良的幼苗拔除，间苗后再进行覆土护根。

（5）分苗及分苗后的管理　在幼苗长到2片真叶带1片心叶时进行分苗。将幼苗分到分苗苗床或育苗钵中，苗间距8～10cm。在日光温室栽培中，应当做到1钵1苗，以确保幼苗质量。分苗后1周内，白天气温要求达到30～32℃，根系适温为18～20℃。约1周后逐步适当通风降温，以防幼苗徒长，日温保持20～25℃，夜温10～15℃。定植前10～15d要对幼苗进行低温锻炼，白天控制温度在15～20℃，夜间温度5～15℃。分苗后，在幼苗未长出新根之前，一般不宜浇水。在新根、新叶开始生长后，采用地苗床的，要及时浇一次小水，水后中耕，以利增温、透气、保墒。采用育苗钵分苗的，应掌握干了就浇水的原则，控温不控水。无论苗床还是育苗钵分苗，都应避免苗床积水，湿度过大，特别在冬春育苗时，若遇低温，则极易发生苗期病害，如猝倒病、炭疽病等。苗床土肥力不足时，应随水施入复合肥，以保证幼苗对营养物质的吸收利用，或采取叶面追肥，喷施0.2%～0.4%浓度的尿素、磷酸二氢钾或其他叶面肥料。辣（甜）椒幼苗对光照要求较高，应尽量延长幼苗的受光时间。

（6）定植及定植后的管理　定植的适龄壮苗标准：株高15～20cm，茎粗0.5～0.7cm，8～10片叶，子叶及底部叶片未脱落，叶色深绿，有光泽，无病斑、虫口，出现花蕾。在定植前按温室空间每立方米用硫黄4g加80%敌敌畏0.1g和锯末8g，均匀混合后，分装成小包，点燃密闭一昼夜消毒。每公顷日光温室施腐熟的有机肥 75 000～150 000kg 作基肥，使肥料与土壤充分混合，做成 70cm 宽、10～15cm 高的南北向小高畦，并在畦面中间开一条深 10cm、宽 20cm 的小沟，以便于进行“膜下暗沟浇水”或铺设滴灌管进行滴灌。定植时温室内 10cm 深土壤的温度不要低于 15℃。定植宜在晴天进行，栽植深度以苗坨的高度为准，株距 20～30cm，行距 50cm。可先铺膜再定植，也可先定植再扣膜。一般每公顷定植 60 000～67 500 株。定植之后为了促进缓苗，要保持高温、高湿环境，但最高温不宜超过 30℃。5～7d 后，幼苗缓苗，即可进行正常管理。白天气温保持在 25～30℃，中午前保持26～28℃，夜间 15～20℃，地温在 20℃左右，下午温度低于 25℃时则要逐步关闭通风口保温。进入 11 月后，常有寒流侵袭，应根据天气状况及时加盖草苫。进入开花坐果期后，外界温度逐渐降低，应以保温为主进行管理，白天温度应保持在 20～25℃，夜间温度为 13～18℃，最低气温应控制在 8℃以上，特别在严冬季节，要尽量保持较高的夜温，以促进开花坐果。进入春季后，随着天气转暖要逐渐加大通风量和延长通风时间。当外界夜间温度上升到 20℃以上时，则不需再覆盖草苫，并可进行昼夜通风。辣（甜）椒定植前要浇底墒水，定植时浇定植水。缓苗后，根据土壤墒情，可浇 1 次小水，然后进行蹲苗，直到“门椒”膨大生长后再选择晴暖天气结合追肥进行浇水，此后根据植株生长情况和天气变化，采取小水勤浇的方法进行浇水。辣（甜）椒不宜大水漫灌，也不宜浇水干湿不均，否则会导致落花落果。

日光温室冬春茬辣（甜）椒栽培，多采用高垄膜下暗沟浇灌或软管滴灌，这样可有效避免因大水漫灌而造成的土温降低、增大室内空气湿度。进入寒冷的 12 月至翌年 2 月，要尽量减少灌水的量和次数，做到不干不浇、浇而不多，防止低温高湿的出现。浇水时，还要选择晴暖的天气进行，并于浇水后，适当进行通风排湿。进入 3～4 月后，随着气温的升高和通风量的增大，可增加灌水次数和灌水量，结合施肥，促进出现又一个结果高峰。当“门椒”长到 3cm 左右长时，要追一次肥水，每公顷可施尿素 105～150kg 或硫酸铵 375kg，结合浇水，使肥料溶于水中随水进行膜下沟施，或溶于水中利用施肥罐进入滴灌系统，结合滴灌施肥。以后，每采收 2～3 次追肥 1 次。生长中后期随着气温的回升，生长发育加快，采收 1～2 次就应追肥 1 次。为防止植株早衰，可采用

0.2%的磷酸二氢钾或0.3%的尿素进行叶面喷施。冬季外界的光照度较低，日光温室内的光照管理，可参见本章第一节番茄相关内容。在植株进入采收盛期后，枝叶长势茂密，株行间通风透光性降低，从而影响开花坐果，要适当疏去些过密的徒长枝、弱枝或侧枝及底部的已衰老叶片。为防止植株倒伏，还应设立支架加以保护。此时在温室内使用防落素等可提高坐果率。彩色甜椒植株要保持每株一定的坐果率，随着采摘，每株宜保留6个左右果实，并摘除畸形果，采用双干整枝法。

温馨提示

常用的防落素有番茄灵30～40mg/L、2,4-D 15～20mg/L等，于开花期对花器进行喷施或蘸花，注意不要滴到枝叶上。

（7）采收　一般进入12月后就可采收上市。“门椒”“对椒”要适当早收，以免坠秧影响植株及果实的后期生长。此后在果实充分长大，果色较深时采收。彩色甜椒在果实着色期采收，以充分表现品种特色。嫩果色为紫色、白色的品种，从坐果到采收为25～30d；成熟果色为橙色、黄色、红色的品种，从坐果到采收为50～60d。要求着色泽均匀、光滑坚硬、发育完全的果实。采摘时以早晨为宜。

3. 秋冬茬辣椒栽培

辣椒秋冬茬栽培是指自深秋至春节前供应市场的栽培方式。可以采用育苗移栽，时间是7月中下旬育苗，苗龄25～30d，8月中下旬定植，10月上旬始收，翌年2月结束栽培。育苗期正值高温、强光、多雨、病虫害猖獗的季节，育好苗有一定难度。第一要搭遮阴棚覆盖遮阳、防雨；第二要采用育苗钵育苗，保护好辣椒根系；第三要特别注意防治蚜虫危害，以避免病毒病发生；第四要注意随着气温的下降，做好保温管理。要选择早熟、耐贮运的品种。

4. 长季节辣椒栽培

长季节辣椒栽培的目的是为更好地提高日光温室的利用率和产量。北京地区一般于7月中旬播种育苗，8月定植，9月始收，于翌年6月结束生产，生长期达12个月，每公顷产量可达123 000kg。

（1）品种选择　选用品种应具有耐低温、生长势旺、抗逆性强等特点。

（2）播种育苗　越冬长季节甜椒苗龄30d左右。育苗应在设有防虫网的设施内进行，畦上方1.5m处覆盖遮光率50%～70%的黑色遮阳网，以控制苗床气温在30℃以下。壮苗指标为株高8～10cm，茎粗0.2～0.3cm，株幅6～8cm，子叶及底部叶片未脱落，4～5片真叶，叶色深绿，有亮泽，无病虫害。

（3）定植　一般采用槽式基质栽培法，即在温室内挖沟然后铺上废旧棚膜，或垒砖建栽培槽。栽培槽宽0.5m，高0.2m，长6m，将腐熟秸秆、腐熟有机肥、洁净大田土按2∶1∶1比例混合均匀后装入栽培槽。每公顷共需栽培基质600m^3左右。采用滴灌系统灌溉。铺好滴灌管后，浇透水在槽上覆透明地膜，密闭温室高温处理7d后，进行通风降温便可定植。定植期在8月中旬。采用双行、单干整枝，行距0.65m、株距0.35m，每公顷保苗42 000～45 000株；若采用双行、双干整枝，则株距0.40m、行距0.65m，每公顷保苗38 400株。

（4）田间管理　长季节栽培一般应疏掉"门椒"来保证植株营养生长旺盛。当"门椒"膨大到3cm左右时，开始追肥，水肥齐攻，催果壮秧。可在槽内行间追施复合肥225kg/hm^2、干鸡粪675kg/hm^2，灌水225m^3/hm^2左右。花期可采用敲击吊绳的方式辅助授粉，或用20～30mg/kg的防落素喷花。有条件的地方可采用熊蜂进行辅助授粉，以提高坐果率，促进果实快速膨大。

（5）采收　正常情况下，甜椒果实可在定植后30～50d，即9月底至10月初开始采收，按市场需要及时采收青椒。彩色甜椒品种除紫椒（紫焰）、多米等少数品种幼嫩果显色外，其余红、橙、黄等色均在后期变色后采收。收获结束后，及时把秧蔓清理出温室外进行无害化处理。按比例补充栽培槽的基质，与原有基质混匀后，浇透水并覆盖新地膜，经日晒对基质进行高温消毒20d左右，便可用于下茬蔬菜栽培。

七、病虫害防治

1. 主要病害防治

（1）辣椒病毒病　是辣椒的主要病害，全国各地普遍发生，使产品质量大幅度降低。保护地栽培发病较轻。该病是因多种病毒复合侵染而引起的。受害病株一般表现为花叶、黄化、坏死和畸形等4种症状：①花叶。可分为轻型花叶和重型花叶，前者嫩叶初为明脉和轻微褪绿，继而发生浓绿和淡绿相间的斑驳。后者除表现褪绿斑驳外，叶面凹凸不平，叶脉皱缩畸形，甚至形成线叶，严重矮化。②黄化。是指病叶变为黄色，并有落叶现象。③坏死型。是指病株部分组织变褐枯死，表现为条斑、顶枯、坏死斑驳及环斑等。④畸形。是指叶、株变形，如叶变小成线状（蕨叶），或植株矮小，分枝多呈丛枝状。有时几种症状在同一株上同时出现。防治方法：①选用抗（耐）病品种。②清洁田园，避免重茬，可与葱蒜类、十字花科蔬菜和豆类作物轮作。③间作或点种玉米避蚜、遮阴、降温，减轻病害发生。④种子用10%磷酸三钠溶液浸20～30min，洗净催芽。⑤苗期和定植后及时喷药防治蚜虫（见番茄）。分别于分苗、定植前和花期喷洒1次0.1%～0.3%硫酸锌溶液。⑥在发病初期喷洒20%病毒A可湿性粉剂400～500倍液，或1.5%植病灵乳油1 000倍液，隔7d喷1次，共喷3次，有明显防效。

（2）辣椒疮痂病　又名细菌性斑点病，以暖湿的南方地区发生最重，常造成大量的落叶、落花和落果。主要危害叶片，最初在叶背面生水渍状斑点，扩大后病斑不规则，周缘稍隆起，暗色，内部色较淡，稍凹陷，表面粗糙呈疮痂状，当几个病斑连成大病斑时，则引起叶片脱落。如病斑沿叶脉发生时，常使叶片变为畸形。茎及叶柄上病斑一般为条斑，形成块状后木栓化，或破裂后呈疮痂状。果实上初生黑色或褐色小斑点，隆起或呈疱疹状，有狭窄的水渍状边缘，扩大后为圆形或长圆形、稍隆起的黑色或黑褐色疮痂状病斑，病斑边缘破裂，潮湿时有菌脓溢出。一般青果受害重。苗期发病叶片极易脱落。防治方法：①选用抗病品种。②播前用0.1%硫酸铜溶液浸种5min，再拌少量草木灰，或用52℃温水浸种30min。③与非茄科蔬菜实行2～3年轮作。④在发病前喷洒波尔多液（1∶1∶200）保护。⑤发病初期或暴风雨过后及时喷洒72%农用链霉素可溶性粉剂3 000倍液，或新植霉素4 000倍液，或77%氢氧化铜（可杀得）可湿性粉剂600倍液等喷雾，交替使用，每隔7d喷施1次，连用2～3次。

（3）辣椒疫病　是辣椒栽培中最重要的土传真菌病害，在全国各地露地和保护地栽培的辣椒上普遍发生，常引起较大面积死株。苗期发病，多在根茎部初现暗绿色水渍状软腐，后缢缩引起幼苗猝倒。成株期叶片上生暗绿色病斑，边缘不明显，空气潮湿时迅速扩大，病斑上可见白霉。病斑干后呈淡褐色，可使叶片枯缩脱落，出现秃枝。根颈部和茎及侧枝受害时，形成黑褐色条斑，凹陷或稍缢缩，病、健部界限明显，病斑可绕茎、枝，病部以上枝叶迅速凋萎。花蕾受害时变黄褐色，腐烂脱落。果实多由蒂部首先发病，出现暗绿色水渍状病斑，稍凹陷，病斑扩展后可使全果变褐、变软、脱落，潮湿时病果生稀疏白色霉状物。若天气干燥，则病果干缩，多挂在枝梢上不脱落。防治方法：①避免连作，可与水稻、玉米、豆类、十字花科蔬菜、葱蒜类蔬菜实行 3 年以上轮作。②平整土地，防止田间积水。南方采用高畦覆盖地膜栽培。北方地区要改良灌溉技术，尽量避免植株基部接触水，提倡采用软管滴灌法。③选用抗（耐）病品种，种子用 72.2%霜霉威水剂 1000 倍液浸种 12h，清水洗净催芽播种。④发现中心病株后，可用 72.2%霜霉威水剂 500 倍液局部浇灌，药液量 2～3kg/m^2。或用 64%杀毒矾可湿性粉剂 500 倍液，或 58%甲霜·锰锌可湿性粉剂 400～500 倍液，或 40%甲霜铜可湿性粉剂 500 倍液等喷雾。注意应在无雨的下午进行施药。

（4）辣椒炭疽病　辣椒的重要病害。暖湿地区危害严重，病果率可高达 30%以上，贮运期间病情还能进一步发展，直至腐烂殆尽。果实发病初现水渍状黄褐色近圆形病斑，边缘褐色，中央颜色稍浅，凹陷，斑面有隆起的同心轮纹，轮纹上密生小黑点，有时为橙红色。潮湿时病斑溢出淡红色黏胶物或者病部呈烫伤状皱缩，干燥时干缩成似羊皮纸状，易破裂，其上有明显轮纹。叶片受害，病斑为水渍状褪绿斑点，后渐变为边缘深褐色，中央灰白色圆形病斑，病斑上轮生小黑点，病叶易干缩脱落。茎部形成梭形、不规则黑色病斑，纵裂凹陷，有时病部缢缩，易折断。防治方法：农业防治措施同疫病。用无病株留种，种子需进行温水浸种消毒。发病初期可用 70%甲基硫菌灵可湿性粉剂 800 倍液，或 75%百菌清可湿性粉剂 600 倍液，或 70%代森锰锌可湿性粉剂 500 倍液，或 50%多菌灵可湿性粉剂 600 倍液，或 25%咪鲜胺（使百克）可湿性粉剂1 000倍液等，每隔 7～10d 喷施1 次，连续喷 2～3 次，交替使用。

（5）辣椒白绢病　主要危害茎基部和根。发病初期呈暗褐色水渍状腐烂，病部凹陷，表面着生白色绢丝状菌丝体，集结成束向茎上部延伸，有时菌丝自病茎基部向四周地面扩展。病斑扩展环绕茎基一周后，整株萎蔫，最后枯死。根部被害，则皮层腐烂，病部产生稀疏的白色菌丝。接触地面的果实也可发病，使果实软腐，表面产生白色绢丝状菌丝体。发病后期在菌丝体上产生籽状的菌核，初为白色，后变为褐色或深褐色。中国南方高温潮湿季节发病严重。防治方法：①实行水旱轮作。②适量施用石灰中和土壤酸性，抑制病菌发生。③病区每公顷用15kg 15%三唑铜可湿性粉剂，加细土600kg混匀后撒施茎基部土壤。④发病初期用20%三唑铜乳油2000倍液，或20%甲基立枯磷乳油800倍液，或70%甲基硫菌灵可湿性粉剂600倍液喷淋植株基部，交替使用，每隔7～10d施用1次，连续2～3次。

（6）辣椒叶枯病　又名灰斑病。多发生在温暖多雨地区或季节，南方发病重。苗期和成株期均可发病，主要危害叶片，病斑圆形或不规则，中央灰白色，边缘暗褐色，后期病斑中央常破裂穿孔为其特征。病斑多时引起病叶脱落。病害一般由下向上发展，严重时整株叶片脱落成秃枝。防治方法：①种子消毒，加强苗床管理，培育无病壮苗。②重病田与瓜类、十字花科蔬菜实行2年以上轮作。③雨后和浇水后防止田间积水。④收获后清洁田园。⑤发病初期喷洒58%甲霜·锰锌可湿性粉剂500倍液，或80%代森锰锌可湿性粉剂500倍液，或78%科博（波尔多液和代森锰锌混配）可湿性粉剂600倍液，或10%苯醚甲环唑（世高）水分散粒剂1000倍液，隔10～15d喷1次，连喷2～3次。

（7）辣椒日灼病　主要发生在果实的向阳部分，呈淡黄色或灰白色，病斑表皮失水变薄，容易破裂，组织坏死僵硬，常被其他腐生菌侵染，长一层黑霉或腐烂。本病为强光照引起的生理病害，原因是高温期叶片遮阴面积小，太阳直射到果面上，使果实表皮细胞被灼伤。防治方法：合理密植，露地栽培一穴种植双株，加大叶片遮阴。间种高秆作物，如玉米、豇豆、菜豆等，可减少太阳直射。

2. 主要虫害防治

（1）烟青虫　主要危害辣椒。幼虫蛀食果实，也取食花、蕾、芽、叶和嫩茎。烟青虫全身蛀入果内，果表仅留有1个蛀孔（虫眼），果肉和胎座被取食，残留果皮，果内积满虫粪和蜕皮，引起腐烂而大量落果。是造成减产的主要原因。防治方法：①冬季翻耕灭蛹，减少越冬虫源。②用黑光灯诱杀，或用杨柳树枝把蘸500倍敌百虫液诱杀。③在虫卵孵化高峰期，可用Bt乳剂500倍液喷雾，虫卵多时，隔3d再喷1次。④在初龄幼虫蛀果前，可用5%氟啶脲（抑太保）乳油1500倍液，或5%氟虫脲（卡死克）乳油1 500倍液，或10%氯氰菊酯乳油2 000倍液，或1.8%阿维菌素乳油2 500倍液等进行防治，交替在傍晚进行喷雾。

（2）侧多食跗线螨　别名茶黄螨。辣椒受害后，嫩叶皱缩、纵卷，叶背有铁锈色油质光泽，幼芽、幼蕾枯死脱落，仅留下光秃的梢尖。果实、果柄变锈褐色，失去光泽，果实生长停滞，僵化变硬。严重受害的植株矮小丛生，落叶、落花、落果，严重减产。田间卷叶率达0.5%～1%时为防治适期，集中向植株幼嫩部位的叶背面处喷药，常用药剂同番茄。交替使用，每7～10d施用1次，连用2～3次。

（3）西花蓟马　又名苜蓿蓟马。世界性分布的检疫性害虫。成、若虫锉吸花、叶、嫩茎和果实的汁液，初呈灰白色，斑内有黑色斑点，进而花瓣褪色、萎蔫和提早脱落。叶片出现枯斑，可连片致叶片枯死。嫩茎和果面形成片状疤痕，严重时植株枯萎。成、若虫喜聚集在花内取食危害，较易随风飘散及农具、衣服和幼苗传播，随寄主植物调运远距离传播。防治方法：①加强普查，划分疫区，严格检疫措施。②用蓝色板（黄板也有良好效果）诱捕成虫和监测虫情。③覆盖地膜，增加入土化蛹虫的死亡率。④用1.8%阿维菌素乳油2500倍液，或2.5%多杀菌素（菜喜）悬浮剂1 000～1 500倍液，或10%吡虫啉可湿性粉剂2000倍液等喷防，交替使用。

辣椒苗期病害如猝倒病、立枯病、灰霉病和沤根，成株期灰霉病、菌核病、青枯病、枯萎病等，以及虫害如蚜虫、小地老虎等的防治方法，可参照本章番茄、茄子相关病虫害防治方法。

八、采收

辣椒多以嫩绿果供食，有时也采收红果。干制或腌制的辣椒须采收成熟的红果。辣椒花凋谢20～30d后，果实和种子已充分长大，完成了果实的形态发育，果皮稍变硬，叶绿素含量多，番茄红素和维生素C的含量逐渐增多，这时即可采收。及时采摘不仅可以抢早上市，还有利于上层多结果和果实膨大，提高产量。如采摘过嫩，果实的果肉太薄，色泽不光亮，影响果实的商品性。

采收盛期每隔6～10d采收1次。因早熟品种青果的商品性不如中晚熟品种的青果，因此市场价格低，此时宜在植株上留红果，争取第1批红果及时上市，市场价格好，产值反而提高。红椒也不宜过熟采收，转红就摘，过熟水分丧失较多，品质、产量也相应降低，不耐贮藏。采摘应在早、晚进行，中午因水分蒸发多，果柄不易脱落，容易伤植株。早熟品种一般在 7 月底采摘完毕，中晚熟品种则可陆续采收至霜冻来临以前，晚熟果可以贮藏到冬季上市。在新疆、山东等地，商品干椒一般待果实全部红熟时一次性采收。即当辣椒果实红熟达 80%以上时，连株拔起，抖去泥土，放在田间晒 2d，运回场院堆放，5～6d 翻 1 次，其间做好防雨防霜工作，待辣椒果实风干时采摘。用这种方法收的干椒，色泽鲜亮，品质好，省劳力。也可以采用人工烤干的方法生产干椒。一般 4kg 左右鲜椒可制成 1kg 干椒。

【专栏】

落花、落果、落叶的发生及防止

落花、落果、落叶是指辣椒在生长期间，在花柄、果柄或叶柄的基部组织形成一层离层，与着生组织自然分离脱落的现象。造成落花、落果、落叶既可能是生理方面的原因，也可能是病理方面的原因。生理方面的原因如花器官（雌蕊、雄蕊、胚珠发育不良等）缺陷，开花期的干旱、多雨、低温（15℃以下）、高温（35℃以上）、日照不足或缺肥等，都可造成辣椒不能正常授粉受精而落花、落果。有害气体或某些化学药剂也能造成大量落花、落果、落叶。病害如炭疽病、疮痂病、白星病等可引起辣椒大量落叶，烟青虫危害可引起辣椒大量落花、落果。防止辣椒落花、落果、落叶的措施：选用抗病、抗逆性（耐高、低温，耐寒、耐涝、耐旱、耐热、耐肥等）强的优良品种。合理密植，保持良好的通风透光群体结构。按需要施用氮、磷、钾肥，特别是氮肥，不能过多或过少，保持氮素与碳水化合物的含量平衡。在春季低温季节，开花时可用 PCPA 30～35mg/L 喷花保果。病理因素引起的落花、落果、落叶的防治方法见辣椒病虫害防治技术。

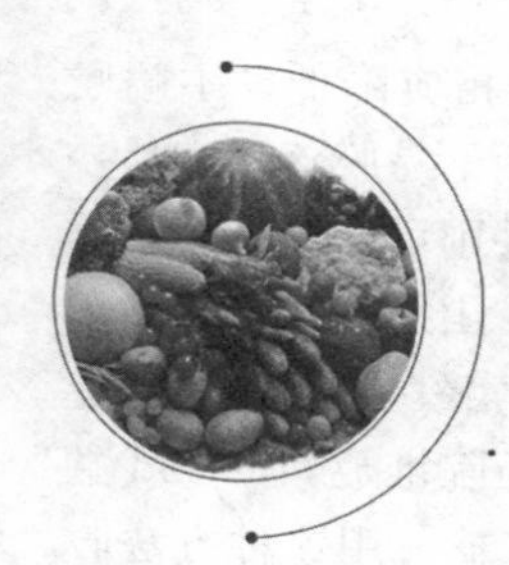

第十章 豆类蔬菜栽培

第一节 菜　　豆

一、类型及品种

1. 类型

可以根据其植物学性状、熟性、用途等进行划分。

菜豆生育周期

（1）茎的生长习性　根据茎的生长特点可分为蔓生种和矮生变种。矮生类型是蔓生种的变种，植株直立、丛生。一些品种在10余节以后封顶，属半蔓生类型，生长习性介于蔓生和矮生类型之间，这一类型的栽培品种少，栽培不普遍。生产上栽培的品种大多数为蔓生无限生长类型。

（2）熟性　按熟性可分为早、中、晚熟品种。矮生菜豆熟性较早，从播种至采收嫩荚50～60d，少数只有45d。蔓生早熟种约60d才可采收，70d以上采收的为晚熟品种，大多数属中熟类型。

（3）用途　根据用途可分为籽粒用（粮用）、鲜食用和制罐、速冻加工用等不同类型。籽粒用菜豆为硬荚种，荚壁极易硬化，种子发达，以采收干豆食用。绝大多数品种则以采收嫩荚供鲜食。加工用品种则多为白籽，嫩荚圆棍形。

2. 品种

（1）菜豆66　植株蔓生，生长势强，生育期55～60d，花白色，嫩荚白绿色，圆棍形，长21～24cm，宽约1.3cm，厚约1.2cm，荚形指数1.13，单荚重量约19.6g，少筋软荚，种子白色，千粒重331g左右。早熟丰产，前期产量高，每亩总产量约2 847.5kg，适合春露地和大棚种植。

（2）苏菜豆4号 矮生菜豆新品种。早熟，花紫色，嫩荚扁棍形，荚绿白色，平均荚长13.4cm，宽0.8cm，平均单荚重量7.7g。从播种至采收嫩荚56.1d。每亩鲜荚产量800～1 200kg。田间对叶霉病和根腐病的抗性强。种子为扁椭圆形，平均千粒重为333.0g。适合江苏省及长江中下游地区春秋季露地和大棚栽培。

（3）白花四季豆 生长势中等，有2～3个分枝，主蔓第4～5节着生花序，白花。荚长10～12cm，圆棍形，浅绿色，肉厚、脆嫩，品质好，适合鲜食和加工。每荚有种子6～8粒，白色，肾形。中熟。华东、华南栽培较多。

（4）九架豆15 从播种到采收50～55d，平均荚长18.5cm，宽2cm，荚厚1.2cm，单荚重14g，无筋、无革质膜、抗病性强、产量高、商品性好，露地、保护地兼用。

（5）超长四季豆 生长势强，蔓生，叶片大，白花。嫩荚长圆条形，浅绿色，荚长25cm以上，每荚有种子7～8粒，深褐色。嫩荚纤维极少，质佳。中熟，采收持续时间长。适于华北、华东种植。

（6）花皮菜豆 生长势中等，紫花。嫩荚绿色带紫色条纹，多为宽扁条形，种粒稍突，耐老，即使老熟也几乎无纤维，品质极好。中晚熟。东北地区栽培较多。

二、露地栽培技术

1. 春季栽培技术要点

（1）播种前的准备 菜豆忌重茬，宜实行2～3年轮作。应选择土层深厚、疏松肥沃、排灌顺畅、通气性良好的沙壤土种植。北方春播应在前一年秋季深耕晒垡冻土，春季化冻后，再次进行耕耙，以提高地温和加强土壤的保水性。南方则在除草、深翻、整地后随即作畦。翻耕的同时，可撒施腐熟的有机肥45 000～60 000kg/hm^2作基肥，并加过磷酸钙150～200kg、草木灰1 500kg。酸性土壤还应施石灰中和。作畦方式因地而异，南方雨水多，应做深沟、高畦，以利排水。畦宽1.5m左右（连沟），沟宽40～50cm，深15～20cm。北方雨水较少，多以平畦种植，畦宽1.3～1.5m。播种前应精选粒大、饱满、整齐、颜色一致而有光泽、无机械损伤、无病虫害的种子，并晒种1～2d，以利于出苗。

菜豆苗期管理

（2）播种　露地栽培多采用干种子直播，在终霜结束前数日，选择晴朗无风的天气播种。如墒情不足时，应在播种前浇水，待土壤不发黏时，再行播种。播种密度因品种类型而异，蔓生菜豆1.3～1.6m宽的畦种2行，株距20～30cm，每穴播3粒种子，留苗2株，用种量60～75kg/hm^2。矮生菜豆行距35～45cm，穴距30cm左右，每穴播3～4粒种子，每穴留苗3株，用种量90～100kg/hm^2。播种深度以3～5cm为宜。为了提高产量和促进早熟，长江流域以北地区早春多采用地膜覆盖栽培，但覆盖地膜并不能完全避免低温和霜冻对幼苗地上部分的危害，因此，不可过于提早播种和定植。

（3）育苗和定植　为提早上市，可采用营养钵和营养土块的保护地育苗的方法。优良的营养土应该是无病虫侵染，有丰富的营养和良好的通透性及保水、保肥能力。育苗用的塑料钵和纸钵高8～10cm，上口横径8～10cm。营养方育苗可将配好的营养土，在已整平的育苗畦上铺成8～10cm的土层，浇足底水后，用刀具切成6～8cm见方的土块，再在土块的正中压一播种穴，立即播种。每钵或每穴播3～4粒种子，覆盖2～3cm的营养土。出苗前要用塑料薄膜覆盖，冷床育苗晚间要加盖草席。苗龄以20d为宜，即当第一片复叶展开时为适期。育苗期间一般不必浇水和施肥，定植前1周应浇透水，并切割、移动营养土方，进行囤苗和低温锻炼。壮苗标准：叶大、色深、节间短、茎粗。定植时先铺地膜，按株行距用打孔器或刀划出定植孔，将土挖出，栽苗，再覆土，并用土压住定植孔周围的薄膜。定植的密度与直播相同。

（4）生长前期管理　直播出苗或移植缓苗后，需进行查苗、补苗。菜豆第1、2片真叶为单叶对生，对生真叶健全与否对菜豆幼苗的生长和根群的发育影响极大，凡对生真叶发黄、提早脱落或大部分受损的苗应剔除，补种或用健壮的“后备苗”补之。补苗时应先浇水，再补种或栽苗。春季栽培中耕松土尤为重要，疏松的土壤容易吸收太阳热，提高地温和土壤通透性，有利根系发育及根瘤菌的活动。苗期一般中耕2～3次，第1次中耕在出齐苗后或移栽缓苗后进行，第2次中耕应在蔓生菜豆开始抽蔓、矮生菜豆于植株团棵以前进行，并结合培土，可促进发生不定根，此后应注意除草，不宜再中耕。蔓生菜豆开始抽蔓时要及时插架，可在第2次浇水并中耕后进行，插成“人”字形架并按逆时针方向进行人工引蔓，防止茎蔓互相缠绕。蔓生菜豆甩蔓前、矮生菜豆团棵前可结合浇水施两次肥。为防止水分过大、营养生长过旺，应在缓苗后至开花结荚前进行中耕蹲苗，其间一般不进行浇水。矮生菜豆因生育期短，不易徒长，开花结荚前可早施肥增加开花结荚数，控制浇水的时间比蔓生菜豆缩短 10～15d。

（5）开花结荚期管理　开花以后植株进入旺盛生长并陆续开花结荚，需要大量的水分和养分，栽培进入重点灌水施肥时期。当幼荚长 3～4cm 时，豆荚伸长肥大迅速，为使豆荚品质鲜嫩，需每隔 5～7d 浇 1 次水，并结合浇水进行施肥。进入采收期，每采收一次随即浇水1 次。追肥以腐熟农家有机液肥和化肥交替施用为宜，化肥可用磷酸二铵或氮磷钾复合肥，225～250kg/hm^2，施肥后应随即浇水。随着外界温度的升高，应不再用农家有机液肥追肥。进入高温季节后应采用勤浇水、早晚浇水和雨后浇清水的方法来降低地温。遇连续降雨后应及时排水、防涝。

（6）衰老期的复壮　进入开花结荚后期，叶片同化能力大幅度下降，生长衰退，根瘤的形成逐渐减少，后期结荚少，质量差。如果气候条件仍比较适合菜豆生长，可摘除靠近地面的老叶、黄叶，改善田间通风透光条件，连续追肥 1～2 次并加强浇水，促使抽生新的侧蔓，并使主蔓顶芽的潜伏花芽继续开花坐荚，半个月后可以采收豆荚，使采收期延长。

2. 秋季栽培技术要点

秋菜豆生长季气温变化是由高到低，与春菜豆生长相反，湿度和光照条件也和春季不同，栽培上应注意以下几点：

（1）品种选择　选择较耐热、抗病、适应性强的品种，尤以结荚较集中、结荚率高的品种为好。

（2）适时播种　过早播种开花结荚时正值高温炎热季节，易引起前期落花落荚。过晚播种则气温逐渐下降，植株生长发育缓慢，结荚期短。一般应掌握在当地早霜到来之前 3 个多月播种，利用苗期较耐热的特点度过炎夏，秋凉时开花坐荚。华北、西北地区可在 7 月播种，长江流域以 8 月上旬、华南地区以 8 月下旬至 9 月中旬播种为宜。

（3）清洁田园、整地　秋菜豆多接春作后茬栽培，时间很紧，故前茬拉秧后应及时清洁田园，有条件的可进行土壤消毒，然后深翻土地、施肥，做成排灌均宜的瓦垄畦或高畦。

（4）适当密植，及时插架　秋菜豆生育前期植株生长较快，节间长、侧枝少，长势不如春季旺盛，但秋季日照充足，可通过密植来提高产量。蔓生菜豆前期生长快速，应及时插架。

(5) 水肥管理　苗期正值高温，蒸发量大，需浇水降温，雨后应及时排水并及时浇清水。施肥应勤施、轻施，以防肥料流失。秋菜豆病虫害较春季重，要特别注意防治。

三、菜豆塑料大棚栽培技术

菜豆是塑料大棚栽培最为普遍的豆类蔬菜。对日照长短要求不严格的品种在大棚中可以进行春季早熟栽培，也可以进行秋季延后栽培。

1. 春季早熟栽培

菜豆春季早熟栽培的时期与黄瓜基本相同，只是它的生育期比黄瓜短，育苗期也短。生产中春季早熟栽培比较普遍。

(1) 品种选择　菜豆的蔓生品种及矮生品种均适于作大棚春季早熟栽培。矮生品种早熟性好，一般可在大棚周边低矮处种植，或作间套种用；蔓生品种高产，生长期长，早熟性不如矮生品种。大棚空间高大，生产中多选用蔓生品种，但要求品种株型紧凑、节间短、叶片小、结荚率高、品质好、耐贮运等。

(2) 播种育苗　菜豆壮苗的植株形态：株丛矮壮，叶色浓绿，茎粗壮，叶柄短。矮生菜豆日历苗龄一般需 20～25d，幼苗具 2～3 片真叶；蔓生菜豆日历苗龄为 30～40d，具 4～6 片真叶。菜豆育苗所用床土与黄瓜相同，种子一般直播于育苗钵（塑料钵或纸筒、塑料袋）内或营养土方内，而不采用先播在育苗盘而后移植的方法。生产中也有的采用直播而不进行育苗。播前种子浸种 2～4h，放在 20～25℃的条件下催芽。经 1～2d 后出芽，即可播种。育苗钵内先浇透水，水渗下后，每钵放种子 4～5 粒，上覆细土 2～3cm 厚。育苗方法：先将种子进行短期浸泡，然后密铺于经开水消毒的锯末或细沙中，覆盖锯末或细沙 2cm 厚，经过 3～5d，幼苗长出胚根后播种。播种后立即覆盖薄膜小拱棚，夜间盖草苫。出苗前不通风，以提高气温和地温，气温以 28～30℃为宜。苗出齐后适当通风，白天保持 18～20℃，夜间 12～15℃，以防幼苗徒长形成“高脚苗”，小拱棚白天揭开，晚上盖上。第 1 片真叶展开到定植前 10d，提高温度，白天控制在 20～25℃，夜间 15～20℃，以利花芽分化，促进根和叶的生长。定植前 3～5d，进行低温锻炼，白天保持 15～

20℃，夜间 10～20℃。菜豆幼苗较耐旱，在不十分干旱的情况下不浇水，以促进根系发育。

（3）定植　定植前 15～20d，应提早扣棚，将塑料薄膜扣严，夜间在大棚周围加盖草苫，尽量提高塑料大棚内的温度。每公顷施腐熟的有机肥 45～75t，结合施用复合肥或过磷酸钙 225～300kg。深翻，耙平，做成平畦或起垄。定植时要求棚内最低气温稳定在 5℃以上，10cm 深处地温 13℃以上，方可定植。尽量保持土坨不散，少伤根系。定植深度与苗坨入土深度一致。定植后立即浇水，但水量不能太大，以免降低地温影响缓苗。定植密度为：蔓生种行距 50～60cm，穴距 25～30cm；矮生种行距 35～40cm，穴距 30～33cm，每穴 4～5 株。

（4）定植后的管理

①幼苗期。定植后尽可能提高棚内温度，促进早缓苗。白天棚温保持在 25～30℃，夜间 15～20℃。缓苗后适当降温，白天 20～25℃，夜间 15℃左右。到了春末气温急剧回升阶段，大棚晴天中午气温可高达 40℃，要及时通风降温，控制棚温不要高于 30℃以上，否则花芽分化不良，致使开花数少且易落花。待外界最低夜温稳定达到 15℃时，可昼夜通风。定植后 2～3d，待定植水稍干即进行中耕，疏松土壤以提高地温。以后每 7～10d 中耕 1 次，直到开花，开花后为避免伤根应停止中耕。定植后到开花前尽量少浇水，土壤干旱也应浇小水，防止大水大肥造成茎蔓徒长，影响开花结荚。

②抽蔓期。此时应追施化肥，每公顷追尿素 150kg，随浇水追肥。临近开花及开花时不能再浇水，以防止落花。为防止蔓生种抽蔓后互相缠绕和矮生种倒伏，要及时搭架，矮生种只需搭 40～60cm 高的篱式立架即可。

③开花结荚期。此生育阶段对温度光照敏感，是水肥管理的关键时期。当嫩荚坐住后，结合浇结荚水每公顷追尿素 150～225kg，10～15d 以后追第 2 次肥，追尿素或复合肥均可，用量同第 1 次。进入采收期以后，蔓生菜豆追肥 2～3 次，矮生菜豆追肥 1～2 次，以防植株早衰。菜豆结荚期要经常浇水，保持土壤湿润，浇水追肥一直进行到拉秧前半个月左右。蔓生菜豆生育后期应及时摘除植株下部的病叶、老叶及黄叶，以利通风透光。菜豆不同品种的结荚率不同，但不论什么品种，其花芽的量很大，而能正常开放结荚的花仅有 20%～30%，因此菜豆结荚率很低，落花、落荚现象严重。当白天温度大于 30℃或夜间温度长期小于 15℃，空气相对湿度过高

或过低，都会影响授粉受精，从而引起落花。若水、肥不足，植株营养差，或水肥过多使营养生长过盛，都会使营养物质向花序分配减少，从而造成落花。大棚内若光照太弱加之通风不良，会引起植株徒长而影响开花结荚。所以为了防止落花落荚，一定要调控好大棚的光、温、湿及土壤水、肥，使之营养生长和生殖生长平衡，有利菜豆开花结荚。

（5）采收　菜豆的产品为嫩荚，矮生品种从播种到采收需 50～60d，蔓生品种需 60～70d。一般在谢花后 10～15d 为采收适期，采收过迟会影响品质，因此要掌握适期采收。进入盛荚期后 2～3d 采收 1 次，防止结荚过量坠秧而引起植株早衰。

2. 秋季延后栽培

（1）品种选择　进行秋延后栽培时，菜豆苗期正值高温多雨季节，而结荚期气温下降，日照变短，因此秋延后栽培宜选用适应性强，前期抗病、耐热，生长后期耐寒、丰产、品质好的品种。

（2）播种　在前茬作物拉秧后，及时清理残枝枯叶，用硫黄粉熏蒸消毒后，每公顷施有机肥 45～60t，深翻做成平畦。如土壤干旱应浇水，使土壤墒情能保证菜豆播种后顺利出苗。确定适合的播种期是秋季延后栽培的关键。播种过早，温度过高，菜豆生长不良；播种过晚，则在低温天气来临前生长期太短，致使菜豆产量低、效益差。如华北地区及长江中下游地区一般在 8 月中旬至 9 月上旬播种，东北地区多在 6 月下旬至 7 月下旬播种。一般采用干籽直播法，蔓生种行距 60～70cm，穴距 20～25cm，每穴 3～4 粒种子，播后覆土 2～3cm 即可。如果前茬作物拉秧太迟，为不影响菜豆的适期播种，也可提前进行育苗，育苗方法同春早熟栽培。此期育苗外界温度较高，应在育苗畦上用竹帘或遮阳网进行遮光、降温，防止大雨冲苗。苗龄 20～25d 为宜。

（3）田间管理　大棚菜豆秋延后栽培在播种出苗阶段，外界气温较高，应注意降温、降湿，防徒长，大棚四周和顶部风口要全部打开，还可用遮阳网遮阳、降温。9 月下旬以后随着气温下降，天气渐凉，要逐步封闭通风口。白天棚温保持 20～25℃，夜间 10～15℃为宜。当外界最低气温降至 15℃时，夜间可不再通风，10 月中下旬以后，气温明显下降，应加强防寒保温，棚内气温尽量保持在 8℃以上，防止受冻。当夜间棚内气温低于 5℃时，应将茎蔓落下，覆盖薄膜及草苫，进行活体贮存，延长供应期。菜豆出苗后要及时中耕保墒，土壤较干时可适当浇水，但浇水以后要再行中耕松土，土壤疏松有利于根系的生长。植株抽蔓期应尽量少浇水，控制秧苗发生徒长，以加强中耕保墒为主。抽蔓后开始浇水追肥，每公顷追复合肥 150～225kg。植株开花时要控制浇水，以免引起落花。当嫩荚坐住后，要及时进行第 2 次浇水追肥，以后每 5～7d 浇 1 次水，15d 左右追 1 次肥。进入 10 月中下旬，当全棚扣严不再通风时，也不再浇水追肥。

（4）采收 菜豆秋延后栽培，采收越推后，经济效益越高，当棚内最低温达 5～7℃时，应将达到商品成熟的豆荚全部采收，以防冻害。北方地区，大棚菜豆秋延后栽培的采收期为 1.5～2 个月。

四、病虫害防治

1. 主要病害防治

（1）菜豆炭疽病 多发生在天气温凉，雨（雾、露）多的地区或季节。刚出土的子叶和叶、茎、嫩荚、种子都会被侵染，病部出现淡褐色凹形病斑，潮湿时病斑边缘有深粉色晕圈。防治方法：①选择抗病品种，选用无病种子，清洁田园，实行轮作，消毒用过的架材。②发病初期用 70%甲基硫菌灵可湿性粉剂 700 倍液，或 50%多菌灵可湿性粉剂 500 倍液，或 80%炭疽福美可湿性粉剂 800 倍液等防治，隔 7d 喷 1 次，连喷 2～3 次。

（2）菜豆锈病 是一种气传病害。主要危害叶片，严重时叶背面布满锈色疱斑（夏孢子堆），后期病部产生黑色疱斑（冬孢子堆），引起叶片大量失水并干枯脱落。茎蔓、叶柄和果荚也可受害。防治方法：①避免连作，清除田间病残株，种植抗病品种，合理密植，防止田间郁闭。②发病初期喷施 25%三唑酮可湿性粉剂 2 000 倍液，或 50%萎锈灵乳油 800～1 000 倍液，或 25%敌力脱乳油 3 000 倍液等，每 7～10d 喷施 1 次，连喷 2～3 次。

菜豆锈病防治

（3）菜豆根腐病 是一种土传病害。从幼苗到收获期均有发生。染病后主根产生褐色病斑，后变深褐或黑色，并深入皮层。春菜豆多在开花结荚后显症，主根朽腐，最后全株枯萎死亡。防治方法：①选用抗病品种，实行轮作，选择地势高、排水良好的田块种植。②发病初期用

70%甲基硫菌灵可湿性粉剂 800～1 000 倍液，或 20%甲基立枯磷乳油 1 200倍液灌根，每株灌 0.25L，每隔 7～10d 灌 1 次。也可用上述药剂喷洒地面茎基部。

（4）菜豆细菌性疫病　又名火烧病、叶烧病。植株地上部分均可发病，最初产生水渍状暗绿色斑点，以后扩展成不规则红褐色或褐色病斑，湿度大时常分泌出黄色菌脓，严重时叶片干枯似火烧。防治方法：①选用无病种子，或用 50%福美双可湿性粉剂或 95%敌克松原粉拌种，用药量为种子量的 0.3%，或用新植霉素 100μl/L 浸种 30min。②实行 3 年以上轮作，种植耐病品种，忌大水漫灌，雨后及时排水，发现病叶及时摘除。③田间药剂防治可用铜制剂或农用抗生素如新植霉素 3 000～4 000倍液喷洒。

（5）菜豆花叶病毒病　主要由菜豆普通花叶病毒（BCMV）、菜豆黄花叶病毒（BYMV）和 CMV 菜豆系侵染所致。新叶表现明脉、失绿、皱缩，继而呈现花叶，叶片畸形，病株矮缩、丛生，结荚少，荚上产生黄色斑点或畸形荚。防治方法：选用抗病品种，采用无病种子，及时防治蚜虫，加强田间管理，铲除田间杂草等。

此外，南方冬、春季菜豆露地栽培和北方日光温室栽培，菜豆灰霉病和菜豆菌核病是重要病害，生产中要注意防治。

2. 主要虫害防治

（1）豆蚜　又名花生蚜、苜蓿蚜。喜群居在菜豆的嫩叶背面和嫩茎、嫩荚及花序上吸食汁液，叶片卷曲萎缩，严重时植株停止生长。蚜虫还能传播病毒病。防治方法：①及时清除田间杂草，培育无蚜苗。②发生初期用 50%辟蚜雾可湿性粉剂 2 000～3 000 倍液，或 50%灭蚜松乳油 1 000～1 500 倍液，或 10%吡虫啉可湿性粉剂 2 000 倍液等喷洒。

（2）地蛆　又名根蛆。主要是灰地种蝇的幼虫，蛀食播下的种子及幼苗，引起烂子和烂苗。防治方法：①施用充分腐熟农家肥，浸种催芽后播种，采用基质育苗技术，避免苗期危害。②播种时覆盖毒土，每公顷用 300kg 细土拌 40%敌百虫粉剂 4.5kg。发芽后幼虫危害时用 50%辛硫磷乳油，或 80%敌百虫可溶性粉剂，或 80%敌敌畏乳油各 1 000 倍液喷根或浇灌。

（3）白粉虱　俗称小白蛾，豆类蔬菜的主要害虫。北方冬季在温室作物上繁殖危害，春暖后成为大棚和露地的虫源。防治方法：①应采取预防为主、综合防治的措施，重点做好冬春季保护地内白粉虱的防治工作，以切断大棚和露地菜豆的虫源。②发生初期用25%噻嗪酮（扑虱灵）可湿性粉剂1 000～1 500 倍液，或 10%吡虫啉可湿性粉剂，或 2.5%氟氯菊酯（天王星）乳油各 2000 倍液等喷雾。用药在日出前或日落后进行效果较好。

（4）斑潜蝇　南美斑潜蝇和美洲斑潜蝇幼虫潜叶危害形成白色潜道，严重时叶片枯黄脱落，甚至植株成片死亡。防治方法：①与非寄主蔬菜轮作，清洁田园，深翻土地灭蛹，摘除下部落叶，利用黄板诱杀成虫等。②用 20%灭蝇胺可溶性粉剂1 000～1 500倍液，或 1.8%阿维菌素乳油2 000～3 000 倍液，或 10%吡虫啉可湿性粉剂2 000倍液及菊酯类农药等，在害虫初发期施用，一般隔 7d 喷 1 次，视虫情连喷 3～4 次。

（5）红蜘蛛　俗名火蜘蛛、火龙等。防治方法：①消灭越冬螨，培育无螨苗。②合理灌水施肥，使植株生长健壮，提高抗虫力。③药剂防治，将红蜘蛛危害控制在点、片发生阶段，喷洒 1.8%阿维菌素乳油 2 000～3 000 倍液，或复方浏阳霉素乳油 1000 倍液，或 20%双甲脒（螨克）乳油 1 500 倍液等，每 7d 喷 1 次，连喷2～3次。

（6）侧多食跗线螨　俗名茶黄螨等。中国南部地区和保护地菜豆栽培可周年发生，喜高温、高湿。一般嫩叶、嫩茎受害重，严重时植株顶部干枯。防治方法参见第八章黄瓜朱砂叶螨。

五、采收

从播种到采收期，一般矮生种需 50～60d，蔓生种 60～70d。当开花后 10～15d，嫩荚充分长大，豆粒刚开始发育，荚壁和背腹线的维管束尚为一层薄壁细胞所组成，粗纤维很少或没有，荚壁肉质细嫩、未硬化时为采收适期。因各地消费习惯、气候条件和用途不同，采收期有所差异。矮生菜豆可连续采收 20～30d，蔓生菜豆可持续采收45～60d。

【专栏】

落花落荚的原因及防止措施

据研究，菜豆的坐荚率通常仅为 20%～30%，因此减少落花落荚、提高坐荚率是提高产量的重要措施。造成菜豆落花落荚的内外因素有以下几点：

1. 温度

高温或低温直接影响花芽的正常分化。花器官形成过程中，遇35℃的高温，则花芽发育不健全或停止，即使发育，也不能正常授粉而引起落花。夜间高温使呼吸作用增强而生长衰退也会造成落花、落荚，同样低于10℃对花芽形成也会造成不利影响。

2. 光照

花芽分化后菜豆对光照度的反应敏感，密度过大，光照度弱，使同化量降低，开花结荚数减少，落花、落荚增多。

3. 湿度

菜豆花粉发芽适合的蔗糖浓度为14%，若遇高温、高湿，则柱头黏液浓度降低，失去诱导花粉萌发的作用。干旱、空气湿度过低也会造成花粉发芽受阻而引起落花、落荚。

4. 养分

植株本身存在着养分竞争，前后花序之间有相互抑制作用，若前一花序结荚数多，则后一花序结荚数减少。同一花序中也因营养物质的分配不均，基部花不易脱落，其余的花大部分脱落。不同的生育时期落花落荚原因有所不同，初期是由于营养生长和生殖生长养分供应发生矛盾所致，中期是由于花与花、花与荚、荚与荚之间争夺养分，后期则由于同化能力降低养分不足引起。管理上若花芽分化后氮素过多，水分未加控制，将导致生长过旺，营养分配失衡而发生落花落荚。如果土壤营养不足，植株的各部位养分竞争激烈，落花、落荚也会加剧。

为减少落花落荚，可采取的措施有：选用适应性强、抗逆性强和坐荚率高的品种。根据各地的气候条件，选择最适合的播种期，使盛花期避开高温或低温阶段，坐荚期处于最有利的生长季节。施足基肥，坐荚前轻施肥，不偏施氮肥，增施磷、钾肥，以中耕保墒为主促使根系发育健壮，坐荚后土壤水分要充足。雨后及时排水防涝。合理密植，及时插架，使植株间有良好的通风透光环境。此外，及时采收嫩荚和防治病虫害也可减少落花落荚。

第二节　长豇豆

一、类型及品种

1. 类型

栽培种豇豆包括 3 个栽培亚种，作蔬菜栽培的有两个亚种：

豇豆的植物学特征

（1）普通豇豆　荚长 10～30cm，幼荚初期向上生长，后随籽粒灌浆而下垂。植株多蔓生，通常收干豆粒，作粮用、饲用及绿肥，也可作菜用。

（2）长豇豆　荚长 30～100cm，荚果皱缩下垂，以蔓生为主。以其嫩荚作蔬菜用，栽培品种最多。在蔬菜栽培上，把菜用豇豆分成蔓生与矮生两大类。也有把匍匐型（半蔓性）单独划成一类，此类豇豆分枝多，茎蔓打顶后，侧枝不断长出并开花结果，不作搭架栽培，产量低。

2. 品种

（1）之豇系列品种　由浙江省农业科学院园艺研究所育成。之豇系列品种均具抗病毒病、适应性广的共性，已成为全国主要的栽培品种。其中，之豇 282 是杂交育成的常规品规。蔓生型，蔓长 250～300cm，主蔓第 4～5 节始花，荚长 60～70cm，最长可达 100cm。荚横断面圆形，嫩荚浅绿色，平均单荚重20～30g。肉厚，品质好。种子紫红色。对日照要求不严格。北京地区早中熟，春播 60 多 d 采收嫩荚。抗逆性强，但在肥水供应不足时，后期易早衰。

（2）一桶天下　丰产早熟四倍体长豇豆新品种。植株蔓生，生长势强，平均株高 306.5cm，节间长度 20.2cm。早熟，生育期 93d 左右，出苗至始收 58d 左右。连续结荚能力强，双荚四荚率高，商品荚绿白色，荚面光滑有光泽，缝线不显，喙红色，无鼠尾，不鼓籽，荚长 89.3cm 左右，荚粗 0.9cm 左右，平均单荚重量 27.4g，单株结荚 20 根左右，每亩产量 2 200kg 左右。田间对病毒病、白粉病和锈病的抗性强于对照早豇 4 号，综合性状表现优良，适合在江苏、浙江、安徽、河南等地栽培。

（3）之豇矮蔓 1 号　浙江省农业科学院蔬菜研究所育成。矮蔓直立型，株高 40cm，分枝 2～4 条，主侧蔓均能结荚。单株结荚平均 8 条以上。条荚粗壮，淡绿色，荚长 35cm 左右，品质好。籽粒红色。成熟期与之豇 282 相似。抗病毒病、锈病和煤霉病。早熟，丰产，适合在保护地栽培。

（4）罗裙带　陕西省铜川市地方品种。以侧枝结荚为主，主蔓第 7～9节始花，每分枝第 1～2 节着生花序。荚色淡绿色，肉厚质脆，不易老，品质佳。中晚熟，抗病丰产，是夏淡季上市供应的优良品种。

（5）绵紫豇 1 号　紫色豇豆新品种。中熟，生育期 71d 左右。始花节位为第 5～6 节，花淡紫色，种子肾形，红褐色。商品荚长 45～55cm，单荚重量 15g 左右，紫红色，肉厚，粗细均匀，顺直不弯曲，荚纤维含量少，鼠尾少。综合性状优良，花青素含量为 0.97mg/g。春季栽培亩产量为 1 800～2 100kg，适合四川豇豆产区种植。

二、露地栽培技术

1. 播种前的准备

应选择土壤结构良好，有一定肥力与排灌条件的田块。播种前尽早深翻晒垡，以利土壤的风化改良。

（1）施肥与整地　重施有机肥、增施磷肥作基肥对豇豆增产效果明显。据研究报道，每公顷施用过磷酸钙 225kg，可有效地促进茎叶生长，果荚产量较对照增产 53.3％。各地有机质肥料种类与养分各不相同，可根据肥效的高低确定施用量，一般每公顷铺施有机肥 30 000～75 000kg，过磷酸钙 400kg 及硫酸钾 200kg，随耕翻到土壤下层，但在施肥量较少时也可在畦中间开沟集中施入。

豇豆的
生长环境条件

（2）畦式与密度　北方多采用平畦有利保水，南方用高畦以利排水。随着保墒功能较好的地膜覆盖技术的广泛应用，改用高畦对排灌更为有利。畦的高矮可依当地土质、当季降水量的多少来决定。土壤黏重、降水量多的地带，沟、面差 20～30cm。沙质土、降水量少的地区，沟、面差为 10cm 左右。根据经验，长豇豆栽培行距要宽，畦宽（连沟）1.5m 种植两行为宜，以利通风透光，穴距则依品种性状（叶片大小、长势及分枝性）而定。早熟、生长势和分枝性弱而叶片较小的品种，穴距为 20～25cm，每穴 2～3 株。生长势旺、分枝多的品种穴距应为 27～30cm。采用的架材高度在 2.3～2.5m，满架时有 12～15 个节位。每公顷种植密度约 4.5 万穴。矮蔓品种不需搭架栽培，其分枝较多（2～4 个不等），节间短，易拥挤而徒长。应缩减行距，畦宽（连沟）1.3m 左右，种双行，穴距 25～30cm，每穴 2～3 株，每公顷约 5.2 万穴。

（3）选择适合品种　除秋季专用和短日性强的少数品种外，大多数品种春、秋季都能栽培。随着栽培方式的多样化与专用品种相继育成，生产者可以选择更合适的品种以获得优质、高产。春季保护地栽培多采用耐寒性较强的早熟品种。在南方多雨的春季露地栽培，生长势强、分枝多的品种易徒长，引起花序不抽伸或落花落荚，因此，采用分枝少（之豇 80）或叶片小的品种（之豇 282）较为有利。夏季高温、光照足，应选用光合能力强、耐热的品种（之豇 19）。秋季栽培时的气温是从高温逐渐下降，直至长豇豆停止生长，应选择苗期抗病毒病、耐高温、秋后耐较低温的品种（秋豇 512 和紫秋豇 6 号）。南方秋季栽培豇豆煤霉病较重，应选用相应的抗病品种。

（4）播种期确定　播种期依据茬口、栽培方式、计划上市的时间而定。春季栽培宜在终霜前播种，终霜后出苗。秋季栽培最迟播种期的确定应依据品种生育期长短进行逆向推算。秋种长豇豆品种一般在日平均温度 19℃以下果荚不能正常发育，此时作为终收期。若品种的生育期为 90d，则前推 90d 即为最晚播期。如浙江省杭州地区秋季露地栽培采收只能延迟到 11 月上中旬，推算其播种期必须在 8 月初之前。保护地栽培当温度条件能满足豇豆的最低生长要求时即可播种。江苏省北部、安徽省北部、山东、河北等省冬春光照充足，若保护条件较好，播种期可提早到 12 月至翌年 1 月。浙江省及长江流域因冬春阴天多，塑料棚内气温不高，最早也只能在 1～2 月播种。此时栽培，从播种至始花期长达 60～70d。若进行秋延迟保护栽培，其播期比秋季露地栽培可适当推迟。

2. 播种育苗

豇豆栽培方式有直播与育苗两种方法。

（1）直播法　直播是露地栽培中最常用的方法。春季当 5～10cm 土层地温稳定超过 10℃时播种，过早播种，不但出苗期长，而且常会引起红根或烂种。直播时常采取挖穴点播，每穴播 3～4 粒种，播种深度 3～5cm，根据土壤墒情的好坏，覆土厚度 2～4cm，并拍压紧实，以利种子吸收水分。

（2）育苗移栽法　育苗移栽多在春提前栽培上采用，可提早成熟，提高土地利用率。

①小苗培育法。从播种至移栽大田，苗龄7～10d。一般对生真叶展开前即行移栽定植。事先在保护地内备好苗床，培养土要肥沃疏松（细碎的园土加入20%～30%的腐熟有机肥，有条件者可掺入1～2成草木灰混匀），耙平畦面，浇透水，水渗后均匀撒播种子，种子间距1cm，随即覆盖约2cm细土。也可先撒播种子，以平锹拍压，使之与土壤紧贴，随即浇透水，再盖土，畦面上可覆盖草苫保温。保持塑料棚内较高温度，电热温床地温不可超过30℃，以免伤芽或徒长，出苗前无须再浇水。芽苗顶土时，立即去除覆盖草片。齐苗后放风，防止徒长。不待对生真叶展开即可挖（拔）苗定植。定植时每穴2～3株，保持对生叶平齐，以免出现上、下双层苗，影响下层小苗的采光。此法简便、快捷，省种、省工，出苗整齐，栽后缓苗快，适合简易保护地早熟栽培。应注意的是苗龄不宜过长，否则易徒长，挖苗时伤根过多，延长缓苗期。若无多层覆盖保护，则播期只能比露地直播栽培提前10d左右。

②大苗培育法。多用于塑料大棚（温室）冬春早熟栽培。在保护条件更好的苗床中培育健壮大苗，使播期更提前。其方法分两步：第1步与小苗培育相同。第2步在对生叶未展时，将小苗拔出，移栽于事先放置温床内的营养钵中，钵直径以8～10cm为宜，每钵3株苗，定植后喷水或点浇，待水渗下，随即覆盖1层干松土，并进行多层覆盖保温。白天揭开草苫见光，增加棚温与地温，电热温床夜间可通电加温，促进缓苗。白天放风，保持25℃左右，夜温不低于15℃。高温多湿易造成徒长苗，控温、控湿对培育壮苗十分重要。约经20d，幼苗有4片三出叶时，即可定植于大棚或温室。苗床中幼苗过挤，可通过移钵、加大苗间距来防止徒长，并及时定植，以免形成老、僵苗。大苗培育法也可直接播种在已备好的营养钵内，提前浇透水或播后浇水，再覆盖3cm厚的细土。后期管理方法与上述相同，此法虽比二步法简单，但需占用较大苗床，加温、覆盖保护等工本费较大，若管理不当，则易造成出苗不齐。

3. 定植

大苗定植前应控温、控湿。露地定植需提前1周通过控水、降温、逐渐延长通风时间、早揭晚盖薄膜来炼苗，使其适应外界温度。大棚早熟栽培则无须如此。定植当天苗床应浇透水。小苗栽培在挖（拔）取苗时要多带土、少伤根。营养钵苗土坨较紧实，也要注意防止散坨伤根。定植时按株、行距打孔，将小苗或营养钵苗植入孔洞中，深度以不露土坨为准，随即浇水，待水渗下后覆土。地膜栽培洞穴边缘应盖严，以免漏风，减弱地膜的保温作用。

4. 插架与植株调整

蔓生长豇豆一旦主蔓抽伸甩蔓时需及时插架，防止相邻茎蔓相互缠绕，无法正常上架。优良品种第 7 节以上几乎每节有花序，顶部每增加一个节位就有可能多结两条荚。因此，架材必须保持一定的高度才能增产。1.5m 标准畦架材高以 2.3～2.5m 为宜，一般可保持 12～15 个节位。过高的架材会造成相邻畦架顶相交，茎蔓满架后造成畦间透光差，影响开花、结荚和果荚的发育。架材超过 2.5m，则需适当扩大畦面，增加行距。架形以“人”形字架或束状架为多，每穴一杆。“人”字形架在架高 1/3 处，沿畦长平行架一长杆，与相对的两穴架材捆绑在一起，使每畦架成一体，以增加抗倒伏性。束状架则将相对应的四穴架杆绑在一起，其缺点是顶部捆束处茎蔓易相互缠绕，影响叶蔓的合理分布，降低光合效率。长豇豆茎蔓有逆时针缠绕的特性，但及时人工辅助引蔓上架、调整茎叶分布仍十分必要。引蔓多选择午后茎蔓较柔软时进行，以免折断。同时必须逆时针缠绕，否则影响正常生长。生长期间需人工辅助缠绕 2～3 次。对侧蔓较多的品种，在田间密度显得过大时，需及时打杈。主蔓第 1 花序以下的侧枝必须全部摘除。一般侧枝在第 1～2 个节位上有花序，可依情况在花序前留 1～2 片叶再摘心。高产栽培应尽可能选用侧蔓少的品种。当主蔓伸出架材顶部时，要及时打顶摘心。因为当茎蔓无处攀缠而倒挂时，虽然仍在继续生长，但其后的花序伸长无力，花序柄短缩，不能正常结荚，同时顶部叶蔓负重太大易折断架杆或造成田间郁闭，畦间通风透光差，影响产量。

5. 肥水管理

据报道，每生产鲜嫩荚 1 500kg，约需氮 2.5kg、磷（P_2O_5）0.85kg、钾（K_2O）2.4kg。尽管长豇豆根系能够固氮，但为了获取高产仍需追肥。苗期追肥量不大，每公顷需尿素50～70kg，但对长苗与花芽分化十分有益。开花结荚后需追施较多的氮、磷、钾肥，每公顷需氮肥110～220kg、磷肥20～60kg、钾肥30～60kg，分2～3次随浇水（或雨天前后）进行。采收开始后每隔5d喷施1次1%～2%的磷酸二氢钾对结荚有利。采收25～30d后第1次产量高峰已过，为促进二次盛花或抽伸新花序，需重施一次速效有机肥或氮、磷、钾复合肥（500～700kg/hm^2），以维持茎蔓正常生长。第2次采收高峰的产量为第1次的40%左右。施肥方法：可在畦边开沟施入或直接撒在畦面上，然后浇水，若有地膜覆盖可破膜施入。开花结荚前应控制浇水以防徒长，没有采用地膜覆盖栽培的需进行中耕松土兼锄草。开花结荚后若无雨水，需5d左右浇水1次，保持土壤湿润。缺水会降低果荚的发育质量，甚至大量落花、落荚。多雨时要及时排涝。

三、豇豆塑料大棚栽培技术

豇豆塑料大棚栽培——定植管理及采收

豇豆在大棚中既可作春提前和秋延后栽培，也可作春夏恋秋冬一茬到底栽培。其春提前和秋延后栽培在江苏和安徽省北部、河南及山东省均有发展，12月至翌年2月播种，3～4月收获上市。但由于春提前和秋延后期间有菜豆上市，所以目前豇豆多作夏秋栽培，北方一般7月直播，或6月下旬至7月上旬育苗，7月中下旬定植，8月上中旬开始收获。收获期80～120d。现介绍大棚豇豆夏秋栽培技术。

1. 播种育苗

大棚豇豆夏秋栽培既可直播，也可育苗移栽。为提早上市和便于茬口安排，采用育苗移栽较好。直播常用于前茬作物生长后期，植株基本衰弱时在行间套种。

（1）直播　在前茬作物浇水后，当湿度适合时，在深3～4cm的穴中播种，每穴4粒种子，随后覆土，但不浇水，等到出齐苗后中耕蹲苗。子叶展开后到1片真叶展开前，立即拔除前茬作物，清除残株废叶，再全面深锄，同时向株旁培土，直到抽蔓前不再浇水施肥。

（2）育苗　一般在前茬拉秧前30～40d时开始育苗。用营养土方或苗钵育苗，其营养土的配制及育苗方法与菜豆相同。育苗可在塑料棚里进行。因此时正值夏季，所以应注意通风、降温，防止苗子徒长。白天温度不超过35℃，适合温度为25～30℃。子叶展开后温度可降至白天

20～25℃，夜间15～25℃较为理想。适合苗龄为25～30d。此时应具有3～4片真叶，叶厚色浓，茎粗，株高20～25cm，土方外布满根系。

2. 定植

可在前作物收获之后进行深耕，日晒3～5d，每公顷施腐熟有机肥60 000～75 000kg，过磷酸钙750～900kg，深翻耙平，做成宽1.3～1.5m的畦，每畦开两条深12～15cm的沟待播。定植时先引水入沟，顺水栽苗，间距15～18cm，每公顷75 000～82 500个钵（土方）。栽后立即覆土，覆土厚3～4cm。豇豆在大棚内水肥条件充足的情况下极易徒长，加之棚内光照较弱，往往容易落花，影响结荚。如采用和矮生蔬菜隔畦间作的方法种植，可使透光良好，从而避免上述问题发生。

3. 定植后的管理

（1）前控后促　豇豆定植后，如定植水浇得合适，一般不再浇缓苗水，但必须连续深中耕2～3次，同时适当培土。目的是促进根系向纵深发展，抑制枝叶徒长。否则第1花序节位上升，影响前期结荚，促使下部侧枝早发而形成中、下部不结荚的空蔓。水分一直控制到第1花序开花结荚及其后几节花序出现时，才浇第1次肥水。第2次肥水应在第1荚果收获前，第2、3荚果已开始伸长，中、下部花序出现时进行。两次的浇水可施入硝酸铵150～225kg/hm^2。至开始收获豇豆后，停止控水，一般每隔半月左右浇水1次，间隔加入农家液态有机肥或化肥。

（2）植株调整，打杈促荚　待豇豆茎蔓抽出之后开始支架。采用双行密植或隔畦种植的，可搭成“人”字形架，单行密植的可搭成单排直立形架。第1花序以上的叶芽应及早全部打去，以促进花芽发育。须注意的是：第1花序以上各节侧芽多为混合芽，既有花芽，又有叶芽，二者的区别是：花芽肥大，包叶皱缩粗糙，内藏2个并生花朵；叶芽细长，包叶平展光滑。摘除叶芽时不应伤及花芽。当主蔓长到架顶时，应及早摘除顶芽。如肥水充足，植株生长旺盛时，可任其生长，各子蔓的每个节位都有花序而结荚；如子蔓上的侧芽生长势较弱，一般不会再生孙蔓，可以待子蔓伸长到3～5节后，即应摘心。

4. 秋延后管理

大棚夏秋栽培豇豆在7月至8月上旬为盛果期。8月中旬后，主蔓荚果和子蔓大多数荚果都已采收。此时植株生长显弱，应适当深锄，结合每公顷施腐熟有机肥 22 500～30 000kg，草木灰 750kg，埋入土内，施肥后浇水再浅中耕 1 次，促进新根发生。立秋后加强管理对促进植株恢复生长非常重要，因为有利于潜伏芽开花结荚，9 月后又形成第 2 个盛果期。到 9 月中旬以后，气温逐渐降低。白天最高温度注意保持在 30℃左右，夜间不低于 16℃。10 月下旬以后夜间温度骤降，应注意加强保温，使收获期延长至 11 月上中旬。采收大棚夏秋栽培的豇豆自播种后 60～80d 开始采收，育苗移栽的只需 30～40d 即可采收。从开花到收获嫩荚需 10～12d。整个采收期自 8 月上中旬至 11 月上中旬，长达 80～120d。

四、病虫害防治

1. 主要病害防治

（1）豇豆花叶病毒病　受害叶片呈花叶、扭曲、畸形，植株矮缩，开花结荚少，豆荚变形。防治方法：①选用抗病品种最为有效。②采用 10％吡虫啉可湿性粉剂 2 000 倍液等防治蚜虫，减少病毒传播。

（2）豇豆锈病　我国南、北方均易发生。其症状、发病条件和防治方法参见菜豆锈病。

豇豆锈病

（3）豇豆煤霉病　长江流域以南地区发生较重，多雨易流行。发病初期叶两面生紫褐小斑，扩大后呈近圆形淡褐色或褐色病斑，边缘不明显，其表面密生灰黑色霉层，病叶由下向上蔓延，严重时造成大量落叶。防治方法：①加强田间管理，清洁田园。②发病初期用 70％甲基硫菌灵可湿性粉剂 1 000 倍液，或 50％多菌灵可湿性粉剂 500 倍液等防治。

（4）豇豆疫病　病菌常在 25～28℃、连阴雨或雨后暴晴条件下发生流行。主要危害茎蔓，多在近地面的节部或近节处发病，初呈水渍状，后病斑扩展绕茎一周呈暗褐色缢缩，上部茎、叶萎蔫枯死，叶片、豆荚也可感染。防治方法：①采取高畦、深沟或垄作覆地膜栽培，及时清沟排水。②用 58％甲霜·锰锌可湿性粉剂 500 倍液，或 64％噁霜·锰锌（杀毒矾）可湿性粉剂 500 倍液等防治，每 7d 喷 1 次，连喷 3～4次。

2. 主要虫害防治

（1）豆蚜　中国各地普遍发生。其发生条件、危害特点及防治方法与菜豆相似。

（2）豆野螟　又名豇豆荚螟、豆荚野螟。除危害豇豆外，还危害菜豆、扁豆等。成虫产卵于花器和嫩梢部位，幼虫蛀食花器、豆荚及嫩茎，卷食嫩叶，严重时蛀荚率达70%以上，不仅造成减产，还使商品性大大下降。高温、高湿易发生。防治方法：①及时清除田间落花、落荚，采用黑光灯诱杀成虫。②于始花现蕾期及盛花期于早、晚施药防治幼虫，可用2.5%溴氰菊酯乳油3 000倍液，或Bt可湿性粉剂（活芽孢150亿/g）500倍液，每7～10d喷1次，连喷2～3次。

（3）甜菜夜蛾　是一种喜温性害虫，8～10月高温干旱年份常大发生。成虫昼伏夜出，对黑光灯趋性强，卵多产生在中、下层叶片背面，成块。初孵幼虫在叶背群集取食，高龄幼虫夜出暴食，危害叶、花和荚，防治失时可造成减产。防治方法：①可用黑光灯诱杀成虫，人工摘除卵块。②根据抗药性情况选择药剂，如2.5%多杀菌素（菜喜）悬浮剂1300倍液，或20%虫酰肼悬浮剂2000倍液，或10%虫螨腈（除尽）悬浮剂1500倍液等，掌握在幼虫低龄期用药，清晨和傍晚施药效果好。

五、采收

通常每花序结荚果2条，优良品种或健壮植株可连续结3～4条。开花后5～6d为果荚日增长最快时期，花后8～9d荚长可达适采期的80%～90%，适采期在较低温时需12～15d，高温时为10～11d。根据习惯与需要，可适当提前采摘嫩荚，以免籽粒发育吸收大量营养加速叶蔓枯黄早衰。采摘时从果梗底部折断。损伤果荚易失水变色，降低商品性。也不要伤及花序后续芽，以增加每花序结荚数。采收的嫩荚可短时贮藏，贮藏的最适温度为0～5℃。

第三节　豌　　豆

一、类型及品种

1. 类型

根据用途和荚的软硬区分，栽培豌豆有粮用豌豆、菜用豌豆、软荚豌豆3个变种。根据植株的高矮每个变种可分为矮生种、半蔓生种和蔓生种3个类型。依种子的形状可分为光粒种和皱粒种。依种子的色泽可分为绿色种、黄色种、白色种、褐色种和紫色种等。按照食用部位分，有食荚（软荚）、食嫩梢和食鲜豆粒品种等。

2. 品种

（1）改良奇珍76甜豌豆　美国品种。蔓生，蔓长180～300cm，有侧蔓2～3条。叶长，深绿色。主蔓始花序着生在第12～14节，花白色，双生或单生。软荚，荚形肥厚，绿色，长7.5～11.0cm，宽1.2cm，厚0.8cm，单荚重7～10g，质脆嫩，纤维少，风味甜，品质优，生食、凉拌及炒食俱佳。北方地区以春播为主，华南地区7月中旬至11月上旬播种，播种至初收55～75d，可延续采收60～80d。

（2）云豌18　云南省农业科学院育成。半蔓生株型，株高100cm左右。中熟品种，全生育期187d，播后130d左右采收鲜荚。分枝力中等，花色白，荚质硬，种皮皱且为粉绿色。单荚粒数6.05，荚长6.79cm，荚宽1.30cm。干籽粒百粒重23.3g，鲜籽粒百粒重55.0g，单株干籽粒粒重14.8g。鲜籽粒形态性状好、粒色翠绿，品质优、吃味鲜甜，是鲜籽粒生产的优质高产型品种。适合云南省及周边区域山区旱地生产种植。

（3）中豌6号　株高40～50cm，茎叶深绿色，白花，硬荚，结荚青绿带白蜡灰，豆粒嫩绿，品质清脆，可鲜食和加工油炸。生长适宜温度15～20℃，株高40～50cm，茎叶深绿色，白花，亩产1 000～1 500kg鲜豆荚。适合在华北、华中、东北、西北、西南地区种植。

（4）大荚豌豆　又名荷兰豆。国外引进品种。蔓生种。茎、叶粗大，株高200～220cm，托叶大，有紫红色斑块。第1花着生在主蔓第17～19节，紫红色。荚长13～14cm，宽3～4cm，淡紫色，荚面凸凹皱缩不平滑。以嫩荚和鲜豆粒供菜用，爽脆、清甜。荚、粒纤维少，品质极佳。

（5）美国手牌豆苗　从美国引进。矮生，分枝力强，株高15～20cm。具10～12节时开始摘收嫩梢上市，节间长3～5cm。叶长16～22cm，叶片宽厚，深绿色。广东播种期9月至翌年2月，适播期10～12月，播种后约22d可采收嫩梢，可延续采收100～120d。嫩梢叶片宽厚，纤维少，品质优。

（6）上海豌豆尖　上海市地方品种。植株蔓生，分枝多，匍匐生长。叶大而繁茂，叶片长4cm，宽3cm，浅绿色。花浅黄、紫红和白色。硬荚。成熟种子黄白色，圆形，光滑，籽粒小。春播从播种到采收嫩梢60～65d，秋播45～50d。嫩梢质地柔软，味甜而清香，品质佳。

二、露地栽培技术

1. 播种期选择

中国北方栽培以春种为主，土壤解冻后即可播种。可采用地膜覆盖，提早播种，种子出土后揭去地膜。广东省等平原地区栽培，一般在9月下旬至11月中旬播种。夏季山区反季节栽培应提前至8月初播种，最迟于8月底。软荚豌豆耐热性较强，可比甜豌豆（豆荚筒状的软荚豌豆）提前种植。若海拔高度在600m以上则可于7月中旬开始播种。早播早收，价值高，也可避过山区的雪害，并有较长的采收时间，以利获得较高产量。

2. 整地作畦

北方多用平畦，南方一般采用高畦，畦宽连沟1.1～1.2m，单行种植。畦取南北延长，以利通风。整地前施足基肥，每公顷施腐熟灰粪肥22 500～30 000kg、过磷酸钙750kg，两者经充分混匀堆沤数天后均匀施于土壤中。南方秋播较早时，由于温度高，应避免将基肥施于播种沟中接触种子，以免引起烂种或根腐病发生。台湾有采用稻田不整地种植法，即在水稻收获后不犁耙作畦，而直接播种。此方法可省劳力。但要选择离水源较近田块，且必须在11月初之前播种。雨水较多季节不宜采用。

3. 种子低温春化处理

豌豆在低温、长日照条件下迅速发育，开花结荚。播种前进行种子低温处理，可促进花芽分化，降低花序着生节位，提早开花和采收，并增加产量。具体方法：先进行浸种催芽，待种子开始萌动、胚芽露出后进行0～5℃低温处理10～12d。

4. 播种

软荚豌豆可用当年或隔年种子。隔年种子经贮藏，营养生长较当年种弱，一般不易发生徒长，并能较早开花结荚。当年种子营养生长较旺盛，易发生徒长，要适当控制肥水。甜豌豆则一定要采用发芽率、发芽势高的当年种子，陈旧的甜豌豆种子长势差，易发生死苗。播种前可用根瘤菌拌种，促使根瘤增加，茎叶生长良好，结荚多，产量高。通常每公顷用根瘤菌 150～255g，加水少许与种子拌匀后播种。每公顷播种量，北方栽培矮生种 225～300kg，蔓生种 113～150kg；南方 37.5～45kg。夏季早播温度高，用种量稍多。单行种植，以利通风。播种方法：北方一般以 25～30cm 的行距进行条播，蔓生种则以 8～10cm 的株距进行点播，每穴播种子 2～3 粒。覆土厚度为 3～4cm。南方栽培采用条播，株距 3～4cm。采食嫩梢的豌豆应采取密植栽培，每公顷需种子 150～180kg。播后浇足水。出芽前，应控制水分，以防过湿引起种子腐烂。南方夏季早播温度高，苗期应进行适当遮阴。为防止杂草滋生，可在播种盖土后每公顷用都尔或拉索 1 500ml 加水 750kg 将畦面均匀喷湿。

5. 施肥

豌豆由于本身有根瘤菌可固定空气中的氮，生长期间氮肥供应要适当控制，防止徒长。但幼苗时期根瘤菌尚未形成，应酌量追施氮肥，以促进植株分枝，增加花数，提高结荚率。采收嫩梢栽培，应增施氮肥，促使茎叶繁茂，提高产量。磷肥对促进豌豆根系和茎蔓生长、增加结荚、提高产量都有作用。施用磷肥时，与农家有机肥料混合施用，效果更好。幼苗期可薄施尿素 2～3 次，用尿素 100g 对 20kg 水淋施。开花结荚期要施重肥，每隔 10～15d 用腐熟农家有机液肥或复合肥、草木灰、氯化钾追施，并结合培土。另外，同时可喷施 0.2%的磷酸二氢钾或 0.2%的绿旺钾进行根外追肥，可使荚油绿、美观。

6. 水分管理

豌豆生长期间灌排水非常重要，缺水时肥效降低，发育缓慢，产量及品质下降。土壤过湿时影响生育，易引发病害。雨天应注意排水，勿使畦沟积水。结荚期土壤以稍干为宜。

7. 中耕除草

一般在苗高 7～15cm 时即可开始搭架，并结合进行中耕、除草和培土，高温期或植株太大时则不宜中耕，以防伤根。

8. 引蔓

除采收嫩梢栽培或矮生品种外，蔓生种需设立支架引蔓。当苗高约 30cm、未开花时要插好支架，支架高度以 2.8m 以上为宜。由于软荚豌豆攀缘能力差，故必须用稻草或塑料绳辅助攀缘并将其固定于竹架上，约每30cm高固定一次。人工辅助引蔓时要注意蔓杈分布均匀，以利通风和采收。台湾栽培多采用渔丝网引蔓，可减少人工。

三、嫩荚豌豆塑料大棚栽培技术

1. 春季早熟栽培

（1）播种育苗　嫩荚豌豆忌连作，应与非豆科作物实行3年以上轮作。春季早熟栽培可干籽直播，也可育苗。直播的要在播种前每公顷施腐熟有机肥45 000～52 500kg，过磷酸钙225～300kg，硫酸钾150kg或草木灰750kg做基肥，肥土掺和均匀后整地作畦。单行密植畦宽1m，双行密植畦宽1.5m。播种前种子可用20℃温水浸种2～3h，待种子吸胀后播种。播种前要浇足底水，播种沟深度4cm左右，按穴距播种。蔓生种每公顷用种量125～150kg，矮生种225～300kg，每穴播2～4粒种子。如采用育苗，可用育苗钵或营养土方，苗床准备可参考菜豆育苗，每穴（钵）播种2～3粒。出苗后白天温度可控制在15～18℃，夜间5～10℃。定植前5d要低温锻炼，白天10～15℃，夜间2～5℃。苗期只要床土不十分干旱则无须浇水。嫩荚豌豆的壮苗标准为具有4～6片真叶，茎粗，节间短。山东省的一些地区也有用1～2片真叶的小苗移栽，苗龄为15～20d。当大棚10cm深处地温稳定在4℃以上即可播种，可根据当地气候条件及设备条件推算安全播种期。如北京地区多在3月上中旬，东北地区多在4月上中旬播种。

（2）田间管理　育苗定植的或直播至现蕾前，这一阶段棚温尚低，应采取一切措施保温防寒，白天棚温保持18～20℃，高于25℃及时放风，夜间保持10～12℃。进入开花结荚期白天保持15～18℃，夜间12～16℃。3月以后外界夜温稳定在12℃左右时，可昼夜大通风，严防高温危害。在水肥管理方面，直播的在播种时浇足底水，只要土壤不干旱就无须浇水。育苗的定植时浇足水分的也不必再浇水，只需加强中耕保墒。苗出齐后中耕1～2次，当苗高10～15cm，可浇水追肥1次，每公顷追复合肥105～150kg，并进行中耕培土。之后插架或吊蔓，疏去过密的枝条或细弱枝条，以保持良好的通风透光条件。嫩荚豌豆在现蕾期第2次追肥，每公顷施复合肥225～300kg，促使植株健壮。结荚盛期进行第3次追肥，每公顷施300kg复合肥。在结荚期每

5～7d浇1次水，保持土壤湿润。结荚期土壤干旱或缺肥，均易落花落果。

(3) 采收　一般在开花后8～10d，荚已充分长大，豆粒即将膨大时采收。但有的品种如蜜珠，在豆粒膨大后采收，产量最高，品质仍属上乘，具体的始收期可因品种而异。

2. 秋延后栽培

(1) 品种选择　要求品种耐热、抗逆性强，对日照要求不严格的品种。

(2) 播种　秋延后栽培嫩荚菜豆一般采用直播。华北大部地区在7月中旬至8月中下旬播种，长江流域及淮河以南多在8月中下旬至9月上旬播种。秋延后栽培播种期正值高温多雨季节，不利于嫩荚豌豆通过春化阶段而迅速开花结实，为促使其通过春化，达到高产和适期成熟目的，在播种前应进行低温处理。具体做法是用冷水浸种2h左右，捞出洗净后每隔2h用井水投洗1次，经20h左右种子开始萌动，当出芽后放在0～5℃低温条件下处理10余d，即可播种。播前整地、施肥及播种方法等同春季早熟栽培。在雨水多的地区可做高畦，雨水少的地区可作平畦。

(3) 田间管理　出苗前应及时浇水保持土壤湿润，促进出苗。出苗后每5～7d浇1次水，土壤要见湿见干。此时高温多雨，大棚要大通风降温防雨。蔓生种出现卷须即将甩蔓时，要及时插架或吊蔓。植株现蕾之前追肥并浇大水，每公顷施复合肥225kg。开始结荚第2次追肥，结荚盛期第3次追肥。9月下旬以后，气温逐渐下降，通风只在白天进行，白天棚温保持15～20℃，夜间10～12℃。大棚嫩荚豌豆秋延后栽培，不宜采收太早，应根据市场需求，适期采收。待棚温下降至0℃时，及时拉秧。也可落架进行活体贮存，以延长供应期。

四、病虫害防治

1. 主要病害防治

(1) 豌豆白粉病　主要危害叶、茎蔓和荚，多始于叶片。叶面初期有白粉状淡黄色小点，后扩大呈不规则粉斑，互相连合，病部表面被白粉覆盖，叶背呈褐色或紫色斑块。病情扩展后波及全叶，致叶片迅速枯黄。茎、荚染病也出现小粉斑，严重时布满茎荚，致茎部枯黄，嫩荚干缩，后期病部出现小黑点。该病主要危害生长后期的秋植豌豆和冬种豌豆。防治方法：①选用抗病品种，一般紫花、小荚类型较抗病，加强栽培管理。②在豌豆第1次开花或病害始发期喷洒50%多·硫悬浮剂600倍液，或50%甲基硫菌灵·硫悬浮剂500倍液，或15%三唑酮（粉秀灵）乳油1 000倍液，或40%氟硅唑（福星）乳油8000倍液等，每7d喷1次，连续3～4次。

（2）豌豆芽枯病　又称湿腐病、烂头病。主要危害植株上部2～5cm嫩梢，在高湿或结露条件下呈湿腐状，致茎部折曲。干燥或阳光充足时，腐烂病部倒挂在茎顶。嫩荚染病始于下端蒂部，病部稍凹陷，呈湿腐状。病部周围生灰白色霉层。该病夏季雨后发生严重。防治方法：①夏季播种应选择海拔较高的地方，种植不能太密，注意通风，收获完及时烧毁秸秆和根茬。②雨前雨后及时喷药，先剪除发病嫩梢，用75%百菌清可湿性粉剂600倍液、50%苯菌灵可湿性粉剂1 500倍液，或50%异菌脲（扑海因）可湿性粉剂1 500倍液喷洒。

（3）豌豆根腐病　是最具毁灭性的土传病害。苗期和成株期均可染病，症状类型复杂，主要侵染根和地下茎基部，病部变褐色至黑色，皮层组织变软腐烂，多呈糟朽状，维管束变褐色，植株长势衰弱，叶片自下而上变黄，荚和籽粒均少，严重时植株开花后大量枯死。防治方法：①重病田应改作其他作物，轻病田应实行4年以上轮作，改善土壤耕作条件。青海省农林科学院育成较抗病的草原31、耐病的草原7号等新品种可供选用。②高温期播种要避免种子与基肥接触。③苗期初发病时可用70%敌克松可湿性粉剂800倍液，或50%多菌灵可溶性粉剂600倍液及绿亨1号3 000倍液等淋根。

2. 主要虫害防治

（1）豆秆黑潜蝇　以幼虫钻蛀危害，造成茎秆中空，轻者植株矮化，重者茎被蛀空、落叶，以至死亡。南方一般在7～10月危害严重。防治方法：①应及时处理作物秸秆和根茬，减少越冬虫源。②化学防治应以保苗为重点，每千克干种子用5%氟虫腈（锐劲特）悬浮种衣剂15～20ml拌种，结合生长期喷雾防治。如果未用药剂拌种，应在出苗后即喷药，一般每隔3～6d喷施1次。成虫盛发期施药2次，间隔6～7d，药剂种类同菜用大豆。

(2) 豌豆潜叶蝇　又名豌豆彩潜蝇。在温暖、干旱的天气条件下，危害春播豌豆甚烈。幼虫潜叶，蛀食叶肉留下表皮，形成蛇形弯曲隧道并相互交错，严重时植株中、下部叶片呈黄白色，甚至干枯，果荚亦受其害。防治方法：①在成虫产卵盛期可用20%斑潜净微乳剂1 500～2 000倍液喷雾，或10%灭蝇胺悬浮剂800倍液，或90%敌百虫晶体1 000倍液，或20%氰戊菊酯乳油2 000倍液喷雾，注意使叶片充分湿润，每隔10d喷1次，连喷2～3次，对幼虫、蛹有较好的防治效果。也可用敌百虫诱杀剂防治成虫。豌豆收获后，及时清洁田园。

(3) 豌豆象　一年发生一代，春、秋播区均普遍发生，可随种子调运而传播。春季成虫取食叶片、花瓣和花粉，春末和夏季以幼虫蛀害豆荚取食籽粒，严重影响产量、品质和种子发芽率。防治方法：①豌豆种子收获后择晴天将种子暴晒1～2d，种子含水量达13%以下时趁热装在囤内，利用高温密闭15～20d，杀死豆粒里的幼虫。②用篮子盛种子在沸水中浸泡25s取出，立即在冷水中浸2～3s，摊晒后储存。③在仓库内按200kg种子用56%磷化铝3.3g密闭熏蒸3d，再晒4d后贮存。④在成虫越冬虫量大的秋播地区，需在豌豆开花、越冬成虫产卵前，于田间喷施50%马拉硫磷乳油或90%晶体敌百虫各1 000倍液，也可用40%二嗪农乳油1500倍液，或2.5%溴氰菊酯乳油5 000倍液防治。

五、采收

豌豆豆荚在花谢后8～10d便停止生长，低温情况下时间稍长，到豆荚生长将近停止时，种子才开始发育，一般软荚种宜稍早采。供鲜食或出口的软荚豌豆的规格要求：豆荚鲜嫩，青绿，形端正，豆荚薄不露仁（甜豌豆的采收标准是豆荚要饱满但不能太厚），枝梗长不超过1cm，无卷曲。盛收期处于高温，必须坚持每天及时采收。硬荚种以食鲜籽粒为主者，宜在开花后15～18d采收。采收嫩梢的，应在播种后20～25d及时采收，以便使植株产生较多的分枝。采收时，一般采摘上部嫩梢及1、2片尚未张开的嫩叶，选择早晨或傍晚采摘，避免嫩梢受阳光照射而失水。

第四节 扁 豆

一、类型及品种

1. 类型

扁豆按生长习性分为有限生长（矮性种）与无限生长（蔓性种）两类。依花的颜色，分为白花扁豆和红花扁豆两类。红花扁豆，茎绿色或紫色，分枝多，生长势强，叶柄、叶脉多为紫色，花为紫红色，荚紫红色或绿色带红，种子黑色、暗红色或褐色。白花扁豆，茎、叶、荚皆为绿白色，花白色，种子黑色或茶褐色。

2. 品种

（1）菱湖白扁豆 蔓生，白花白粒，种子大而饱满，圆形。中熟。

（2）玉梅豆 中早熟，蔓生，白花。荚眉形，白绿色。豆粒乳白色，扁圆形。从播种到采收嫩荚85～90d，至种子成熟需110d。

（3）紫皮大荚 早熟，蔓生，花紫色。荚黄绿带紫边，长11～12cm，宽2.5cm。豆粒褐色。从播种到采收嫩荚约90d，至种子成熟需105d。

（4）紫色小白扁 又名上海名早白扁。早熟种，蔓生，节间短，分枝性较强。茎、叶柄、叶脉为紫色，花紫红色。花序长12～15cm，每花序有5～6节，每节有花4～5朵，成荚2个。荚果绿白色，荚长约8cm，宽约2cm，每荚有种子3～4粒。种粒黑色，扁圆形，百粒重29.2g。品质佳，质地较硬，宜炒食。

（5）猪血扁 较晚熟。茎蔓性，暗紫色，节间长，分枝较多，生长势强。叶深绿，叶脉、叶柄均为紫色。花紫红色，花序长40～50cm，每序有5～6节，每节有花2～3朵。果荚长约8.7cm，宽约2cm，紫红色，每荚有种子4～6粒。种皮黑色，百粒重约44.0g。果荚脆嫩，味美，供炒食。

（6）五月红 蔓生，紫花。荚紫红色弯月形，不易老化。籽粒圆形，黑色或褐色。

二、栽培技术

1. 播种

早春土壤温度稳定在12℃以上时即可播种。适时播种，5d左右即可出苗。播种期华北地区在4月下旬至5月上旬。长江流域为4月上中旬。上海郊区3月中旬利用塑料棚育苗，4月中旬移植。大面积单作可穴播或条播，每穴播3～4粒种子，深度3～5cm，出苗后每穴留2株。

2. 栽培与管理

单作栽培分设支架和不设支架两种。支架栽培畦宽130～160cm，每畦种两行，株距50cm。不设支架栽培，行株距均为40cm，也可与玉米等高秆作物混种。单作时播种量每公顷为52.5～60kg。扁豆生长势强，开花结荚期长，需肥量大，在整地时每公顷用腐熟有机肥10 000～15 000kg加过磷酸钙1 500kg混合做基肥，开花结荚期追肥2～3次，每次每公顷可施入农家有机液肥7 500kg，或尿素225kg。结合间苗、定苗进行中耕除草2～3次。扁豆虽然耐旱，为获高产，需进行灌溉，特别是开花结荚期不能缺水，雨水过多时要注意排水。支架栽培，当蔓长30～35cm时，用粗竹竿搭成“人”字形架，并引蔓上架，以后任其攀缘。不设支架栽培，当蔓长50cm时，留40cm摘心；当侧枝的叶腋生出二级分枝时再摘心，需连续摘心4次；开始收嫩荚时出现分枝再摘心，使植株矮丛化，早结荚、多结荚，节省架材。

三、病虫害防治

扁豆的主要病害有炭疽病、锈病和病毒病等；主要虫害有蚜虫、害螨和豆荚螟等。防治方法可参考其他豆类蔬菜相关病虫害的防治。

四、采收

当嫩荚充分长大，表面刚显露籽粒，背腹线未过分纤维化时为适合采摘期。早熟种7月上旬即可采收。中、晚熟种在8月中下旬开始采收，陆续收获至初霜。每公顷可收嫩荚11 250～15 000kg，高产可达22 500kg。

第五节 四 棱 豆

一、类型及品种

1. 类型

四棱豆可分为有限生长和无限生长两种类型。栽培品种有两个品系：一是印度尼西亚品系，多年生。小叶卵圆形、三角形或披针形，茎叶绿色，花为紫、白或蓝紫色，较晚熟，也有早熟类型。低纬度地区全年播种均能开花。豆荚长 18～20cm，个别长 70cm。中国南方栽培较多。二是巴布亚新几内亚品系，一年生。小叶以卵圆形或正三角形为多，茎蔓生，茎、叶和荚均具有花青素。紫花，荚长 20～26cm，表面粗糙，种子和块根的产量较低。生育期需 57～79d，早熟。

2. 品种

（1）浙江四棱豆　有两种类型：一是茎、叶、荚翼均为绿色的品种。嫩荚长 15～18cm，单荚重 20g 左右，嫩脆纤维少，品质好。二是茎、叶、荚翼均为紫色的品种。嫩荚长 20～22cm，单荚重 25g 左右，荚质较硬，纤维多，品质较次。

（2）攀枝花四棱豆　蔓生，分枝力强，茎叶绿色。嫩荚绿色，嫩荚长 21cm，单荚重 21g 左右，脆嫩，品质好。

（3）翼 833　中国科学院华南植物研究所选育的早熟品系。蔓生，茎叶绿色，花冠蓝色。嫩荚绿色，荚长 16～21cm。地下部膨大成块根。

（4）紫边四棱豆　北京市农林科学院蔬菜研究中心从国外品种中筛选出的早熟品种。蔓生，分枝力强，茎蔓和叶为深紫色或部分紫色，花冠浅蓝色。嫩荚绿色，荚长 16～35cm。豆翼为深紫色。嫩荚大，纤维化较迟。地下部膨大成块根。

（5）桂矮　广西农业大学选育的矮生品种。主蔓长 80cm，分枝能力极强，呈丛生状，不设支架就能直立。花冠淡紫色。嫩荚绿带微黄色，荚长 18cm。地下部可以膨大成块根。

（6）早熟 1 号　中国农业大学选育的早熟品种。蔓生，茎叶绿色，花淡蓝色。嫩荚绿色，荚长 16～18cm。地下部可膨大成块根。

（7）933　中国科学院华南植物研究所选育。蔓生，花冠白色，荚长 13～14cm。是采收嫩梢、荚及高蛋白茎叶饲料的较好品种。

二、栽培技术

1. 播种期与播种

露地直播应以气温稳定在 20℃以上，5cm 土层温度稳定在 15℃以上为宜。南方地区 3～6 月可随时播种。华北地区以 4 月为宜，采用地膜覆盖能提前 7～10d 播种。育苗移栽可提前 30d 左右育苗，待幼苗长出 4～6 片叶、晚霜过后移栽于露地。保温设施栽培可全年播种。四棱豆还可用块根及枝条扦插繁殖，一般以种子繁殖为主。种子种皮坚硬，不易发芽，播前应晒种 1～2d，在 55℃的温水中浸种 15mim，再用清水浸种 1～2d，捞出后用水淘洗，用湿纱布包好，放在 28～30℃的地方催芽，待种子"露白"即可播种。播深为 3～5cm，每穴 2 粒种子，覆土厚 3～4cm，定苗时留 1 株。

2. 栽培与管理

四棱豆多为零星种植。随着生产的发展，已有成片单作或间、套作种植。

直播单行种植：平畦宽 1.2m，株距 40～50cm。高畦宽 50～80cm，畦沟宽 25～30cm，株距 60～70cm，每公顷保苗 21 000～30 000 株。

直播双行种植：平畦宽 1.5m 或深沟高畦宽 2m，株距 40～50cm，每公顷 45 000 株。育苗移栽的，行距 80～85cm，株距 30～35cm，每公顷保苗 35 000～37 500 株。

与玉米、甘蔗或蔬菜作物间、套作，尚无规范的模式。整地时每公顷用 30 000～45 000kg 腐熟农家肥加 225kg 磷酸二铵作基肥。苗期 5～6 叶时，每公顷再追施尿素 75kg。现蕾后，每公顷再追施尿素 75kg。开花结荚期每公顷追施过磷酸钙 300～450kg 和氯化钾 150～225kg。盛花期以后，每隔 7～10d 喷 1 次 0.5%磷酸二氢钾，每 10～15d 追施 1 次复合肥，每公顷 225～300kg。四棱豆喜湿，播种或育苗移栽需灌足水。幼苗 3 片叶至抽蔓期，一般不浇水，以免徒长。现蕾后结合追肥浇水。开花结荚、块根膨大期，应及时浇水，保持土壤湿润。夏季一般 3～5d 浇 1 次水，雨季注意防涝。在苗期结合除草浅中耕 1～2 次，当主茎长 80～100cm 时，结合追肥、浇水再中耕 1～2 次，植株封垄前，结合最后一次中耕进行培土起垄（垄高为 15～20cm），以利地下块根形成及后期灌水、排涝。

抽蔓开始时，用竹竿或木棍搭"人"字形架，也有搭棚架或 1.2m 高铁丝篱笆架，并引蔓上架，以后任其攀缘。当主茎具 10～12 片叶时摘去顶尖，促进侧枝发生，降低开花节位。结荚中期疏去无效分枝及中下部的老叶，改善通风透光条件。

三、主要病虫害

四棱豆的主要病害有立枯病、叶斑病和病毒病等，主要虫害有地老虎、蚜虫和豆荚螟等。可参照其他豆类的相同病虫害防治方法及时防治。

四、采收

采食嫩茎叶：应在枝叶生长旺盛时采摘茎顶端 3 节以上嫩枝叶做菜。

采食嫩荚：待开花后 15～20d，荚果长宽定型，尚未鼓粒，色泽黄绿，手感柔软，易脆断时为采收适合期。

采收块根：应及时摘除花蕾、嫩荚及 2～3 级侧枝，地上部开始衰老时收获食用。

收干豆：在开花 45～50d 后，荚皮由青绿变黑褐色，基本干枯，但果梗尚绿，豆粒已明显鼓荚时为采收适期。留种可株选，留植株中部荚为好，从中选荚大粒大、荚形好的及时采收，摊晒干，待豆荚摇动有响声时再脱粒、晾晒干，贮藏待用。

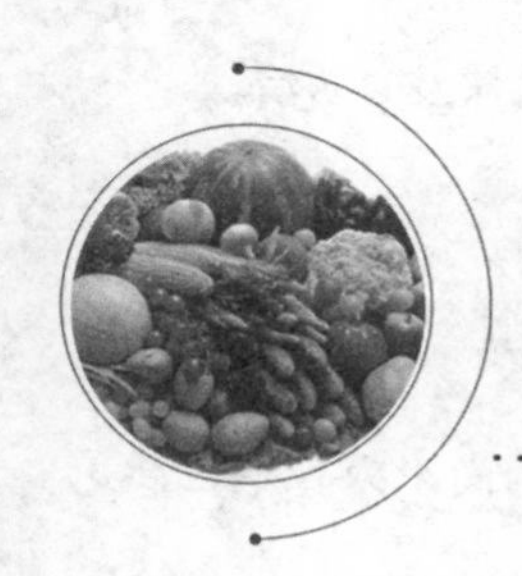

第十一章 水生蔬菜栽培

第一节 莲　　藕

一、类型及品种

1. 类型

莲藕在中国的长期栽培中，由于利用的产品器官的不同而演变成3大栽培类型：藕莲、子莲和花莲。花莲属花卉栽培，在蔬菜栽培上只有藕莲和子莲两类。

（1）藕莲　以藕供食用为主，整根藕重一般都在1kg以上，开花较少，结实率较低。根据对水深适应性不同，又可分为浅水藕和深水藕。①浅水藕。适于沤田、浅塘和水稻田栽培，水位多在20～40cm，最深70cm。②深水藕。相对于浅水藕而言，能适应较深水层。一般要求水深30～50cm，最深不能超过1～1.2m，多为中、晚熟品种。

（2）子莲　以产莲子为主，生育期较长，成熟较晚，结实率高，莲子较大，但结藕细小。需气候温暖而适中，因而在中国的分布地带较狭窄，主要限于长江中、下游以南与珠江流域以北地区。

2. 品种

（1）苏州花藕　又名无花早藕。江苏省苏州市地方品种。浅水藕。主藕3～4节，藕身较粗短，皮光滑，玉黄色。无花。极早熟，质脆嫩，少渣。

（2）大紫红　江苏省宝应县地方品种。浅水藕。主藕4～5节，藕身长圆筒形，皮米白色，叶芽紫红色。花少，粉红色。中熟，品质好。从大紫红中选出的优良品系科选1号比大紫红增产10%。

（3）汉莲2号　从汉中市西乡县杨河镇李嘴村发现的地方品种中

系统选育而成。花少，单瓣，白色，花托扁圆形；主藕平均 3.6 节，长 96.5cm；中间节间长筒形，横切面近圆形，表皮光滑、白色，藕肉白色，子藕 2～3 根。肉质软面，适合蒸煮和煨炖。对腐败病、叶斑病抗性强，适合在陕西汉中地区海拔 800m 以下区域及同类生态区种植。

（4）鄂莲 11　早中熟品种，株高中等，叶片较大，叶片表面粗糙，平展。叶柄高 167cm 左右，叶半径 42.0cm。单根整藕 5.3kg，主藕 3.4kg，主藕一般 6～8 节，主藕长 102cm，主节长 12.7cm，粗 9.3cm。藕节间形状为中短筒形，表皮白色，子藕粗大，商品性好。质脆，适于炒食。

（5）红花建莲　福建省建宁县地方品种。子莲。莲蓬扁碗形，蓬面平，心皮（莲孔）21～38，莲子卵圆形，千粒重 1370g。中晚熟，当地于 4 月中旬种植，8～10 月分次采收。品质中上。较耐深水。

二、栽培技术

1. 露地栽培技术

（1）藕田或藕荡选择　应选保水性好，含有机质在 1.5%以上的肥沃田块。深水种植应选水位较稳、水流平缓，汛期最高水位不超过 1m 的湖荡，并要求淤泥层较厚，土壤较肥。

（2）种藕选择　应选符合所栽品种特征，有完整两节以上的较大子藕或亲藕做种，并要求顶芽完好，无病虫害，生长后较粗短为宜。

（3）整地　水田应于栽前半月以上及早耕翻，施足基肥，每公顷施入腐熟厩肥或粪肥 22 500～40 000kg，耙耱平整，放入浅水，并加固田埂，以防漏水、漏肥。湖荡也应尽可能平整底土，如系蒲滩或芦滩则应提前于头一年夏季割除、深翻，使其根茬腐烂，次年才可翻土栽藕。

（4）栽植　一般都在当地断霜以后栽植，长江流域都在 4 月下旬到 5 月中旬，华南地区多在 2～3 月。

栽植密度视藕田类型、品种及采收上市期而异，一般浅水藕（田藕）比深水藕（湖荡藕）栽植要密，早熟品种比晚熟品种栽植要密。近几年来，早、中熟品种为求提早采收上市，栽植密度有提高的趋势，如苏州花藕已从每公顷 12 000 根，加密到 15 000 根，即加至行距 1.2m，穴距1m，每穴栽较大子藕2根，每根藕重250g以上。中晚熟品种一般行距1.5m，穴距0.7m，每穴栽1根。深水藕多栽晚熟品种，一般行距2～2.5m，穴距1.5～2m，每穴栽整藕1根，即包括主藕1根、子藕2根。或子藕3～4根，每根250g以上，集中丛栽有利于出苗。栽藕时力求灌浅水，田间保持水深3～5cm即可，各行栽植穴宜交错排列，种藕顶芽一律朝向田内。栽时将种藕顶芽朝确定的方向稍向下斜插入，后把节稍向上翘，使藕身前后与田面呈20°～25°斜角，可促进萌芽。

温馨提示

种藕一般于临栽前挖取，随挖、随选、随栽，不宜久放。外地引种，在运输过程中注意覆盖防晒，定时喷水保湿，堆放切忌过高，以防过热。到达目的地后，抢栽下田。

（5）水层管理　栽后初期宜浅，随着气温的升高和立叶的逐步高大，水位宜逐渐加深，浅水藕最深30～40cm，深水藕最深1m，水位过高时应尽力排放。要防止淹没立叶，引起死亡。后期进入结藕期，天气转凉，水位又应逐步排浅，农谚“涨水荷叶落水藕”，意即在此。

（6）除草、追肥　栽植成活以后，要及时除草，直至立叶基本封行为止，共进行2～3次，并要注意不踩伤地下茎。浅水藕一般追肥2～3次，即在抽生少数立叶时，追施发棵肥，每公顷施入腐熟有机肥15 000kg或尿素等氮素化肥200～300kg。如植株生长仍不旺盛，可在2～3周后再追肥1次，除氮肥外，还应加施过磷酸钙和硫酸钾等磷、钾肥，用量与尿素相近。最后于田间出现少数终叶时，再重施一次催藕肥，每公顷施入腐熟的粪肥20 000～30 000kg，外加硫酸钾225kg。施肥应选无风天气，上午露水已干后进行，以防化肥沾留叶片。每次施肥前应尽量放干田水，以使肥料溶入土中，次日还水。深水藕施肥易溶于水，并随水流失，一般都用绿肥或腐熟厩肥，塞入水下泥中，注意勿伤地下茎。也可将化肥与河泥混合均匀，做成肥泥团，稍干后，塞入水下泥中。

（7）转藕头　藕莲旺盛生长期，藕鞭在地下伸长迅速，常见有顶芽（藕头）穿过田埂，造成田外结藕（逃藕）。在此期间须常下田检查，当新生的卷叶在田边抽生，距田埂仅 1m 左右时，应在晴天下午扒开表土，轻将藕梢转向田内，盖泥压稳，以防移动。

2. 保护地栽培技术

塑料大、中、小棚均可用于莲藕的保护地栽培，但以塑料中棚较为合适。塑料小棚虽然有可移动性好、升温快、操作容易等优点，但保温效果差，长出的立叶很快就顶着棚膜，所以覆盖时间短，和露地栽培相比，收获期仅提早 5～7d。塑料大棚的保温性比小棚好，覆盖时间长，可比露地栽培早 1 个月上市，但棚架不便移动。塑料中棚是指宽 3m 左右、高 1.4m 左右的覆盖设施。其主要栽培技术要点：

（1）品种选择　应选用早熟品种。长江中、下游地区于 3 月中旬定植，株行距 0.8cm×2.0m，每棚栽 2 行。

（2）温度管理　从定植到第 1 片叶展开，以保温为主，棚膜要密闭。第 2 片叶展开后，外界气温变化大，谨防低温或高温危害，注意通风，最高气温不宜超过 40℃。到第 2 片立叶膨大，要加强通风，当白天气温稳定在 30℃时，可逐步撤除棚膜。

（3）追肥　保护地栽培一般追两次肥。第 1 次施提苗肥，于第 1 片立叶展开时，每公顷追施 150kg 尿素。第 2 次追肥在封行前，主鞭长有 4～5片立叶时，每公顷施 300kg 氮磷钾复合肥。

三、病虫害防治

1. 主要病害防治

（1）莲腐败病　真菌病害。通过种藕和土壤传播，危害根及地下茎，严重时地下茎呈褐色至紫黑色腐败，殃及地上部，从病茎抽出的叶片青枯萎蔫，严重时造成全株枯死。防治方法：①实行合理轮作，与泽泻 2～3 年轮作，或与水稻轮作防病效果好。②采用无病种藕，洗净晒干再用 50%多菌灵或 50%甲基硫菌灵可湿性粉剂 800 倍液均匀喷雾后，用塑料薄膜覆盖密封 24h。③施用腐熟有机肥。④栽前撒施 50%多菌灵可湿性粉剂 30kg/hm^{2}后耕翻。

（2）莲藕病毒病　又名僵藕，造成发芽延迟，生长衰退，藕身僵硬瘦小，出现多数褐色斑，顶端常扭曲、畸形，成为废品。多年连作田加重。防治方法：①实行合理轮作。②选用无病种藕。③增施腐熟的有机肥，以改善土壤理化性状。

2. 主要害虫防治

（1）斜纹夜蛾　又名莲蚊夜蛾。从华北至华南一年发生4～9代，在南方多以蛹越冬，华南、西南冬暖地区可终年发生。成虫昼伏夜出，卵多产于莲叶的背面叶脉交叉处，卵粒叠成2～3层块状。初孵幼虫群聚取食，可吐丝下垂随风飘散或从水面迁至其他株。四龄幼虫畏光，大多在阴暗的下部叶取食，其后夜出危害，进入暴食期。此虫喜高温、高湿环境。防治方法：①可用黑光灯诱杀成虫。②化学药物防治应在低龄幼虫期及时喷药，可选用90%晶体敌百虫700～800倍液，或5%氟啶脲乳油1 500倍液，或20%虫酰肼悬浮剂1 500倍液等。

（2）莲缢管蚜　一年发生多代，4月下旬至10月均可发生，以有翅蚜从露地桃、李、杏、樱桃等越冬寄主上迁至藕田等水生蔬菜上繁殖危害。喜高湿环境，不耐高温，初夏和秋季发生重，危害叶芽、花蕾、幼嫩立叶，降低产量和质量。防治方法：①成片种植，减少春夏茬混栽及莲藕与慈姑混栽。②适度密植，防止田间郁闭，清除田间浮萍。③可选用50%抗蚜威或10%吡虫啉可湿性粉剂4 000倍液等喷雾。

（3）食根金花虫　俗称水蛆。大多一年发生1代，幼虫入土以尾钩固定虫体于地下茎前端，食害根须和地下茎幼嫩部位。成虫咬食叶片呈缺刻和孔洞。防治方法：①冬季排除藕田积水，实行水旱轮作。②春季栽藕时结合整地，施5%辛硫磷颗粒剂45kg/hm²拌细土或尿素撒施。③在危害期用50%西维因可湿性粉剂30kg/hm²，加细土2.5倍拌成毒土，于午后或傍晚撒在放干水的藕田中，翌日放浅水，3d后正常灌水管理。

四、采收

当终止叶背面微红，早生立叶开始枯黄时，即可采收嫩藕，就近上市。可根据后把叶和终叶的走向，确定地下藕的位置。当大部分立叶枯黄时，可采收老熟藕。可在防止受冻的条件下，留田陆续采收到翌春萌芽前。冬季地上荷叶全枯，但手摸到终止叶叶柄，仍感柔韧，据此可找到地下藕之所在。子莲陆续开花结莲，莲子陆续成熟，须分多次采收。

莲子一般在花后30～40d达到成熟采收，具体因结果期内气温高低而异。一般当莲蓬上莲孔边缘稍带黑色，莲子呈灰褐色为适度成熟，即可采收。采收过早，莲子太嫩，含水量大。采收过迟，莲子的果皮坚硬如铁，不易剥皮。

第二节 茭 白

一、类型及品种

1. 类型

按孕茭季节可分为一熟茭（单季茭）和两熟茭（双季茭）。

一熟茭于春季栽培，当年秋季孕茭，以后每年秋季采收。该类品种对水、肥条件要求较宽。

两熟茭春季或早秋栽植，当年秋季采收一季，称为秋茭；次年早夏孕茭再采收一次，称为夏茭。两熟茭对水、肥条件要求相对较高。

2. 品种

（1）一点红 一熟茭，杭州市地方品种。产品肥短，一侧常有红晕，晚熟，高产，品质好。

（2）象牙茭 一熟茭，杭州市地方品种。肉质茎长大，色洁白，植株稍矮，适应性较广。

（3）大苗茭 一熟茭，广州市地方品种。肉质茎纺锤形，孕茭位置较高，耐肥，耐热，产量高，品质好。采收期较短。

（4）广益茭 两熟茭，江苏省无锡市地方品种。株型较紧凑，茭肉近笋形，秋茭9月中旬始收，夏茭5月下旬始收。茭肉长20～25cm，有细皱纹，顶部弯曲，单茭重60～75g，产量较高，品质好。分蘖性强，分株力弱，对肥水管理要求较高。

（5）刘潭茭 江苏省无锡市地方品种。株型较松散。比广益茭秋茭采收稍早、夏茭采收稍迟。茭肉笋形，上段皮皱，产量高，品质好，对肥水管理要求高。

（6）鄂茭2号 两熟茭，由武汉市蔬菜研究所选育而成。肉质茎竹笋形，秋茭早熟，9月上旬始收，夏茭晚熟，6月上旬始收。产量较高，品质好。

二、栽培技术

1. 单作

（1）田块和品种选择 选择比较低洼的水田或一般水稻田。要求排灌方便，田间最大水位不超过 40cm，并要求土壤比较肥沃，含有机质较多，微酸性到中性，土层深达 20cm 以上。根据当地市场需要和气候条件，选择适合品种。淮河以北地区春季气温回升较晚，一般只宜引种一熟茭。茭白采用无性繁殖方法，种苗需带泥装运，运输量大。福建省漳州市于 1998 年进行了兰州 3 号茭白塑料小棚育苗早熟栽培试验，其采收期可比常规栽培提早 2 个月。小棚高 0.5～0.6m，宽 1.4～1.5m。育苗期 25～30d，第一批茭的采收期在 2 月底到 3 月初，采收期可持续约 60d。

（2）整地施基肥　清除前茬后，宜施入腐熟厩肥或粪肥 50t/hm^2 作基肥，耕耙均匀，灌入 2～4cm 浅水耱平，使之达到田平、泥烂、肥足，以满足茭白生长的需要。

（3）栽植　一般实行春栽。在当地气温达到 12℃以上、新苗高达 30cm 左右、具有 3～4 片叶时栽植，长江流域多在 4 月中旬。栽前将种苗丛（老茭墩新苗丛）从留种田整墩连土挖起，用快刀顺着分蘖着生的趋势纵劈，分成小墩，每小墩带有健全的分蘖苗 3～5 根，随挖，随分，随栽。如从外地引进，途中注意保湿。如栽植较迟，苗高已 50cm 以上，则可剪去叶尖再栽。一般行距 80cm，穴距 65cm，田肥可偏稀，田瘦则偏密。两熟茭品种为求减少秋茭产量，增加第 2 年夏茭产量，也可在春季另田培养大苗，于早秋选阴天栽植，将已具有较多分蘖的大苗用手顺势扒开，每株带苗 1～2 根，剪去叶尖后栽植，一般株距 25～30cm，行距 40～45cm。因栽植较迟，当年采收秋茭很少，而以采收夏茭为主。

（4）秋茭的田间管理　无论一熟茭还是两熟茭，栽植当年只产秋茭，田间管理基本相同。田中灌水早期宜浅，保持水层 4～5cm。分蘖后期，即栽后 40～50d，逐渐加深到 10cm，到 7～8 月，气温常达 35℃以上，应继续加深到 12～15cm，以降低地温，控制后期无效小分蘖发生，促进早日孕茭。但田间水位最深不宜超过“茭白眼”。秋茭采收期间，气温逐渐转凉，水位又宜逐渐排浅，采收后排浅至 3～5cm，最后以浅水层或潮湿状态越冬，不能干旱，也不能使根系受冻。盛夏炎热，浙江义乌利用水库下泄凉水灌入茭白田，可促进提早孕茭。茭白田生长量大，要多次追肥。一般在栽植返青后追施第 1 次，施入腐熟粪肥 7 500kg/hm^2。如基肥足，苗长势旺，也可不施。10～15d 后施第 2 次追肥，以促进早期分蘖，一般施入腐熟粪肥 10t/hm^2 或尿素150kg/hm^2。到开始孕茭前，即部分单株开始扁秆，其上部 3 片外叶平齐时，要及时重施追肥，以促进孕茭。一般施入腐熟粪肥 35～40t/hm^2，或钾、氮为主的复合化肥 350～400kg/hm^2。两熟茭早秋栽植的新茭，当年生长期短，故只在栽后 10～15d 追肥 1 次，施入 20～30t/hm^2 的腐熟粪肥或 300～450kg/hm^2 氮、磷、钾复合化肥。还要进行耕田除草，一般从栽植成活后到田间植株封行前应进行 2～4 次，但注意不要损伤茭白根系。在盛夏高温季节，长江流域一般都在 7 月下旬到 8 月上旬，要剥除植株基部的黄叶，剥下的黄叶，随即踏入行间的泥土中作为肥料，以促进田间通风透光，降低株间温度。

温馨提示

秋茭采收时，如发现雄茭和灰茭植株，应随时认真做好记号，并尽早将其逐一连根挖掉，以免其地下匍匐茎伸长，来年抽生分株，留下后患。

冬季植株地上部全部枯死后，齐泥割去残枯茎叶，这样来年萌生新苗可整齐、均匀，保持田间清洁和土壤湿润过冬。当气温将降到－5℃以下时应及时灌水防冻。

（5）两熟茭夏茭的田间管理　两熟茭夏茭生长期短，从萌芽生长到孕茭，仅需 80～90d，故多在长江以南栽培，并要加强田间管理，才能多孕茭，孕大茭。早春当气温升到 5℃以上时，就要灌入浅水，促进母株丛（母茭墩）上的分蘖芽和株丛间的分株芽及早萌发。当分蘖苗高 25cm 左右时，要及时移密补缺，即检查田间缺株，对因挖去雄茭、灰茭和秋茭采收过度而形成的空缺茭墩，可从较大和萌生分蘖苗较密的茭墩切取其一部分，移栽于空缺处。同时，对分蘖苗生长拥挤的茭墩，要进行疏苗、压泥，即每茭墩留外围较壮的分蘖苗 20～25 株，疏去细小的弱苗，同时从行间取泥一块压到茭墩中央，使苗向四周散开生长，力求使全田密度均匀，生长一致。追肥应早而重施，一般在开始萌芽生长时，江南多在 2 月下旬，追施腐熟粪肥 45t/hm^2 或尿素 450kg/hm^2，30d 后，再追施一次，并要适量加施钾肥。夏茭田间散生于株、行间的分株苗常能早孕茭，下田操作时要注意保护，防止损伤。

2. 水旱套作

江苏省丹阳市旱田蔬菜与茭白套作，效益很好。具体方法：选土壤肥沃、地势平坦、灌排两便的菜田，按南北向每隔 1.2m 开沟，沟宽 33cm，深 25cm，先将表土挖起堆放一边，后将底土挖起，散于畦面，然后将表土返还沟中，在沟中施足基肥，与表土混合。畦面另行耕耙施肥，但在沟边各留 30cm 作为走道，中间 60cm 宽于春季种植早熟菜用大豆、矮生菜豆或春马铃薯等。沟中则栽植一熟茭品种蒋墅茭一行，穴距 28cm，每穴栽插一小墩，带苗 3～5 株。畦上蔬菜必须在 6 月中下旬采收结束，沟中茭白按秋茭的栽培方法管理，灌水时注意勿漫至畦面，8 月下旬到 9 月下旬采收茭白，比一般一熟茭白早熟，正好赶上茭白淡季上市。

三、病虫害防治

1. 主要病害防治

（1）茭白胡麻斑病　又称茭白叶枯病，属真菌病害，从春到秋都可发生。先在叶上散生褐色小斑点，后扩大为褐色椭圆形斑，大小如芝麻。严重时相互连成不规则大斑，毁坏绿叶，造成减产。防治方法：①增施钾肥。②多雨天气抓住雨停的间隙及时放水搁田 1d，增加土壤溶氧量。③发病初期开始喷洒 50％的异菌脲（扑海因）可湿性粉剂或 40％异稻瘟净乳油 600 倍液等，隔 7～10d 喷 1 次，连喷 3～5 次。

（2）茭白纹枯病　属真菌病害，主要危害秋茭。叶鞘和叶片上产生水渍状、暗绿色到黄褐色云状斑纹，由下而上扩展，引起叶片枯死，使孕茭干瘪。防治方法：①间隔 3 年再种茭白。②施足基肥，增施磷钾肥。③及时剥除田间黄叶，并携出销毁。④发病初期用 5％井冈霉素水剂 1 000 倍液，或 35％福・甲（立枯净）可湿性粉剂 800 倍液等喷雾，每隔 10～15d 喷 1 次，连喷 2～3 次。

（3）茭白瘟病　该病多在温热多雨时节发生，通过气流传播。先在叶上出现近圆形褐色病斑，中央灰白色，外层黄色，严重时全叶焦枯，造成孕茭细小或不孕。防治方法：①适量增施磷、钾肥。②发病初期可用 20％三环唑可湿性粉剂，或 40％稻瘟灵（富士 1 号）乳油或 50％多菌灵可湿性粉剂各 1 000 倍液喷雾，隔 7～10d 喷 1 次，连喷 2～3 次。

2. 主要害虫防治

（1）长绿飞虱　属长翅虱类，若虫被白色蜡粉，腹部末端有蜡丝，活动灵敏，一年发生多代，以成虫在茭白残茬及茭草上产卵越冬，第2年春孵化后危害茭白，夏、秋加重，刺吸叶片的汁液，使叶干枯，轻则减产，重则失收。防治方法：①冬季清除茭白田残茬和田边杂草。②低龄若虫盛发期及时用25%噻嗪酮（扑虱灵）可湿性粉剂2 000倍液，或2.5%溴氰菊酯乳油3 000倍液，或50%马拉硫磷乳油1 000倍液喷雾。由于茭白封行后防治困难，所以应注重前期用药。

（2）大螟和二化螟　一年发生多代，以幼虫在茭白、水稻等根、残株上越冬。春末夏初第1代发育成蛾量大，飞至茭白叶背产卵，孵化后钻入苗心，使茭白茎蘖变成枯心苗。第3代多在8～9月发生，使秋茭枯心而死或变成虫蛀茭，影响产量、品质。防治方法：①冬季和早春齐泥面割掉茭白残株，减少虫源。②在主要危害世代、盛卵期及时用25%的杀虫双水剂300倍液，或50%杀螟硫磷乳油500倍液，或90%晶体敌百虫1 000倍液喷雾。也可用上述3种药剂每公顷4.5、2.25和1.5kg各对水6 000L泼浇。

（3）稻管蓟马　一年发生多代。成虫体长仅1.4～1.7mm，黑褐色，二龄若虫体长约1.6mm，淡黄至橙黄色，行动敏捷。成虫和一、二龄若虫群集幼嫩叶片先端唑吸汁液，使叶黄卷缩，严重时可致全株枯死。防治方法：发生初期用10%吡虫啉可湿性粉剂1 500倍液等喷雾。

四、采收

无论一熟茭或两熟茭，秋茭采收期都于当地气温降至25℃以下开始，长江流域多在9月上旬，并可陆续采收到11月结束。具体因类型、品种和栽培管理不同略有先后。由于茭墩中的各个单株孕茭有先有后，必须多次采收，一般5～7d采收1次，盛收期3～4d采收1次。

采收一定要及时，过早采收茭肉尚未长足，过迟采收则肉质茎发青变老。除按孕茭植株的外部形态检视外，还要检视孕茭部位，一般“露白”时正是采收适期。所谓“露白”，即假茎外层相互抱合的叶鞘，因受其内肉质茎膨大的压力，中部被挤开裂缝，长1cm左右，露出一小块白嫩的茭肉，此时即应采收。但通常只在一侧“露白”，所以必须两面检视。采法为折断肉质茎下部的台管，将带有叶片和叶鞘的肉质茎成把拧出田外，切去叶片，保留叶鞘，可供外运，保持5～7d不变质。如就近上市，须剥去外层叶鞘，保留内层1～2片叶鞘，通称“壳茭”。如再剥去内层叶鞘，尽露茭肉，通称“玉茭”。将“壳茭”剥成“玉茭”上市销售，其产量约减少 30%。春栽秋茭一般产量为 18～22.5t/hm^2，早秋栽植秋茭产量仅有一半。采收后期如见有的茭墩全墩植株先后孕茭，则应保留最后两株不采，以防过度采收，造成全墩枯死。

江南地区夏茭多在 5 月下旬到 7 月上旬采收，采收期间气温逐渐升高，孕茭历时较短，茭肉易于发青变老。生产上应不等茭肉露白，只要相互抱合的叶鞘中部被挤而出现皱痕时，即应采收，一般每隔 2～3d 采收 1 次，将茭白单株连根拔收。夏茭采收结束后，就要耕翻换茬，改种其他作物。一般单产略高于秋茭。

第三节　慈　　姑

一、类型及品种

1. 类型

慈姑现有的栽培品种按球茎形态大体上可分为两大类：一类是球茎表皮淡白色或淡黄白色，环节上的鳞衣色淡。球茎卵圆形或近圆形，肉质较松脆、微甜、无苦味，如苏州黄慈姑。另一类球茎表皮青紫色，球茎呈圆球形或近球形，肉质致密，稍有苦味，如江苏省宝应紫圆慈姑。前者分布较广，长江以南各地均有栽培。后者则主要分布在长江两岸及淮河以南各地。

2. 品种

（1）宝应紫圆　江苏省宝应县地方品种，现分布江苏各地。中熟，生育期 190d 左右。株高 95～100cm，球茎近圆形，皮青带紫，单球茎重 25～40g，肉质紧密，品质好，耐贮运，较抗黑粉病。

（2）苏州黄　江苏省苏州市地方品种。较晚熟，生育期 200d 左右。株高 100～110cm，球茎长卵形，皮黄色，单球重 20～30g，肉质稍松，品质较好。

（3）沈荡慈姑　浙江省海盐县地方品种，较晚熟。生育期 220d。株高 70～80cm，球茎椭圆形，皮黄白色，单球重 30g 左右，肉质细致，无苦味，品质好。

（4）沙姑　广州市地方品种。较早熟，生育期 120d 左右。株高 70～80cm，球茎卵形，皮黄白色，单球重 40g 左右，肉质较松，不耐贮运，品质较好。

二、栽培技术

(1) 田块和品种选择　应选土质肥沃、暄松、含有机质较多的水田，要求灌、排两便，土壤微酸到中性。宜选择当地市场适销对路、品质优良、产量较高的品种。

(2) 育苗　一般都在当地春季气温达到15℃时开始育苗，长江流域多在4月中下旬，取出贮藏越冬的种球，稍带球茎上部，掰下顶芽，室内晾放1～2d，随即插种于预先施肥、耕耙、耱平的苗床中，株、行距各为10cm，每插35～40行，空出30～40cm作为走道，插深以顶芽的1/2入土，只露芽尖为度。保持田中2～3cm浅水，苗期及时除草，经40～50d，幼苗已具3～4片箭形叶时，即可以起苗定植。但幼苗对延迟定植也有较好的适应性，如因前茬作物来不及让田，仍可留在苗床继续培育一段时间，但水位要略有加深，一般可延至6月底。如仍不能定植，则应另设移苗床移栽，行、株距可扩大为20cm。为培育壮苗，必须选用优良球茎作种。通常选用品种纯、大小适中、充分成熟的球茎，其顶芽粗度在0.6～1cm为宜。

华南地区气候温暖，应于2～3月开始育苗，但成苗后不能直接栽植大田，系因当地往后数月均处于25℃以上高温和较长的日照之下，植株定植后抽生的匍匐茎先端不能膨大结为球茎，而是直接萌发，形成分株，必须等到秋季冷凉和日照转短后，抽生的匍匐茎先端才能形成球茎。故应在苗床出现分株，并已抽生3～4片叶后，另选淤泥层较厚的滩地作为移苗床，将原苗及其分株移栽，株、行距20cm×25cm，扩大繁殖系数，继续培育，到7～9月分期分批定植大田。

(3) 定植　长江流域一般在5月下旬至7月下旬定植，华南地区多于7月上旬至9月上旬定植。定植前大田施足基肥，一般施入腐熟堆肥或厩肥45～60t/hm^2，尿素225kg/hm^2，过磷酸钙600kg/hm^2，深耕、细耙，带水耱平。苗龄最好45d左右，有4片箭形叶。但在控苗不致徒长的情况下，也可延至8～10叶期定植，行、株距一般为40cm×40cm。晚栽加密，最密30cm。栽时留中央3～4片新叶，摘除外围叶片，仅留叶柄，以防招风，利于成活。

(4) 田间管理　栽后保持田间浅水7～10cm。夏季高温天气，气温常在 30℃以上，宜逐渐加深到 13～20cm，并应于早上灌入凉水。及至生育后期，天气转凉，气温降到 25℃以下，球茎陆续膨大，水层又应逐渐排浅到 7～10cm，最后保持田土充分湿润而无水层，以利球茎成熟。定植成活后，追施 1 次稀薄的腐熟粪肥或少量氮素化肥，以保苗生长。如苗生长旺盛，也可不施。到植株抽生叶片转慢，地下已长出一部分匍匐茎时，应追施 1 次较重的肥料，以促进球茎肥大，并应氮、磷、钾肥齐施。一般施入腐熟的厩肥或粪肥 35～40t/hm^2，外加硫酸钾 300kg，亦可施用氮、磷、钾复合化肥 1 200～1 400kg/hm^2。定植成活后开始中耕除草，以后每隔 20～30d 中耕 1 次，到植株抽生匍匐茎时为止，共进行 2～3 次。至田间植株基本封行时，气温已升到 25℃以上，应分次摘除植株外围老叶，按入泥中作为肥料，改善田间通风透光，每次只留植株中央 4～5 片新叶，直到秋季气温降到 25℃以下时为止，长江流域多在 9 月上旬。往后应保护绿叶不能再摘。

三、病虫害防治

1. 主要病害防治

（1）慈姑黑粉病　真菌病害。病原菌随病残体在土中或附在种球上越冬。孢子通过气流、雨水传播，发病后在叶片和叶柄上生出多个黄色突起泡斑，内有黑粉，破坏绿叶，造成减产。花器和球茎也可染病。防治方法：①清洁田园，从无病田选留种用球茎。②提倡轮作，合理密植。③防止氮肥过多，增施磷钾肥。④育苗前用 50%多菌灵可湿性粉剂 800～1 000 倍液，或 25%三唑酮可湿性粉剂 1 000 倍液浸泡晾好的顶芽 1～3h，冲洗后扦插。⑤发病初期及时用上述药液或 50%甲基硫菌灵可湿性粉剂 500 倍液喷雾，隔 7～10d 喷 1 次，连喷 2～3 次。

（2）慈姑斑纹病　真菌病害。孢子随气流传播，侵害叶片及叶柄，产生灰褐色病斑，周围有黄晕，数个病斑连接，毁坏叶片，影响产量。防治方法：参见慈姑黑粉病。

2. 主要害虫防治

（1）莲缢管蚜　慈姑出芽后有翅蚜迁入、繁殖，在盛夏高温季节前后出现蚜虫高峰，尤其秋季慈姑球茎生长期蚜虫量大，危害重，是关键防治时期。防治方法：参见莲藕部分。

（2）慈姑钻心虫　多在夏、秋盛发，成虫昼伏夜出，产卵有趋嫩绿习性，卵块多产于叶柄中、下部。初孵幼虫群集钻入叶柄内蛀食，使叶片凋萎。老熟幼虫在残茬及叶柄中群集越冬。防治方法：①结合摘除老叶与受害叶叶柄，按入泥中。②冬季清除慈姑残株，减少虫源。③在主要危害世代卵孵化盛期，撒施5%杀虫双大粒剂15～22.5kg/hm²。

四、采收

早栽慈姑于田间大部分叶片枯黄时采收，以应市场慈姑淡季的需求；晚栽慈姑于地上部全部枯黄时采收。在南方多留田间，陆续采收到翌年2～3月。北方冬季田土易结冰，使球茎易受冻害而损失，一般上冻前1次采收。采收用齿耙或铁杈掘挖，采后除去残留的匍匐茎，抹去附泥，晾干贮藏，或洗净、分级、包装上市。早栽慈姑一般产量10～15t/hm²，晚栽慈姑一般产量15～20t/hm²。

第四节　荸　　荠

一、类型及品种

1. 类型

荸荠品种间植株地上部分形态很相似，主要差别在地下茎的形态、色泽和品质上。球茎皮色以红色为基本色泽，有深红、红褐、棕红、红黑色等差异。球茎外部形态上的区别在于顶芽有尖或钝之分。球茎底部有凹脐和平脐之分。一般顶芽尖的为平脐，则球茎小，肉质较粗老，渣多，含淀粉多，较耐贮藏，宜熟食或加工制粉。顶芽较粗钝的为凹脐，含水分和可溶性固形物多，肉质脆嫩，味甜，含淀粉少，渣少，宜生食。

2. 品种

（1）苏州荸荠　江苏苏州地方品种。平脐类。中熟，当地5月下旬育苗，6月下旬定植，11月下旬始收。单球平均重14g，品质较好，最宜熟食和加工罐藏。一般产量15t/hm²。

（2）余杭大红袍　浙江余杭地方品种。平脐类。中熟，当地6月上旬育苗，7月中旬定植，12月上旬始收。单球重20～25g，肉质脆嫩，味甜，生、熟食和加工罐藏均可。

（3）涿县甜荠　河北涿州地方品种。平脐类。早熟，当地5月下旬育苗，6月下旬定植，10月中旬即可始收，但如延至翌春4月上旬采收，则味转甜。肉质脆嫩、少渣，生、熟食均宜。较耐寒，当地田间盖草或适当灌水防冻，即可留土中安全越冬。

（4）信阳荸荠　河南信阳地方品种。平脐类。中熟，当地于4月下旬育苗，6月上中旬定植，11月开始采收。株高80～100cm。单球茎重15～20g，肉质脆嫩、少渣，味甜，生、熟食均宜。

（5）会昌荸荠　江西会昌地方品种。平脐类。中熟，当地于6月下旬育苗，8月上旬定植，12月开始采收。株高100～120cm。球茎顶芽尖而短，单球重20g左右。肉细，味甜，品质好，宜生食。耐热性较强，耐寒性较弱。

（6）闽侯尾梨　福建闽侯地方品种。平脐类。中熟，当地于5～7月育苗，25～30d后即可起苗定植。5月育苗的11月始收，6～7月育苗的12月始收。株高90cm。球茎较高，单球茎重18g左右。肉质脆嫩，味甜美，品质好，适于生、熟食和加工罐藏。

（7）桂林马蹄　广西桂林地方品种。凹脐类。晚熟，当地于6～7月育苗，25～30d后起苗定植，12月到翌年1月始收。株高120cm。单球重20～25g。球茎顶芽较粗，两侧各有一个较大的侧芽。肉质脆嫩，味甜，含糖量较高，品质好，最宜生食。

（8）孝感荸荠　湖北孝感地方品种。凹脐类。中晚熟，当地于5～6月育苗，30d后起苗定植，11月下旬到12月上旬始收。株高90cm，分蘖性较强，单球重20～25g。肉质细嫩，味甜美，少渣，品质好。

此外，还有湖南省衡阳荸荠、江西省萍乡荸荠、湖北省宜昌荸荠和广东省广州市的水马蹄等，也都是较好的地方品种。

二、栽培技术

1. 露地栽培技术

（1）培育分株苗　早水荸荠多育分株苗，一般在4月下旬到5月上旬下种，苗龄约50d，于6月定植大田。育苗前先选择避风向阳的水田，施入腐熟的厩肥22.5～30t/hm^2，带水耕耙、耱平，保持2～3cm浅水层。同时取出贮藏的种用球茎，复选一次，选择符合具品种特征、种球鲜健、顶芽坚挺、皮色较深而一致的作种。洗净选中的种球，晾至半干，用25%多菌灵500倍液，浸泡种球12h，沥干余水，即可下种。

药液浸种主要为消灭荸荠茎枯病残留在种球上的病菌孢子。种球一般按行距 20cm、株距 15cm，栽插入育苗秧田，插深以种球全部入土，不见顶芽为度。每插 10 行，空出 1 行，作田中走道。苗期注意保持浅水和除去杂草。一般经 50d 左右，主茎上的叶状茎已丛生，并形成分蘖，向周围抽生 3～4 小丛分株时，即可起苗定植。

（2）培育主茎苗　晚水荸荠一般多用主茎苗（种球苗）定植。因其定植后生育期短，幼苗必须带有种球，以增加养分，利于秋季及时结出新球茎。育苗方法与培育分株苗基本相同，但也有几点不同：一是栽插密度加大，行、株距仅为 10～12cm，每栽插 20 行后，空出 2～3 行，作为走道。二是如栽插时天气炎热，白天气温常达 30℃以上，插后要在田面盖一层稻草防晒，等出苗后及时揭去稻草。到苗高 20cm 以上，主茎丛已有 5～6 根叶状茎时，即可带种球起苗定植。一般约需 30d。

2. 定植

大田收完前茬，施入腐熟厩肥或粪肥 22.5～30t/hm^2，另施硫酸钾 375～450kg/hm^2，因钾肥对荸荠抗病增产有不可替代的作用。带水耕耙、耱平后，保持 2～3cm 的浅水层，即可定植。早水荸荠多用分株苗栽植，即将主茎丛上长出的分蘖苗（包括主茎及其分蘖）和由主茎基部向周围株、行间抽生的分株苗，一一拔起，剔除只具有 3～4 根叶状茎的小苗，保留具有 5 根叶状茎以上的大苗，对其中具有 5～8 根叶状茎的较大苗不用再分，而对具有 10 余根叶状茎的大苗，按 5～7 根为一丛进行分苗。分好苗后，即可理齐携往大田，进行栽插定植。如当地往年荸荠茎枯病发生较重，要再用多菌灵药液浸 1 次，药液配制同种球浸泡，浸泡时间亦同，但只需将苗的根系浸入即可，取出苗后即栽。一般行、株距 60cm×30cm 或 50cm×40cm，每穴栽入 1 株，深约 7cm，以栽稳为度。如苗过高，则留高 25～30cm，剪去其叶状茎梢头后再栽，以防招风动摇。晚水荸荠多用主茎苗栽插，一般于 7 月定植。栽前将幼苗连同种球及根系一并挖起，细心操作，直至将种球连根带苗一并栽插入土，栽深以种球及根全部入土，叶状茎基部着泥为度。栽植密度适当加大，一般行、株距 50cm×30cm，每穴栽插 1 球，栽后随手抹平泥土，以防露根。茎枯病发生较重地区，栽前也需先用多菌灵药液浸根。

3. 田间管理

（1）水分管理　早水荸荠前期保持2～3cm浅水，以后随着植株生长要逐步加深。株高超过40cm时，灌水应达到7～10cm。如叶状茎高而密，色泽由浓绿转淡，表明有徒长现象，要选晴天，排去田水，轻搁田1～2d，抑制徒长，随后还水。晚水荸荠定植时正值盛夏，如白天气温常达30℃以上，田间应保持水深6～8cm，防暑降温，以利成活。7～8月，如遇一段连续高温干旱天气，无论早、中、晚水荸荠田中均应加深灌水到8～10cm，且须于凌晨灌入凉水。天凉后及时将水层排浅。至生育后期，植株开始结球，分蘖和分株均已基本停止生长，水位又应逐渐排浅到3～5cm，最后叶状茎已有部分发黄，球茎大部分定型，只需保持1～2cm的薄层浅水。严寒天气适当深灌水防冻。

（2）追肥和除草　荸荠不耐氮肥，不宜过多和偏施氮肥，一般在栽插活棵后追施氮磷钾复合肥250kg/hm^2，混合干细土3倍，拌匀后排去田水，于露水干后撒施，肥后回水。到植株地上部开花时，地下将开始结球，应施入复合肥450kg/hm^2，以促进球茎膨大。据曹碚生等试验，如在花后紧接着喷施0.2%的磷酸二氢钾溶液，有利于球茎膨大和增产。栽植成活后到田间叶状茎封行前，应除草2～3次，即将杂草就地按入或踩入泥中。后期除草注意勿踩伤地下匍匐茎。

三、病虫害防治

1. 主要病害防治

主要病害是荸荠茎枯病，又称荸荠秆枯病，属真菌病害。多在高温季节开始发生，蔓延快，为荸荠毁灭性病害。病原菌在种球、田土和残留茎秆上越冬，第2年侵染新的叶状茎。分生孢子通过风雨和灌溉水传播，在叶状茎上产生梭形病斑，病部变软凹陷，极易倒伏，其上生出黑色小点或条斑。天气干旱时，病斑中部变灰色，而在清晨或湿度大时，病斑表面有灰色霉层。严重发病时，全田一片枯白。防治方法：①与其他水生作物逐年轮种，3年后再轮回原田种植。②对发病田块的叶状茎在冬季集中烧毁。③种球下种和荸荠苗在定植前用25%的多菌灵可湿性粉剂250倍液，或50%代森锰锌可湿性粉剂500倍液分别浸泡24h。发病初期喷洒上述药液，或用50%腐霉利（速克灵）可湿性粉剂1 000倍液，每7～10d喷雾1次，3种农药交替使用，共喷3～4次。

2. 主要虫害防治

主要害虫是白禾螟，成虫体型较小，通体白色，易与其他害虫区别。长江流域一年发生 4 代，以幼虫在荸荠茎秆内结薄茧越冬。全年以二、三代幼虫（7～10 月）对早栽荸荠田危害最重。初孵幼虫群集，钻入叶状茎蛀食，二、三龄后开始转株危害，造成枯心苗，严重时叶状茎成片枯死发红，以至失收。防治方法：①及时清除上年荸荠田残茬，压低越冬虫的基数。②适期迟栽可减轻受害。③重点查防第二、三代虫害，掌握卵块（附着于叶状茎上）孵化高峰期喷药，以 80%杀虫单可溶性粉剂1 000倍液等喷雾，效果较好。最好交替使用，每周 1 次，共 2～3次。重发区于种苗移栽前 2～3d 可用药液浸渍或喷淋。

四、采收

早水荸荠虽可在 11 月采收，但因当时气温较高，球茎内含淀粉较多，还未转化为糖，故味均较淡。到 12 月往后，各地日平均气温大多已降至 5℃以下，球茎中的淀粉多转化为可溶性糖，球茎皮色转深红，采收食用味甜多汁。如留田不采，要注意防冻，最迟可延至翌年 4 月。采前 1d 排去田水，多用齿耙掘收，扒土细找，以防遗漏。采后整理、清洗。分级后上市。一般产量 18～27t/hm^2。

第五节 豆 瓣 菜

一、类型及品种

1. 类型

中国栽培的豆瓣菜有开花和不开花两种类型，两者在植物学形态上无明显差异，主要有两个品种。

2. 品种

（1）广州豆瓣菜　广东省中山市地方品种。植株半匍匐并斜向丛生，高 30～40cm，茎粗 0.6～0.7cm，奇数羽状复叶。小叶较大，深绿色，遇霜冻或虫害易变紫红色。各茎节接近地面时，均能发生须根，分枝多，环境适合时生长较快，定植后20～30d 即可采收，每季可采收多次。适应性较广。在华南地区不开花结实，以种茎进行无性繁殖。产量较高。

（2）百色豆瓣菜　广西南宁地方品种。植株半匍匐并斜向生长，高44～55cm，茎粗0.4～0.5cm，奇数羽状复叶。小叶较小，近圆形，长、宽均约2cm，深绿色，冬季叶片不变红。一般在每年春季开花结实，以种子进行有性繁殖。生长快，产量高。品质中等。

二、栽培技术

1. 育苗

广州豆瓣菜栽培面积较大，多用种株进行无性繁殖育苗。即在8月下旬到9月上旬，当地气温降到25℃左右时，将种株由留种田移到预先准备好的育苗田中，即预先耕耙耱平的肥沃水田中，栽插行距10cm，株距4～5cm，田中保持一薄层浅水，待新苗生长高15～20cm时，起苗定植，移栽大田，可扩大面积3～4倍。百色豆瓣菜单产较高，多采用种子进行有性繁殖育苗。一般采用半水田法育苗，即选用平坦、肥沃的水田，带水耕耙作畦，做成畦面宽1.3m、畦沟宽0.3m的半高畦，然后灌水使畦面充分湿润，但无水层，畦沟中始终保持有水。育苗田周边最好有适量的树木遮阴。播种期以当地开始秋凉，气温降到20～25℃时为宜。因豆瓣菜种子细小，必须加1～2倍干净的细沙，混拌均匀后细心撒播，撒种量1.5～2g/m²，播后撒盖一层过筛干细土加粪末或砻糠灰的混合土。如见畦面干白，及时喷水保湿。出苗后，随着幼苗的生长，逐渐加深灌水到1.5～2cm，并注意防虫、除草。出苗后30d左右，当苗高12～15cm时，即可起苗定植。

2. 定植

选地势平坦或较低、灌排两便、土壤肥沃的水田，清除前茬，施入腐熟的厩肥或绿肥30～40t/hm²，耕耙、耱平，保持田面充分湿润或有一薄层浅水，即可栽植。华南地区多在9月下旬到10月上旬，长江流域多在9月上中旬进行，当时气温多在20℃左右，适于植株营养生长。栽前选取健壮的幼苗，一般要求茎秆较粗，节间较短，叶片完整。幼苗茎叶多半匍匐生长，常有阴阳面之分。阳面为朝上的一面，常受阳光照射，茎色较深；阴面朝下，茎色相对较浅。栽时注意仍将阳面朝上，将茎的基部两节连同根系斜插入泥，仍保持原来半匍匐生长姿态，以利成活。豆瓣菜植株小，宜密植，一般行距10cm，株距5～6cm，每栽插20～30行，空出35cm，作为田内走道。用种子繁殖的幼苗，常采用丛栽法，行距 10cm，穴距 8～10cm，每穴栽插 3 株，比单株栽插高产。

3. 田间管理

定植缓苗期，田间易生杂草，要及时除草，并保持 1～2cm 浅水，以利于缓苗发根。如遇天气晴暖，气温常超过 25℃，宜于早、晚灌入凉水，保持水温较低。此后随着植株的长大，水位应逐渐加深到 3～4cm，但不能超过 5cm，以防引起锈根。冬季生长停止，仍需保持浅水，并注意防冻害。

三、病虫害防治

1. 主要病害防治

（1）豆瓣菜褐斑病　真菌病害。叶片病斑圆形或椭圆形，褐色，严重时叶上病斑密布，可致叶片干枯。以菌丝体和分生孢子在病叶和病残体上越冬，南方仅存在越夏问题。防治方法：①避免偏施氮肥；②重病区及早喷洒 50%甲基硫菌灵可湿性粉剂 500 倍液，或 78%波尔・锰锌（科博）可湿性粉剂 600 倍液，隔 10d 左右喷 1 次，连续 2～3 次。

（2）豆瓣菜丝核菌病　真菌病害。叶片病斑椭圆形至不规则，灰褐（绿）或灰白色，严重时叶片枯白不能食用。茎部生褐色不规则褐斑，可绕茎一周致病部缢缩变褐。后期病部可见菌核。通常早春至初夏天气温暖、降雨多、雾重、露重有利该病发生。防治方法：①避免偏施氮肥；②视病情及时喷洒 5%井冈霉素水剂 1 000 倍液，或 50%多菌灵可湿性粉剂 800 倍液。如能在喷药之前后各排水露田 1～2d，则防病效果更好。

2. 主要虫害防治

（1）小菜蛾　一年发生多代，华南地区和长江流域豆瓣菜栽培季节与此虫发生危害盛期吻合。幼虫聚集取食叶片和嫩茎，常可成片吃光造成损失。防治方法：应在一、二龄幼虫盛发期用药。可选用 5%氟啶脲或 5%氟苯脲乳油 1 000～2 000 倍液，或 2.5%多杀菌素悬浮剂 1 000 倍液，或 50%丁醚脲可湿性粉剂 1 500 倍液，或 1.8%阿维菌素乳油 2 000～3 000倍液喷雾防治。根据虫情约 10d 后再施药 1 次。

（2）蚜虫　危害豆瓣菜的主要是萝卜蚜，为华南地区的优势种，在长江流域萝卜蚜和桃蚜混合发生。成、若蚜刺吸叶片和嫩梢汁液，分泌蜜露，使植株生长不良。宜在蚜虫点、片发生阶段选用安全、高效药剂防治，其种类和浓度参见水芹病虫害相关内容。

（3）黄条跳甲　成虫为小型甲虫，鞘翅中央有黄色曲条，后足腿肥大，善跳跃，咬食叶肉，危害较大。防治方法：可用50%辛硫磷乳油1 000倍液，或90%晶体敌百虫1 000倍液等喷雾防治。

四、采收

采用无性繁殖的品种，一般于幼苗定植后30d左右开始采收；用种子繁殖的品种，一般于菜苗定植后40d左右开始采收。具体采收期应在植株枝繁叶茂，盖满全畦，而市场又好销时进行。一般都是隔畦成片齐泥收割，收1畦，留1畦，收后经整理，剔除残根老叶，洗净蘸泥，逐一理齐，分把捆扎，即可上市，并立即将已收畦面的残茬全部踏入泥中，耱平畦面，浇施一次腐熟的粪肥水，于1～2d内，将邻畦未收割的植株拔起，分苗重栽，一畦改成两畦。华南地区冬季比较温暖，植株越冬期间并未停止生长，一般于10月下旬或11月上旬第一次采收，以后每隔20～30d采收1次，一直收到翌年4月，共可采收5～6次，总计产量为75～90t/hm^2。长江流域12月上旬以后，气温常在10℃以下，越冬期间，停止采收，且需防冻。采收分为两段：冬前于10月中旬到12月上旬采收2次，以后盖棚膜保护越冬，翌年4月上旬到5月下旬恢复生长，再采收2次，共收4～5次，单产为华南地区的50%～60%。

第十二章 多年生及杂类蔬菜栽培

第一节 芦 笋

一、类型及品种

1. 类型

按照嫩茎抽生的早晚，芦笋可分为早、中、晚熟3种类型。早熟类型嫩茎多而细，晚熟类型嫩茎少而粗。

2. 品种

（1）玛丽·华盛顿　美国品种。植株高大，生长旺盛，抗锈病，丰产。萌芽性偏早，嫩茎粗大，较整齐，扁形笋少，茎顶鳞片紧密，不易受高温影响而散头。软化栽培嫩茎为黄白色或白色，一旦见光即为紫色，而后为绿色。

（2）绿丰　植株生长旺盛，株高250cm；包头紧密，无空心、无畸形，一级笋率93%；平均单枝重量37g，平均亩产量640.25kg；适合我国南北方作白、绿芦笋栽培。

（3）UC157F1　美国加州大学选育而成的一代杂种。生长势中等，稍细，粗细均匀，整齐一致，顶部较圆，鳞片抱合紧密，高温时不易散头。分枝较晚，产量较高。易患茎枯病、褐斑病，既适合作保护地栽培，也适合留母茎一季或二季采收绿芦笋栽培。

（4）鲁芦1号（原代号885）　山东省潍坊市农业科学院育成。植株生长旺盛，叶色深绿。白芦笋色泽洁白，笋条直，粗细均匀，质地细嫩，包头紧密，单枝笋重23～25g。抗茎枯病能力较强。生育期240d。一级笋率92.5%，空心笋率0.4%。适合作白芦笋栽培。

（5）阿波罗（Apollo）　美国加利福尼亚芦笋种子公司选育出的一

代杂种。生长势强，高抗叶枯病、锈病，耐根腐病和茎枯病。圆柱形，鳞芽包裹非常紧密。嫩茎平均直径 1.59cm，质地细嫩，纤维含量少。产品适合作速冻出口。

(6) BJ982F1　又叫改良京绿芦 1 号，由北京市农林科学院芦笋研究中心选育而成。嫩茎长柱形，平均直径 1.45cm，质地细嫩，纤维含量少。笋尖鳞芽包裹紧密，不易散开。生长势强，对收获期的温度要求较宽。抗叶枯病，较抗锈病。

温馨提示

在选择露地栽培品种时，要求品种具有萌芽早、嫩茎粗、头部鳞片紧密、抗（耐）病虫害、丰产等性状，而作保护地栽培的品种除具有上述特性外，还要求在低温条件下萌发快，嫩茎伸长迅速的特性。在进行保护地假植时，要求品种在株丛养成期具有生长发育快，积累养分多，休眠程度浅，加温后容易萌发等特性。

二、栽培技术

1. 繁殖

芦笋的繁殖方法有分株繁殖和种子繁殖两种。分株繁殖是将优良健壮种株掘起，分割地下茎后栽于大田。其优点是株间性状整齐一致，但定植后生长势弱，产量低，寿命短，且费工时，运输量大，一般只在进行良种繁育时采用。用种子繁殖具有繁殖系数高、生长势强、产量高、寿命长等优点，且便于调运，是生产上常用的繁殖方法。种子繁殖又有直播和育苗移栽之分。直播法其株丛生长发育快，成园早，起产早，初年产量高，但用种量大，苗期管理较费工时，土地利用不经济，故生产成本较高，且植株根系分布浅，易倒伏。生产上常用育苗移栽法进行繁殖。

2. 播种育苗

(1) 播种期　芦笋的播种期，因各地气候条件不同而异。无霜期短的高寒地区，应尽可能早播，当 4～5cm 处的地温达 10℃以上时播种，或先行保护地育苗，再移植到苗圃地。在生长季长的地区，以芦笋苗生长 3～4 个月为定植苗标准，来推算播种期。长江中下游地区以 4 月播种为适期，北方 5～6 月播种。南方芦笋没有休眠期，除夏季暴雨期外，均可播种，但以春季 3～4 月、秋季 9～10 月最适合。

（2）苗圃选择　苗圃地宜选排水及透气良好的沙质壤土，其幼苗生长良好，易挖掘，断根少。播种床宽 1.2～1.3m。播种前每公顷用腐熟厩肥 30t 撒于畦面，翻耕入土，另以尿素 150kg，过磷酸钙 240kg，氯化钾 150kg 施于播种沟内，与土拌匀。

（3）浸种催芽　为使种子发芽快并减少病害，可在播种前进行浸种，除去浮于水面不充实的种子，常用 50%多菌灵可湿性粉剂或 70%甲基硫菌灵可湿性粉剂 50g 加水 12.5kg 浸种 12h，或 0.1%高锰酸钾溶液浸种 12h，再在 20～25℃水中浸种 36h，使种皮软化，促进发芽。在 20～25℃条件下催芽 5d 左右，发芽 30%以上即可播种。如果温度、湿度均适合，也可干籽直播。

（4）播种及苗床管理　每平方米需用种子 1.5～1.8kg，育成的苗可供 20 多 m^2 大田用。在畦面每隔 10cm 开横沟，深 2cm。沟内每隔 5～7cm 播 1 粒种子，覆土厚约 1cm，充分浇水，再在床土上盖稻草或地膜，经常保持床土潮湿，促进发芽。当苗床有八成出苗，即除去覆盖物。苗高约 10cm 时，追施腐熟的农家液态有机肥 3 750kg/hm^2，氯化钾 375kg/hm^2，或沼气池的发酵水，多加水稀释，避免伤苗。以后每月施追肥一次，苗株秋发时，需施一次较多肥料，促进株丛茂盛。最后一次追肥，须在当地芦笋停止生长前 2 个月左右，使生长后期能充分积累同化物质，准备休眠。

最好采用容器育苗。容器育苗主要分 2 种：一是直播于容器中，直到定植。另一种是先用育苗盘播种育苗，再分苗于营养钵等容器中。两种方法各有优点：前法省工，但所需保护地面积较大，在温度等各方面条件适合的场地和季节，常用此法育苗。在保护地面积较小的条件下，常用后一种方法。幼苗在苗盘中生长 40 多 d，当第 2 枝茎出土时分苗。分苗最主要的好处是可对幼苗进行一次全面的筛选，选大、中苗和好苗，淘汰劣苗、小苗。

3. 整地和定植

（1）整地　土地要深耕，打破原来的犁底层，撒施腐熟的厩肥，每公顷施 45 000kg，耕翻入土。地面整平后，依预定的行距开定植沟，一般白芦笋的沟距为 1.8～2m，绿芦笋为 1.5m，沟深 30～40cm，宽 50～60cm。开沟的目的：一为深施肥，二为改良土壤。可用开沟犁开沟。

在无机械、耕地条件又好的情况下，可开深、宽各 30cm 的沟，以腐熟的厩肥 30t/hm^2 铺在沟底，再深翻 1 次，把肥土拌匀，踩实。酸性土壤应先撒施石灰，用量为 1 200kg/hm^2 左右，视土壤的酸性而定，以中和土壤酸度。每公顷堆肥上撒施生物菌肥 750kg 或过磷酸钙 450kg、尿素 150kg，或磷酸二铵 300kg、氯化钾 150kg，并将肥与土均匀混合，再铺一层土，至距地面 7～10cm 处，浇水沉沟后栽苗。

（2）定植　芦笋的定植宜在休眠期进行。长江中下游地区宜秋末冬初，植株地上部枯黄时定植。北方冬季寒冷，为避免冻害，宜春栽。南方无休眠期，应避免高温多雨时定植，一般以 3～4 月或 10～11 月定植为好。北方可于 3 月保护地育苗，6～7 月定植。定植后应保证有 70～80d 的生长期。芦笋苗健壮与否，对成活率及将来产量的影响极大。起苗时为减少断根，提高成活率，苗床土壤湿度要适度。起苗后，将苗逐株分开，按地下茎的大小和根数分级。鳞芽粗壮、肉质根 15 条以上的壮苗为大苗，15 条以下至 10 条根以上的为中苗，大、中苗分别定植。10 根以下的为小苗，留作贴苗，最后作补苗用。为提高成活率，分级后要立即蘸 0.1%磷酸二铵水泥浆，保护根毛再定植，在生长期定植的更要快速蘸浆栽植。对尚未栽下的苗要及时假植，以防枯萎。栽植时，肉质根切不可剪短。在茎枯病区，为减少植株上的病菌带至大田，可将残桩去净。用绿苗定植时，应将地上茎剪短，保留 20cm，并要剪齐，以便于掌握定植深度。定植时按株距 25～30cm，将苗排列在沟内，舒展根系，把着生鳞芽群的一端，顺沟朝同一方向，以便于培土。然后覆土 5～6cm，使地下茎埋在土下 10～15cm。高寒地区地温低，地下茎定植深度只需 5cm。缓苗后随中耕同时培土 2 次。容器育苗只需按预定株距码好，然后覆土。

（3）定植后的管理　秋末冬初栽植的芦笋地，当天气回暖后，首先进行中耕，使土壤疏松，提高地温，促进发新芽。当新幼茎高 10cm 时，施生物菌肥 300kg/hm^2 或施 1 次稀薄的农家有机肥，或沟施尿素 675kg/hm^2，氯化钾 600kg/hm^2，以后隔 2 个月追肥 1 次，入秋后施较多肥料，至芦笋停止生长前 2 个月停止追肥。春季新笋出土后，就要注意防治病虫害。8～9 月枝叶繁茂，田间通风差，湿度大，温度高，更要加强防病治虫工作。

（4）施肥　应根据植株的生长情况、土壤和气候条件施肥。定植当年因苗小，植株的需肥量也少，一般1～2年生的施肥量为成年期的30%～50%，3～4年生为成年期的70%，5年生以后按标准量施肥。芦笋生长的各个时期吸肥的程度有很大差异。当嫩茎采收结束后，植株生长愈来愈旺，对矿物质元素需要也愈来愈多。故芦笋的施肥时期，应以地上茎形成时为重点，而采收期间可不必追肥。以长江中下游地区为例，一般在春季培土前施催笋肥，用农家液态有机肥7500kg/hm^{2}左右。采笋结束后，施腐熟厩肥22.5～30t/hm^2，或尿素112.5kg/hm^2，过磷酸钙450kg/hm^2，氯化钾225kg/hm^{2}作复壮肥。8月中旬施秋发肥，用量同前。

（5）中耕、排水及灌溉　雨后要及时中耕，保持土壤疏松。高温季节，地下茎及根的呼吸作用强，特别要注意排水和中耕，防止土壤中缺少氧气，而妨碍根系活动，甚至引起烂根缺株。在采收期间，要保持土壤有足够的水分，使嫩茎抽生快而粗壮。在选留母茎时，要适当控水，以防止倒伏。

（6）清园　清园是减少病虫害的重要措施。冬季地上茎枯萎时应首先拔除病株并移出田间烧毁，烧后埋于沟中，相当于施入钾肥。在高寒地区，没有茎枯病发生的地块，宜让枯枝等留在地面过冬保暖，到初春土壤刚解冻时，再行清园。在植株生长期间出现的枯老茎枝、病茎和细弱茎，应随时割除，并集中清除芦笋地外焚毁，以利田间通风透光。

（7）培土　如采收白芦笋，须在春季鳞芽萌动后、抽生前培土，使芦笋软化，成为白色柔嫩的产品。培土一般在开始采收前10～15d，10cm处的地温达10℃以上时进行。培土过早，地温升高慢，出笋迟。培土过晚，有部分芦笋已抽出土面见光变色。培土须选择晴天土壤干湿适度时进行，要求土粒细碎。培成的土垄宽度要大，厚度以使地下茎埋在土下40～50cm为准。如为采收绿芦笋，也应适当培土，保持地下茎上有约15cm土层，可使芦笋生长粗壮。芦笋采收结束，应立即扒开土垄，晒2～3d后重新整理畦面，恢复到培土前的状态。若不耙去土垄，则会影响地上茎和根系的呼吸和生长，地下茎还会逐渐上升，造成以后培土困难。

4. 留母茎采收栽培技术

留母茎采收栽培是根据笋龄和采笋要求，在每株丛上留一定数量的嫩茎不采，使其长成植株，其余嫩茎按标准采收的一种栽培方法。这种方法的形成在中国已有70多年。这种方法产量形成的主要特点是：产量形成的盛期晚，采收持续期长（一般为2～4个月），产量高，植株不会因采收期过长导致贮藏养分的消耗而早衰。产量的高峰期要待母茎形成1个多月后才出现，实际时间是在一般栽培法停止采收之后。所以，留母茎一季栽培，也称为夏季采收栽培法。

若在高寒地区应用，则可叫秋季采收栽培法，或“抑制栽培法”。后者因采收结束后，不再有根株养育的时间，需要保留较多的母茎，使产量形成与根株发育和贮藏养分积累之间保持一定的平衡状态，使其下年仍然能维持原有的生长能力。但这种方法嫩茎形成的盛期正处于夏季高温季节，嫩茎组织极易纤维化，顶端鳞片包裹不紧密，易散开，嫩茎也细瘦，故其产品质量不及一般栽培法。在中国南方芦笋无休眠期的地区，普遍采用此法。在北方也可适当采用此法。如在春初先让贮藏根中的养分用于母茎的生长，待母茎形成之后，不断采收嫩茎，直至盛夏母茎衰老停止采收。待至秋季再留母茎采割嫩茎，直至秋末为止。这种方法称为留母茎两季采收栽培法。两季采收的产量以春季为高，约占总产量的2/3强。因此，要加强秋季采收后11月至翌年2月的冬季田间管理，这是获取春季高产的基础。两季采收栽培只适用于中国华南地区芦笋植株无休眠或无明显休眠的地方，全年无霜期在330d以上。

（1）母茎的选留和更新　每株宜选留的母茎数量，因株龄、株丛大小、采笋种类而异。如为采收白芦笋，株龄在1～2年生的每株丛宜留母茎2～3枝，3～4年生的留3～5枝，5年生以上的留4～6枝。如采收绿芦笋，因行距较小，为了地面能照到更多阳光，使芦笋色泽深绿，母茎宜少留，一般1～2年生的每株丛留2枝，3～5年生的留2～3枝，6年生以上的留3～4枝。留母茎的位置，应在地下茎的各生长点处，即出芦笋较多的地方，否则生长点逐渐萎缩，芦笋少而细。培养作母茎的幼茎，必须健壮。

温馨提示

为防止母茎倒伏，方法有三：一是控水，二是立支架，三是摘心。立支架：在垄两端插高1.0～1.5m，粗1.5～2.0cm的塑料杆或竹竿，每隔3～5m插一对。也可在幼茎长至约1.2m时摘心。雌株的花和幼果要早摘除，以免消耗养分。

一般全年留母茎4次：①春季3月初培土后抽生芦笋，立即选留母茎。②约至6月下旬母茎衰老，停止春采，施夏肥。当新茎发生后，割除老母茎。③夏季高温母茎容易衰老，到8月中旬又要培育新母茎，并施秋肥。④到11月初秋采结束，割除全部母茎，立即施冬肥，耙去培土垄，任其发生茎枝。

（2）施肥与其他管理　由于植株终年生长和多次换茎，吸收和消耗养料较多，不但总的施肥量要大，而且施肥次数要多。每次换茎时都要施重肥，用腐熟厩肥配合速效的氮、磷、钾，或生物菌肥，或沼气液、农家有机液肥等施在畦沟中，即为春肥、夏肥、秋肥、冬肥。采收期间为防止母茎衰老，每隔半个月追施尿素60kg/hm^2、氯化钾30kg/hm^2。每次施追肥时，应间隔一条畦沟不施，以后相互轮换。7～8月高温多雨，植株生长不良，应停止采收40～50d。秋季采收应在10月底或11月初结束。冬季是植株恢复生长，培育地下茎和根系，促使翌年高产的关键时期，特别要加强肥水管理，促进早发冬茎，使植株生育茂盛。翌年2月间应控制肥水，使植株的同化物质转运积累到地下部。

5. 保护地栽培技术要点

（1）塑料小拱棚早熟栽培技术要点　①早春进行土壤中耕除草，施催芽肥，准备搭棚架。②高1.2m、宽2.4m的小棚扣两行芦笋根株，高50cm、宽80～90cm的小棚扣1行芦笋根株。寒冷地区宜在春季气温回升到旬平均温度3℃以上时开始覆膜保温。冬季不十分寒冷的地区，宜在终霜前2个月左右覆膜。长江流域覆膜时间约在2月上中旬。③一般在覆膜后的10～15d开始萌芽，应注意防冻害。可夜间加盖草苫保温。外界旬平均气温在10℃以上，夜间最低气温稳定达到5℃以上时可不必覆膜。④从覆膜保温至初次采收，一般不必浇水，以后随气温升高，采收量增加，需逐步加大浇水量。⑤其他管理基本与露地栽培相同，收获期一般比露地栽培早20～40d。

（2）塑料大棚栽培技术要点　①大棚的设置，原则上应在成园时进行，一种为棚高2.2m，宽4.5m，长20m左右，也可以根据地形延长。另一种为棚高2.5m，宽6m，长30m。两种棚可栽植芦笋根株3行或4行。②清除芦笋园残株，中耕，施催芽肥，向根株上培土10cm厚。当外界平均气温达0℃左右时开始覆膜保温。长江流域可在清园后开始。③鳞芽萌发之前应注意在大棚内加盖小棚、地膜保温，幼茎出土后即撤去。④通常将25℃作为大棚通风的标准，温度过高时，幼茎伸长过快，茎顶鳞片容易散开，产品的商品性差。⑤大棚芦笋生产采收期长，产量高，应注意增加施肥量，其他管理与一般栽培相同。采收期比一般栽培早2个多月。

（3）温床假植栽培　冬季将事先培育好的芦笋根株挖出，假植在温床（温床建在塑料大棚里）中，利用电热线产生的热源，促使萌芽，抽生嫩茎。当根株中的贮藏物消耗殆尽后，更换新的根株继续生产，一个冬春可连续假植3茬左右。假植栽培的技术关键是培育根株。所以，应选择休眠浅、萌芽早、植株生育快的品种作假植栽培。培育根株的土壤必须肥沃、疏松，不能连作。种植密度要大，基本是1株挨着1株囤栽，以提高单位面积产量。

三、病虫害防治

1. 主要病害防治

（1）芦笋茎枯病　芦笋的主要病害，属真菌性病害。危害茎秆、嫩茎、侧枝、拟叶、果实等，引起植株枯萎。茎秆在高温或低温时受害产生慢性型病斑。在中温高湿条件下出现急性型病斑，呈水渍状，长椭圆形或不规则，浅褐色至深褐色，潮湿时病斑扩展迅速，边缘生白色绒状菌丝，中间密生小黑点。病斑处的茎秆中空易折，绕茎枝一周时，上部茎叶干枯。病菌以菌丝体及分生孢子器在病残体上越冬，分生孢子借风、雨传播，进行初侵染和再侵染。在温暖多雨时病害迅速蔓延。防治方法：①清洁田园。②对重病田在根盘表面和嫩茎及嫩枝抽薹期进行喷药保护。③做好开沟排水，中耕松土。④不偏施氮肥，多施钾肥，增强植株抗病力。⑤幼茎长出土后，即喷浓度为0.5%～0.7%的波尔多液，或50%的多菌灵可湿性粉剂800～1 000倍液，或50%异菌脲（扑海因）可湿性粉剂1 500倍液，或50%苯菌灵可湿性粉剂1 000倍液等。每隔7～10d喷药1次，连续喷3～4次。

（2）芦笋褐斑病　真菌病害。发生普遍，危害茎秆、侧枝及拟叶。病斑椭圆形，边缘红褐色或紫红褐色，中央淡褐色，潮湿时病斑表面生灰黑色霉层。几个病斑可连成不规则大斑，严重时侧枝枯黄，拟叶早落，植株早衰。秋季发病重，高温多雨，笋田郁闭会加重病情。防治方法：参见芦笋茎枯病。

（3）芦笋根腐病　真菌病害。发生较普遍，可造成缺株断垄，甚至毁种绝收。该病常与茎枯病并发。根部受侵染后，植株生长衰弱，部分侧枝和拟叶变黄后枯死。冬季地下部根系腐烂加剧，翌年不能抽生嫩笋，最终根盘死亡。病菌在土壤或病残体中存活。防治方法：①清洁田园，防止过度采笋，增施有机肥，提高植株抗性。②发病初期可用50%多菌灵可湿性粉剂600倍液，或70%甲基硫菌灵可湿性粉剂800倍液灌蔸有效。

（4）芦笋病毒病　病原主要有芦笋病毒Ⅰ、Ⅱ和Ⅲ号，此外还有芦笋矮缩株系和烟草条斑病毒等。株丛表现矮小、褪绿，拟叶扭曲或局部坏死等症状。病毒可通过种子、汁液或昆虫传毒。在高温、干旱条件下，害虫多或植株受损伤时发病较重。防治方法：①选用抗病毒病品种。②利用组培法培养脱毒种苗。③田间一旦发病要及时拔除病株并焚毁。④应注意在蚜虫发生期及时喷施杀虫剂。⑤收获时，注意刀具的消毒，防止通过汁液传毒。⑥在发病初期，可试喷20%盐酸吗啉胍铜（毒克星·病毒A）可湿性粉剂500～600倍液，或0.5%菇类糖蛋白（抗毒剂1号）水剂300～350倍液，或5%菌毒清可湿性粉剂500倍液等。隔7～10d喷1次，连用3次。采收前5d停止用药。

（5）芦笋梢萎病　症状是梢部失水萎蔫、弯曲，发黑枯焦，是一种生理性病害。在高温、干旱，积水或土层板结使根系呼吸及吸收机能受阻，以及土壤盐碱太重时易发生此病。根据病因采取相应措施改善芦笋栽培条件，提高抗病性。

2. 主要虫害防治

（1）十四点负泥虫　别名：芦笋叶甲、细颈叶甲。成、幼虫啃食芦笋嫩茎或表皮，导致植株变矮、畸形或分枝，拟叶丛生，严重的干枯而死。天津等地4月下旬至5月上旬和7月中旬至8月中旬是成、幼虫的2次危害高峰期。防治方法：①冬前或翌年春及时清除笋田枯枝落叶，消灭越冬成虫。②于越冬代成虫出土盛期和全年危害高峰期，喷洒2.5%杀虫双水剂400倍液，或40%辛硫磷乳油1 000倍液，或20%甲氰菊酯（灭扫利）乳油4 000倍液等。一般1年喷药2～3次即可控制危害。

（2）芦笋木蠹蛾　北方1年1代，成虫具趋光性和趋化性，产卵于芦笋根茎附近土里。6月上旬至11月中旬幼虫在地下蛀食茎髓和根部，使植株萎蔫或干枯，严重时成片死亡。防治方法：①在越冬幼虫化蛹前期，结合采笋可用铁耙扒土灭蛹。②设置频振式诱虫灯、黑光灯和糖醋饵液诱杀成虫。③及时拔除被害萎蔫株消灭幼虫。

（3）夜蛾类　包括甜菜夜蛾、斜纹夜蛾、银纹夜蛾、甘蓝夜蛾、烟草夜蛾、棉花大小造桥虫、棉铃虫等。它们的危害期相仿，一般盛发期在7～9月。幼龄幼虫主要啃食嫩枝、嫩叶、表皮，成龄幼虫食量很大，具有暴食性，也伤害幼茎，啃食老茎表皮，甚至将枝叶全部吃光。棉铃虫还蛀食茎秆。成虫具趋化性，幼虫有昼伏夜出和假死的习性及对糖醋味的趋化性。防治方法：用黑光灯或糖醋液诱杀成虫。在初龄幼虫未分散或未入土躲藏时喷药，根据虫情预报，一般在产卵高峰后4～5d喷药效果最佳。提倡清晨或傍晚喷药。可选用90%敌百虫晶体1 000倍液，2.5%溴氰菊酯乳油2 000倍液，5%氟啶脲（抑太保）乳油或5%氟虫脲（卡死克）乳油2 000～2 500倍液等。

（4）地下害虫　防治应以有机肥腐熟为重点，堆沤时喷洒辛硫磷消灭蛴螬、种蝇，用黑光灯和糖醋诱杀地老虎、金龟甲、蝼蛄、夜蛾。防治蚜虫、蓟马、叶甲等可用吡虫啉、拟除虫菊酯类等杀虫剂。

四、采收

采收芦笋嫩茎，其外观必须挺直、圆正、粗细适中、顶部鳞片包裹紧密、鲜嫩。绿芦笋的色泽鲜绿，白芦笋色泽洁白为上品。头部的色泽，除白色以外，各国消费绿芦笋的习惯有差异，有的国家喜爱带有淡红色或深红色的芦笋。

1. 白芦笋

白芦笋是经培土软化的嫩茎，采收白芦笋时，应于每天黎明时巡视田间，发现土面有裂缝或湿润圈，即为有芦笋嫩茎上伸的标志，则可扒开表土，在嫩茎的一侧垂直下挖1个小洞，用特制的采收刀在笋头嫩茎着生点3～4cm处斜向切下，注意采割部位不要太低，切口不要太大，以利伤口愈合，也不可伤及附近地下茎及鳞芽。采收后应立即用土填平，防止附近的嫩茎见光。出笋盛期如气温高，适合每天早、晚各采收一次。采收的芦笋应立即装入容器，用潮湿的黑布覆盖，防止见光着色。

2. 绿芦笋

绿芦笋是不经培土软化处理，任其在阳光下长成的色泽翠绿的嫩茎。收获绿芦笋可以用手将没有木质化的部分折断采收。此法采收速度快，品质优良，但往往留茬高，伤流多，易损耗根株体液，从而影响附近鳞芽萌发。也可以用刀具在近地面处割下。此法采收后的留茬已经木质化，造成的伤流少，新茎发生量多，生长快，一般产量较高。采割嫩茎的时间，可于每天早上进行，温度高时，每天应采收 2 次（9 时前和 17 时后）。绿芦笋适期采收标准主要看笋头是否散开。周倩（2003）认为：头部生长正常，鳞片间隙开始拉开，嫩茎高度一般品种不超过 30cm（有些优良品种可达 40cm），为采收适期。此时产品较耐运输。如采收过迟，笋头开始伸长，鳞片间可见米粒状小侧芽，或者笋头伸长，鳞片间可见柄长小于 10mm 的小侧枝，则产品只能就地鲜销或用于加工。有些嫩茎虽然还没有长到标准高度，但顶部鳞片已有散开的迹象，则应及早采收。一些生长纤细、畸形、有病斑、虫咬的嫩茎，都应一并割去，以免消耗营养。芦笋一般以定植后 4～12 年为旺产期，13 年后逐渐衰老。植株的经济年限为 15 年左右。

【专栏】

异常嫩茎的种类及发生原因

1. 头部异常

常见的有嫩茎头部鳞片松散、弯头和头部发育不良等现象。嫩茎头部鳞片松散除与品种有关外，主要受温度、水分、营养等因素的影响。高温、干燥、水分供应不足时最易发生。所以遇高温时应即时采收，增加每天的采收次数，并及时灌水。株丛生长衰弱和采收后期因贮藏养分不足，也会使头部松散。弯头是因多种伤害所致，如病虫害、霜害、肥害及有害气体伤害等。此外，土壤偏酸或偏碱、盐分含量过高以及植株生长衰弱、水分供应不足等，也易引起弯头。头部发育不良为采收后期贮藏养分不足所致。留母茎采收时，与养分运转分配不足、水分供应不足也有关系。

2. 胴体异常

指嫩茎头部以下发生的异常现象，有细茎、弯曲、扁平、大肚、空心、开裂及锈斑等。细茎的发生多因鳞芽素质低下，或因养分供应不足、环境温度较高而发生。嫩茎弯曲多和土壤质地有关，如遇有石

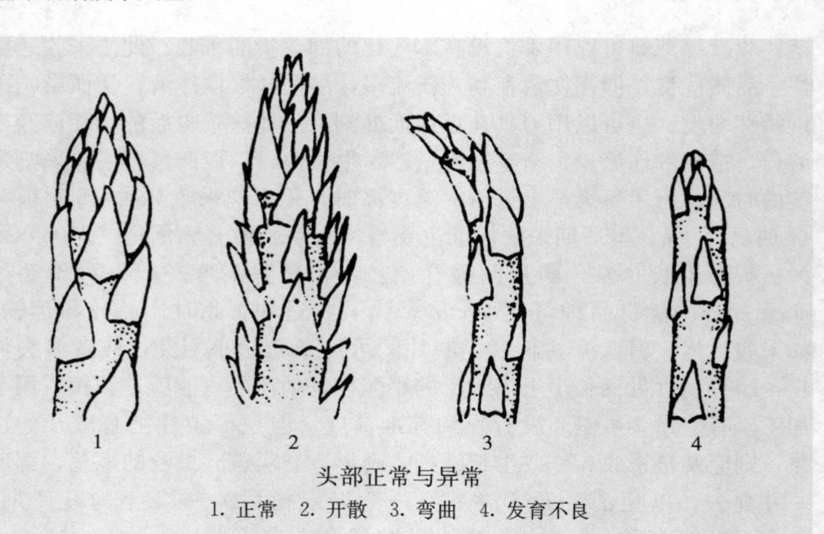

头部正常与异常

1. 正常　2. 开散　3. 弯曲　4. 发育不良

砾土、黏质土，或土中混有石砾、坚硬土块等。

此外，有病虫害，或药害等也会引起弯曲。扁平、大肚现象的出现，一般因土壤坚实，或土壤环境松、实不均，或偏施氮肥所致。鳞芽发育不全而产生联茎，是产生扁茎的原因之一。空心现象通常认为是偏施氮肥的结果：导致嫩茎生长和膨大过快，营养供应不上。空心现象还与土壤温度变化有密切关系，如华北地区早春发生空心现象较多。土壤水分供应不均匀，易使嫩茎开裂。

第二节　黄 花 菜

一、类型及品种

1. 类型

在萱草属中，被通称为黄花菜的栽培种有 4 个，其中以黄花菜栽培最为普遍。

（1）黄花菜　植株较高大，根近肉质。花梃长短不一，一般稍长于叶，有分枝，花朵多。花梗较短，通常不到 1cm。花被淡黄色，有时在顶端带黑紫色。蒴果钝三棱状椭圆形。该种内各品种的花多在午后 2～8 时开放，翌日 11 时前凋谢。

（2）北黄花菜　根大小变化较大，一般稍肉质，多为绳索状。花梃长于或稍短于叶，有分枝。花梗明显，一般长1～2cm。花被淡黄色。蒴果椭圆形。花期6～9月。该种和黄花菜很相近，区别是花被筒较短。

（3）小黄花菜　根一般较细，绳索状。花梃稍短于叶或等长。花被淡黄色，花被筒与裂片均较短。蒴果椭圆形或矩圆形。

（4）萱草　别名鹿葱、川草、忘郁、丹棘等。根近肉质，中下部纺锤状膨大。叶较宽。花橘黄色，花被筒较粗短。在中国栽培历史悠久，但由于长期繁殖，因此变异大，类型多。

2. 品种

（1）荆州花　湖南省邵东县主栽品种。植株生长势强，叶片较软而披散。花梃高130～150cm。花蕾黄色，顶端略带紫色，长11～13cm。花被厚，干制率高，自6月下旬开始采收，可持续45～70d。叶枯病及红蜘蛛危害较轻。抗旱力强，7～8月干旱时落蕾少。分蘖慢，分株定植后要5年左右才进入盛产期。干制品色泽较差，品质中等。产量高。

（2）茶子花（杈子花）　湖南省邵东县主栽品种。植株分蘖多，分株栽植后4年即进入盛产期。花梃高100～130cm，采摘较方便。花蕾黄绿色，先端为绿色，干制后花淡黄色，品质较佳。花期可持续35～45d。植株抗性较弱，易发病和落蕾。产量不稳定。

（3）白花　湖南省祁东县优良品种。株型紧凑，叶色较淡，花梃高而粗壮，一般高150cm左右。分蘖快，分枝及萌蕾力均较强，花蕾黄白色，干制品金黄色，品质良好，6月中旬开始采摘，可持续80～90d。抗病性强，产量高。

（4）沙苑金针菜　陕西省大荔县的主栽品种。植株生长势强。花梃高100～150cm，每花梃着生20～30个花蕾，多的可达50～60个。花蕾金黄色。6月上旬开始采摘，可持续40d。耐旱、抗病虫，产量较高。

（5）大乌嘴　江苏省的主栽品种。植株分蘖较快，分株栽植后3～4年即进入盛产期。花梃粗壮，高120～150cm。花蕾大，干制率高。一般6月上旬开始采摘，可持续约50d。植株抗病性强，产量高。

二、栽培技术

1. 繁殖方法

黄花菜可采用分株、切片、组织培养及种子等方法繁殖。

（1）分株繁殖　是传统的繁殖方法，通常是结合更新复壮进行。选需更新的田块，于冬苗萌发前，在株丛一侧挖出1/3左右，选生长旺盛、花蕾多、品质好、无病虫害的植株，从短缩茎处分割成单株。剪除其已衰老的根和块状肉质根，并将条状根适当剪短，即可定植。这样，本田仍能保持较高的产量。另外一种情况是需要全部更新的田块，将老蔸完全挖出，选其中健壮植株作种苗，重新整地、作畦、栽植。

（2）株丛切片繁殖　同上法将挖出的株丛，除去叶片及短缩茎周围已枯死的叶鞘残片，将根剪短到5cm左右，进行纵切，每株以切成2～4片较适合。切片时的适合温度为20℃左右。一般在8月下旬或翌年4月上旬进行，可用1∶1∶100的波尔多液处理切片，防止病菌感染。切片要栽植于苗床进行培育，行距10cm，株距5～7cm。待植株成活后即可在大田定植。

（3）组织培养　用叶片、花丝、花萼等外植体，通过组织培养均可获得植株。经苗床培育1年左右即可定植。

（4）种子繁殖　一般除杂交育种外，很少用于繁殖。

2. 整地

土壤耕作要求做到保水、保土、保肥。根据耕地情况规划好人行道与灌溉设施。栽植前一年的夏季要深耕，深度在50cm以上。平地、缓坡地按栽植的行距作畦，一般每15行左右作成一畦，两畦之间的沟宽25cm，深15～18cm。整地时，可用塘泥、菜园土等客土，整平。坡地要建梯田。土壤过酸的在整地前要撒施石灰。

3. 栽植

（1）选用良种　黄花菜一经栽植，可连续收获10余年，因此必须选择适合本地区种植的优质高产及抗性强的中熟种。为调节劳动力和满足市场需要，也可适当搭配20%～30%的早、晚熟品种。引进外地良种应注意其真实性，并通过栽培试验才可推广种植。

（2）栽植密度　黄花菜产量高低，取决于单位面积的总花梃数、总蕾数和单蕾重。栽植过密，总花梃数虽有增加，但花梃细瘦，花蕾数少，蕾重减轻，产量不高。栽植过稀虽然花梃和花蕾粗壮，但花蕾总数少，产量也低。一般平地、较肥的土壤，品种分蘖力强的，每公顷栽24 000丛为宜。坡地、瘦地、分蘖力较弱的品种，每公顷可栽27 000～30 000丛。

4. 定植

以往多采用丛植，现主张采用单株栽植，有单行和宽窄行两种方式。

（1）单行定植　行距 83cm，穴距 40～50cm，每穴栽 2～4 片（单株）。可用单片对栽、等边三角形或双片对栽，各片之间相距 10～13cm。

（2）宽窄行定植　宽行 100cm，窄行 65cm，穴距 40～50cm。栽法与种苗用量同单行栽植。能较好地利用光能，并便于采摘。定植前把种苗主根上的黑蒂（老根茎）切去，肉质根留 5～7cm，地上部分留 7～10cm 剪短。大、小苗要分别栽植，栽植深度为 10～13cm。穴内施腐熟猪、牛栏粪 15 000～22 000kg/hm^2，加过磷酸钙 750kg/hm^2 作基肥。栽后用农家液态有机肥 1 500～2 200kg/hm^2 加水稀释淋蔸。

5. 田间管理

（1）定植后的管理　秋季栽植的黄花菜，常因干旱影响生长发育，须用腐熟的农家液态有机肥或猪粪尿对水浇 2～3 次，既能保证成活，又能促进冬苗生长。立冬后，用农家液态有机肥 1 100～1 500kg/hm^2，或猪粪尿 3 000～3 700kg/hm^2 对水穴施。

（2）春苗的培育　春季出苗前浅耕，把冬季壅培的土打碎耙平，施尿素等速效氮素化肥 150kg/hm^2、钾肥 140kg/hm^2，对水穴施，促使春苗生长粗壮，称为催苗肥。出苗后到抽出花梃，浅锄 3～4 次。花梃高 20～30cm 时，施速效氮素化肥 150kg/hm^2、过磷酸钙 150～220kg/hm^2，用水稀释开穴施下，使花梃粗壮，结蕾多。在花蕾采收 10d 后，用尿素等速效氮肥 150kg/hm^2 对水穴施，也可进行根外追肥。中、晚熟品种盛产期，常因干旱造成幼蕾大量脱落，或蕾少而短小，产量降低。因此在旱象露头时，要及时浇水，一般在 16 时以后进行。

（3）深耕晒土　黄花菜采摘期一般可持续 40～60d，其间每天都要进行。由于采收等作业长期踩踏行间，致使土壤板结，通透性差。为保证植株根系的健壮生长，在花蕾采摘结束后，选晴天土壤干燥时，割去花梃及叶丛，对病区及酸性土壤，撒施 600～750kg/hm^2 石灰，然后在行间深挖 33cm 左右，要大块翻转土块，当时不宜打碎，有利于发新根，促使根系下扎，增强耐旱能力。

（4）冬苗的培育　冬苗是花蕾采毕，割去花梃和叶丛以后长出的叶片。此时植株恢复生长和积累养分，大部分须根发生。因此，培育好冬苗对提高来年产量关系很大。深耕后用腐熟农家液态有机肥 2 200～

3 000kg/hm^{2}对水淋施。立冬后，追施腐熟农家液态有机肥 2 000～3 000kg/hm^2，或以猪、牛栏的粪草施在株丛间，用量为 15 000～23 000kg/hm^2。冬苗肥施后，可取肥沃的塘泥、河泥等进行培蔸。在坡度大的园地，可以就地挖取生土培蔸。客土培蔸只适于盛产期（栽后3～4年以上）的植株，幼龄株丛不要培蔸，以免影响分蘖。

6. 老株更新

根据黄花菜的生长情况，一般栽植后第 4 年进入盛产期，7～8 年产量最高，管理良好时，有些品种在 10～15 年时仍可保持高产稳产。通常超过 15 年后，生活力会显著衰退，根群密集成丛，根短而瘦，纺锤形根增多，地上部的无效分蘖也多，出现“毛蔸”现象，即叶片短而窄，花梃细瘦矮小，参差不齐，成梃率很低，花梃上的分枝明显减少且短瘦，花蕾萌发力弱，结蕾少，花蕾瘦小，植株抗逆性减弱，易染病害，易受干旱威胁，产量极低，此时应分批进行更新复壮。更新复壮可采用部分更新或全部更新。部分更新是在花蕾采毕后，将老龄株连根挖出 2/3 或 1/2，可作为扩种的种苗。留下的株丛要及时增施优质肥料。更新的第 2 年还可保持一定的产量，2～3 年后产量会逐年上升，但要连续更新 2～3 次才能将老龄株丛全部改造好。全部更新是将老龄株丛全部挖出，重新选地块整地、分株栽植，这种方法虽会减少当前的产量，但新栽的植株生长健壮整齐，管理方便，总体效果较好。

三、病虫害防治

1. 主要病害防治

（1）黄花菜叶斑病　真菌病害。叶片初生淡黄色小斑，后扩大呈椭圆形大斑，边缘深褐色，中央由黄褐转灰白色，干时易破裂。湿度大时，病斑表面长出淡红色霉状物。多个病斑汇合使叶片枯死。本病也可危害花薹，影响生长或从病部折断。病菌在秋苗枯叶上越冬，一般 3 月中旬开始发病，5 月下旬最严重，6 月下旬停止蔓延。病菌在枯叶或花薹上越夏，侵染秋苗。防治方法：①选用抗病品种。②及时清除田间病残体。③春苗大量发新叶时追施氮肥不宜过多，并注意适时更新复壮老蔸。④发病初期可用 50％腐霉利可湿性粉剂1 500倍液，或 40％多・硫悬浮剂或 36％甲基硫菌灵悬浮剂 500 倍液，或 50％多菌灵可湿性粉剂500 倍液等喷雾防治。

（2）黄花菜锈病　真菌病害。主要危害叶片，亦可危害花梃、薹、茎。春苗和秋苗均有受害。开始在叶片及花梃上产生泡状斑点，表皮破裂后散出黄褐色粉状夏孢子，植株生长末期产生黑色冬孢子堆，严重时整株枯死。一般5月上旬开始发病，6月下旬至7月上旬发展最快。防治方法：①选用抗病或耐病品种。②不偏施氮肥。③清洁田园，尤其要清除田边的败酱草。④发病初期喷洒15％三唑酮可湿性粉剂2 000倍液，或25％敌力脱乳油3 000倍液，或70％代森锰锌可湿性粉剂1 000倍液加15％三唑酮可湿性粉剂3 000倍液等。

（3）黄花菜叶枯病　真菌病害。主要危害叶片，有时也危害花梃。最初在叶片中段边缘产生水渍状褪绿小点，沿叶脉上下蔓延，成褐色条斑，严重时整个叶片枯死。花梃受害多在下部靠近地面处。4月下旬开始发病，5～6月发展最快。雨水多、湿度大、排水不良的地块，或叶螨猖獗则发病严重。防治方法：①避免田间积水或地表湿度过大。②及时防治叶螨。③发病初期可用75％百菌清可湿性粉剂600倍液，或50％多菌灵可湿性粉剂500倍液喷雾防治。隔7～10d喷1次，连续防治3～4次。

（4）黄花菜白绢病　真菌病害。又称茎腐病。主要在叶鞘基部近地面处发生。开始有水渍状褐色病斑，后扩大呈褐色湿腐状。湿度大时，病部长出白色绢丝状菌丝体，蔓延在植株基部或附近土壤中，后在菌丝层上长出许多黄褐色油菜籽大小的菌核，植株叶片逐渐枯黄，严重时整株茎部变褐腐烂。一般在6～7月易发生。防治方法：①选用抗病品种。②清洁田园。③使用腐熟的有机肥，土壤偏酸时，每亩用生石灰100～150kg调节到中性。④发病初期用20％甲基立枯磷乳油800～900倍液，或50％代森铵水剂1 000倍液，或50％苯菌灵可湿性粉剂1 500倍液喷洒。采收前3d停止用药。

2. 主要害虫防治

（1）红蜘蛛　主要在叶背面吸取汁液，受害叶片正背两面满布灰白色小点，叶片稍向下卷缩，严重时叶片枯黄，花蕾干瘪。5～6月危害最烈。发生时可用10％浏阳霉素乳剂1 000倍液，或1.8％阿维菌素乳油2 500～3 000倍液防治。

（2）蚜虫　集中在花梃和花蕾上吸食汁液，受害严重时花蕾、花梃萎缩，影响产量和质量。可用吡虫啉等药剂防治。

四、采收

1. 采摘

黄花菜自6月初早熟品种开始采摘，到9月上旬的中、晚熟品种采摘完毕，时间长达100d。不同熟性品种采摘时间长短不一，采摘的具体时间也不完全相同。黄花菜花蕾在接近开放时生长最快，过早采摘不仅产量低，且蒸晒后色泽不佳。采摘过迟，蒸制后易形成开花菜，影响品质，降低商品等级，贮藏时易遭虫害。当花蕾饱满，颜色黄绿，达一定长度，花苞上纵沟明显时为成熟花蕾，应及时采收。一般在花开前4h内采摘，产量高，品质好。开花前1～2h采摘完毕。雨天花蕾生长较快，要适当提前采摘。若栽植多个品种则宜分别采摘。采下花蕾应摊放在阴凉处，避免花蕾裂口、松苞。

2. 蒸制

采下花蕾要及时蒸制，否则花蕾会开放，完全丧失商品价值。传统采用单锅独筛、蒸甑单锅多筛等蒸制方式，根据方法及数量的不同，蒸制时间为10～20min。当花蕾色泽由黄绿转为淡黄色，从花被筒处略向下垂时，即取出摊放在晒席上，置于阴凉处摊晾，翌日晒干。干燥方法除可采用阳光干燥外，还可用烘烤干燥及电热干燥。一般用阳光干燥，阴雨天则需用烘烤或电热干燥。干燥后的花蕾，捡出开花、裂嘴、生青等次劣花蕾，然后包装，放冷凉干燥处贮藏。

第三节　香　椿

一、类型及品种

1. 类型

从香椿生长的分布区看，主要分布在亚热带至暖温带的广大地区。在此区内，自然形成了3种生态类型：即华南生态型、华中生态型和华北生态型。

（1）华南生态型　主要分布在南岭山脉及其两侧延伸部分以南的区域，包括中亚热带南部和南亚热带北部。树干深红褐色，半落叶或近常绿，生长期240d以上（贵州省部分地区）。

（2）华中生态型　主要分布在南岭至秦岭间的地区，包括中、北亚热带。树干浅红褐色，落叶，生长期236d左右（湖南省常德地区）。

（3）华北生态型　主要分布在秦岭、淮河以北区域，包括暖温带南部。树干灰褐色至褐色，落叶，生长期217d左右（山东省平阴县）。

2. 品种

（1）红香椿　芽初生时，芽及幼叶棕红色，鲜亮，长成商品芽需6～10d。芽基部叶片的两面均为绿色，随着气温升高和芽的生长，绿色部分逐渐扩大。立夏时节芽已全部长成，基部逐渐木质化，仅芽的尖端（占芽体的1/4～3/4）仍为棕红色，复叶前端的小叶（3～5对）表面淡棕红色，背面颜色更浓。有些苗木的复叶叶柄及小叶的主脉为棕红色。展叶后，小叶7～13对，椭圆形，先端长尖，基部宽圆，叶缘锯齿粗。嫩芽粗壮，脆嫩多汁，渣少，香气浓郁，味甜，无苦涩味，品质上等。山东省各产芽区都有栽植，以沂水、沂南、临朐等最集中，河南省西部、江苏省江淮地区亦较多。

（2）红叶椿　芽初生时，芽及幼叶棕褐色，鲜亮，8～10d长成商品芽。外形与红香椿相似，只是鲜亮程度稍差，小叶背面深褐红色。立夏时节嫩芽前端（占芽体的1/5～1/4）及复叶尖端4～5对小叶仍为棕褐色，其他部分变为绿色，但是小叶背面仍褐红色（有的颜色稍淡），一直延续到7～8月，大风吹动树冠，小叶翻转，全树冠红色色彩耀眼，故名。芽脆嫩多汁，香气和甜度略淡于红香椿，无苦涩味，品质上。分布较广。

（3）黑油椿　芽初生时，芽及幼叶紫红色，鲜艳油亮，8～13d后长成商品芽。复叶下部的小叶表面墨绿色，背面褐红色。嫩芽的向阳面紫红，阴面带绿色。小叶皱缩，较肥厚。立夏时节嫩芽上部（约占芽体的1/3）及该处的小叶都为紫红色。嫩芽肥壮，香气特浓，脆嫩多汁，味甜，无渣，品质上等。本品种是安徽省太和县颍河两岸的主栽品种，在当地市场上售价最高，甚受消费者喜爱。该品种已引种到山东省泰沂山区，也走俏于当地市场，现已在山东省推广。

（4）红油椿　形态与红香椿极相似，嫩芽和幼叶初生时为紫红色，有油光，比红香椿鲜亮。小叶较薄，整个叶缘都有细锯齿。嫩芽较粗壮，香气浓，多汁无渣，脆嫩味甜，品质上等。苗木和大树的形态与红香椿相似，适应性和生长量均强于黑油椿。其嫩芽品质略次于黑油椿，鲜芽叶直接生食时苦涩味重，需先用开水速烫1～3s，才能达到鲜美纯正的味道。

（5）绿香椿　嫩芽和幼叶初生时淡棕红色，鲜亮，5～7d变为淡红色，以后下部逐渐变为淡黄绿色，6～10d长成商品芽。立夏时节除芽尖及复叶尖端3～4对小叶为淡黄红色外，其余部分均为翠绿色。展叶后小叶8～16对，小叶长椭圆形，先端尖，基部圆，叶面略皱缩。嫩芽粗壮，鲜嫩，味甜，多汁，香气淡。腌渍品色泽绿。品质中上，各项营养含量均低于其他品种。安徽省太和县的青油椿与本品种极相似，主要区别是：①芽尖及复叶前端的小叶褐红色，延续时间较长，一直到立夏节气后。②小叶表面油亮，特别是芽尖及复叶前端的小叶尤为显著。③小叶较小。④树木的生长速度不及绿香椿。

二、栽培技术

1. 育苗

香椿繁殖方法最常用的是播种育苗、插根育苗、插枝育苗和根蘖育苗。

（1）播种育苗

①采种。10月中下旬香椿果实的外皮由黄绿转为褐色、少数果实已开裂、种子未散落时抓紧时机采下果实，日晒数天，蒴果开裂，种子散出，除去杂质，得纯净种子，装入麻袋中干藏。种子发芽力只能保持6个月，凡是经过炎热夏季的种子都失去发芽率。早采的果实种子不充实，发芽率低。晚采的果实，种子已散落，收获种子不多。

温馨提示

在大多数香椿芽产区，花芽尚未出现就已被采收完，所以不能开花结果。有些大树树高冠大，芽不被采收，可开花结实，但是种子的胚发育不全，最好从野生香椿树或是非香椿芽产区采种或购种。

②圃地准备。在秋冬季将确定育苗用的地块冬耕，早春施入腐熟的粪肥或绿肥及杀灭地下害虫的农药，然后翻地耙平，做成畦床，灌水后备用。

③催芽处理。播种前将种子（带翅或搓去翅）泡在30～40℃的温水中，凉后继续浸泡24h取出种子，与细沙（种子的两倍）混合，装入袋（布袋、编织袋）中，将袋放在25℃左右地方催芽，每天察看1次，

同时用温水冲洗种子1次，当部分种子露出小米粒大小的白色胚根时，即可取出播种。

④播种。多采用条播，1m宽的畦床播4行，每行播幅宽10cm，行距20cm。如床面干燥，播种前2～3d先浇1次水。土壤干湿适合时开播种沟，深3～4cm，播种后用耙将沟用土盖上、耙平，轻轻镇压，最后在床面盖上草或塑料薄膜。每公顷用种量23kg（去翅）或30kg（带翅）。

（2）扦插育苗

①根插。秋季树木落叶后，在大树树冠外缘的垂直地面上按东西或南北方向（每年挖根的方向不同）由外缘向内挖宽30～50cm，深60cm以上，长1.5～2.0m的沟，将沟中的树根截断，取出直径0.8cm以上的根条，剪成长15～20cm，上口平、下口斜的根插条，按粗度分别捆成50根或100根一捆，埋在背阴处深1.0m沙坑中，沙与根插条完全接触，起催芽作用。2月下旬至3月上中旬也可以用此法挖取根穗，扦插前用生根粉液浸泡处理后扦插。扦插前在圃地上按30cm开沟，沟深25cm，将根插条斜插入沟中，株距25cm，覆土10～15cm，或覆土5cm后再盖草。天冷的地方覆土要厚些。

②枝插。将1～2年生苗木主干或大树根部1年生萌蘖苗干剪下，粗度1.0cm以上，剪成长15～20cm的枝插条，上口平，下口斜。催根与根插相同。

（3）根蘖育苗　春季2～3月在大树树冠下面从主干50cm处向树冠外缘挖2～4条辐射状的沟，宽40cm，深60cm，长1.0～1.5m，截断沟中的根，但不翻动，更不取出，再用肥沃土壤（从沟中刨出的土，掺入一定量的腐熟粪肥）填入沟内，最后盖土耙平。6～7个月以后陆续长出一些根蘖苗，当年不刨出，培养1～2年，长成大苗后再刨出来栽植。

（4）苗木管理　采用播种育苗，播种后苗床上的苗木疏密不匀，需要在苗木稠密处间苗。当幼苗长到8～10cm高时，根系已长成，可将稠密苗木用移植铲带土移出（如土壤干燥可先浇一次透水），并栽植在断垄缺苗处，以增加苗木产量。一般多在下午傍晚移植。苗木生长期中需肥水量较大。一般5～6月高温干旱，需及时浇水，到了8月就要控制供水，不使苗木旺长。7～8月苗木需肥量大，要及时施磷酸二氢铵或复合肥，以促进苗木迅速生长和完成木质化。

2. 苗木定植

（1）散生树栽植　栽植在房前、屋后、院内和村旁空地的香椿，都称作散生树，特点是株行距不规范，苗木年龄和规格也不统一。但是它们栽植方法却大致相同。首先在定植地挖坑，坑的大小为50～80cm，深度60～100cm，根据苗木的根幅和苗龄而定。栽植时施入定量的有机肥料，与土掺和后，将苗木根系整理舒展栽入坑内，分层填入土壤，当根系完全被土壤覆盖后，稍加镇压使根系与土壤紧密接触。栽植深度以主干原有土痕被埋土中2cm为准，不可太深，也不能露出原有土痕。栽植后要浇透水，水渗后将穴面盖上一层细土。无水可浇的地方，则将穴面土壤踩紧或压实，最后盖上一层松土。

（2）塑料大棚（或温室）中的栽植　先从塑料大棚（温室）的最南边挖一条沟，深度15cm左右，将土壤堆在沟的一侧。把苗木插入沟中，株距10cm，拉平根系，并压上土壤。再将苗木插在株间，这样株距就变成5cm。同法拉平根系、压土，最后将种植沟填平。按此法开沟、种植苗木、填平种植沟，6行苗木栽完为一带。隔30cm再开第2带第1沟、第2沟……一直将各带的苗木在棚内种植完毕，耙平土壤，浇透水1次。华北地区大都在10月下旬至11月上旬栽植完毕。前期多通风降温，使苗木逐渐适应大棚、温室环境，当气温低于10℃时，再将塑料薄膜盖严。温室、塑料大棚中苗木管理工作主要是提高温度和保温、喷水、透气。苗木入棚后，要经过40～50d的休眠，此时棚内的日平均气温达不到椿芽萌发和生长的要求，如果人工加温使日平均气温达到14℃，夜间不低于8℃，大约经过30d，椿芽就开始成型。如果增温太快、太高，则芽体很短，复叶很长、很大，椿芽质量差。另外，还要每隔10～15d在苗木上喷水1次，将芽叶和苗干淋湿。平时在晴天12～14时要多通风降湿，防止病害发生。

三、病虫害防治

1. 主要病害防治

（1）香椿锈病　真菌病害。主要危害叶片，初期在叶背面散生或聚生黄粉状小斑点，即病菌夏孢子堆。后在叶背面的橘红色病斑上生出黑色冬孢子堆，散生或丛生。防治方法：①秋季彻底清除圃地的枯枝落叶，减少菌源。②发病初期喷洒30%绿得保悬浮剂400～500倍液，或

1∶1∶200 倍波尔多液，或 20%三唑酮（粉锈宁）乳油 1 500～2 000 倍液，或 25%敌力脱乳油 3 000 倍液等。隔 15～20d 喷 1 次，连喷 1～2 次。

（2）香椿白粉病　真菌病害。主要危害叶片，病叶表面褪绿呈黄白色斑驳状，叶背、叶面现白色粉层状斑块。进入秋天其上形成颗粒状小圆点，黄白色或黄褐色，后期变为黑褐色，即病菌闭囊壳。防治方法：①选用优良品种，如红香椿 1 号等。②秋季清除病落叶、病枝，以减少越冬菌源。③采用配方施肥，以低氮多钾肥为宜，以提高寄主抗病力。④春季子囊孢子飞溅时喷洒 30%绿得保悬浮剂 400 倍液，或 1∶1∶100 倍波尔多液，或 0.3 波美度石硫合剂，或 60%防霉宝 2 号水溶性粉剂 800 倍液等。

2. 幼树害虫的防治

（1）金龟子　①在苗圃中空隙地及周围栽蓖麻，诱使金龟子成虫取食，人工捕杀。②夜晚用黑光灯诱杀金龟子成虫及其他害虫的成虫。③在金龟子成虫盛发期，白天多次摇动树木，震落群集在树叶上的金龟子成虫，人工捕杀。

（2）盗毒蛾　①秋末冬初在树干上绑缚草束，来年春季惊蛰节气（3 月上旬）及时解下草束，消灭盗毒蛾等害虫的幼虫。②在秋冬季要彻底清除圃地及其周围的枯枝落叶和杂草，消灭草履蚧雌成虫和其他害虫的越冬幼虫。这个措施对于清除某些叶部病害也十分有效。

（3）刺蛾　剪去枝条上刺蛾等越冬虫茧，集中烧掉。将树干上的越冬茧用砖块或石头击碎。

3. 蛀干害虫的防治

香椿蛀斑螟、云斑天牛是蛀食香椿主干和大枝条的害虫，危害严重。香椿被害，大枝枯死，甚至整株死亡。防治方法：①用磷化铝片剂或用棉花球蘸上敌敌畏塞入新鲜虫孔洞口，再用黄泥封口。②在成虫产卵期及幼虫孵化期停止修枝或损伤树皮，不利成虫产卵和侵入木质部。成虫在树干上产卵后，有明显的刻槽，可人工击杀卵粒，同时用药剂毒杀幼虫。

四、采收

在江苏省和安徽省北部、河南省沿黄河两岸地区、山东省、山西省南部及陕西渭河两岸地区，在 4 月上中旬香椿芽长度 8～12cm，幼叶

2～3枚，尚未完全展开，通体淡棕红色、紫红色、褐红色或黄红色，香气浓郁，脆嫩多汁，味甜无渣时即可采收。分别采摘主干的顶芽（苗木）、大枝顶芽（幼树）及树冠外围最上层的顶芽。采摘这些芽称第1茬芽或初生芽。第2茬是树冠中、下部细弱枝条的顶芽，或苗干上的侧芽、粗大枝条上的侧芽，成芽时期要比第1茬芽晚5～20d，通称第2茬芽、第3茬芽。

温馨提示

采收最好在早晨太阳未出之前进行，此时芽体上露水未干，嫩芽幼叶坚挺，商品性好。如采收量大，则在17时开始采摘。

采摘后在冷凉处包装，防止生热变质。一般宜竖苗存放，同时应快运出售。

温馨提示

研究发现，香椿侧芽萌发迟缓受树体内的内源激素IAA控制，IAA隐芽含量最大，比顶芽大184%～303%，这是香椿具备顶端优势和顶芽最早萌发的原因。顶芽被采摘后，隐芽的内源激素IAA即分散流动，隐芽很快萌发、生长。据试验，顶芽被整体采摘后，侧芽10d后即萌发生长。采摘顶芽时保留1～2片复叶，侧芽在采摘后第16天和第18天萌发。保留4片复叶的，则在采摘后第28天萌发。所以，很多椿芽产区的农民采摘香椿芽时都整芽采下，不留一片小叶。

第四节　黄 秋 葵

一、类型及品种

按黄秋葵果皮的颜色分，有绿色和红色两种类型。按果实形状分，又可分为圆形果及棱角果，或长果与短果类型。以株高分，可分为矮株及高株两个类型。前者株高1m左右，分枝较少，节间短，叶片较小，早熟，宜密植。后者相反，但品质较优。我国栽培的黄秋葵品种，如南洋、五福及农友早生1号等，近年也育成一些新品种如闽秋葵4号、石秋葵2号等。其他多从国外引进，如从日本引进的新东京5号等。

二、栽培技术

1. 露地栽培技术

黄秋葵不抗线虫，又忌连作，所以要选土层深厚、肥沃疏松、保肥保水的壤土生茬地为最好。结合秋深耕施足有机基肥，春季耕耙均匀平整。北方作平畦，南方作高畦。栽培黄秋葵多采用直播，也可育苗移栽。直播时先浸种催芽，即浸种12h后，置25～30℃处催芽，约24h后有60%～70%种子露出胚根时播种。播种的行距50～70cm，株距30～40cm，播种沟（穴）深3～4cm，湿播，覆土厚2cm。播种量10kg/hm^{2}左右。在生育期较短的地区，可先在保护地内育苗，断霜后再行定植。育苗时也先浸种催芽，后在苗床内按10cm株行距播种，或播种在直径10cm的营养钵内。每公顷定植田用种量约3kg。播种后地温保持在25℃时，经4～5d就可出土，苗龄30d左右。幼苗有2～3片叶时定植。定植的畦式及密度与直播时相同。

黄秋葵田间管理的要点：①间苗、定苗。一般间苗2次，分别于第1片真叶显露及第2～3片真叶展开时进行，去弱留强，到第3～4片真叶开展时定苗。②中耕除草及培土。幼苗期宜多中耕，并清除杂草，开花结果期每次浇水追肥后也应中耕，至封垄前最后1次中耕时进行培土。③追肥浇水。视土壤干湿和气候状况及时浇水和排涝，可喷灌、滴灌或沟灌。幼苗期适当控水，开花结果期要保持土壤湿润。追肥则依地力高低而行，一般是幼苗期追提苗肥，每公顷施250kg复合肥，开花结果时追催果肥，每公顷施300kg复合肥。以后可分次追少量速效氮肥。④植株调整。主要是在开花结果前对生长过旺的植株进行扭叶，即把叶柄扭成弯曲下垂，以限营养生长。同时设支架以防倒伏。开花结果后，随采收嫩果，清除嫩果以下的老叶，以利通风。主茎达到适当高度时摘心，以促侧枝结果或促留种株籽粒饱满。

2. 保护地栽培技术要点

黄秋葵保护地栽培的技术要点：①保护地的结构性能要达到最低温度不低于8℃，生育期白天应达到25～30℃，夜间在13～15℃。②选用早熟、矮生类型品种。③华北地区宜10月中下旬播种育苗，育苗时每钵播发芽种子2粒，覆土1cm厚。第2片真叶展开后选壮苗1株，定苗。出苗后适当降温到白天22～24℃，夜间13～14℃，以培育壮苗。

④增施优质有机基肥。起 15～20cm 高的高垄，上盖地膜，并留灌水沟，以便膜下灌溉。⑤室温管理的要点是定植后保持较高温度，白天 28～30℃，夜间 18～20℃。缓苗后降到白天 25～28℃，夜间 15～18℃。结果后保持白天 25～30℃，夜间 13～15℃。在保持温度的条件下尽可能多通风、增加光照时间及强度。⑥追肥浇水要减少次数，但要保持肥水充足。⑦适当少留侧枝，及时摘心及清除老叶。⑧坐果不良时可用保果剂处理。

三、病虫害防治

主要病害有黄秋葵花叶病毒病。黄秋葵染病后全株受害，尤以顶部幼嫩叶片十分明显，呈花叶或褐色斑纹状，早期染病植株矮小，结实少或不结实。防治方法：①实行轮作、直播栽培，避免高温、干旱等。②发病初期试用 20%盐酸吗啉胍・乙酸铜（毒克星）可湿性粉剂 500 倍液，或 5%菌毒清可湿性粉剂 400～500 倍液，或 0.5%菇类蛋白多糖（抗毒剂 1 号）水剂 300 倍液，或 10%混合脂肪酸（83 增抗剂）水乳剂 100 倍液。隔 7～10d 喷 1 次，连防 3 次。

主要虫害是蚜虫及蚂蚁，其防治措施是轮作、清洁田园。药剂防治用 50%抗蚜威可湿性粉剂 2 000 倍液，或 20%氰戊菊酯乳油 200 倍液等喷雾。

四、采收

在适合条件下开花后 4～5d，嫩果长 7～10cm 时即可采收。采收要及时，以确保嫩果品质。盛果期，每 2d 采收 1 次。采收要在清晨低温高湿时进行。采时剪齐果柄，即刻装袋入箱，并置 0～5℃处预冷 24h。